国际信息工程先进技术译丛

信号处理与集成电路

（伊朗） 胡森·贝赫（Hussein Baher） 著

戴　澜　魏淑华　译

机械工业出版社

本书在对数字信号处理的基本理论进行分析的基础上，对各类数 – 模滤波器设计、FFT算法及其实现方法，对模拟集成电路中基本电路单元、基本放大器和多级放大器、开关电容电路及其组成的滤波器和 Sigma – Delta 数据转换器以系统分析的方法进行了介绍。

　　本书适合于从事集成电路设计，特别是模拟集成电路设计、研究的科研工作人员或企业研发人员参考，同时可作为该专业的高校本科生、研究生和教师的参考用书。

图书在版编目（CIP）数据

信号处理与集成电路/（伊朗）贝赫（Baher, H.）著；戴澜，魏淑华译. —北京：机械工业出版社，2015.10

（国际信息工程先进技术译丛）

书名原文：Signal Processing and Integrated Circuits

ISBN 978-7-111-51247-9

Ⅰ. ①信… Ⅱ. ①贝…②戴…③魏… Ⅲ. ①信号处理②集成电路 Ⅳ. ①TN911.7②TN4

中国版本图书馆 CIP 数据核字（2015）第 195566 号

机械工业出版社（北京市百万庄大街22 号　邮政编码100037）

策划编辑：江婧婧　责任编辑：江婧婧

版式设计：霍永明　责任校对：丁丽丽

封面设计：马精明　责任印制：乔　宇

保定市中画美凯印刷有限公司印刷

2016 年 1 月第 1 版第 1 次印刷

169mm×239mm · 25.5 印张 · 522 千字

0 001—3 000 册

标准书号：ISBN 978-7-111-51247-9

定价：98.00元

凡购本书，如有缺页、倒页、脱页，由本社发行部调换

电话服务　　　　　　　　　　　　网络服务

服务咨询热线：010 – 88361066　　机 工 官 网：www.cmpbook.com

读者购书热线：010 – 68326294　　机 工 官 博：weibo.com/cmp1952

　　　　　　　010 – 88379203　　金 书 网：www.golden – book.com

封面无防伪标均为盗版　　　　　教育服务网：www.cmpedu.com

译 者 序

现代集成电路在国防科技、消费电子等方面起到非常重要的作用，高性能、微型化的电子系统对集成电路（芯片）的依赖性越来越高。集成电路包括制造、器件、设计与测试等几个方面，其中，集成电路设计与信号处理方面联系紧密，因此，将集成电路设计与信号处理相关理论结合起来进行讨论具有重要意义。

本书从信号处理的角度对数－模集成电路设计中的主要电路进行分析，并给出设计思路与一些电路的仿真建模方法。介绍了数－模滤波器、FFT 处理器、运算放大器和 Sigma－Delta 数据转换器等基本单元的设计理论及设计方法，同时，对开关电容电路和集成电路工艺有一定的介绍。读者可以通过本书将信号处理基本理论及其在集成电路设计中的应用联系起来，学会通过系统分析的观点来解决集成电路设计中的一些问题。

本书分为四个部分，总共 17 章内容，每章节的具体内容在译稿中前言部分进行了介绍。本书的作者为毕业于维也纳科技大学的胡森·贝赫。

本书翻译工作由北方工业大学的戴澜副教授、魏淑华讲师完成，具体分工如下：魏淑华完成本书第 1 章和第 2 章的翻译工作，戴澜完成第 3～17 章的翻译工作，另外中国科学院微电子研究所的陈铖颖博士在本书的翻译和校对过程中提出了不少的意见和建议，在此表示感谢！

本书的翻译和编辑出版工作得到机械工业出版社电工电子分社编辑江婧婧女士和她的同事们的大力支持和帮助，在此深表谢意。

由于译者的水平有限，翻译中难免有不当之处，欢迎广大读者提出宝贵的修改意见和建议。

戴　澜　魏淑华
2015 年 5 月

原书前言

精确计算：获知一切奥秘的指南。

——阿美斯纸草书

一本古埃及数学纸草书，公元前 1850 年

2006 年，澳大利亚还在庆祝莫扎特诞辰 250 周年。在享受庆典的同时，我在维也纳科技大学获得了两个学位：一个是数字信号处理方向；另一个是应用于开关电容滤波器和 Sigma – Delta 数据转换器设计的模拟集成电路信号处理方向。这两个专业是如此互补，让我产生了一个相当有吸引力的想法，写一本结合两个学科内容的书。随着想法日愈强烈以及不断更新知识内容，我最终撰写了这本书。

这本书的宗旨是提供一种关于模拟和数字信号处理的清晰明了并且统一的设计方法。就数字系统设计来说，主要讨论相对高级的加法器、乘法器和缓冲器设计；至于模拟系统，着重点在于介绍包括连续时间和数据采样电路、系统在内的集成电路的实现，并详细到晶体管级的电路设计。本书全面介绍了应用于信号处理的模拟 MOS 集成电路设计理论以及微电子开关电容电路的设计方法，并以此拓展到以集成 Sigma – Delta 数据转换器为代表的混合信号处理器。在这些知识背景下，本书也讨论了亚微米级和深亚微米级集成电路在超高频方面的设计应用实现。最后，作为分析和解决问题的有效辅助工具，本书也介绍了 MATLAB 的相关设计应用。

这本教材适合高年级本科生和一年级研究生以及专业人士使用，同时提供足够的基础材料使该书能够独立使用。这本书分为四部分。

第一部分作为综述，包含一个章节。第 1 章回顾和展望了信号处理领域以及相关学科，并且提到了几个应用问题。第 1 章以片上系统（SoC）和移动通信领域的发展为例，揭示了对复杂信号处理系统设计所需掌握的海量知识，同时也展现了模拟系统和数字系统之间的互补关系。

第二部分包括 8 章内容，从系统级和电路级讲解了模拟域和数字域的信号处理技术。第 2 章是对基础概念和一些模拟信号系统分析的数学工具的回顾。这次回顾可以看作是对于模拟信号系统基本原理的一个全面的概述。通常本科初级阶段已经涵盖了这些课题的精华，因此，讨论很简洁，这些材料可以供以后章节参考，并且可以作为一个短期的复习课程。第 3 章讨论模拟连续时间滤波器的基本理论与设计技术。这些知识本身就很重要，也和所有类型的滤波器的设计直接相关，其中包括数据采样类型滤波器，比如数字滤波器和开关电容滤波器。这些滤波器的基本工作原理相同，并且通常情况下模拟连续时间模型是其他类型滤波器的设计基础。这一

章介绍了如何通过使用 MATLAB 进行模拟滤波器设计，该工具会在以后的章节被广泛使用。第 4 章简要回顾了模拟信号向数字信号转换的过程以及离散信号与系统的表示。这应该作为一个离散信号与系统分析基础的补充。第 5 章详细讨论数字滤波器的设计技术。本章强调了两点：首先，注重概念的组织和设计分析方法；其次本章详细介绍了如何利用计算机辅助设计工具 MATLAB。本章总结了许多通过理论分析和应用计算机辅助设计方法的例子。第 6 章讨论了快速傅里叶变换（FFT）算法，同时介绍了离散傅里叶变换及其特性，并讨论了 FFT 在频谱分析、卷积、相关性以及信号滤波方面的应用。第 7 章介绍了适用于随机信号的概念和技术，讨论涵盖了模拟和数字信号。然而，处理这些信号的系统本身并不"随机"，而是具有自身的"确定性"。第 8 章论述了有限字长二进制码在表示不同数量数字信号处理器时所造成的影响，并研究了这些影响造成的系统性能下降，定量分析了结果误差。第 9 章主要讨论了信号处理中的一个核心问题：在接收的一系列噪声信号中如何估计有效信号，这涉及自适应滤波领域，该领域与一个未知线性系统（过程）的行为级建模或仿真有密切关系。我们首先讨论了线性估算和建模的原理，接着讨论了如何将这些原理用自适应算法实现。

    第三部分讨论的重点是与信号处理相关的模拟 MOS 集成电路。第 10 章是对 MOS 晶体管基础知识和集成电路制造技术的回顾。第 11 章讨论了集成电路的基础电路模块，如放大器、电流镜和负载器件等。第 12 章介绍了两级 CMOS 运算放大器和一些完整的实例。第 13 章讨论了基于 $G_m - C$ 电路的高性能运算放大器和跨导运算放大器，同时介绍了超高频率亚微米级和深亚微米级集成电路的设计应用。第 14 章介绍了集成电阻、电容和开关等模拟信号处理系统的基础模块。

    第四部分主要讨论运用开关电容和混合信号（模拟和数字）电路进行信号处理系统设计的方法。第 15 章详细介绍了微电子开关电容滤波器的设计技术。这些模拟数据采样电路已经确认在许多应用中可以替代数字电路。此外，它们特别适用于在数字信号处理中采用 CMOS 集成电路技术来实现应用，并与数字电路集成在同一个芯片上。本章同时详细讨论了理论基础和实际设计应该考虑的因素。如果在设计的早期没有认识和考虑到模拟系统中电路单元的非理想性，这将很容易导致电路性能的恶化。第 16 章详述了这些非理想因素以及其他在模拟集成电路设计中应该考虑的实际问题。第 17 章详细讨论了一类有指导意义的信号处理器：Sigma - Delta 数据转换器。本章首先介绍了 Sigma - Delta 数据转换器中模拟和数字信号处理的理论分析和设计所需的知识，之后讨论了主要的分析和计算技术。因此，这本书是较为理想的，因为它尝试着把两个领域统一在一个体系里面，并且它所采用的方法也可以作为一个有效方法的良好例子。

    本书在适当章节讨论了电子通信领域的众多应用。主要包括：数据传输的脉冲整形网络，语音编码解码器中的开关电容滤波器，调制解调器中的全双向数据，卫星语音信号传输中的回音消除、线性估计、系统建模和自适应滤波。此外，在最后一章对 Sigma – Delta 数据转换器的广泛应用进行介绍，本书讨论了所有的信号处理技术（开关电容技术，数字滤波器，抽取滤波器，快速傅里叶变换，模拟 CMOS 集成电路），这些技术广泛地用来设计以模 – 数转换器为代表的混合模式处理器等。

最后非常感谢热情、专业的亚历山德拉·金和来自约翰·威利父子出版公司（奇切斯特，英国）的利兹·温格特鼎力协助我完成这本书。

胡森·贝赫

维也纳＆都柏林，2012

目　　录

第一部分 综 述

科学的存在，有时让人愉悦有时让人厌烦。它让人愉悦的是它给重要的少数人提供了驾驭环境的能力，提供了智慧上的满足感；它又让人厌烦，无论我们怎样掩盖事实，它却宿命般的一览无遗。这一方面，它限制了人们的能力。

伯特兰·罗素
科学是否是迷信？（出自《怀疑论》）

1　模拟、数字和混合信号处理

1.1　数字信号处理

数字信号处理系统的广泛应用归结于其许多优点，包括可靠性，可重复性，高准确度，不受老化和温度的影响，成本低，以及具有高效的计算机算法。另外，微电子领域[1-3]革命性的特征是集成度的不断提高使得一个完整的系统可以集成在单个的芯片上，也就是我们熟知的片上系统（SoC）[3-5]。

1.2　摩尔定律和"机敏"技术

集成电路可以追溯到 1960 年。从那之后，一个芯片上器件的数量可预测性地呈每年翻一番的线性增加。现在，数以百万计的晶体管集成在单个芯片上已经实现。如果我们定义一个像素作为一个芯片制造过程中可以控制的最小尺寸，那么这将为确定设备的小型化和提高单位面积上芯片数量做出贡献。这方面的贡献会受到 A/S 规则的限制，其中 A 代表芯片的面积，S 代表像素面积。随着发展的继续，一个芯片上器件的数量增长速度超过了 A/S。这个额外的增长是来自于开发芯片上的空间的巧妙技术。它包括形成薄膜电容器上的侧孔刻蚀在一个芯片内部而不是表面，包括在制造过程中部分器件被用作掩膜的自对准技术。接下来是线宽限制了芯片的尺寸。然而这个问题，又一次地被使用多导线层的高超技术解决了[1]。

1.3　片上系统

这是一个由专用集成电路（ASICs）组成的系统。例如单片电视机、单片照相机，尤其是移动通信领域不断出现的新一代集成通信系统。这些系统在同一芯片上包括模拟和数字部分，这些芯片目前主要采用 CMOS 或者 BiCMOS 工艺。这些芯片的大多数功能都是由数字信号处理电路来实现的。然而，模拟电路也需要用来作为连接系统与真实世界的接口，因为现实世界是模拟的。图 1.1 是一个典型的 SoC 系统，包含嵌入式数字信号处理器，嵌入式存储器，可重构逻辑和用作与外界接口的模拟电路。

具有低功耗设计要求的信号处理系统设计是一个重要的研究领域[6,7]，该领域中高速、高集成度的需求促使设计技术和高超电路设计得以快速的发展[8]。

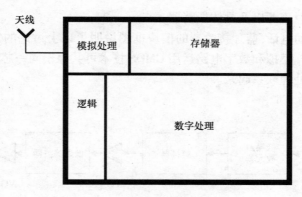

图 1.1　片上系统（SoC）

1.4　模拟和混合信号处理

　　鉴于数字滤波器的优点，数字滤波器取代模拟滤波器的趋势是可以理解的，然而，处理器的有些功能仍然采用模拟的技术[4]，如下所示：

　　（a）在系统的输入端，来自传感器、扩音器、天线或者电缆的信号，经过接收、放大、滤波等信号处理过程，使信号达到合适的信噪比及低失真数字化水平。在这里，我们需要低噪声放大器（LNAs）、可变增益放大器（VGAs）、滤波器、振荡器和混频器，具有如下应用：

- 数据终端设备和生物医学仪器
- 传感器接口，如安全气囊和加速计
- 通信接收机，如电话或电缆调制解调器和无绳电话

　　（b）在信号的输出端，系统的数字信号转换为模拟信号，信号强度被放大并输出，使它可以驱动一个如天线或低失真扬声器的外部负载。在这里我们还需要缓冲器、滤波器、振荡器以及混频器，应用如下：

- 通信发射机
- 音频和视频设备，如 CD、SACD、DVD 和 Blueray
- 扬声器
- 电视
- 电脑显示器
- 助听器

　　（c）模拟模块和数字模块之间的接口也需要混合信号电路。这些包括信号采样和用于信号采样的保持电路，模－数转换器以及用于信号重建的数－模转换器。这些都属于混合信号电路范畴。

　　（d）以上所讨论的集成电路都需要稳定的参考电压来维持工作，这些参考源

包括模拟电压和电流源以及晶体振荡器。

图 1.2 以移动电话/蓝牙接收器的模块框图说明了以上讨论的知识点[9]。这里强调了一个事实,模拟和数字电路运用 CMOS 技术可共存于同一芯片,并且可以将模拟和数字信号处理联系起来。

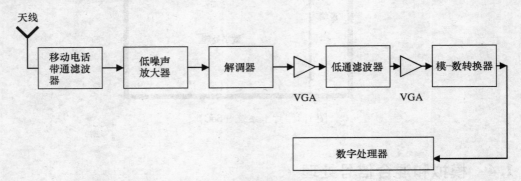

图 1.2　移动电话/蓝牙接收器的模拟和数字模块

1.5　知识架构

对于片上系统的设计我们需要哪些知识呢? 我们的知识架构必须包括以下内容:

1. 时域和频域内的模拟和数字信号描述方法。

2. 信号处理系统的描述方法,包含模拟和数字系统两方面。

3. 模拟电路的设计技术,如放大器、积分器、微分器,更重要的是滤波器设计中必须考虑非理想因素。

4. 采用 CMOS 技术的模拟集成电路设计。

5. 考虑数字处理器中固有的有限字长字效应的数字滤波器设计技术。

6. 由于随机信号需要特殊的描述和处理方法,这促使了自适应滤波器学科的产生,以及与其相关的技术:线性预测、估算和系统建模也是至关重要的。

7. 采用开关电容技术的现代离散时间滤波器设计技术,因为该技术特别适合使用 VLSI 技术来实现。

8. 作为系统中数字和模拟模块接口的模 – 数转换器和数 – 模转换器设计技术。

本书的目的是对上述内容进行详细介绍。为了便于数值计算,并进行系统响应研究和系统性能评估,我们需要一个功能强大的软件。MATLAB 是一个不错的选择,本书中将介绍其应用实例。

第二部分 模拟（连续时间）和数字信号处理

它在教学中是非常可取的，不仅仅是为了告诉学生定理的准确性，也要告诉他们，在所有可能的方法中，这种方法是最完美的。

伯特兰·罗素
《数学原理》

2　模拟连续时间信号系统

2.1　绪论

　　本章主要回顾了模拟信号和系统分析中的基本概念和数学工具。本章可作为模拟信号与系统的基本原理概述。本科初级到高级阶段的课程已经基本覆盖了这些课题。因此这些讨论非常简洁，并且这些材料可以作为后续章节的参考和简短的复习课程材料。

2.2　信号分析中的傅里叶级数和函数逼近

2.2.1　定义

　　一个信号 $f(x)$ 定义域为 $[-1, 1]$，并且满足一般性条件，可以表示为一系列正弦函数或者余弦函数的和：

$$f(x) = \frac{a_0}{2} + \sum_{k=1}^{\infty} \left[a_k \cos\left(\frac{k\pi x}{l}\right) + b_k \sin\left(\frac{k\pi x}{l}\right) \right] \tag{2.1}$$

其中公式中系数为

$$a_k = \frac{1}{l}\int_{-l}^{l} f(x)\cos\left(\frac{k\pi x}{l}\right)\mathrm{d}x \qquad k = 0,1,2,\cdots \tag{2.2a}$$

$$b_k = \frac{1}{l}\int_{-l}^{l} f(x)\sin\left(\frac{k\pi x}{l}\right)\mathrm{d}x \qquad k = 1,2,3,\cdots \tag{2.2b}$$

进行符号简化，令

$$x \to \frac{l\theta}{\pi} \tag{2.3}$$

因此，当信号函数的定义域为 $[-\pi, \pi]$ 时，级数变为

$$f(\theta) = \frac{a_0}{2} + \sum_{k=1}^{\infty} (a_k \cos k\theta + b_k \sin k\theta) \tag{2.4}$$

同时

$$a_k = \frac{1}{\pi}\int_{-\pi}^{\pi} f(\theta)\cos k\theta \mathrm{d}\theta \tag{2.5a}$$

$$b_k = \frac{1}{\pi}\int_{-\pi}^{\pi} f(\theta)\sin k\theta \mathrm{d}\theta \tag{2.5b}$$

或者写成

$$f(\theta) = \frac{d_0}{2} + \sum_{k=1}^{\infty} d_k \cos(k\theta + \phi_k) \qquad (2.6)$$

或

$$f(\theta) = \frac{d_0}{2} + \sum_{k=1}^{\infty} d_k \sin(k\theta + \psi_k) \qquad (2.7)$$

此时

$$\psi_k = \phi_k + \frac{1}{2}\pi \qquad (2.8)$$

$$d_k = (a_k^2 + b_k^2)^{1/2} \qquad (2.9)$$

同时

$$\phi_k = -\tan^{-1}(b_k/a_k) \qquad (2.10)$$

如果信号是周期性的,所有的取值范围都能有效表示。如果信号函数是非周期的,只能在 [−1, 1] 或者 [−π, π] 内有效表示。

2.2.2 时域和离散频域

如果信号是时间 t 的函数,如图 2.1 所示,表达式为

$$f(t) = \frac{a_0}{2} + \sum_{k=1}^{\infty} (a_k \cos k\omega_0 t + b_k \sin k\omega_0 t) \qquad (2.11)$$

$$a_k = \frac{2}{T} \int_{-T/2}^{T/2} f(t) \cos k\omega_0 t \, \mathrm{d}t \qquad (2.12\mathrm{a})$$

$$b_k = \frac{2}{T} \int_{-T/2}^{T/2} f(t) \sin k\omega_0 t \, \mathrm{d}t \qquad (2.12\mathrm{b})$$

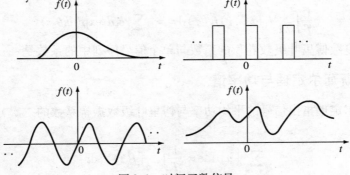

图 2.1 时间函数信号

这里

$$\omega_0 = 2\pi/T \qquad (2.13)$$

式中,T 为其周期;ω_0 为基波角频率。

一种采用指数信号表示的复数傅里叶级数为

$$f(\theta) = \sum_{k=-\infty}^{\infty} c_k \exp(jk\theta) \tag{2.14}$$

此时

$$c_k = \frac{1}{2\pi} \int_{-\pi}^{\pi} f(\theta) \exp(-jk\theta) d\theta \tag{2.15}$$

对于时间函数，可表示为

$$f(t) = \sum_{k=-\infty}^{\infty} c_k \exp(jk\omega_0 t) \tag{2.16}$$

此时

$$c_k = \frac{1}{T} \int_{-T/2}^{T/2} f(t) \exp[-j(2\pi k/T)t] dt \tag{2.17}$$

或者

$$c_k = \frac{\omega}{2\pi} \int_{-\pi/\omega_0}^{\pi/\omega_0} f(t) \exp(-jk\omega_0 t) dt \tag{2.18}$$

这一组系数表示了该信号的频域特性。振幅系数表示幅度频谱大小，相位系数表示相位频谱。对于一个周期信号，从这些系数中就可以得到该信号的线性频谱，并得到信号的频域内表示。

2.2.3 卷积

两个信号 $f_1(\theta)$ 和 $f_2(\theta)$ 的卷积表示为

$$\frac{1}{2\pi} \int_{-\pi}^{\pi} f_1(\theta - \psi) f_2(\psi) d\psi = \sum_{k=-\infty}^{\infty} c_k d_k \exp(jk\theta) \tag{2.19}$$

如果 $\theta = \omega_0 t$，并且 $f_1(t)$ 和 $f_2(t)$ 是周期为 $T = 2\pi/\omega_0$ 的周期函数，那么卷积关系变为

$$\frac{1}{T} \int_{-T/2}^{T/2} f_1(t - \tau) f_2(\tau) d\tau = \sum_{k=-\infty}^{\infty} c_k d_k \exp(jk\theta_0 t) \tag{2.20}$$

同时，复数傅里叶级数卷积的系数与单个信号序列中的系数是一一对应的。

2.2.4 帕斯瓦尔定理与功率谱

帕斯瓦尔定理指出信号的平均功率与傅里叶级数振幅系数的二次方和之间的关系，表示为

$$\sum_{k=-\infty}^{\infty} |c_k|^2 = \frac{1}{T} \int_{-T/2}^{T/2} [f(t)^2] dt \tag{2.21}$$

复数傅里叶级数的幅频系数的二次方称为功率谱振幅，随频率变化的功率谱振幅图称之为功率谱。

2.2.5 吉布斯现象

由一个截短的有限长傅里叶级数来近似傅里叶级数表示的原函数，将会在原函

数与截短后有限长傅里叶级数之间产生均方误差。如果函数越平滑，那么级数就越快收敛到相应的函数。如果函数不连续，如图 2.2 所示的函数，在不连续区域会产生一个固定的误差，并且不随着逼近序列项数的上升而降低，这种现象称为吉布斯现象。如图 2.2 所示为信号近似表示出的截短后的傅里叶级数 $H_n(\theta)$，如图 2.3 所示是式（2.14）中只选择前 n 组级数时的情况。

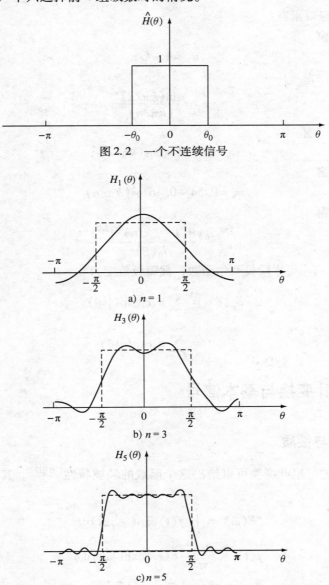

图 2.2　一个不连续信号

a) $n = 1$

b) $n = 3$

c) $n = 5$

图 2.3　图 2.2 所示信号的傅里叶近似，其中 θ_0 都为 $\pi/2$

2.2.6　窗口函数

利用窗口函数改进后的傅里叶级数可以提高不连续级数的收敛性。根据下式得到新的系数：

$$d_k = w_k c_k \tag{2.22}$$

以下是常用的窗口函数：

(1) 费杰窗

$$w_k = 1 - k/n \tag{2.23}$$

(2) 兰索斯窗

$$w_k = \frac{\sin(k\pi/n)}{(k\pi/n)} \tag{2.24}$$

(3) 冯汉宁窗

$$w_k = 0.5[1 + \cos(k\pi/n)] \tag{2.25}$$

(4) 汉明窗

$$w_k = 0.54 + 0.46\cos(k\pi/n) \tag{2.26}$$

(5) 凯瑟窗

$$w_k = \frac{I_0\{\beta[1 - (k/n)^2]^{1/2}\}}{I_0(\beta)} \tag{2.27}$$

式中，$I_0(x)$ 为第一类零阶贝塞尔函数，截短级数变为

$$\begin{aligned} S_n(\theta) &= \sum_{k=-n}^{n} w_k c_k \exp(jk\theta) \\ &= \sum_{k=-n}^{n} d_k \exp(jk\theta) \end{aligned} \tag{2.28}$$

2.3　傅里叶变换与基本信号

2.3.1　定义与性质

时间函数的傅里叶变换可以给出这个函数的频域特性[10-12]。其中时域和频域的关系如下：

$$F(\omega) = \int_{-\infty}^{\infty} f(t)\exp(-j\omega t)dt \tag{2.29}$$

$$f(t) = \frac{1}{2\pi}\int_{-\infty}^{\infty} F(\omega)\exp(j\omega t)d\omega \tag{2.30}$$

$$F(\omega) = \Im[f(t)] \tag{2.31}$$

$$f(t) = \Im^{-1}[F(\omega)] \tag{2.32}$$

并且符号

$$f(t) \leftrightarrow F(\omega) \tag{2.33}$$

用来表示 $f(t)$ 和 $F(\omega)$ 组成的一个傅里叶变换对。

$f(t)$ 的傅里叶变换 $F(\omega)$ 是关于 ω 的复函数，因此我们可以写为

$$F(\omega) = |F(\omega)| \exp[j\phi(\omega)] \tag{2.34}$$

这里 ω 是连续的频率变量。这意味着一个 $|F(\omega)|$ 于 ω 给出了（连续的）振幅谱，$F(\omega)$ 于 ω 给出了（连续的）相位谱。

傅里叶变换的基本性质如下：

（1）对称性

$$F(\pm t) \leftrightarrow 2\pi f(\mp \omega) \tag{2.35}$$

（2）共轭对

$$F(\omega) = F^*(-\omega) \tag{2.36}$$

（3）线性

$$af_1(t) + bf_2(t) \leftrightarrow aF_1(\omega) + bF_2(\omega) \tag{2.37}$$

这里 a 和 b 都是任意常数。

（4）尺度变换特性

$$f(\alpha t) \leftrightarrow \frac{1}{|\alpha|} F\left(\frac{\omega}{\alpha}\right) \tag{2.38}$$

（5）时移特性

$$f(t - \alpha) \leftrightarrow \exp(-j\alpha\omega) F(\omega) \tag{2.39}$$

（6）频移特性

$$f(t)\exp(\pm j\omega_0 t) \leftrightarrow F(\omega \mp \omega_0) \tag{2.40}$$

（7）调制

$$f(t)\cos\omega_0 t \leftrightarrow \frac{1}{2}[F(\omega - \omega_0) + F(\omega + \omega_0)] \tag{2.41}$$

该性质图解如图 2.4 所示。

（8）频率的微分性质

$$(-jt)^n f(t) \leftrightarrow \frac{d^n F(\omega)}{d\omega^n} \tag{2.42}$$

其中

$$f_1(t) \leftrightarrow F_1(\omega)$$
$$f_2(t) \leftrightarrow F_2(\omega) \tag{2.43}$$

定义两个信号在时域上的卷积为

$$f_1(t) * f_2(t) \stackrel{\Delta}{=} \int_{-\infty}^{\infty} f_1(t - \tau) f_2(\tau) d\tau \tag{2.44}$$

或者写作

$$f_1(t) * f_2(t) \stackrel{\Delta}{=} \int_{-\infty}^{+\infty} f_1(\tau) f_2(t - \tau) d\tau \tag{2.45a}$$

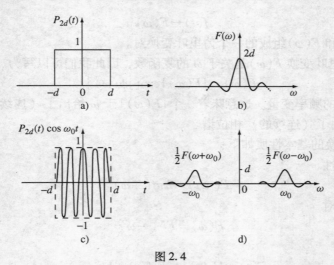

图 2.4

a）脉冲信号　b）频谱　c）调制后的脉冲信号　d）调制信号的频谱

之后得到

$$f_1(t) * f_2(t) \leftrightarrow F_1(\omega) F_2(\omega) \qquad (2.45b)$$

也就是说，两个信号的卷积的傅里叶变换等于两个信号各自傅里叶变换的乘积。两个信号在频域的卷积等于这两个信号在时域里的乘积，表达式如下：

$$f_1(t) f_2(t) \leftrightarrow \frac{1}{2\pi} F_1(\omega) * F_2(\omega) \qquad (2.46)$$

这里

$$
\begin{aligned}
F_1(\omega) * F_2(\omega) &\overset{\Delta}{=} \int_{-\infty}^{+\infty} F_1(\mu) F_2(\omega - \mu)\, \mathrm{d}\mu \\
&= \int_{-\infty}^{+\infty} F_1(\omega - \mu) F_2(\mu)\, \mathrm{d}\mu
\end{aligned}
\qquad (2.47)
$$

2.3.2　帕斯瓦尔定理与能量谱

一个信号的能量密度谱（或能量谱）等于其傅里叶变换的模的二次方

$$E(\omega) \overset{\Delta}{=} |F(\omega)|^2 \qquad (2.48)$$

因此

$$W = \frac{1}{2\pi} \int_{-\infty}^{\infty} E(\omega)\, \mathrm{d}\omega = \int_{-\infty}^{+\infty} |f(t)|^2\, \mathrm{d}t \qquad (2.49)$$

这就是帕斯瓦尔定理，它证明了时域上的能量和频域上的能量是相等的。如果式（2.49）中积分是存在的，那么这些信号称为有限能量信号。

2.3.3　相关函数

一个信号自相关的定义是

$$\rho_{ff}(\tau) = \int_{-\infty}^{\infty} f(t)f(t+\tau)\mathrm{d}\tau \tag{2.50}$$

对一个有限能量信号，自相关和能量谱可以组成一个傅里叶变换对：

$$\rho_{ff}(\tau) \leftrightarrow E[\omega] \tag{2.51}$$

对于两个有限能量信号，互相关被定义为

$$\rho_{fg}(\tau) = \int_{-\infty}^{\infty} f(t)g(t+\tau)\mathrm{d}t \tag{2.52}$$

这两个信号的互相关能量谱为

$$\Im[\rho_{fg}(\tau)] = F^*(\omega)G(\omega) = E_{fg}(\omega) \tag{2.53}$$

这就是互相关的傅里叶变换，用来衡量两个信号的相似关系。

2.3.4 单位脉冲与基本信号

唯一符合脉冲信号和不连续的变换理论的方法是利用分布理论或广义函数。一个分布函数或者广义函数 $D(t)$ 是与任意函数 $\phi(t)$ 相结合的过程，V_D 是与这个函数有关的数。这个数一般写成积分的形式

$$V_D\{\phi(t)\} = \int_{-\infty}^{\infty} D(t)\phi(t)\mathrm{d}t \tag{2.54}$$

实际上，分布函数 $D(t)$ 是结合过程中与 $\phi(t)$ 有关的其他数量。

单位脉冲或者迪拉克 δ 函数如图 2.5 所示，并且分布函数（见图 2.6）定义为

$$\int_{-\infty}^{\infty} \phi(t)\delta(t)\mathrm{d}t = \phi(0) \tag{2.55}$$

单位脉冲与其他函数的积分可以给出函数在 $t=0$ 时的值。单位脉冲的基本性质如下：

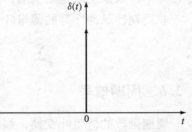

图 2.5 迪拉克 δ 函数或单位脉冲

$$\delta(at) = \frac{1}{|a|}\delta(t) \tag{2.56}$$

$$\delta(t) = \delta(-t) \tag{2.57}$$

$$\delta(t) \leftrightarrow 1 \tag{2.58}$$

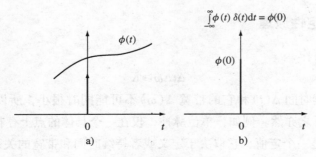

图 2.6 单位脉冲的分布函数

因此，单位脉冲的傅里叶变换是统一的。

$$\int_{-\infty}^{\infty} \phi(\tau) \left[\frac{d^n \delta(\tau)}{d\tau^n}\right] d\tau = (-1)^n \frac{d^n \phi(t)}{dt^n} \bigg|_{t=0} \tag{2.59}$$

$$g(t)\delta(t - \alpha) = g(\alpha)\delta(t - \alpha) \tag{2.60}$$

$$\delta(t) = \frac{du(t)}{dt} \tag{2.61}$$

这里 $u(t)$ 是单位阶跃函数。

2.3.5 冲激响应与系统函数

系统函数是状态响应的傅里叶变换与激励的傅里叶变换之比（见图 2.7）。

系统函数 $H(j\omega)$ 是系统冲激响应 $h(t)$ 的傅里叶变换，也就是说一个激励对应一个单位脉冲响应。

因果信号是当时间是负值域时，值是零，一个因果系统就是系统的冲激响应是一个因果信号的系统。

图 2.7 一个线性系统的激励 $f(t)$ 和响应 $g(t)$

非周期性脉冲序列的傅里叶变换是另外一组脉冲序列，如下所示：

$$\sum_{k=-\infty}^{\infty} \delta(t - kT) \leftrightarrow \omega_0 \sum_{k=-\infty}^{\infty} \delta(\omega - k\omega_0) \tag{2.62}$$

2.3.6 周期信号

周期函数的傅里叶变换，如图 2.8 所示，是无限等距脉冲序列，表示为

$$F_p(\omega) = \omega_0 \sum_{k=-\infty}^{\infty} F(k\omega_0)\delta(\omega - k\omega_0) \tag{2.63}$$

这里 $F(k\omega_0)$ 是 $f(t)$ 的关于 $k\omega_0$ 离散傅里叶变换集合

$$F(k\omega_0) = \int_{-T/2}^{T/2} F(t)\exp(-jk\omega_0 t) dt \tag{2.64}$$

2.3.7 不确定性原理

这个原理写作

$$\Delta t \Delta \omega \geq K \tag{2.65}$$

说明信号的持续时间 $\Delta(t)$ 和它的带宽 $\Delta(\omega)$ 不可能同时很小，所以持续时间越短带宽就越大，反之亦然。例如，单位脉冲，仅在一个具体的点上存在，具有无限带宽。当然了 K 是一个定值，它取决于定义或者持续时间和带宽的关系。

2.4 拉普拉斯变换与模拟系统

2.4.1 复频

一个时间函数的拉普拉斯变换是一个复频变量的函数。这种变换通过积分来定义，即

$$F(s) = L[F(t)] = \int_{0-}^{\infty} f(t) \exp(-st) \, dt \qquad (2.66)$$

这里的 s 是复频变量，代替了有限傅里叶变量 $j\omega$，即

$$s = \sigma + j\omega \qquad (2.67)$$

定义一个复频的 s 域如图 2.9 所示。

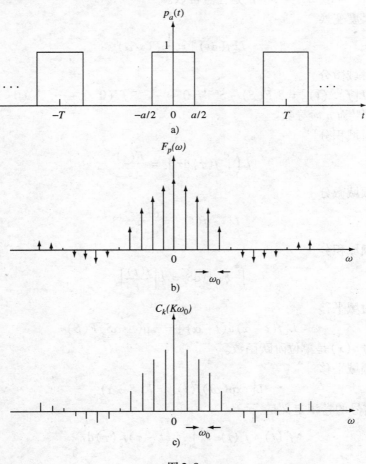

图 2.8

a）矩形脉冲的非周期性序列　b）脉冲序列的频谱　c）傅里叶系数序列的频谱

2.4.2 拉普拉斯变换的性质

拉普拉斯变换的基本性质如下：

（1）线性是所有积分变换具有的基本性质

并且如果

$$L[f_i(t)] = F_i(s) \qquad i = 1,2,3,\cdots,n$$
$$(2.68a)$$

有

$$L\left(\sum_{i=1}^{n} a_i f_i(t)\right) = \sum_{i=1}^{n} a_i F_i(s)$$
$$(2.68b)$$

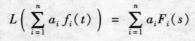

图 2.9 复频的 s 域

这里 $a_i(i = 1, 2, \cdots, n)$ 是任意常数。

（2）尺度变换

$$L[f(\alpha t)] = \frac{1}{a} F(s/\alpha) \tag{2.69}$$

（3）时域微分

$$L[f^{(n)}(t)] = S^n F(S) - S^{n-1} f(0^-) - S^{n-2} f'(0^-) - \cdots f^{n-1}(0^-) \tag{2.70}$$

这里 $f^{(n)}$ 为 n 阶导数。

（4）时域积分

$$L\left(\int_0^t f(\tau)\mathrm{d}\tau\right) = \frac{F(s)}{s} \tag{2.71}$$

（5）频域微分

$$L[-tf(t)] = \frac{\mathrm{d}F(s)}{\mathrm{d}s} \tag{2.72}$$

（6）频域积分

$$\int_S^\infty F(s)\mathrm{d}S = L\left[\frac{f(t)}{t}\right] \tag{2.73}$$

（7）时域平移

$$L[f(t-\alpha)u(t-\alpha)] = \exp(-\alpha S)F(S) \tag{2.74}$$

这里的 $u(x)$ 是单位阶跃函数。

（8）频域平移

$$L[\exp(\alpha t)f(t)] = F(S-\alpha) \tag{2.75}$$

两个信号的卷积定义是

$$f_1(t) * f_2(t) \overset{\Delta}{=} \int_0^\infty f_1(t-\tau)f_2(\tau)\mathrm{d}\tau$$

$$\overset{\Delta}{=} \int_0^t f_1(t-\tau)f_2(\tau)\mathrm{d}\tau \tag{2.76}$$

卷积信号的拉普拉斯变换可以表示为两个独立信号拉普拉斯变换的乘积，表示如下：

$$L[f_1(t) * f_2(t)] = F_1(s)F_2(s) \tag{2.77}$$

有理函数的拉普拉斯逆变换可以通过将函数表示为部分分式之和，以部分简单函数的逆求和得到。表 2.1 给出了一些拉普拉斯变换对。

一个函数的时域和频域之间的相互关系在信号系统分析与设计中具有重要的意义。

拉普拉斯变换能将一个常系数线性微分方程变换为线性代数方程，求解将变得很容易。所需变量经过反拉普拉斯变换，又可以变换回时域中。因此，在线性网络与系统分析中，拉普拉斯变换是一个非常理想的分析方法，因为这些系统在时域中通常采用包含时间变量的微分方程来进行描述。

2.4.3 系统函数

一个线性时不变系统，如图 2.10 所示，由一个具有常系数的线性微分方程表示。

$$a_m \frac{\mathrm{d}^m f(t)}{\mathrm{d}t^m} + a_{m-1}\frac{\mathrm{d}^{m-1}f(t)}{\mathrm{d}t^{m-1}} + \cdots + a_1\frac{\mathrm{d}f(t)}{\mathrm{d}t} + a_0 f(t)$$

$$= b_n \frac{\mathrm{d}^n g(t)}{\mathrm{d}t^n} + b_{n-1}\frac{\mathrm{d}^{n-1}g(t)}{\mathrm{d}t^{n-1}} + \cdots + b_1\frac{\mathrm{d}g(t)}{\mathrm{d}t} + b_0 g(t) \tag{2.78}$$

同时

$$L[f(t)] = F(s)$$
$$L[g(t)] = G(s) \tag{2.79}$$

变换后的式（2.78）使得 $F(s)$ 和 $G(s)$ 之间具有代数关系，即

$$a_m s^m F(s) + a_{m-1}s^{m-1}F(s) + \cdots + a_1 s F(s) + a_0 F(s)$$

$$= b_n s^n G(s) + b_{n-1}s^{n-1}G(s) + \cdots + b_1 s G(s) + b_0 G(s) \tag{2.80}$$

或者

$$(a_m s^m + a_{m-1}s^{m-1} + \cdots + a_1 s + a_0)F(s) = (b_n s^n + b_{n-1}s^{n-1} + \cdots + b_1 s + b_0)G(s) \tag{2.81}$$

可得

$$G(s) = \left(\frac{a_m s^m + a_{m-1}s^{m-1} + \cdots + a_1 s + a_0}{b_n s^n + b_{n-1}s^{n-1} + \cdots + b_1 s + b_0}\right)F(s) \tag{2.82}$$

定义系统函数 $H(s)$ 为

$$H(s) = \frac{G(s)}{F(s)} = \left(\frac{a_m s^m + a_{m-1}s^{m-1} + \cdots + a_1 s + a_0}{b_n s^n + b_{n-1}s^{n-1} + \cdots + b_1 s + b_0}\right) \tag{2.83}$$

我们得到一个关于复频 s 的实有理函数，因此 $H(s)$ 是两个多项式的实常数系数的比值。

冲激响应 $h(t)$ 和系统函数 $H(s)$ 组成一个拉普拉斯变换对。

如果系统函数的所有极点都分布在左半平面和虚轴（这种情况不多）上，那么这个系统基本上是稳定的。严格意义上的稳定系统是所有的极点都在左半平面上，也就是说不包括虚轴。

表 2.1 一些拉普拉斯变换对

$f(t)$	$F(s)$
$f'(t)$	$sF(s) - f(0^-)$
$f^{(n)}(t) = \dfrac{d^n f(t)}{dt^n}$	$s^n F(s) - \displaystyle\sum_{k=1}^{n} s^{n-k} f^{k-1}(0^-)$
$\displaystyle\int_0^t f(\tau)\,d\tau$	$\dfrac{F(s)}{s}$
$(-t)^n f(t)$	$\dfrac{d^n}{ds^n} F(s)$
$f(t-\alpha)u(t-\alpha)$	$e^{-\alpha s} F(s)$
$e^{\alpha t} f(t)$	$F(s-\alpha)$
$u(t)$	$\dfrac{1}{s}$
$\delta(t)$	1
$\delta^{(n)}(t) = \dfrac{d^n \delta(t)}{dt^n}$	s^n
T	$\dfrac{1}{s^2}$
$t^n\,(n \text{ an integer})$	$\dfrac{n!}{s^{n+1}}$
$e^{-\alpha t}$	$\dfrac{1}{s+\alpha}$
$\sin\omega_0 t$	$\dfrac{\omega_0}{s^2 + \omega_0^2}$
$\cos\omega_0 t$	$\dfrac{s}{s^2 + \omega_0^2}$
$\sinh\beta t$	$\dfrac{\beta}{s^2 - \beta^2}$
$\cosh\beta t$	$\dfrac{s}{s^2 - \beta^2}$
$t^{-1/2}$	$(\pi/s)^{1/2}$
$t^k\,(k \text{ may not be an integer})$	$\dfrac{\Gamma(k+1)}{s^{k+1}}$

如果一个有理多项式的所有零点都在包括虚轴的封闭的左半平面，那么该多项式称为赫维兹多项式。严格意义上的赫维兹多项式不包括虚轴上的零点。一个广义稳定系统的传输函数的分母是一个赫维兹多项式。严

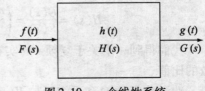

图 2.10 一个线性系统

格的稳定性（有限输入－有限输出）需要系统函数的分母是一个严格的赫维兹多项式。

2.5 基本的信号处理电路模块

对有关系统激励和响应的微分方程（2.78）的验证，可以表示为以下三个基本操作，它们是：加法、数乘以及微分。如果式（2.78）积分 n 次（假设 $n \geqslant m$），那么这些等式又可以看作是：加法、数乘以及积分。每一个基本操作都可以如图 2.11 所示，以符号来表示，它们可以被看作是基本的子系统和基础模块。把它们独立地进行考虑，整个系统的行为描述如式（2.78）所示，也可以等效为函数（2.83），用这些基本的电路模块来进行描述。

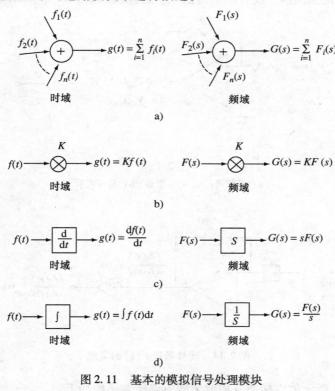

图 2.11 基本的模拟信号处理模块

a) 加法器 b) 乘法器 c) 微分器 d) 积分器

2.5.1 采用运算放大器电路的基本模块实现

为了实现图 2.11 所示的基础模块，我们将采用基本运算放大器（Op Amp）结构的有源电路，如图 2.12 所示。这里的 $Z_1(s)$ 和 $Z_2(s)$ 是任意的复频域阻抗。假设有一个具有足够带宽的接近理想的运算放大器来容纳工作频率，我们让这个电路

具有

$$V_{\text{out}}(s) \cong -(Z_2(s)/Z_1(s))V_{\text{in}}(s) \tag{2.84}$$

它是通过对具有正弦频率阻抗 Z_1
($j\omega$) 和 $Z_2(j\omega)$ 的运算放大器电路的常见
分析的归纳，然后延伸得到复频下的情
况。如图 2.13 所示的是图 2.12 中反相
器的一种特殊电路结构。该电路的输出
是输入的负值。当图 2.12 中的电路后再
接入一级反相器电路（以级联形式相
连），那么整体电路的输入和输出的关系

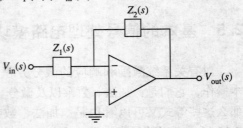

图 2.12 基本的反相运算放大器装置

与式（2.84）是相同的，没有产生负信号。这种级联如图 2.14 所示。

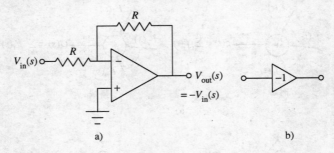

图 2.13

a）反相器：Op Amp 电路 b）符号表示

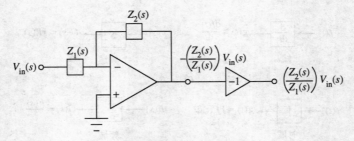

图 2.14 转移函数 $H(s)$ 的实现

如图 2.15 所示的直接非反相放大器电路传输函数如下：

$$\frac{V_{\text{out}}(s)}{V_{\text{in}}(s)} = \left(\frac{Z_2(S)}{Z_1(S)} + 1\right) \tag{2.85}$$

如图 2.15 所示的一个特殊情况是令 $Z_2 = 0$ 和用开环电路取代 Z_1 获得的，于是
有了如图 2.16 所示的电压跟随器或者单位增益缓冲器。它用来隔离各级之间的影
响，即进行连接的同时防止第一级电流对第二级电流的影响。

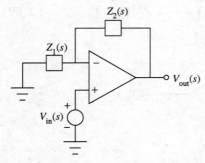

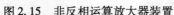

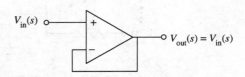

图 2.15 非反相运算放大器装置   图 2.16 单位增益缓冲器或者电压跟随器

现在我们通过基本运算放大器电路来认识乘法器、加法器、微分器和积分器，讨论如下：

（1）乘法器

在时域中我们需要一个输入 – 输出关系

$$g(t) = Kf(t) \tag{2.86a}$$

这里 K 是一个常数，对其进行拉普拉斯变换我们得到

$$G(s) = KF(s) \tag{2.86b}$$

该操作可以使用图 2.12 中运算放大器来实现，$F(s)$ 和 $G(s)$ 的数量是由电压 $V_{in}(s)$ 和 $V_{out}(s)$ 决定的。分别地来看，我们把 Z_1 和 Z_2 看作是纯电阻 R_1 和 R_2。这样就有了如图 2.17 所示的电路，有

$$V_{out}(s) \cong -\left(\frac{R_1}{R_2}\right) V_{in}(s) \tag{2.87}$$

并且，如果 K 是正值，减号可以采用一个反相器级联来消除。

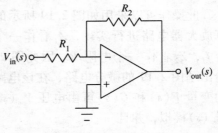

图 2.17 乘法器（反相）

另外如图 2.15 所示的电路图，正 K（$K > 1$）可以用 $Z_1 = R_1$ 和 $Z_2 = R_2$ 表示，纯电阻的阻值可以根据式（2.86）和式（2.87）来进行选择。

（2）加法器

在时域中，，这个基础模块将信号 $f_1(t)$，$f_2(t)$，$\cdots$，$f_n(t)$ 进行相加，得到输出 $g(t)$

$$g(t) = f_1(t) + f_2(t) + \cdots + f_n(t) \tag{2.88a}$$

或者进行拉普拉斯变换，得到

$$G(t) = F_1(s) + F_2(s) + \cdots + F_n(s) \tag{2.88b}$$

此操作可以采用如图 2.18 所示的运算放大器电路来实现，上述方程的变量以电压形式进行仿真，可以得到：

$$V_{\mathrm{out}}(s) = -R[\, R_1^{-1}V_1(s) + R_2^{-1}V_2(s) + \cdots + R_n^{-1}V(s)\,]\qquad(2.89)$$

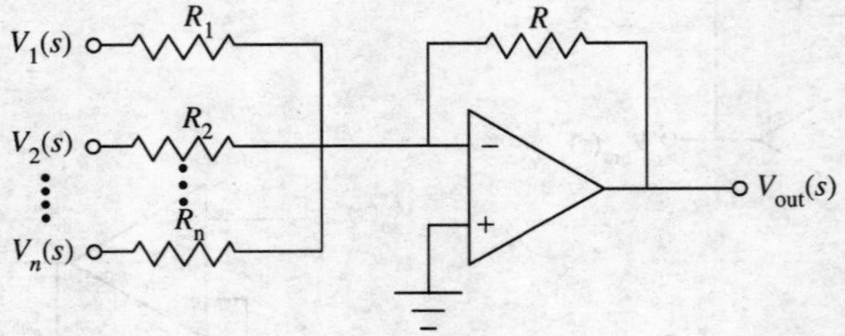

图 2.18　加法器 – 乘法器（反相）

显然地，这个电路可以分别实现加法器和乘法器的操作。我们需要一个反相器来消除式（2.89）里的负号。为了直接得到和，我们让 $R_1 = R_2 = \cdots = R_n = R$。

（3）微分器（有缩放因子）

对于如图 2.11c 所示操作我们需要

$$g(t) = K\frac{\mathrm{d}f(t)}{\mathrm{d}t}\qquad(2.90a)$$

或者它的拉普拉斯变换

$$G(s) = KsF(s)\qquad(2.90b)$$

此操作可以采用如图 2.19 所示的运算放大器电路进行实现，Z_1 看作一个电容 C，Z_2 看作一个电阻 R。因此图 2.12 给出了图 2.19 的微分电路，在该电路中的变量 $F(s)$ 和 $G(s)$ 可由电压 $V_{\mathrm{in}}(s)$ 和 $V_{\mathrm{out}}(s)$ 模拟，并且

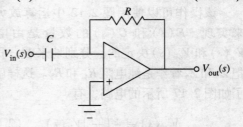

$$V_{\mathrm{out}}(s) = -RCsV_{\mathrm{in}}(s)\qquad(2.91)$$

图 2.19　微分器（缩放因子）

为了消除符号再次添加一个反相器。如果需要归一化，RC 的乘积可以选择为 $RC = K$。

（4）积分器（有缩放因子）

符号形式由图 2.11d 所示，在时域中将输出 $f(t)$ 和输入 $g(t)$ 联系起来：

$$g(t) = K\!\int f(t)\,\mathrm{d}t\qquad(2.92a)$$

或在拉普拉斯变换后

$$G(s) = K\frac{F(s)}{s}\qquad(2.92b)$$

如图 2.12 所示电路，其中，Z_1 看作一个电阻 R，Z_2 看作一个电容 C。因此对于电路的 $F(s)$ 和 $G(s)$ 的模拟电压分别为 $V_{\mathrm{in}}(s)$ 和 $V_{\mathrm{out}}(s)$，我们可以得到图 2.20 的积分电路，其中

$$V_{out}(s) = -\frac{1}{RCs}V_{in}(s) \tag{2.93}$$

并且和前面的一样，消除负号可以在输出加上一个反相器。

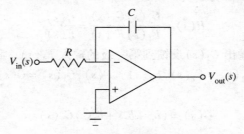

图 2.20 积分器（缩放因子）

2.6 模拟系统函数的实现

2.6.1 运算放大器的基本原理与应用

现在，已知一个系统函数 $H(s)$，目前我们希望能够找到一个函数描述的功能框图表示各模块之间的互连。该过程称为系统仿真或系统函数的实现。一般情况下，考虑这个过程之前，首先将其表示为二次传输函数：

$$H(s) = \frac{b_0 + b_1 s + b_2 s^2}{1 + a_1 s + a_2 s^2} \tag{2.94}$$

把函数写成

$$H(s) = H_1(s)H_2(s) \tag{2.95}$$

这里

$$H_1(s) = b_0 + b_1 s + b_2 s^2 \tag{2.96}$$

并且

$$H_2(s) = \frac{1}{1 + a_1 s + a_2 s^2} \tag{2.97}$$

现在，如果将 $H_1(s)$ 独立地看作是一个具有输入 $F_1(s)$ 和输出 $G_1(s)$ 的子系统的传输函数，那么可以表示为

$$\begin{aligned} G_1(s) &= (b_0 + b_1 s + b_2 s^2)F_1(s) \\ &= b_0 F_1(s) + b_1 s F_1(s) + b_2 s^2 F_1(s) \end{aligned} \tag{2.98}$$

可以直接得到如图 2.21a 所示功能框图实现。

相似地，如果 $H_2(s)$ 可以单独地看作是一个具有输入 $F_2(s)$ 和输出 $G_2(s)$ 的子系统的传输函数，那么同样可以表示为

$$G_2(s) = H_2(s)F_2(s) \tag{2.99}$$

或者

$$G_2(s) = F_2(s) - a_1 s G_2(s) - a_2 s^2 G_2(s) \qquad (2.100)$$

这些可以直接实现功能块，如图 2.21b 所示。

现在，将式（2.95）分解为

$$H(s) = \frac{G_1(s) G_2(s)}{F_1(s) F_2(s)} = \frac{G(s)}{F(s)} \qquad (2.101)$$

因此，如果第二级的输出 $G_2(s)$ 反馈到第一级的输入 $F_1(s)$，我们让

$$G_2(s) = F_1(s), F_2(s) = F(s), G_1(s) = G(s) \qquad (2.102)$$

因此

$$G(s) = (b_0 + b_1 s + b_2 s^2) G_2(s) \qquad (2.103)$$

这里

$$G_2(s) = F(s) - a_1 s G_2(s) - a_2 s^2 G_2(s) \qquad (2.104)$$

这样就组成完整的二阶函数，如图 2.21c 所示，两个子系统共用一个微分器。

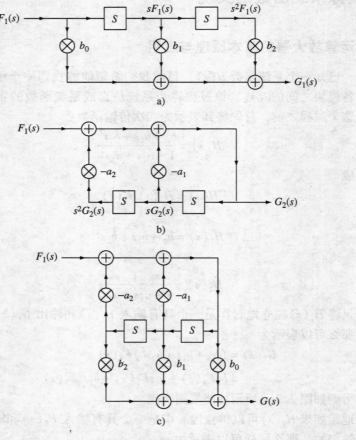

图 2.21　二阶系统函数的实现

a）式（2.96）的系统实现　b）式（2.97）的系统实现　c）图 a）和图 b）的级联系统的实现式（2.94）

对于式（2.82）所描述的一般情况也可以采用相同的方法进行处理。因此一个一般传输函数可以表示为

$$H(s) = \frac{b_0 + b_1 s + b_2 s^2 + \cdots + b_n s^n}{1 + a_1 s + a_2 s^2 + \cdots + a_n s^n} \tag{2.105}$$

如图 2.22 所示。如果 $H(s)$ 的分子级数小于分母级数，那么图 2.22 中的乘法器和相应的路径将被删除。

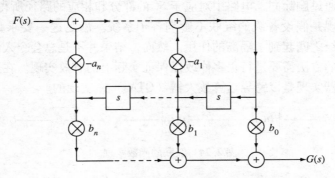

图 2.22　式（2.105）的系统函数实现

从传输函数式（2.105）进行分析也是可以的，将它的分子和分母同时除以 s^n，这个函数就可以表示为由 s^{-1} 组成的两个多项式的比，即

$$H(s) = \frac{b_n + b_{n-1} s^{-1} + \cdots b_0 s^{-n}}{a_n + a_{n-1} s + a_2 s^{-1} + \cdots s^{-n}} \tag{2.106}$$

那么，这种实现方式就可以用积分器来替代微分器。如图 2.23 所示，从实际观点出发这种实现方式也更为可取，因为积分器比微分器更适合进行函数实现，因而在实现中无一例外的都选择积分器进行函数实现。

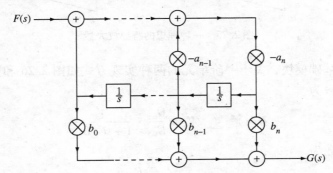

图 2.23　式（2.106）的系统函数实现

无论是图 2.22 还是图 2.23 的实现方式都称为系统的模拟计算仿真。乘法器、加法器、微分器和积分器可以用前面提到的运算放大器电路进行实现。

传输函数式（2.105）实现的一个替代方法具有一些实际的优点，现将函数 $H(s)$ 因式分解为二阶函数的乘积（对于奇次函数还应该包括一个一阶的函数）。

$$H(s) = \prod_k H_k(s) \tag{2.107}$$

这样，每个因子都可以独立实现，级联的子系统连接如图 2.24 所示。每一个二阶子系统都是由图 2.22 中的一般形式级联所形成（其中 $n = 2$）。可能出现的一阶因子，则是通过删除同一电路中对应于 S^2 的部分和相应的路径所得到的。当然，这种方法的实现是假设各级的级联不影响各子系统。满足这一要求是利用了缓冲器，使其在各级之间起到了隔离的作用。然而，结果并不是总会令人满意的，这个理论上很简单的方法需要进行很多修改以保证实际上的有效实现。在这方面，一种更适合的积分器实现是以跨导运算放大器（OTAs）来实现的。

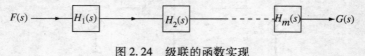

图 2.24　级联的函数实现

2.6.2　运用 OTAs 和 $G_m - C$ 电路实现积分器

一个理想的跨导运算放大器是具有有限输入和输出阻抗的压控电流源[25,26]。因此关于图 2.25 有

$$i_{out} = G_m(V_{inp} - V_{inn}) \tag{2.108}$$

在这里 G_m 是跨导。

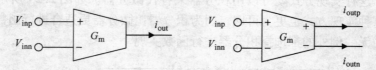

图 2.25　一种理想的跨导放大器

采用这个基础模块，关于一阶单元的两种实现方式如图 2.26 和图 2.27 所示。前者的传输函数为

$$H(s) = V_{out}/V_{in} = \frac{G_{m1}}{G_{m2}} \cdot \frac{1}{1 + sC/G_{m2}} \tag{2.109}$$

后者的传输函数为

$$H(s) = \frac{G_m R}{1 + RCs} \tag{2.110}$$

它们中的任意一个都可以用来实现任意一个一阶传输函数。此外，一个简单积分器可以通过移除图 2.26 中的 G_{m2} 电路，或者通过移除图 2.27 的电阻 R 来实现，这样就可以得到一个积分器的传输函数为

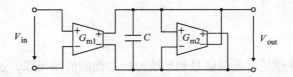

图 2.26 采用两个跨导器和一个电容实现的一阶单元：一个 $G_m - C$ 电路

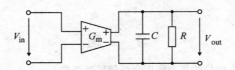

图 2.27 一种替代的采用一个跨导器、一个电容和一个电阻实现的一阶单元

$$H(s) = G_m/Cs \tag{2.111}$$

因此，基于该原则，任意一个传输函数可以采用上述的任一积分器进行实现。

如果采用图 2.28 中的 OTAs 来实现图 2.26 的跨导器和二阶传输函数，那么另一种可行的实现方式是将一阶单元进行级联。二阶单元的传输函数为

$$H(s) = \frac{A\omega_0^2}{s^2 + (\omega_0/Q)s + \omega_0^2} \tag{2.112}$$

其中有

$$A = \frac{G_{m0}}{G_{m2}}, \omega_0 = \sqrt{\frac{G_{m1}G_{m2}}{C_1 C_2}}, Q = \sqrt{\frac{C_2}{C_2} G_{m1}G_{m2}R_2^2} \tag{2.113}$$

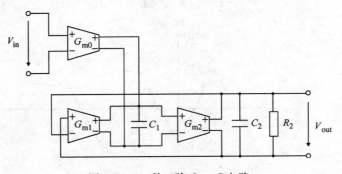

图 2.28 一种二阶 $G_m - C$ 电路

在滤波器的设计中这些电路被称为 $G_m - C$ 电路。在考虑非理想因素影响下，这些电路的集成电路实现将在信号处理的 MOS 模拟集成电路的章节中讨论。在滤波器的设计中，低阶单元级联实现高阶滤波器是一种很普遍的技术。

2.7　小结

这一章可以看作是对模拟信号和系统分析基础的简洁回顾，这些内容可以作为后面章节的参考，或者作为独立阅读的章节。关于跨导运算放大器的讨论，对滤波器设计应用将会有很大的帮助，特别是在采用 MOS 集成电路实现滤波器设计应用中是非常重要的。

习　　题

2.1　计算如图 2.29 中每个信号的复数和正余弦傅里叶级数。

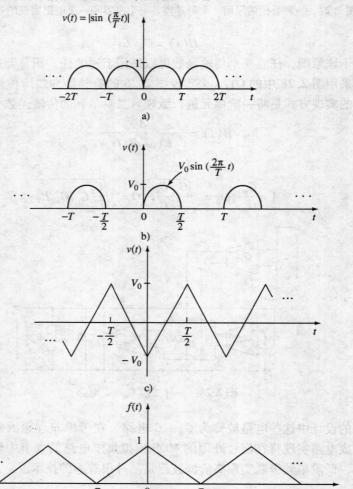

图　2.29

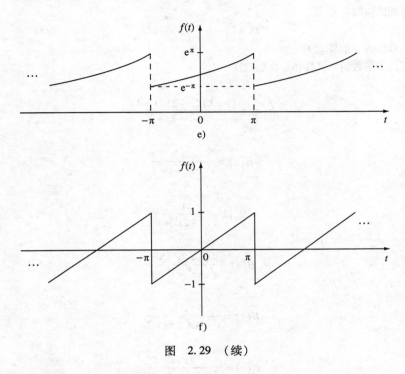

图 2.29 （续）

2.2 计算图 2.30 中所示信号的傅里叶变换。

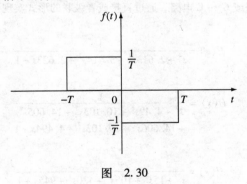

图 2.30

2.3 一个线性系统的冲激响应为

$$h(t) = te^{-t}u(t)$$

如果激励信号是

$$f(t) = e^{-t}u(t)$$

求出响应信号的傅里叶变换。

2.4 一个系统的传输函数如下

$$H(s) = \frac{1}{(s+1)(s^2+s+1)}$$

当系统的激励信号为

$$f(t) = (1 - e^{-t} + e^{-3t})u(t)$$

时，求出响应信号 $g(t)$。

2.5 验证以下函数的广义性和严格稳定性

（a）

$$H(s) = \frac{(s+1)(s-2)(s+4)}{s^3 + s^2 + 2s + 2}$$

（b）

$$H(s) = \frac{s+1}{s^4 + s^2 + s + 1}$$

（c）

$$H(s) = \frac{1}{s^5 + 2s^3 + s}$$

（d）

$$H(s) = \frac{s^2 + 2s + 3}{s^7 + s^5 + s^3 + s}$$

（e）

$$H(s) = \frac{s^3}{s^3 + 4s^2 + 5s + 2}$$

（f）

$$H(s) = \frac{s^3}{s^6 + 7s^4 + 5s + 4}$$

2.6 采用全积分器电路或 $G_\mathrm{m} - \mathrm{C}$ 电路，通过直接或者级联的形式实现下面传输函数。

（a）

$$H(s) = \frac{1}{s^4 + 2.613s^3 + 3.414s^2 + 2.623s + 1}$$

（b）

$$H(s) = \frac{1}{\begin{array}{c} s^7 + 4.49s^6 + 10.103s^5 + 14.605s^4 \\ + 14.606s^3 + 10.103s^2 + 4.494s + 1 \end{array}}$$

（c）

$$H(s) = \frac{1}{s^5 + 15s^4 + 105s^3 + 420s^2 + 945s + 1}$$

（d）

$$H(s) = \frac{1}{s^3 + 6s^2 + 15s + 15}$$

（e）

$$H(s) = \frac{1}{0.5s^4 + 3s^3 + 4s^2 + 2s + 1}$$

3 模拟滤波器设计

3.1 绪论

这一章将讨论模拟连续时间滤波器设计的一般理论和技术[13,14]。这些经典的设计技术具有永恒的意义。它们本身就很重要，并且和所有类型滤波器设计相关，包括数据采样类型的数字和开关电容滤波器。这是因为滤波工作时根据同一个原则，通常地，模拟连续时间模型是作为其他类型滤波器设计的开端。以往繁杂的滤波器参数计算现在可以通过强大的软件工具非常容易的进行实现。因此这章包括了详细的引导和一些采用 MATLAB 设计模拟滤波器及响应分析的实例。本章涵盖了在电子通信方面的一个重要应用：即应用于数据传输的脉冲整形滤波器设计。

3.2 理想滤波器

一个系统或者网络，如图 3.1 所示，输入为 $f(t)$ 并且输出为 $g(t)$。采用傅里叶变换我们可以得到：

$$f(t) \leftrightarrow F(j\omega) \tag{3.1}$$

和

$$g(t) \leftrightarrow G(j\omega)$$

系统的传输函数是

$$H(j\omega) = \frac{G(j\omega)}{F(j\omega)} \tag{3.2}$$

$$= |H(j\omega)| \exp[(j\psi(\omega)]$$

这里 $|H(j\omega)|$ 是振幅响应，$\psi(\omega)$ 是相位响应。如果一个系统的振幅响应在一定的频带内是常数（统一性），并且在这些频带外几乎为 0，那么该系统被称为理想滤波器。此外，在这些振幅是常数的频带内，相位是 ω 的线性函数。四种基本类型的理想滤波器的振幅响应如图 3.2 所示，分别为低通滤波器、高通滤波器、带通滤波器和带阻滤波器。理想低通滤波器的相位响应如图 3.2 所示，有

$$\psi(\omega) = -k\omega \qquad |\omega| \leqslant \omega_0 \tag{3.3}$$

这里 k 是一个常数。

为了理解为什么这些是我们所需的理想滤波器特性，考虑低通滤波器的情况，其传输函数为

$$H(j\omega) = \begin{cases} \exp(-jk\omega) & 0 \leqslant |\omega| \leqslant \omega_0 \\ 0 & |\omega| > \omega_0 \end{cases} \qquad (3.4)$$

然后

$$G(j\omega) = H(j\omega)F(j\omega) \qquad (3.5)$$

因此对于 $|\omega| > \omega_0$，$G(j\omega) = 0$，在通带 $(0 \leqslant |\omega| \leqslant \omega_0)$

$$G(j\omega) = \exp(-jk\omega)F(j\omega) \qquad (3.6)$$

取上述式（3.6）的傅里叶逆变换我们可以得到

$$g(t) = f(t-k) \qquad (3.7)$$

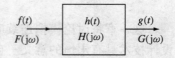

这意味着输出和输入完全一样，但是有固定时间 k 的延迟。因此，任何输入信号在理想的滤波器通带内的频谱将无衰减传输并且无相位谱失真。这些信号只有固定的时间延迟。

图 3.1　一个输入为 $f(t)$ 并且输出为 $g(t)$ 的线性系统

理想滤波器的特性不能运用因果传输函数来得到，必须采用近似的办法。我们重新考虑式（3.4）所表示的理想低通滤波器所表达的函数，就能很清楚地理解这句话的含义。

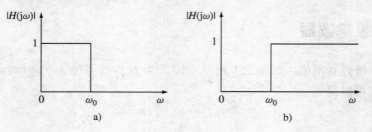

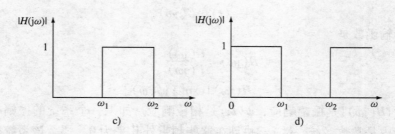

图 3.2　理想滤波器特性

a）低通滤波器　b）高通滤波器　c）带通滤波器　d）带阻滤波器

对 $H(j\omega)$ 进行傅里叶逆变换我们可以得到理想滤波器的脉冲响应，即

$$h(t) = \Im^{-1}[H(j\omega)]$$
$$= \frac{\sin\omega_0(t-k)}{\pi(t-k)} \qquad (3.8)$$

如图 3.4 所示，显然时间为负时输出值仍然存在，因此该系统是非因果系统，通过

物理器件是难以实现的。

类似地，对于一个理想的带通滤波器，我们需要

$$H(j\omega) = \exp(-jk\omega) \qquad \omega_1 \leqslant |\omega| \leqslant \omega_2$$
$$= 0$$

（3.9）

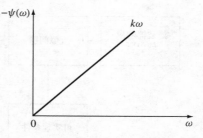

图3.3 理想低通滤波器的相位特性

基于傅里叶逆变换，得到所需滤波器的脉冲响应为

$$h(t) = \frac{2}{\pi(t-k)}\cos\left(\frac{\omega_2+\omega_1}{2}\right)(t-k)\sin\left(\frac{\omega_2-\omega_1}{2}\right)(t-k) \qquad (3.10)$$

也是非因果性的。

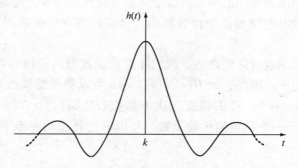

图3.4 理想滤波器的脉冲响应

关于理想振幅特性的任何偏差都称为振幅偏差，同时关于理想（线性）相位特性的任何偏差都称为相位偏差。在一些应用中，比如声音通信，滤波器基于振幅进行设计，主要是因为人耳对相位失真不敏感。在一些应用中，当它们需要和理想线性相位响应特别近似时，那么该设计就与相位失真有关。然而，在现代高品质通信系统中，滤波器必须同时具有良好的振幅（高选择性）和相位特性。

由于理想滤波器特性不可能和实际（因果）传输函数精确地匹配，它们必须在严格的可实现性下进行近似。这意味着一个传输函数肯定会衍生其他的一些效应，一方面，在给定的容限内必须符合滤波器响应的要求；另一方面，必须符合作为一个物理系统的可实现条件。这些都称为近似问题。然后，设计可以通过采用所需基础模块的传输函数来进行实现。这称之为综合问题。关于滤波器设计步骤各问题如图3.5所示。

在本章余下的内容中我们将对振幅导向型和相位导向型设计的逼近问题做一个概述。基于此，传输函数就可以用包括有源网络和无源网络在内的多种形式来进行实现。然而，这些实现理论和技术的研究都属于网络综合的范畴，虽然这是一个令人兴奋并且严谨的电路理论和信号处理领域，但是超出了这本书的范围。因此，我

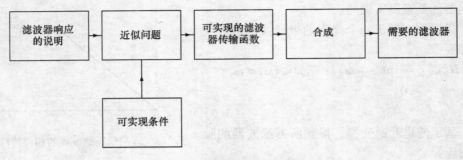

图 3.5　一个滤波器设计的步骤

们将依据第二章中作为简单概念讨论的实现技术，以及它们所涉及的一些基本原则的综合技术，归纳出最常用的滤波器传输函数。此外，本章讨论的滤波器传输函数可作为数字和开关电容滤波器的设计原型，这些内容我们会在以后的章节里进行介绍。

在讨论滤波器的设计问题之前，我们注意到滤波器的传输函数 $H(s)$ 的因果关系隐含在整个讨论中。因此，设 $H(s)$ 中的 $s \to j\omega$ 可以得到滤波器的正弦稳态响应。相反我们通过令 $\omega \to s/j$，可由幅度二次方函数 $|H(j\omega)|^2 = H(j\omega)H(-j\omega)$ 得到 $H(s)H(-s)$。对于一个稳定的传输函数，可以通过开放的左半平面上的极点得到 $H(s)$。

3.3　振幅导向型设计

现在我们讨论振幅近似问题。这包括找到一个可实现的幅度函数 $H(j\omega)$，或者等价的一个幅度平方函数 $|H(j\omega)|^2$，它在滤波器的振幅响应上能够满足任意的要求。也就是说这个函数能够无限接近理想滤波器的特性。

现在，一个由 $H(j\omega)$ 描述的滤波器的衰减函数定义为

$$\alpha(\omega) = 10\log \frac{1}{|H(j\omega)|^2} (\text{dB}) \tag{3.11}$$

这样可以很方便地开始我们关于低通滤波器设计的讨论，进而获得其他类型滤波器的分析方法。因此，低通滤波器的近似问题是确定 $|H(j\omega)|^2$，与如图 3.6 所示的典型标准一致。这是一个容限图即在通带和阻带内脉冲响应在图 3.6a 的阴影区以及图 3.6b 的相应区域。在过渡带，假设在 ω_0 和 ω_s 之间的振幅是单调递减的，因此衰减单调递增。频率 ω_0 被称为通带边缘或者截止频率，同时 ω_s 被认为是阻带边缘。

因此对于低通响应，通带为从 0 到 ω_0，同时阻带为 ω_s 到无穷。

现在滤波器的振幅二次方函数可以写为

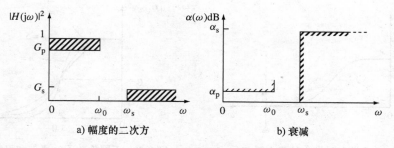

a) 幅度的二次方　　　　　　　　　　　b) 衰减

图3.6　振幅导向的滤波器设计的容限图

$$| H(j\omega) |^2 = \frac{\displaystyle\sum_{r=0}^{m} a_r \omega^{2r}}{1 + \displaystyle\sum_{r=1}^{n} b_r \omega^{2r}} \tag{3.12}$$

这样问题可以转换为确定上面方程中满足任意条件的系数 a_r 和 b_r。

3.3.1　通带和阻带的最平坦化响应

这种类型的近似会得到所谓的巴特沃斯响应，通常情况下如图 3.7 所示。这可以通过 $|H(j\omega)|^2$ 关于 ω 的最大可能数目的导数来得到。当 $\omega = 0$ 和 $\omega = \infty$ 时不存在。

在 $\omega = 0$ 附近的 $2n-1$ 阶零状态导数我们有

$$a_r = b_r \qquad r = 1, 2, \cdots, (n-1) \tag{3.13}$$

在 $\omega = \infty$ 附近的 $2n-1$ 阶零状态导数我们有

$$a_r = 0 \qquad r = 1, 2, \cdots, (n-1) \tag{3.14}$$

综合式（3.13）和式（3.14），式（3.12）可以转化为

$$|H(j\omega)|^2 = \frac{a_0}{1 + b_n \omega^{2n}}$$

这里的 a_0 和 b_n 是常数，可作为单位 1 而不影响响应的特性。
因此

$$|H(j\omega)|^2 = \frac{1}{1 + \omega^{2n}} \tag{3.15}$$

这里 n 是滤波器阶数，并且对于所有的 n 来说 3dB 点出现在 $\omega = 1$ 处。这一点可以任意缩放，在下一级，可以取任意值。不同阶数巴特沃斯滤波器的典型响应如图 3.8 所示。这表明可以通过增加滤波器阶数来提高滤波器的频率响应（当然这需要更多的元件来进行实现），同时当 $n \to \infty$ 时，该响应趋于理想滤波器特性。

为了确定 $H(s)$ 的表达式，我们首先确定式（3.15）的极点为

$$\omega^{2n} = -1 = \exp[j(2r-1)\pi] \tag{3.16}$$

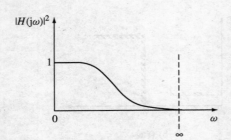
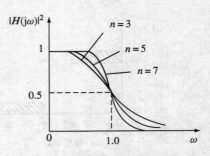

图 3.7 通带和阻带中的最大平坦
响应（巴特沃斯响应）

图 3.8 不同阶数下的通带和阻带中的
最大平坦响应

也就是

$$\omega = \exp\left[\frac{j(2r-1)\pi}{2n}\right] \tag{3.17}$$

或者通过解析拓展，让 $\omega^2 = -s^2$，那么 $H(s)H(-s)$ 的极点为

$$s = j\exp(j\theta_r) \tag{3.18}$$

$$= -\sin\theta_r + j\cos\theta_r$$

这里

$$\theta_r = \frac{(2r-1)}{2n}\pi \qquad r = 1,2,\cdots \tag{3.19}$$

对于一个稳定的（可实现的）$H(s)$ 我们选择一个开放的左半平面的极点去组成一个严格的赫维茨分母。因此得到的传输函数为

$$H(s) = \frac{1}{\prod\limits_{r=1}^{n}[s - j\exp(j\theta_r)]} \tag{3.20}$$

现在就要从一组参数条件中得到所需滤波器阶数 n。这些可以从下面两种形式的任一种进行表达：

（a）3dB 点位于 $\omega = 1$ 时

当阻带边缘为 $\omega = \omega_s$，并且当 $\omega \geqslant \omega_s$ 时 $\alpha(\omega) \geqslant \alpha_s$。

为了得到这种情况下的滤波器阶数，式（3.15）被用来描述阻带边缘：

$$10\log(1 + \omega_s^{2n}) \geqslant \alpha_s \tag{3.21}$$

这里给出

$$n \geqslant \frac{\log(10^{0.1\alpha_s} - 1)}{2\log\omega_s} \tag{3.22}$$

考虑到 3dB 点，这里的 ω_s 实际上是归一化的阻带边缘频率。

（b）另一种描述参数的形式如下：

最大通带衰减 $= \alpha_p$，$\omega \leqslant \omega_p$

最小阻带衰减 $= \alpha_s$，$\omega \geqslant \omega_s$

阻带边缘和通带边缘比 $\omega_s/\omega_p = \gamma$

对于以上表述形式，通带边缘式是不一定要定义为 3dB 点上的频率。这种情况下

定义通带边缘处,即

$$10\log(1 + \omega_p^{2n}) \geq \alpha_p$$

所以可以得到:

$$2n\log\omega_p \leq \log(10^{0.1\alpha_p} - 1) \tag{3.23}$$

在阻带边缘,式(3.21)依然有效,结合式(3.23)可以得到结果如下:

$$n \geq \frac{\log[(10^{0.1\alpha_s} - 1)/(\log^{0.1\alpha_p} - 1)]}{2\log(w_s/w_p)} \tag{3.24}$$

3.3.2 切比雪夫响应

对于相同的滤波器阶数 n,相对于巴特沃斯响应,提高滚降率有一个可行的方法,即使得 $|H(j\omega)|^2$ 在通带内产生等波纹响应,同时又保持其在阻带内的最大平坦响应,这种典型的逼近响应如图 3.9 所示。

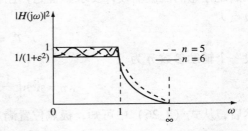

图 3.9 典型的切比雪夫原型低通滤波器响应

对于一个低通原型,通带边缘归一化为 $\omega = 1$,我们用式(3.14)来得到函数在 $\omega = \infty$ 时的 $2n - 1$ 阶零导数,得到的函数形式为

$$|H(j\omega)|^2 = \frac{1}{1 + \varepsilon^2 T_n^2(\omega)} \tag{3.25}$$

这里的 $T_n(\omega)$ 被选为一个奇数阶或偶数阶多项式,其在通带 $|\omega| \leq 1$ 内以及在 -1 和 $+1$ 之间具有最大振荡次数,并且在这个区间之外是单调递增的。这使得产生一个在通带 $|\omega| \leq 1$ 内的 1 和 $1/(1 + \varepsilon^2)$ 之间振荡的滤波器响应。振荡或者纹波的大小通过选择合适的参数 ε 来确定。多项式 $T_n(\omega)$ 即称为第一类切比雪夫多项式,定义为

$$T_n(\omega) = \cos(n\cos^{-1}\omega) \qquad 0 \leq |\omega| \leq 1$$
$$= \cosh(n\cosh^{-1}\omega) \qquad |\omega| > 1 \tag{3.26}$$

这个多项式可以用递推公式来产生:

$$T_{n+1}(\omega) = 2\omega T_n(\omega) - T_{n-1}(\omega) \tag{3.27}$$

有

$$T_0(\omega) = 1 \qquad T_1(\omega) = \omega$$

从上面的公式可以得出

$$T_2(\omega) = 2\omega^2 - 1$$
$$T_3(\omega) = 4\omega^3 - 3\omega$$
$$T_4(\omega) = 8\omega^4 - 8\omega^2 + 1$$
$$T_5(\omega) = 16\omega^5 - 20\omega^3 + 5\omega \tag{3.28}$$

可以看出

$$T_n(0) = 0 \quad (n \text{ 为奇数})$$
$$T_n(0) = 1 \quad (n \text{ 为偶数}) \tag{3.29}$$

这就是说对奇数 n 有 $|H(0)|^2 = 1$，对于偶数 n 有 $|H(0)|^2 = 1/(1 + \varepsilon^2)$。

切比雪夫多项式被认为是用来确定位于 $0 \leqslant \omega \leqslant 1$ 频带内 $|H(j\omega)|^2$ 的最优解解决方法。并且对于一个固定的滤波器阶数，对于所有在 $1 < \omega \leqslant \infty$ 范围内的 ω 值，$|H(j\omega)|^2$ 都具有最大值。简单地说，我们可以看到通过选择合适的参数 ε 和 n，可以满足任意的滤波器设计要求。首先，让我们计算 $H(s)$ 的表达式，式（3.25）的极点为

$$\varepsilon^2 T_n^2 = -1 \tag{3.30}$$

设一个辅助参数 η 为

$$\eta = \sinh\left(\frac{1}{n}\sinh^{-1}\frac{1}{\varepsilon}\right) \tag{3.31}$$

然后，从式（3.26）中可知，极点位置满足：

$$\cos^2(n\cos^{-1}\omega) = -\sinh^2(n\sinh^{-1}\eta) \tag{3.32}$$

或者

$$n\cos^{-1}\omega = n\sin^{-1}j\eta + (2r - 1)\pi/2 \tag{3.33}$$

也就是说极点为

$$s = -j\cos(\sin^{-1}j\eta + \theta_r) \tag{3.34}$$

这里

$$\theta_r = \frac{(2r - 1)\pi}{2n} \tag{3.35}$$

因此，一个稳定（可实现）的传输函数可以从式（3.34）中在开放左半平面上的极点中得到

$$H(s) = \frac{\prod_{r=1}^{n}\left[\eta^2 + \sin^2(r\pi/n)\right]^{1/2}}{\prod_{r=1}^{n}\{s + [\eta\sin\theta_r + j(1 + \eta^2)^{1/2}\cos\theta_r]\}} \tag{3.36}$$

在式（3.36）中，分子是一个固定的常数值，当 n 为奇数时 $H(0) = 1$，当 n 为偶数时 $H(0) = 1/(1 + \varepsilon^2)^{1/2}$。

现在，就可以得到满足设计要求的滤波器的最小阶数的表达式，这些式子可以表示为

通带衰减 $\alpha(\omega) \leqslant \alpha_p, 0 \leqslant \omega \leqslant 1$

阻带衰减 $\alpha(\omega) \geqslant \alpha_s, \omega \geqslant \omega_s$

所以，从式（3.25），我们在通带得到

$$10\log(1 + \varepsilon^2) \leqslant \alpha_p$$

或者

$$\varepsilon^2 \leqslant 10^{0.1\alpha_p} - 1 \qquad (3.37)$$

同样我们在阻带边缘肯定能得到

$$10\log\left\{1 + \left[\varepsilon\cosh(n\cosh^{-1}\omega_s)\right]^2\right\} \geqslant \alpha_s$$

在利用式（3.37）的基础上，我们可以求出滤波器的阶数 n 为

$$n \geqslant \frac{\cosh^{-1}\left[(10^{0.1\alpha_s} - 1)/(10^{0.1\alpha_p} - 1)\right]^{1/2}}{\cosh^{-1}\omega_s} \qquad (3.38)$$

这里的 ω_s 是根据通带边缘频率归一化得到的阻带边缘频率，其中通带边缘频率被假定为 $\omega = 1$。

3.3.3 椭圆函数响应

对于有理函数 $|H(j\omega)|^2$ 每个频带内的指定值，椭圆函数响应是一种最小化最大偏差的最佳频率响应，其中双频段近似如图 3.6 所示。椭圆函数响应在通带和阻带内具有等纹波响应，典型示例如图 3.10 所示。最优等纹波响应传输函数的表达

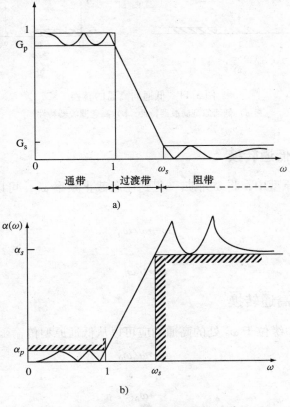

图 3.10 最优等纹波响应低通滤波器原型
a）幅度二次方 b）衰减

式包括雅克比椭圆积分以及椭圆方程，因此它又称为椭圆滤波器。这些暂不做讨论，但是事实上对于给定的滤波器阶数，这类滤波器提供了一个最优的振幅响应，这些传输函数的表达式以及不同实现方式的元件参数表在设计手册[16]中都有详细给出，当然这些表达式和参数值也可以运用如 MATLAB 之类的软件得到。这些知识点将通过一些设计实例来进行讨论。

3.4　频率转换

到目前为止我们的讨论都集中在低通原型滤波器上，这类滤波器的通带边缘频率（截止频率）都被归一化为 $\omega = 1$。我们现在考虑将截止频率变换至任意频率的过程，即以低通滤波器为原型设计高通滤波器、带通滤波器和带阻滤波器。

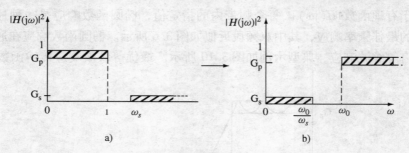

图 3.11　低通向高通的转换

a）低通原型滤波器特性　b）高通滤波器特性

3.4.1　低通向低通转换

在传输函数原型中，将 ω 非归一化到任意截止频率 ω_0，可以通过变换的方法来实现

$$\omega \to \omega / \omega_0 \tag{3.39a}$$

或者

$$s \to s / \omega_0 \tag{3.39b}$$

3.4.2　低通向高通转换

一个在通带边缘位于 ω_0 处的高通响应可以从低通原型传输函数中得到，使得

$$\omega \to \omega / \omega_0 \tag{3.40a}$$

或者

$$s \to \omega_0 / s \tag{3.40b}$$

这在图 3.11 中得到论证。

3.4.3 低通向带通转换

从图 3.12a 所示低通原型滤波器特性可以看出负频率是存在的，我们将寻求一种将其转化为带通响应的变换方式，其中带通响应的通带位于 ω_1 和 ω_2 之间，如图 3.12b 所示。

低通原型滤波器的传输函数中，使得

$$\omega \rightarrow \beta\left(\frac{\omega}{\omega_0} - \frac{\omega_0}{\omega}\right) \tag{3.41}$$

或者

$$s \rightarrow \beta\left(\frac{s}{\omega_0} + \frac{\omega_0}{s}\right)$$

这里 β 和 ω_0 均被定义在 ω_1 和 ω_2 之间。参考图 3.12，我们可以用式（3.41）来得到变换条件

$$-1 = \beta\left(\frac{\omega_1}{\omega_0} - \frac{\omega_0}{\omega_1}\right)$$

$$1 = \beta\left(\frac{\omega_2}{\omega_0} - \frac{\omega_0}{\omega_2}\right) \tag{3.42}$$

这样，同时解决的还有

$$\omega_0 = (\omega_1\omega_2)^{1/2}$$

$$\beta = \frac{\omega_0}{\omega_2 - \omega_1} = \frac{\omega_0}{BW} \tag{3.43}$$

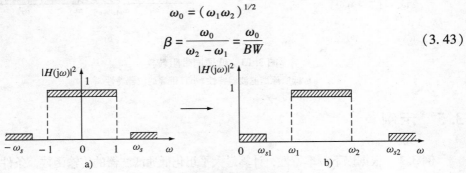

图 3.12　低通向带通转换

a）低通原型滤波器特性　b）带通滤波器特性

例如，低通切比雪夫响应函数可被转化为一个带通函数，如下

$$|H(j\omega)|^2 = \left\{1 + \varepsilon^3 T_n^2\left[\beta\left(\frac{\omega}{\omega_0} - \frac{\omega_0}{\omega}\right)\right]\right\}^{-1} \tag{3.44}$$

对式（3.41）的频率转化验证表明，由此产生的带通响应在 ω_0 处具有几何对称性，这被称作带心。这意味着对于每一个频率对 $\check{\omega}$ 和 $\hat{\omega}$（其中 $\check{\omega}\hat{\omega} = \omega_0^2$）具有相同的振幅值，即

$$\alpha(\check{\omega}) = \alpha(\hat{\omega}) \tag{3.45}$$

有

$$\hat{\omega}\hat{\omega} = \omega_0^2$$

3.4.4　低通向带阻转换

低通滤波器向带阻滤波器的频率转换如图3.13所示，基于低通原型函数的变换实现，首先使得

$$\omega \rightarrow 1/\beta\left(\frac{\omega}{\omega_0} - \frac{\omega_0}{\omega}\right) \tag{3.46a}$$

或者

$$s \rightarrow 1/\beta\left(\frac{s}{\omega_0} + \frac{\omega_0}{s}\right) \tag{3.46b}$$

这里的 β 和 ω_0 由式（3.43）给出，这里的 ω_1 是低频通带边缘，ω_2 是高频通带边缘。

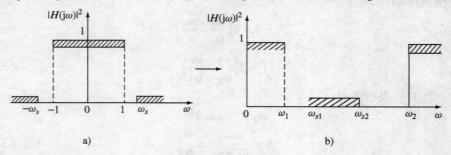

图3.13　低通向带阻转换
a）低通原型滤波器特性　b）带通滤波器特性

3.5　示例

例3.1　根据以下频率特性，计算最大平坦化低通滤波器的传输函数，条件如下：

通带：$0 \sim 1\text{kHz}$，带内衰减$\leqslant 3\text{dB}$。

阻带边缘：1.5kHz，衰减$\geqslant 40\text{dB}$。

答案：归一化阻带边缘在3dB时为 $\omega_s = 1.5$。因此，所需的滤波阶数可以通过式（3.22）确定

$$n \geqslant \frac{\log(10^4 - 1)}{2\log 1.5} \geqslant 11.358$$

所以，我们取 $n = 12$。滤波器的传输函数可以由式（3.20）且当 $n = 12$ 时得到，然后该传输函数可以根据式（3.39）去归一化，得到实际的截止频率为 $\omega_0 = 2\pi \times 10^3$。

例3.2　根据以下条件，找出一个切比雪夫低通滤波器的传输函数，条件如下：

通带：$0 \sim 0.5\text{MHz}$，带内纹波为 0.2dB。

阻带边缘：1.0MHz，衰减≥50dB。

答案：对截止频率 0.5MHz 进行归一化，有 $\omega_s = 1/0.5 = 2$。将 $\alpha_p = 0.2$，$\alpha_s = 50$ 以及 $\omega_s = 2$ 代入到式（3.38）中，得到 $n \geq 6.06$，取 $n = 7$，同样地通过式（3.37）可以得到：

$$\varepsilon = (10^{0.02} - 1)^{1/2} = 0.2171$$

并且辅助参数为

$$\eta = \sinh\left(\frac{1}{7}\sinh^{-1}\frac{1}{0.2171}\right)$$

上述值带入到式（3.36）中可以得到归一化原型的传输函数，它可以通过式（3.39）去归一化得到实际的截止频率为 $2\pi \times 0.5 \times 10^6$。

例 3.3 根据图 3.14 中的滤波器特性，计算切比雪夫带通滤波器的传输函数。

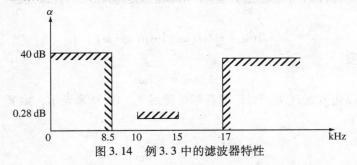

图 3.14 例 3.3 中的滤波器特性

答案：图 3.14 中没有体现出表达式（3.41）的几何对称性。那么该滤波器必须根据更严格的通带上限和下限的要求进行设计。首先指出的是 $\omega_0 = 2\pi(10 \times 15)^{1/2} = 2\pi \times 12.247 \times 10^3 \text{rad/s}$。同样，由式（3.42）可以得到

$$\beta = \frac{\omega_0}{\omega_2 - \omega_1} = \frac{12.247}{15 - 10} = 2.4219$$

然后，对于 $f_0^2 = 150 \times 10^6$，该滤波器设计还必须遵循两个更为严格的条件：（a）8.5kHz 时的阻带衰减为 40dB 且（b）17kHz 时的阻带衰减为 40dB。假设我们需要在 $f \leq 8.5$kHz 时有 $\alpha \geq 40$dB，我们同样需要满足［根据式（3.45）］$f \geq (150/8.5) \geq 17.65$kHz 时有 $\alpha \geq 40$dB，这样我们无法满足阻带上限频率的要求。但是，对于 $f \geq 17$kHz 时 $\alpha \geq 40$dB，需要满足当 $f \leq (150/17) \leq 8.82$kHz 时 $\alpha \geq 40$dB。因此，阻带下限频率的条件在 8.5kHz 处又满足了过设计。所以我们在 17kHz 时采用阻带衰减为 40dB 来确定原型。这个频率符合低通原型的 ω_s。

$$\begin{aligned}
\omega_s &= \beta\left(\frac{\omega_{s2}}{\omega_0} - \frac{\omega_0}{\omega_{s2}}\right) \\
&= 2.4219\left(\frac{17}{12.247} - \frac{12.247}{17}\right) \\
&= 1.635
\end{aligned}$$

同样，当式（3.37）中的 $\alpha_p = 0.28$ 时我们得到 $\varepsilon = 0.258$，并且式（3.38）给出了 $n \geq 6.19$，所以我们取 $n = 7$。辅助参数 η 由式（3.31）得出 $\eta = 0.2992$。因此所求的原型传输函数我们可以采用式（3.36）得到。我们利用表达式（3.41）来计算最终带通滤波器的传输函数。

3.6　相位导向型设计

3.6.1　相位及延迟函数

对于低通的情况，理想（无失真）的相位特性是 ω 的线性函数，如图 3.3 所示。在对理想特性的相位逼近处理中，可以依据所需相位来直接处理。因此，如果我们写作

$$H(j\omega) = |H(j\omega)| \exp[j\psi(\omega)] \tag{3.47}$$

那么我们需要

$$\psi(\omega) \approx -k\omega \tag{3.48}$$

另外，也可以由群延迟 $T_g(\omega)$ 或者相位延迟 $T_{ph}(\omega)$ 来表示，定义为式（3.49）和式（3.50）。

$$T_g(\omega) = -\frac{d\psi(\omega)}{d\omega} \tag{3.49}$$

$$T_{ph}(\omega) = -\frac{\psi(\omega)}{\omega} \tag{3.50}$$

显然，在通带 $|\omega| < \omega_0$ 内对于理想相位特性的近似，式（3.49）中的群延迟在通带内必须逼近为一个常数值。

对式（3.47）两边取对数，我们可以得到：

$$\ln H(j\omega) = \ln|H(j\omega)| + j\psi(\omega)$$
$$= \frac{1}{2}\ln H(j\omega)H(-j\omega) + j\psi(\omega) \tag{3.51}$$

$$\psi(\omega) = -\frac{1}{2}j\ln\frac{H(j\omega)}{H(-j\omega)} \tag{3.52}$$

所以

$$-\frac{d\psi(\omega)}{d\omega} = -\frac{1}{2}\left[\frac{d}{d(j\omega)}\ln H(j\omega) + \frac{d}{d(-j\omega)}\ln H(-j\omega)\right] \tag{3.53}$$
$$= -\text{Re}\left[\frac{d}{d(j\omega)}\ln H(j\omega)\right]$$

并且可以写作

$$T_g(\omega) = -Ev\left[\frac{d}{ds}\ln H(s)\right]_{s=j\omega} \tag{3.54}$$

此外，如果 $H(\mathrm{j}\omega)$ 写成以下形式：

$$H(\mathrm{j}\omega) = \frac{E_1(\omega) + \mathrm{j}O_1(\omega)}{E_2(\omega) + \mathrm{j}O_2(\omega)} \qquad (3.55)$$

这里 $E_{1,2}(\omega)$ 为偶次多项式，$O_{1,2}(\omega)$ 为奇次多项式，相位 $\psi(\omega)$ 是一个奇函数，表示为

$$\psi(\omega) = \tan^{-1}\frac{O_1(\omega)}{E_1(\omega)} - \tan^{-1}\frac{O_2(\omega)}{E_2(\omega)} \qquad (3.56)$$

定义归一化相位函数为

$$\psi(s) = -\frac{1}{2}\ln\left(\frac{H(s)}{H(-s)}\right) \qquad (3.57)$$

所以

$$\psi(\omega) = -\mathrm{j}\psi(s)\,|_{s=\mathrm{j}\omega} \qquad (3.58)$$

并且归一化群延迟可以定义为

$$T_g(s) = -\frac{\mathrm{d}\psi(s)}{\mathrm{d}s} \qquad (3.59)$$

所以

$$T_g(s) = \frac{1}{2}\frac{\mathrm{d}}{\mathrm{d}s}\left[\ln\frac{H(s)}{H(-s)}\right]$$
$$= \frac{1}{2}\left[\frac{\mathrm{d}}{\mathrm{d}s}\ln H(s) - \frac{\mathrm{d}}{\mathrm{d}s}\ln H(-s)\right] \qquad (3.60)$$

即

$$T_g(s) = Ev\left[\frac{\mathrm{d}}{\mathrm{d}s}\ln H(s)\right] \qquad (3.61)$$

并且

$$T_g(\omega) = T_g(s)\,|_{s=\mathrm{j}\omega} \qquad (3.62)$$

如果 $H(s)$ 写作

$$H(s) = \frac{P(s)}{Q(s)} \qquad (3.63)$$

接下来，运用式（3.61）可以得到：

$$T_g(s) = \frac{1}{2}\left[\frac{P'(s)}{P(s)} + \frac{P'(-s)}{P(-s)} - \frac{Q'(s)}{Q(s)} - \frac{Q'(-s)}{Q(-s)}\right] \qquad (3.64)$$

这里主要说的是求导。这些表达式目前允许我们估算任意系统的延迟和相位响应。

一个所有零点均位于封闭的左半平面上的函数 $H(s)$ 可以确定一个最小相位函数。由于这方面的限制，对于一个给定的振幅，相位是最小的。

3.6.2 最大平坦延迟响应

现在我们考虑一种理想常数群延迟特性的近似方法。考虑到一个函数形式为

$$H(s) = \frac{1}{Q(s)} \tag{3.65}$$

并且

$$Q(s) = E(s) + O(s) \tag{3.66}$$

这里 $E(s)$ 是偶次多项式，$O(s)$ 为奇次多项式。那么归一化相位函数就可以得到

$$\psi(s) = \tanh^{-1} \frac{O(s)}{E(s)} \tag{3.67}$$

因此

$$\psi(\omega) = -\tanh^{-1} \frac{O(j\omega)}{jE(j\omega)} \tag{3.68}$$

在最大平坦群延迟近似中，需要得到 n 阶多项式 $Q_n(s)$，这样就可以得到一个群延迟函数在 $\omega = 0$ 处的零阶导数的最大数。结果我们可写作

$$\tan\psi(s) = \frac{O(s)}{E(s)} \tag{3.69}$$

并且如果上面等式右边定义为函数

$$\tanh s = \sinh s / \cosh s \tag{3.70}$$

即所有频率的群延迟均为常数。然而，$O(s)$ 和 $E(s)$ 是实多项式，而双曲正切函数 $\tanh s$ 是超越函数，我们必须找出一种方法，通过一个真正的有理函数来近似式 (3.70)。一种可行的方法是写成

$$\sinh s = s + \frac{s^3}{3!} + \frac{s^5}{5!} + \cdots$$
$$\cosh s = 1 + \frac{s^2}{2!} + \frac{s^4}{4!} + \cdots \tag{3.71}$$

然后对 $(\sinh s / \cosh s)$ 执行一个连续的分数扩展可以得到

$$\tanh s = \cfrac{1}{\cfrac{1}{s} + \cfrac{1}{\cfrac{3}{s} + \cfrac{1}{\cfrac{5}{s} + \cfrac{1}{\ddots \cfrac{1}{\frac{2n-1}{s} + \ddots}}}}} \tag{3.72}$$

最后，$O(s)/E(s)$ 是定义上述连续分数扩展的 n 阶近似。这意味着展开被截止在第 n 阶，然后得到的序列组成一个近似的有理双曲正切函数 $\tanh s$。它等同于式 (3.69) 中的 $O(s)/E(s)$ 并且需要多项式 $Q_n(s)$ 是被定义的。实际上，运用连续分数理论说明多项式 $Q_n(s)$ 可以通过递推公式来产生

$$Q_{n+1}(s) = Q_n(s) + \frac{s^2}{(4n^2-1)} Q_{n-1}(s) \tag{3.73}$$

其中：

$$Q_0(s) = 1 \quad Q_1(s) = 1 + s$$

由式（3.73）定义的多项式可以和著名的贝塞尔多项式 $B(s)$ 联系起来

$$Q_n(s) = s^n B_n(1/s) \tag{3.74}$$

因此所得到的滤波器经常被称为贝塞尔滤波器。传输函数的群延迟最平坦特性可以由式（3.64）和 $Q_n(s)$ 的特性来验证。此外，由于 $Q_n(s)$ 是根据式（3.72）得到的，$Q_n(s)$ 是严格的赫维兹多项式并且滤波器肯定是稳定的。图 3.15 例举了贝塞尔滤波器的延迟响应。然而，由于延迟响应的任意自由度，我们预计这些滤波器的振幅响应会很差。

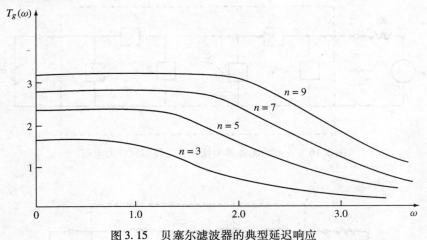

图 3.15 贝塞尔滤波器的典型延迟响应

最后，需要指出的是低通向低通的转换式（3.20）可以用来调整截止频率到任意所需要的值。然而，由于其他如高通、带通或者带阻的转换式都使得延迟特性失真，则这些转换都是无效的。所以这些情况必须进行独立设计。

3.7 无源滤波器

前面章节提到的所有的传输函数都可以被认为是无源的阶梯结构的一般形式，如图 3.16 所示。

该技术的详细信息可以从参考文献［13，14］中找到。这里我们给出结果的一个简明的概述。根据图 3.17，巴特沃斯滤波器原型参数值为

$$g_r = \sin\theta_r, r = 1, 2, \cdots, n \tag{3.75}$$

这里

$$g_r = L_r \text{ 或 } C_r \tag{3.76}$$

并且

$$R_L = R_g = 1\Omega \tag{3.77}$$

对于切比雪夫响应

$$g_1 = \frac{2}{\eta}\sin\left(\frac{\pi}{2n}\right) \tag{3.78}$$

$$g_r g_{r+1} = \frac{4\sin\theta_r\left(\dfrac{2r+1}{2n}\right)\pi}{\eta^2 + \sin^2\left(\dfrac{r\pi}{n}\right)} \tag{3.79}$$

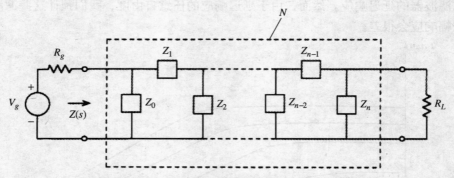

图 3.16 一般的无源梯型滤波器，终端元件为电阻

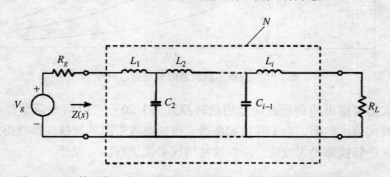

图 3.17 巴特沃斯、切比雪夫和贝塞尔滤波器实现的低通梯型滤波器

使用与式（3.76）相同的符号。这里，对于奇数 n，$R_g = R_L = 1\Omega$；同时对于偶数 n，有 $R_g = 1$（见图 3.17），并且 R_L 由式（3.80）确定，即

$$|H(0)|^2 = \frac{4R_L}{(R_L+1)^2} \tag{3.80}$$

对于如图 3.18 所示的椭圆滤波器原型，没有精确的公式，因此元件值由表［16］得到。

最后，图 3.19 表明得到不同类型滤波器的元件值可以从归一化原型中的元件值转换得到。

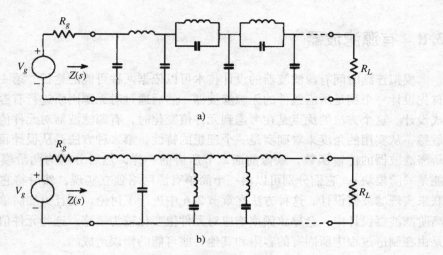

图 3.18 梯型椭圆滤波器实现形式

a) 半并联 b) 半串联

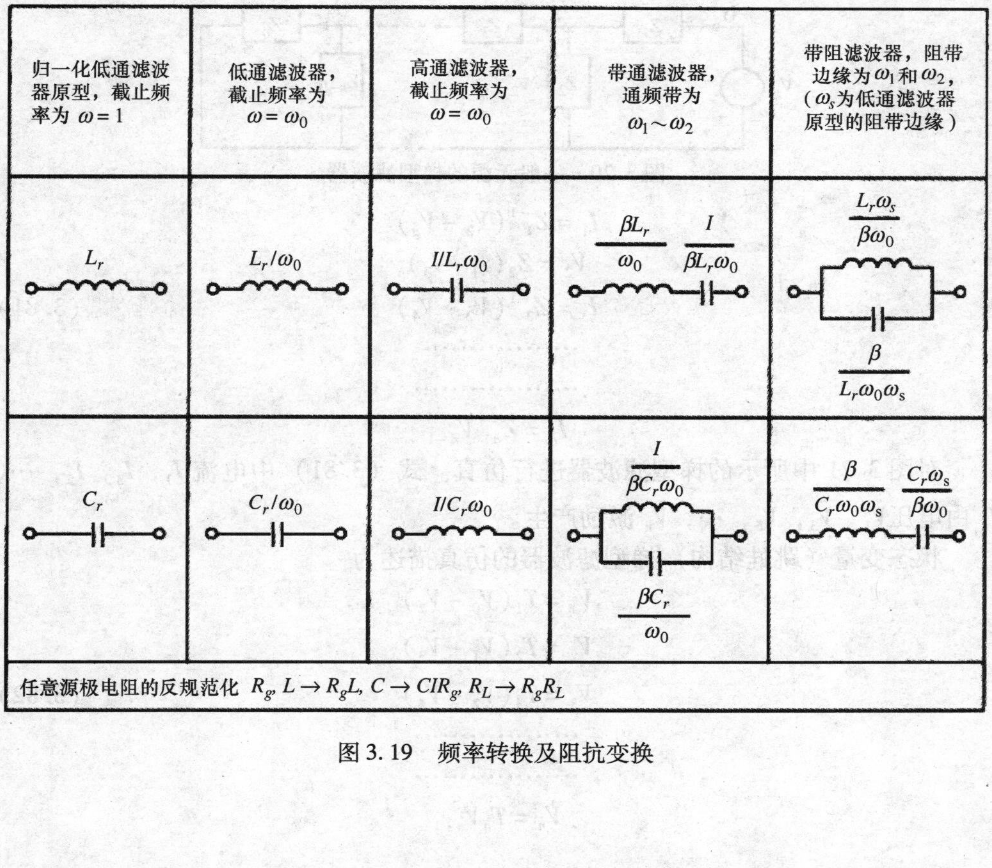

归一化低通滤波器原型，截止频率为 $\omega = 1$	低通滤波器，截止频率为 $\omega = \omega_0$	高通滤波器，截止频率为 $\omega = \omega_0$	带通滤波器，通频带为 $\omega_1 \sim \omega_2$	带阻滤波器，阻带边缘为 ω_1 和 ω_2，（ω_s 为低通滤波器原型的阻带边缘）
L_r	L_r/ω_0	$I/L_r\omega_0$	$\dfrac{\beta L_r}{\omega_0}$ $\dfrac{I}{\beta L_r\omega_0}$	$\dfrac{L_r\omega_s}{\beta\omega_0}$ $\dfrac{\beta}{L_r\omega_0\omega_s}$
C_r	C_r/ω_0	$I/C_r\omega_0$	$\dfrac{I}{\beta C_r\omega_0}$ $\dfrac{\beta C_r}{\omega_0}$	$\dfrac{\beta}{C_r\omega_0\omega_s}$ $\dfrac{C_r\omega_s}{\beta\omega_0}$
任意源极电阻的反规范化 R_g，$L \to R_gL$，$C \to C/R_g$，$R_L \to R_gR_L$				

图 3.19 频率转换及阻抗变换

3.8 有源滤波器

模拟连续时间有源滤波器的设计技术可以依据两种可能的途径。第一种方法是首先设计一个满足所需条件的无源滤波器，然后通过对无源网络进行有源替换来完成设计。这个方法的优点是在考虑到元件值变化时，有源滤波器对元件值的变化不敏感，从实用的角度来看确实是一个理想的特性；第二种方法是从设计目标中找出所需滤波器的传输函数，就像前面章节所讲的一样，然后分解为两阶模块（也可能是一阶模块），它们分别可以由一个简单有源网络独立实现，然后将它们进行级联来实现滤波器设计。这种方法在章节 2.6 中进行了讨论，而且更加简单，但是在高阶滤波器设计中，会导致频率响应对元件值变化较为敏感，这些元件值变化主要是由在制造过程中所固有的容限和其他一些可能的错误造成的。

考虑图 3.20 中的一般无源梯型滤波器，这里的分支具有任意阻抗。写出梯型滤波器的状态方程，以及相关的并联电压电流方程组。为了保证其特异性，我们定义 n 为奇数。

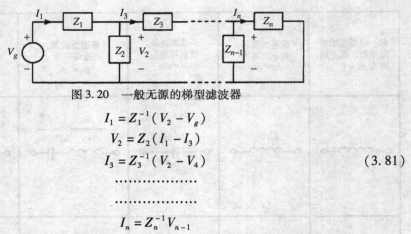

图 3.20 一般无源的梯型滤波器

$$I_1 = Z_1^{-1}(V_2 - V_g)$$
$$V_2 = Z_2(I_1 - I_3)$$
$$I_3 = Z_3^{-1}(V_2 - V_4) \tag{3.81}$$
$$\cdots\cdots\cdots\cdots\cdots$$
$$\cdots\cdots\cdots\cdots\cdots$$
$$I_n = Z_n^{-1}V_{n-1}$$

对图 3.21 中所示的梯型滤波器进行仿真。式（3.81）中电流 I_1，I_3，I_5，$\cdots$，I_n 由电压 $\hat{V}_1$，$\hat{V}_3$，$\hat{V}_5$，$\cdots$，$\hat{V}_n$ 激励产生。

状态变量（跳蛙结构）梯型滤波器的仿真描述为

$$\hat{V}_1 = T_1(V_0 - V_2)$$
$$V_2 = T_2(\hat{V}_1 - \hat{V}_3)$$
$$V_3 = T_3(\hat{V}_2 - V_4) \tag{3.82}$$
$$\cdots\cdots\cdots\cdots\cdots$$
$$\cdots\cdots\cdots\cdots\cdots$$
$$\hat{V}_n = T_n V_{n-1}$$

如图 3.21 所示的每个框图中的内部结构被选作如下：

$$T_1 = \alpha Z_1^{-1}$$
$$T_2 = \alpha^{-1} Z_2$$
$$T_3 = \alpha Z_3^{-1} \tag{3.83}$$
$$\vdots$$
$$T_n = \alpha Z_n^{-1}$$

这里的 α 是一个常数。然后，图 3.21 所示的跳蛙梯型滤波器的传输函数为

$$\hat{H}_{21} = \frac{V_{\text{out}}}{V_g} \tag{3.84}$$

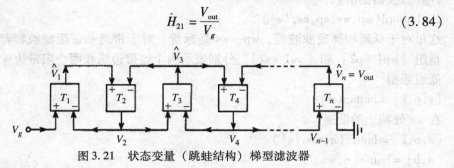

图 3.21 状态变量（跳蛙结构）梯型滤波器

和无源梯型滤波器只有一个常数的 H_{21} 不同。考虑如图 3.20 所示的一般梯型滤波器的形式，该梯型滤波器具有特定的类型和元件值。假设我们可以找到满足传输函数要求式（3.83）的必要模块，那么就可以决定状态变量的仿真。对于实现巴特沃斯，切比雪夫以及贝塞尔滤波器的梯型滤波器，我们需要利用积分器进行状态变量仿真（频率与 $1/L_s$ 或者 $1/C_s$ 有关）。所以，一个全积分网络是可以实现的。积分器和积分 – 求和器原则上可以使用运算放大器、电阻和电容来实现。然而从实际观点出发，无源电阻要避免在集成电路中应用。因此，正如章节 2.6 介绍的，跨导运算放大器（OTAs）为积分器和 $G_m - C$ 电路提供了一种相当有吸引力的替代。集成电路中的运算放大器、跨导运算放大器以及其他基础模块实现将会在模拟 MOS 集成电路信号处理章节中进行详细介绍。

3.9 MATLAB 在模拟滤波器设计中的应用

在前面的章节中我们讨论了滤波器传输函数的推导和研究，这些传输函数可以很方便地采用 MATLAB 的信号处理工具包来生成。这一节将会给出相应的命令和函数，可以用来增加读者的知识并且可以作为一个减少工作量的工具。这些工具根据滤波器特性生成相应的传输函数，并且以以下任意两种形式给出结果：

1. 用 [z, p, k] 形式来表示滤波器传输函数的极点和零点。这种情况下，MATLAB 返回一列零点位置矩阵 [z]，极点位置矩阵 [p]，以及滤波器增益 k 值。对于一个全极点的传输函数，例如巴特沃斯和切比雪夫滤波器，[z] 返回一个空

矩阵。

2. 用［a，b］形式来表示分子和分母的系数，这里的［a］是一组以 s 次方数递减形式表达的分子系数阵列，同时［b］是一组以第一个系数为 1 开始的，与分子同阶的分母系数阵列。对于一个全极点的传输函数如巴特沃斯和切比雪夫滤波器，［a］返回一个空矩阵。

3.9.1　巴特沃斯滤波器

计算滤波器的阶数

$n = buttord(wp, ws, ap, as, 's')$

这里对于低通和高通滤波器，wp，ws 是标量。对于带通和带阻滤波器都是两个向量组［wp1 wp2］和［ws1 ws2］，分别表示两个通带边缘和两个阻带边缘。

低通原型

$[z, p, k] = buttap(n)$

在 wo 处截止的低通

$[z, p, k] = butter(n, wo, 's')$

$[a, b] = butter(n, wo, 's')$

在 wo 处截止的高通

$[z, p, k] = butter(n, wo, 'high', 's')$

$[a, b] = butter(n, wo, 'high', 's')$

由 wn =［w1 w2］向量定义的通带边缘频率为 w1 和 w2 的带通

$[z, p, k] = butter(n, wn, 's')$

$[a, b] = butter(n, wn, 's')$

由 wn =［w1 w2］向量定义的阻带边缘频率为 w1 和 w2 的带阻

$[z, p, k] = butter(n, wn, 'stop', 's')$

$[a, b] = butter(n, wn, 'stop', 's')$

3.9.2　切比雪夫滤波器

计算滤波器的阶数

$n = cheb1ord(wp, ws, ap, as, 's')$

这里对于低通和高通滤波器，wp，ws 是标量。对于带通和带阻滤波器都是两个向量组［wp1 wp2］和［ws1 ws2］，分别表示两个通带边缘和两个阻带边缘。

低通原型

$[z, p, k] = cheby1ap(n, \alpha_p)$

在 wo 处截止的低通

$[z, p, k] = cheby1(n, \alpha_p, wo, 's')$

$[a, b] = cheby1(n, \alpha_p, wo, 's')$

在 wo 处截止的高通

$[z,p,k] = cheby1(n,\alpha_p,wo,'high','s')$

$[a,b] = cheby1(n,\alpha_p,wo,'high','s')$

由 wn = [w1 w2]向量定义的通带边缘频率为 w1 和 w2 的带通

$[z,p,k] = cheby1(n,\alpha_p,wn,'s')$

$[a,b] = cheby1(n,\alpha_p,wn,'s')$

由 wn = [w1 w2]向量定义的阻带边缘频率为 w1 和 w2 的带阻

$[z,p,k] = cheby1(n,\alpha_p,wn,'stop','s')$

$[a,b] = cheby1(n,\alpha_p,wn,'stop','s')$

3.9.3　椭圆滤波器

计算滤波器的阶数

$n = ellipord(wp,ws,ap,as,'s')$

这里对于低通和高通滤波器，wp，ws 是标量。对于带通和带阻滤波器都是两个向量组 [wp1 wp2] 和 [ws1 ws2]，分别表示两个通带边缘和两个阻带边缘。

低通原型

$[z,p,k] = ellipap(n,\alpha_p,\alpha_s)$

在 wo 处截止的低通

$[z,p,k] = ellip(n,\alpha_p,\alpha_s,wo,'s')$

$[a,b] = ellip(n,\alpha_p,\alpha_s,wo,'s')$

在 wo 处截止的高通

$[z,p,k] = ellip(n,\alpha_p,\alpha_s,wo,'high','s')$

$[a,b] = ellip(n,\alpha_p,\alpha_s,wo,'high','s')$

由 wn = [w1 w2]向量定义的通带边缘频率为 w1 和 w2 的带通

$[z,p,k] = ellip(n,\alpha_p,\alpha_s,wn,'s')$

$[a,b] = ellip(n,\alpha_p,\alpha_s,wn,'s')$

由 wn = [w1 w2]向量定义的阻带边缘频率为 w1 和 w2 的带阻

$[z,p,k] = ellip(n,\alpha_p,\alpha_s,wn,'stop','s')$

$[a,b] = ellip(n,\alpha_p,\alpha_s,wn,'stop','s')$

3.9.4　贝塞尔滤波器

低通原型

$n = besselap(n)$

在 wo 处截止的低通

$[z,p,k] = besself(n,w_0)$

$[b,a] = besself(n,w_0)$

由 wn = [w1 w2]向量定义的通带边缘频率为 w1 和 w2 的带通

[z,p,k] = besself(n,wn,'bandpass')

[b,a] = besself(n,wn,'bandpass')

在 wo 处截止的高通

[z,p,k] = besself(n,wn,'high')

[b,a] = besself(n,wn,'high')

由 wn = [w1 w2]向量定义的阻带边缘频率为 w1 和 w2 的带阻

[z,p,k] = besself(n,wn,'stop')

[b,a] = besself(n,wn,'stop')

为了得到滤波器的传输函数、振幅响应和相位响应可以运用 MATLAB 函数来标绘和分析：

freqs(a,b)

为了实现功能，分子和分母可以考虑用以下命令分解因子：

R = roots(a)

Q = roots(b)

这样就能给出传输函数的零点和极点。

3.10 MATLAB 应用的例子

例 3.4 求出最大平坦低通滤波器的传输函数，滤波器具有以下特性：

通带：0 ~ 2kHz，带内衰减≤3dB。

阻带边缘：4.0kHz，阻带衰减≥40dB。

n = buttord(wp,ws,ap,as,'s')

n = buttord(2 * pi * 2000,2 * pi * 4000,3,40,'s')

这里得到 n = 7

[z,p,k] = butter(n,wo,'s')

[p] = 1.0e + 004 * [− 0.2796 + 1.2251i   − 0.2796 − 1.2251i   − 0.7835 + 0.9825i

    − 0.7835   − 0.9825i   − 1.1322 + 0.5452i   − 1.1322 − 0.5452i   − 1.2566]

K = 4.9484e + 028

例 3.5 求出椭圆低通滤波器的传输函数，该滤波器具有以下特性：

通带：0 ~ 0.5MHz，0.2dB 纹波。

阻带边缘：1MHz，幅度≥50dB。

n = ellipord(500000 * 2 * pi,1000000 * 2 * pi,0.2,50,'s')

这里得到 n = 5

[z,p,k] = ellip(n,0.2,50,500000 * 2 * pi,'s')

这样可以得出零点和极点的位置

$[z] = (1.0e+006)[0.0000+7.8891i \quad 0.0000-7.8891i \quad 0.0000+5.2110i$
$0.0000-5.2110i]$

$[p] = (1.0e+006)[-0.3341+3.2732i \quad -0.3341-3.2732i \quad -1.1401+2.2836i$
$\quad -1.1401-2.2836i \quad -1.6823]$

并且增益为

$k = 7.0201e+004$

如图3.22和3.23所示为滤波器的响应。

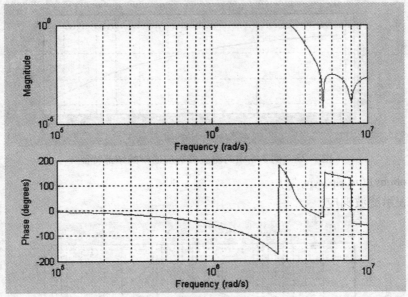

图3.22 例3.5中的椭圆滤波器的振幅和频率响应

例3.6 求出切比雪夫带通滤波器的传输函数,该滤波器的容限如图3.14所示,但是通带衰减变为3dB。

n = cheby1ord(wp,ws,ap,as,'s')

[n,wn] = cheby1ord([10000*2*pi 15000*2*pi],[8500*2*pi 17000*2*pi],
3,40,'s')

n = 5

wn = (1.0e+004)[6.2832 9.4248]

[z,p,k] = cheby1(n,αp,wn,'s')

z = [0 0 0 0 0]

$p = (1.0e+004)[-0.1028+9.3603i \quad -0.1028-9.3603i \quad -0.2529+8.6867i$
$\quad -0.2529-8.6867i \quad -0.2789+7.6902i \quad -0.2789-7.6902i \quad -0.1983+6.8113i$
$\quad -0.1983-6.8113i \quad -0.0695+6.3257i \quad -0.0695-6.3257i]$

k = 1.9172e+021

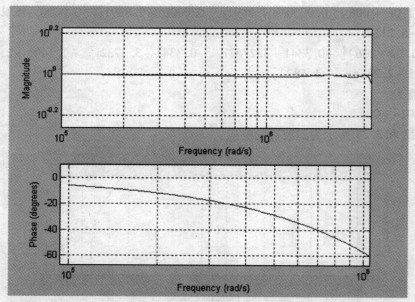

图 3.23 例 3.5 中的滤波器响应通带的细部特征

$[a,b] = \text{cheby1}(n,\alpha p,wn,'s)$

图 3.24 表示滤波响应。

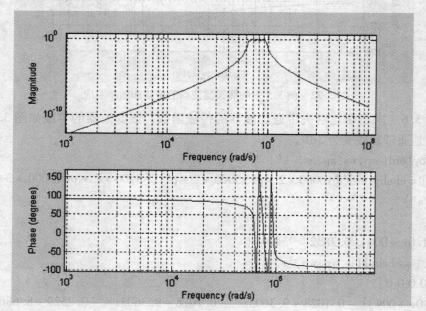

图 3.24 例 3.6 中的滤波器响应

3.11　一个综合应用：数据传输的脉冲整形

　　各种类型的数据传播都是以脉冲形式进行的，这些脉冲信号携带相关信息的数据。所需脉冲信号的产生是数据传输系统设计的一个最重要的方面。我们在这里回答的这个问题是：最优脉冲的形状是什么和怎样生成一个这样的脉冲？首先需要指出的是采用严格的矩形脉冲是不可能也没有必要的；第二，将大量脉冲在一个非常小的时间段内处理，我们需要一个相当大的带宽，在不确定性原理中这是很明显的。因此：什么是最优脉冲的形状？它能够节省带宽并且允许一系列脉冲之间没有显著地干扰。接下来的就很清楚了，一个数据传输滤波器是脉冲整形的网络。它具有一个时域脉冲响应，它允许一系列不同的脉冲传输而没有显著地符号间干扰（ISI）。此外，该滤波器必须具备一个具有足够选择性、带限衰减的，且具有噪声和串扰抑制的频率响应。图 3.25 阐明了连续时间数据传输滤波器时域响应以及有关频带的显著特性。这里的 T 是数据速率的间隔，$2\omega_1$ 是相关频带中的最高频率

$$\omega_1 = \frac{\pi}{T} \tag{3.85}$$

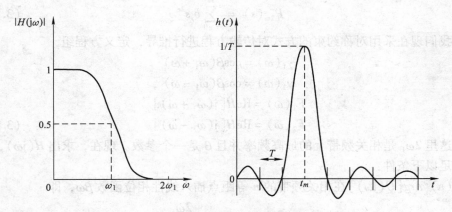

图 3.25　脉冲整形滤波器的时域和频域响应特性

此外，滤波器的相位响应是重要的，因为偏离理想的线性特性会导致不可预测的脉冲波形失真，并且这种偏差不符合最小 ISI 的要求。

　　目前，有一种推荐的最优脉冲形状[17]称为升余弦脉冲，它的频率响应为

$$
\begin{aligned}
H(\omega) &= 1, \quad |\omega| \leqslant \frac{1-\alpha}{2} \\
&= 0.5\left[1 + \cos\left(\frac{\pi}{\alpha}\right)\left\{|\omega| - \frac{1-\alpha}{2}\right\}\right], \quad \frac{1-\alpha}{2} < |\omega| < \frac{1+\alpha}{2} \\
&= 0 \quad\quad 其他
\end{aligned}
\tag{3.86}
$$

有

$$0 \leqslant \alpha \leqslant 1 \tag{3.87}$$

并且升余弦脉冲的时间响应为

$$h(t) = \mathrm{sinc}(t/T)\frac{\cos(\pi\alpha t/T)}{1 - (4\alpha^2 t^2/T^2)} \tag{3.88}$$

明显地，上述响应本身是无法实现的（非因果），必须采用近似的方法。

我们需要更进一步提高脉冲整形滤波器设计，以检测它们时间响应和频率响应之间的关系并且说明它们该怎样设计。在数字方面的设计将在下一个章节讨论。

升余弦函数不只是给出某个数据传输滤波器所需特性的一个增量函数。实际上当它在产生目标响应[17]的其他函数中出现时，这是升余弦函数的一个独有的特点。这个性质非常简单并且可以表示传输函数在点 ω_1 周围的对称性，同时在 $2\omega_1$ 范围内具有线性相位。这样来看，升余弦函数也只能采用近似的方法得到。

连续时间滤波器的传输函数[17]可以写为

$$H(s) = \frac{P_{2m}(s)}{Q_n(s)}, 2m < n \tag{3.89}$$

有

$$P_{2m}(s) = \sum_{r=0}^{m} b_r s^{2r} \tag{3.90}$$

我们现在采用对称约束的方式对传输方程进行推导，定义方程组

$$\gamma_1(\omega) = \cos\beta(\omega_1 + \omega)$$
$$\gamma_2(\omega) = \cos\beta(\omega_1 - \omega)$$
$$F_1(\omega) = \mathrm{Re}H[\mathrm{j}(\omega_1 + \omega)]$$
$$F_2(\omega) = \mathrm{Re}H[\mathrm{j}(\omega_1 - \omega)] \tag{3.91}$$

这里 $2\omega_1$ 是相关频带上的最高频率并且 β 是一个参数。现在，求出 $H(\mathrm{j}\omega)$，使它满足以下条件：

（a）$Arg[Q(\mathrm{j}\omega)]$ 在相关频带的 n 等距点插入线性相位函数 $\beta\omega$，即

$$\beta\omega_i - Arg[Q(\mathrm{j}\omega_i)] = 0 \qquad \omega_i = i\frac{2\omega_i}{n} \quad i = 0,1,2,\cdots,n \tag{3.92}$$

于是

$$0 < |\omega| < 2\omega_i \tag{3.93}$$

近似误差可以随着 n 的增大而变得任意小。

（b）在 $0 < |\omega| < \omega_1$ 带区域内检测的最小均方差 $F_1/\gamma_1 + F_2/\gamma_2$ 近似为单位 1。

我们可以表明如果条件（a）和（b）均得到满足，可以得到最小的 ISI 性质。因此，这种滤波器的脉冲响应我们可以定义为

$$h_\beta(t) = h(t + \beta) \tag{3.94}$$

然后

$$h_\beta(kT) \approx 0 \qquad k = 1, \pm2, \pm3, \cdots \qquad (3.95)$$

它的偏离零的误差可以通过增大 n、m 以及（$n-m$）变得无限小。同样地

$$h_\beta(0) \approx \frac{1}{T} \qquad T = \frac{\pi}{\omega_1} \qquad (3.96)$$

脉冲传输

与其把这种任意脉冲传输作为独立的问题看待，我们不如对上述内容规定的条件不加修改地直接应用来重新建立这个问题的公式。为此，把滤波器的传输函数 $H_p(s)$ 转换成两个函数乘积的形式

$$H_p(s) = \prod(s)H(s) \qquad (3.97)$$

这里的 $\prod(s)$ 是脉冲 $p(t)$ 的拉普拉斯变换。具有传输函数 $H_p(s)$ 的滤波器脉冲响应和具有传输函数 $H(s)$ 的滤波器脉冲响应是一样的。所以，如果我们设计一个具有传输函数 $H(s)$ 的数据传输滤波器，使得 $H_p(s)$ 满足条件（a）和（b），那么所得到的滤波器的脉冲响应应该具有所需的性质，相应的脉冲响应 $H_p(s)$ 也具有一样的性质。

图 3.26 ~ 图 3.28 展示了运用目前技术设计的一个十一阶脉冲整形滤波器的响应。

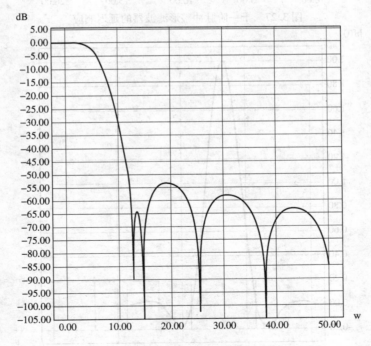

图 3.26 十一阶脉冲整形滤波器的振幅响应

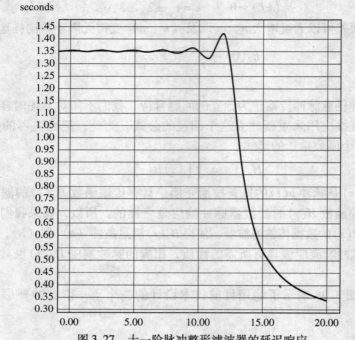

图 3.27　十一阶脉冲整形滤波器的延迟响应

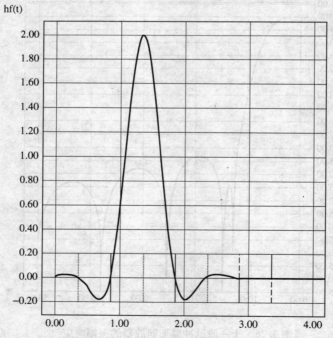

图 3.28　十一阶脉冲整形滤波器的脉冲响应

3.12 小结

这一章讲解了模拟连续时间滤波器的设计。对无源滤波器和有源滤波器的设计问题进行了讨论，同时介绍了使用 MATLAB 作为有效设计工具的方法，并结合实例进行分析。这一章的内容很重要，同时也为以后章节讨论的数字滤波器和开关电容滤波器做铺垫。无源滤波器可以作为其他类型滤波器设计的模型和设计参考。它们也广泛应用于射频（RF）应用中。因此一定程度的熟悉这些滤波器设计，会给滤波器设计者和研究人员带来极大的好处。滤波器设计方法应用的一个重要领域是通信，即数据传输。本章通过这方面的一个综合应用实例进行了总结。

习　　题

下面的问题中，运用（a）状态变量梯型无源器件以及（b）有源电路进行滤波器设计。

3.1　设计一个最大平坦低通滤波器，具有以下特性：
通带：$0 \sim 0.8\mathrm{MHz}$，带内衰减 $\leqslant 1\mathrm{dB}$。
阻带边缘在 $1.2\mathrm{MHz}$，阻带衰减 $\geqslant 32\mathrm{dB}$。

3.2　设计一个切比雪夫低通滤波器，和习题 3.1 具有相同的特性。并与最大平坦滤波器比较所需的滤波阶数。

3.3　设计一个切比雪夫低通滤波器，具有以下特性：
通带：$0 \sim 3.2\mathrm{kHz}$，带内衰减 $\leqslant 0.25\mathrm{dB}$。
阻带边缘在 $4.6\mathrm{kHz}$，阻带衰减 $\geqslant 32\mathrm{dB}$。

3.4　设计一个最大平坦带通滤波器，具有以下特性：
通带：$12 \sim 15\mathrm{kHz}$，带内衰减 $\leqslant 3\mathrm{dB}$。
阻带边缘在 $8\mathrm{kHz}$ 和 $20\mathrm{kHz}$，并且两个阻带边缘处最小衰减为 $20\mathrm{dB}$。

3.5　设计一个切比雪夫带通滤波器，具有以下特性：
通带：$0.8 \sim 1.6\mathrm{MHz}$，带内衰减 $\leqslant 0.1\mathrm{dB}$。
通带边缘在 $0.5\mathrm{kHz}$ 和 $1.8\mathrm{MHz}$，并且两个阻带边缘处最小衰减为 $50\mathrm{dB}$。

3.6　设计一个最大平坦带阻滤波器，具有以下特性：
阻带：$0.7 \sim 0.8\mathrm{MHz}$，阻带衰减 $\geqslant 40\mathrm{dB}$。
通带边缘在 $0.4\mathrm{MHz}$ 和 $1.0\mathrm{MHz}$，通带最大衰减为 $3\mathrm{dB}$。

3.7　设计一个切比雪夫带阻滤波器，具有以下特性：
阻带：$10 \sim 12\mathrm{kHz}$，阻带衰减 $\geqslant 30\mathrm{dB}$。
通带边缘在 $8\mathrm{kHz}$ 和 $15\mathrm{kHz}$，通带最大衰减为 $0.5\mathrm{dB}$。

4 离散信号与系统

4.1 绪论

本章简要和严谨地回顾了模–数转换过程以及离散信号系统表示。接下来给出了数字系统的分类，主要讨论了线性移不变系统。有限时间脉冲响应滤波器和无限时间脉冲响应滤波器的实现也在本章内讨论[11,12]。这一章与第 2 章一样，对于初级水平的读者来说可以作为复习材料使用。

4.2 模拟信号的数字化

如果定义一个信号 $f(t)$ 是连续时间信号或者模拟信号，那么这个信号在所有时间 t 上都有意义。如果 $f(t)$ 的定义域是离散的 t 值，那么它就是离散时间信号或者模拟采样信号。假设离散的时间信号 $f(t)$ 值只能定义离散的值，并且每一个值用一个码表示，比如二进制码，这样的信号就是所谓的数字信号。

数字化过程的第一步是在固定的时间间隔 $nT(0, \pm 1, \pm 2, \cdots)$ 上对信号 $f(t)$ 进行采样。这就相当于把连续信号的时间变量 t 变为离散变量。通过这种方法，我们可以得到一个信号 $f(nT)$，它的值在时间 T 的整数倍数上有定义，T 就被称为采样周期。这样一个信号就可以被看作一个数列：

$$\{f(nT)\} \overset{\Delta}{=} \{f(0), f(\pm T), f(\pm 2T), \cdots\} \tag{4.1}$$

表示在采样时刻的函数值。如果信号 $f(t)$ 是因果信号，即

$$f(t) = 0 \quad t < 0 \tag{4.2}$$

那么采样序列可以表示为

$$\{f(nT)\} \overset{\Delta}{=} \{f(0), f(T), f(2T), \cdots\} \tag{4.3}$$

在上述符号中，花括号表示一整个序列，同时 $f(nT)$ 表示第 n 个样本。然而，为了方便一般会省去花括号，让 $f(nT)$ 表示一个序列或者一个独立的样本，并且根据上下文确定它表示什么。该做法不会出现混淆的现象。图 4.1 所示的是一个因果信号和它的采样样本。

接下来，离散时间信号将被量化。即，如图 4.2 所示振幅（垂直）轴方向被转化为离散的变量，我们认为连续水平范围的值是被允许的。那么，从序列 $\{f(nT)\}$ 中，我们通过重新分配每个 $f(nT)$ 的量化水平值来得到一个新的量化序列

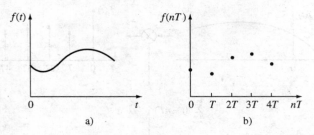

图 4.1

a) 一个因果模拟信号 b) 它的采样样本

$\{f_q(nT)\}$。这里有两种基本的方法，将会在后面得到讨论。最后，离散时间量化序列 $\{f_q(nT)\}$ 将得到如图 4.3 所示的编码。这就意味着序列 $\{f_q(nT)\}$ 中的每个元素都由一个编码表示，最常用的是二进制编码。

如图 4.3 所示的取样、量化和编码的整个过程通常被称为模 – 数（A – D）转换。在这一章，转换过程中的每一步都会进行详细讨论。

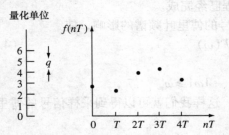

图 4.2 图 4.1 中的采样信号和量化单位

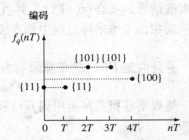

图 4.3 例 4.1 中的经过量化和编码的模拟信号数字化

4.2.1 采样

4.2.1.1 理想脉冲采样

虽然自然界没有理想的脉冲信号，但是用脉冲信号解释采样过程也是非常有益的。定义一个连续时间（模拟）信号 $f(t)$ 并且通过周期脉冲序列求出它的连乘（见图 4.4）。

$$\delta_{\infty}(t) = \sum_{n=-\infty}^{\infty} \delta(t-nT) \tag{4.4}$$

得到信号

$$f_s(t) = f(t) \sum_{n=-\infty}^{\infty} \delta(t-nT) \tag{4.5}$$

或者

$$f_s(t) = \sum_{n=-\infty}^{\infty} f(nT)\delta(t-nT) \tag{4.6}$$

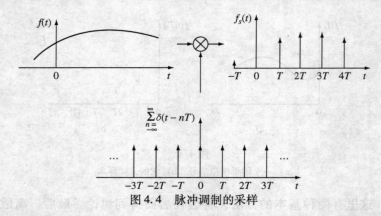

图 4.4　脉冲调制的采样

这又是一种周期脉冲序列，每一个 $f(nT)$ 是函数 $f(t)$ 第 n 个采样时刻的值。图 4.4 所示的是产生脉冲序列的脉冲调制模型。

这个脉冲序列可以作为采样信号。因为第 n 个脉冲的强度是 $f(nT)$ 的样本值，并且如果每一个脉冲都被它的强度（面积）所替代，那么我们可以得到一个定义为离散信号的集合 $\{f(nT)\}$，并且采样过程已经完成。

现在，考虑采样过程中原连续时间信号的傅里叶频谱的影响，使

$$f(t) \leftrightarrow F(\omega) \tag{4.7}$$

并且假定 $F(\omega)$ 的带宽限制为 ω_m，即

$$|F(\omega)| = 0 \qquad |\omega| \geqslant \omega_m$$

将频率卷积关系运用到 $f(t)$ 和 $\delta_\infty(t)$，这样我们就可以得到采样信号的傅里叶变换

$$\Im[f_s(t)] = \Im[f(t)\delta_\infty(t)]$$
$$= \frac{1}{2\pi}\Im[f(t)] * \Im\left(\sum_{n=-\infty}^{\infty}\delta(t-nT)\right) \tag{4.8}$$

然而

$$\Im\left(\sum_{n=-\infty}^{\infty}\delta(t-nT)\right) = \omega_0\sum_{n=-\infty}^{\infty}\delta(\omega-n\omega_0)$$
$$= \frac{2\pi}{T}\sum_{n=-\infty}^{\infty}\delta\left(\omega-\frac{2n\pi}{T}\right) \tag{4.9}$$

所以

$$\Im[f_s(t)] = \frac{1}{T}F(\omega) * \sum_{n=-\infty}^{\infty}\delta\left(\omega-\frac{2n\pi}{T}\right) \tag{4.10}$$

但是在卷积过程中单位脉冲是一个恒等元素。因此，我们有（$T = 2\pi/\omega_0$）

$$\Im[f_s(t)] = F_s(\omega)$$
$$= \frac{1}{T}\sum_{n=-\infty}^{+\infty}F(\omega-n\omega_0) \tag{4.11}$$

所以采样信号的频谱由原时间连续信号的频谱 $F(\omega)$ 周期扩展而成。如图 4.5

所示，同时也表明了采样过程的重要结果。

图 4.5b 表示 $\omega_0 > 2\omega_m$ 情况下采样信号的周期频谱。也就是说采样频率为

$$\omega_0 = \frac{2\pi}{T} \tag{4.12}$$

超过原信号频谱 $F(\omega)$ 最高频率的 2 倍。这种情况下，明显地 $F(\omega)$ 可由频谱 $F_s(\omega)$ 通过一个低通滤波器还原，可化简为

$$\sum_{r=-\infty}^{\infty} F(\omega - r\omega_0) \quad r = 1,2,\cdots$$

图 4.5c 表示 $\omega_0 < 2\omega_m$ 时的周期频谱函数 $F_s(\omega)$。这意味着采样频率小于原信号频谱 $F(\omega)$ 最高频率的 2 倍。这种情况下频谱周期部分出现重叠的现象称作混叠。这使得通过滤波还原频谱 $F(\omega)$ 不可能实现。

图 4.5d 表示 $\omega_0 = 2\omega_m$ 时的临界采样，也就是说采样频率正好是原信号频谱 $F(\omega)$ 最高频率的 2 倍。在这种情况下，原则上通过 $F_s(\omega)$ 经过一个截止频率为 ω_m 的理想低通滤波器还原频谱 $F(\omega)$，如图 4.6 所示。

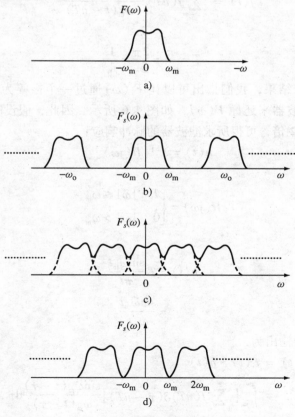

图 4.5 抽样过程中的效应

a) 基带信号频谱 b) $\omega_0 > 2\omega_m$ 时的过采样频谱 c) $\omega_0 < 2\omega_m$ 时的欠采样频谱 d) $\omega_0 = 2\omega_m$ 时的临界采样

要防止出现混叠现象，最小采样频率必须大于 $f(t)$ 频谱 $F(\omega)$ 最高频率的 2 倍。最小采样频率称为（弧度）奈奎斯特频率 ω_N。这些考虑会得到以下基本结论。

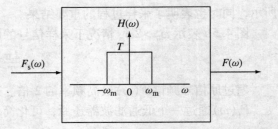

图 4.6　通过一个理想低通滤波器对现有信号的恢复

4.2.1.2　采样定理

$f(t)$ 信号的频谱带宽为 ω_m，在采样频率为式（4.13）时，可以通过它的采样样本 $\{f(nT)\}$ 完全还原。

$$f_N = \frac{\omega_N}{2\pi}(\ = 1/T) \tag{4.13}$$

其中，$\omega_N = 2\omega_m$，信号 $f(t)$ 由它的样本序列 $\{f(nT)\}$ 得到

$$f(t) = \sum_{n=-\infty}^{\infty} f(nT)\ \frac{\sin\omega_m(t-nT)}{\omega_m(t-nT)} \tag{4.14}$$

这里

$$T = \frac{\pi}{\omega_m} = \frac{2\pi}{\omega_N} = \frac{1}{f_N} \tag{4.15}$$

为了证明这个结果，我们指出可以让 $F_s(\omega)$ 通过一个振幅为 T、截止频率为 ω_m 的理想低通滤波器来还原 $F(\omega)$，如图 4.6 所示。因此，假设临界采样频率是 $F(\omega)$ 最高频率的 2 倍，可得所求滤波器的脉冲响应：

$$h(t) = \Im^{-1}[H(j\omega)] \tag{4.16}$$

这里

$$H(j\omega) = \begin{cases} T & |\omega| \leqslant \omega_m \\ 0 & |\omega| > \omega_m \end{cases} \tag{4.17}$$

所以

$$h(t) = T\ \frac{\sin\omega_m t}{\pi t} \tag{4.18}$$

$$= \frac{\sin\omega_m t}{\omega_m t}$$

并且滤波器的输出为

$$f(t) = f_s(t) * h(t)$$

$$= \int_{-\infty}^{\infty}\Big[\sum_{n=-\infty}^{\infty} f(nT)\delta(\tau-nT)\Big]\frac{\sin\omega_m(t-\tau)}{\omega_m(t-\tau)}\mathrm{d}\tau \tag{4.19}$$

$$= \sum_{n=-\infty}^{\infty}\Big[\int_{-\infty}^{\infty} f(nT)\delta(\tau-nT)\ \frac{\sin\omega_m(t-\tau)}{\omega_m(t-\tau)}\mathrm{d}\tau\Big]$$

根据式（2.55）我们可以得到

$$f(t) = \sum_{n=-\infty}^{\infty} f(nT) \frac{\sin\omega_m(t - nT)}{\omega_m(t - nT)} \tag{4.20}$$

按照规定，这个表达式实际上是一个信号在采样值处的插值公式。然而，当 $F(\omega)$ 的任何频率分量都不高于采样频率的一半时，$F(\omega)$ 是可以从 $F_s(\omega)$ 还原的。由此可见 $f(t)$ 可以由它的采样值还原，至少在原理上可以，只有在满足采样定理的情况下可以采用式（4.20）。

从上述对理想采样过程的讨论我们可以得到以下重要结论：

1. 信号采样频率的选择，是由信号 $f(t)$ 的傅里叶频谱 $F(\omega)$ 最高频率决定的。实际上，在一个频率 ω_N 处采样之前，通常先将信号带宽限制在 $\omega_N/2$ 以内，这个处理是由预滤波完成的。

2. $\omega_N = 2\omega_m$ 时的临界采样的信号重建需要一个理想滤波器来完成。这个滤波器是一个非因果系统，所以它本身是不可能实现的。因此，实际上选择采样频率需要高于奈奎斯特频率，以便重建滤波器有一个可实现的响应。例如一个带限为 3.4kHz 的语音信号采样率为 8.0kHz 而不是临界采样率 6.8kHz。

3. 目前为止，我们假设一个信号 $f(t)$ 的频谱从 $\omega = 0$ 扩展到 $|\omega| = \omega_m$，即它是一个低通信号。这种情况下信号完全由一定时间间隔 $T = 1/2f_m = \pi/\omega_m$ 上的值所决定。现在考虑一个带通信号，它的频谱只在以下范围内存在：

$$\omega_1 < |\omega| < \omega_2 \tag{4.21}$$

如图4.7所示。很容易得出这种情况下的最小（弧度）采样频率如下：

$$\omega_N = 2(\omega_2 - \omega_1) \tag{4.22}$$

这种情况下的信号重建，必须通过一个带通滤波器。

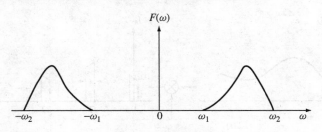

图4.7 带通信号的频谱

4.2.1.3 实际采样函数

在上一节我们考虑了信号的瞬时采样，也就是所说的脉冲。尽管该讨论很有意义，为采样过程做了合理的理论总结，但脉冲采样在实际中是不可行的。所以现在我们给出一个更实用的信号采样方法，并且最终给出本质上相同的结论。

4.2.1.4 自然采样

考虑到信号 $f(t)$，有限带宽为 ω_m，通过乘以它的采样函数 $S(t)$，其中 $S(t)$ 是一个周期性方波序列，如图 4.8 所示。

方波序列经过傅里叶变换有

$$S(t) = \sum_{k=-\infty}^{\infty} c_k \exp(jk\omega_0 t) \tag{4.23}$$

有

$$c_k = \frac{\tau}{T} \frac{\sin(k\pi\tau/T)}{(k\pi\tau/T)} \tag{4.24}$$

这里的 τ 是脉冲宽度并且 $T = 2\pi/\omega_0$ 是采样周期。用 $S(t)$ 乘 $f(t)$ 的结果如图 4.8 所示，该图显示采样信号由脉冲宽度为 τ 的序列组成并且不同振幅的顶端也随着 $f(t)$ 的变化而变化。采样信号为

$$
\begin{aligned}
f_s(t) &= f(t)S(t) \\
&= \sum_{k=-\infty}^{\infty} c_k f(t) \exp(jk\omega_0 t)
\end{aligned}
\tag{4.25}
$$

它的傅里叶变换为

$$
\begin{aligned}
F_s(\omega) &= \int_{-\infty}^{\infty} \left(\sum_{k=-\infty}^{\infty} c_k f(t) \exp(jk\omega_0 t) \exp(-j\omega t) \right) \mathrm{d}t \\
&= \sum_{k=-\infty}^{\infty} c_k \left(\int_{-\infty}^{\infty} f(t) \exp[-j(\omega - k\omega_0)t] \mathrm{d}t \right)
\end{aligned}
\tag{4.26}
$$

即

$$F_s(\omega) = \sum_{k=-\infty}^{\infty} c_k F(\omega - k\omega_0) \tag{4.27}$$

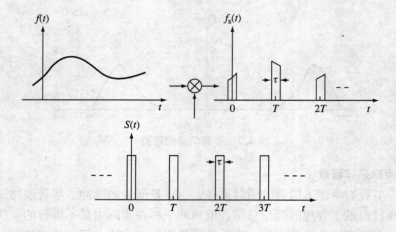

图 4.8 自然采样

上述公式表明，除去失配边带 $F(\omega - k\omega_0)$ 随着 c_k 的变化而变化，采样信号的频谱和得到的脉冲采样信号相同，其中 c_k 为采样函数 $S(t)$ 的傅里叶系数。频谱如图 4.9 所示。很明显地对于这种类型的采样，信号还原只有在满足采样定理的条件下才能实现，唯一不同的是傅里叶系数 c_k，但采样定理总是正确的。

奈奎斯特采样，和上述讨论一样，是描述带限信号的经典方法。最近的研究 [18] 表明一个带限信号也可以通过一种可变带宽的等振幅脉冲替换可变幅度奈奎斯特采样来表示。这样运用一种两级波形来表示一个连续波形，其优势表现在功率被有效地放大。这是因为它消除了放大器失真，并且不需要精确模拟振幅，它需要的仅仅是一个精确的时钟来产生脉冲宽度。

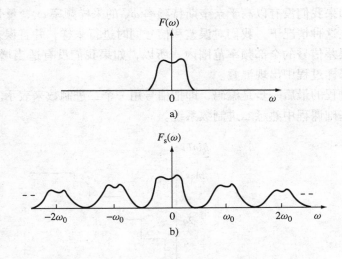

图 4.9
a）基带信号的频谱 b）经过自然采样的信号频谱

4.2.2 量化和编码

采样过后，模 – 数转换的下一步是量化。这是通过近似的方法将每个样本值 $f(nT)$ 通过一个积分器得到一些基本量 q 的整数倍的值，就是所谓的量化步长。这个操作如图 4.10 所示，表明了量化器的输入 – 输出关系。当步长 q 固定时，量化是统一的。这里讨论的就是这种类型的量化器。

在图 4.10 中，量化器有一个阶梯特性，产生信号 $f_q(nT)$。这里有两种主要的方法通过 $f_q(nT)$ 近似生成 $f(nT)$。第一种方式称为取整，第二种方式称为截断。选择任意一种方法都能准确定义量化的中心特性。

图 4.10 所示的是取整的方法，这里每个落在 $(n-1/2)q$ 和 $(n+1/2)q$ 之间的样本值 $f(nT)$ 都取整到 nq。这种方法最大限度减小了近似误差，这将在下一章进行讨论。

另一种方法称为截断，并且把在 nq 和 $(n+1)q$ 之间任意 $f(nT)$ 的值近似为 nq。为了得到这种情况下的量化器的特性，我们把如图 4.10 所示的特性曲线向右移动 $q/2$。

自然而然地，上面提到的两种量化方法，介绍了序列表示中的误差。由于适当的采样过程不会引入误差，全部误差都是在原信号的近似过程中、在采样和量化之后由量化器引入的。关于这些误差的研究放在下一章。这里它足以表明信号 $f(nT)$ 可以写作量化器输出 $f_q(nT)$ 和误差信号 $\varepsilon(nT)$ 和的形式。

$$f(nT) = f_q(nT) + \varepsilon(nT) \tag{4.28}$$

实际上，采样和量化的操作顺序可以互换，虽然大部分情况下都是先进行采样。然而，如果我们没有以高于奈奎斯特频率 ω_N 的采样频率 ω_s，量化操作也无法进行。因为在这种情况下，我们对误差和信号同时进行采样，并且误差信号的频谱会扩展到零误差信号的全部频率范围内。所以，如果我们没有适当增加采样频率，那么就会在采样过程中出现混叠。

数字化过程的最后一步是编码，即把信号用一个二进制数来表示。这样就要求读者应该从基础课程中熟悉二进制数系统。

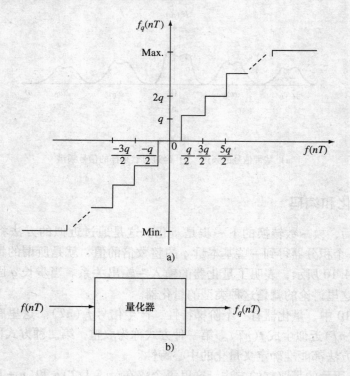

图 4.10 量化

a) 量化器的传输特性（取整）　b) 量化过程的符号表示

4.3 离散信号与系统

一个离散时间（或离散系统）如图 4.11 所示。序列 $\{f(t)\}$ 或离散时间信号 $\{f(nt)\}$ 来自自然界或来自连续时间信号每 T 秒抽样的结果（见图 4.11）如图 4.12 所示。

Z 变换在分析离散信号和系统中起着重要的作用，而拉普拉斯变换主要用于分析连续时间信号和系统。一个序列的单边 Z 变换定义为

$$F(z) = Z\{f(n)\}$$
$$\overset{\Delta}{=} \sum_{n=0}^{\infty} f(z) z^{-n} \tag{4.29}$$

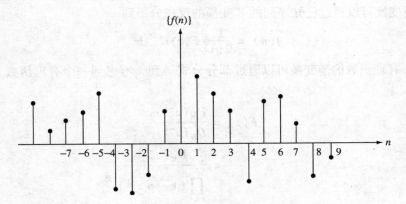

图 4.11 一个离散系统由一个输入序列产生一个输出序列

图 4.12 序列表示

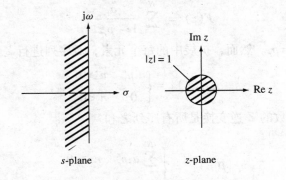

图 4.13 S 平面和 Z 平面映射图

一个因果序列的拉普拉斯变换和 Z 变换是一致的，如果我们定义

$$z^{-1} \equiv \exp(-Ts) \tag{4.30}$$

Z 平面和 S 平面相对应的关系如图 4.13 所示。

Z 变换的基本性质包括：

$$Z[a\{f_1(n)\} + b\{f_2(n)\}] = F_1(z) + F_2(z) \tag{4.31}$$

$$Z\{f(n-m)\} = z^{-m} \sum_{k=0}^{\infty} f(k)z^{-k} + z^{-m} \sum_{k=1}^{m} f(-k)z^k \tag{4.32}$$

$$Z\{f(n-m)\} = z^{-m}F(z) + z^{-m} \sum_{k=1}^{m} f(-k)z^k \tag{4.33}$$

$$Z[\{f_1(n)\} * \{f_2(n)\}] = F_1(z)F_2(z)$$
$$= F_2(z)F_1(z) \tag{4.34}$$

并且有

$$Z\Big[\sum_{m=0}^{n} f_1(m)f_2(n-m)\Big] = Z\Big(\sum_{m=0}^{n} f_1(n-m)f_2(m)\Big)$$
$$= F_1(z)F_2(z) \tag{4.35}$$

Z 逆变换可以通过已知序列的 Z 变换的反积分得到

$$f(n) = \frac{1}{2\pi j} \oint_C F(z)z^{n-1} \, dz \tag{4.36}$$

一个有理函数的逆变换可以通过部分分式得到。考虑到一个有理函数 $F(z)$ 可以写作

$$F(z) = \frac{P_M(z^{-1})}{D_N(z^{-1})}$$
$$= \frac{P_M(z^{-1})}{\prod\limits_{r=1}^{N} (1 - p_r z^{-1})} \tag{4.37}$$

接下来，得到函数的部分分式扩展为

$$F(z) = \sum_{r=1}^{N} \frac{a_r}{1 - p_r z^{-1}} \tag{4.38}$$

这里极点为 $z = p_r$。然而，扩展中的每个元素，对序列进行 Z 变换

$$\{f_r(n)\} = \begin{cases} a_r p_r^n & n \geqslant 0 \\ 0 & n < 0 \end{cases} \tag{4.39}$$

所以，整个函数的 Z 逆变换是所有序列之和

$$\{f(n)\} = \begin{cases} \sum\limits_{r=1}^{N} a_r p_r^n & n \geqslant 0 \\ 0 & n < 0 \end{cases} \tag{4.40}$$

如果两个序列 $\{f(n)\}$ 和 $\{g(n)\}$ 的 Z 变换为 $F(z)$ 和 $G(z)$，那么 $F(z)G(z)$ 的复数卷积定义为

$$Q(z) = \frac{1}{2\pi j}\oint_{c1} F(v)G\left(\frac{z}{v}\right)\frac{\mathrm{d}v}{v} \tag{4.41a}$$

或

$$Q(z) = \frac{1}{2\pi j}\oint_{c2} F\left(\frac{z}{v}\right)G(v)\frac{\mathrm{d}v}{v} \tag{4.41b}$$

这是两个序列乘积的 Z 变换

$$\{q(n)\} = \{f(n)\}\{g(n)\} \tag{4.42}$$

这里是说点对点的相乘。

4.4 数字滤波器

线性时不变系统的一个重要的分类是一个由常系数线性差分方程描述的数字滤波器：

$$g(n) = \sum_{r=0}^{M} a_r f(n-r) - \sum_{r=0}^{N} b_r g(n-r) \quad M \le N \tag{4.43}$$

对上式进行 Z 变换，上述公式可以转化为 z 的代数方程式，如下所示：

$$G(z) = F(z)\sum_{r=0}^{M} a_r z^{-r} - G(z)\sum_{r=0}^{N} b_r z^{-r} \tag{4.44}$$

因此系统的传输函数 $H(z)$ 可以表示为

$$H(z) = \frac{G(z)}{F(z)} \tag{4.45}$$

基于式（4.44）化为一般形式

$$H(z) = \frac{\displaystyle\sum_{r=0}^{M} a_r z^{-r}}{1 + \displaystyle\sum_{r=0}^{N} b_r z^{-r}} \tag{4.46}$$

这是一个在 Z 域中输入输出关于 z（或 $z-1$）的有理函数。这个公式描述了一个传输函数系统的输入输出经过 Z 变换的比值。它是一个 z 的有理函数，和 Z 域中输入输出有关。如果该函数只有零点（它的分母 $=1$），它是有限时间脉冲响应（FIR）类型。如果它同时具有极点和零点，则是无限时间脉冲响应（IIR）类型。

使传输函数中的 $z \to \exp(jT\omega)$，就可以从传输函数中得到系统的频率响应。这个函数的幅度就是振幅响应，而相位就是相位响应，它们共同构成了系统的频率响应。

一个离散系统，如果传输函数的所有极点都在 Z 平面的一个单位圆里，那么

该系统是稳定的，这和复频域的左半平面相对应。Z 平面和 S 平面之间的映射关系以及双线性面如图 4.14 所示，后者在滤波器的设计中尤为重要，定义为

$$\lambda = \frac{1-z^{-1}}{1+z^{-1}} = \frac{z-1}{z+1} \tag{4.47}$$

$$\lambda = \Sigma + j\Omega \tag{4.48}$$

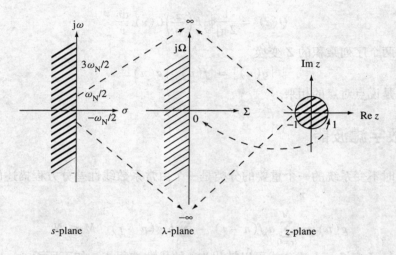

图 4.14　相关的三个平面间的映射

　　一个包含基本模块的数字滤波器（如图 4.15 模拟环境所示）如图 4.16 所示，这些模块包括加法器、乘法器和单位延迟。这些基础模块使得滤波器的传输函数可以用硬件或者软件实现。

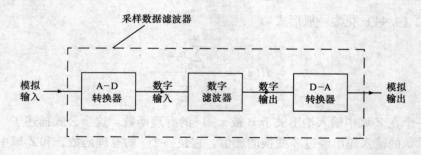

图 4.15　模拟环境中的数字滤波器

　　一个 IIR 滤波器可以直接以图 4.17 的方式实现，或者通过级联或并联方式实现。

　　对一个级联的实现方式，我们可以得到

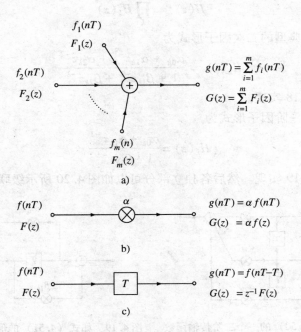

$$g(nT) = \sum_{i=1}^{m} f_i(nT)$$

$$G(z) = \sum_{i=1}^{m} F_i(z)$$

a)

$$g(nT) = \alpha f(nT)$$

$$G(z) = \alpha f(z)$$

b)

$$g(nT) = f(nT-T)$$

$$G(z) = z^{-1} F(z)$$

c)

图 4.16 数字滤波器的基本模块

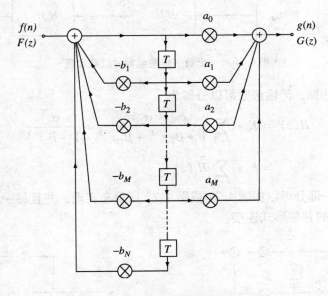

图 4.17 一个 IIR 数字滤波器的直接实现

$$H(z) = \prod_k H_k(z) \qquad (4.49)$$

这里有一个典型的二次因子形式为

$$H_k(z) = \frac{\alpha_{0k} + \alpha_{1k}z^{-1} + \alpha_{2k}z^{-2}}{1 + \beta_{1k}z^{-1} + \beta_{2k}z^{-2}} \qquad (4.50)$$

可通过图 4.18 实现。

一个可能的一阶因子形式为

$$H_k(z) = \frac{\alpha_{0k} + \alpha_{1k}z^{-1}}{1 + \beta_{1k}z^{-1}} \qquad (4.51)$$

可通过图 4.19 实现。然后各独立部分可以如图 4.20 所示级联在一起。

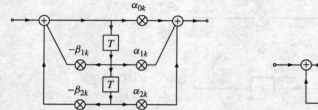 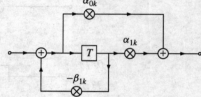

图 4.18　如式（4.50）的一个二阶传输函数　　图 4.19　如式（4.51）的形式的一阶传输函数

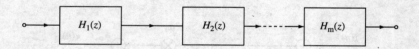

图 4.20　一个数字传输函数的级联实现

作为一种选择，传输函数可以分解为

$$H(z) = K + \sum_{i=1}^{r-1} \frac{\alpha_{0i} + \alpha_{1i}z^{-1}}{1 + \beta_{1i}z^{-1} + \beta_{1i}z^{-2}} + \frac{\alpha_r}{1 + \beta_r z^{-1}}$$

$$= K + \sum_{i=1}^{r} \hat{H}_i(z) \qquad (4.52)$$

然后，每一部分可以如图 4.21 或图 4.22 所示来实现，并且每一部分可以通过如图 4.23 所示的并联形式连接。

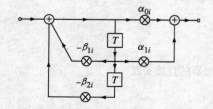 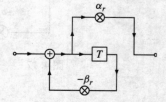

图 4.21　如式（4.52）的二阶传输函数　　图 4.22　如式（4.52）的一阶传输函数的扩展

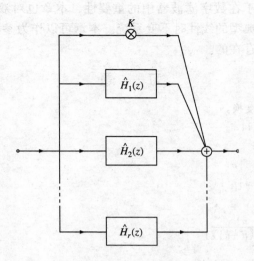

图 4.23　数字传输函数的并联实现方式

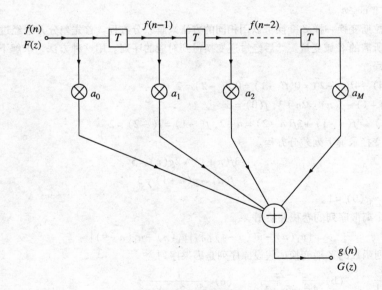

图 4.24　FIR 传输函数的实现

4.5　小结

　　本章主要回顾了离散信号和系统，首先从模 - 数转换开始，之后产生一个离散信号，最后通过一个数字系统来进行量化和编码。Z 变换作为基本的分析工具对其进行了介绍，并且基于在数字滤波器中的重要性，本章也对双线性变量做出了讨论。本章着重分析了典型的线性时不变系统。本章可以作为参考知识的简单回顾，并且在本书中是独立存在的。

习　题

4.1　求出以下序列的 Z 变换。

(a) $\{1,0,0,1,1,1,1\}$

(b) $\{1,1,-1,-1\}$

(c) $\{0,1,2,3,\cdots\} \equiv \{n\}$

(d) $\{0,1,4,9,\cdots\} \equiv \{n^2\}$

(e) $\{1-e^{-\alpha n}\}$

(f) $\{(nk)\} = \left\{ \dfrac{n!}{k!\,(n-k!)} \right\}$

(g) $\{\sin\alpha n\}$

(h) $\{\cos\alpha n\}$

(i) $\{e^{-\alpha n}\sin\beta n\}$

(j) $\{e^{-\alpha n}\cos\beta n\}$

4.2　和拉普拉斯变换一样 Z 变换可以用相同的方法来解差分方程。首先差分方程经过 Z 变换并且解出所需的 Z 域变量。然后经过逆变换得到对应的序列。用这种方法，求解下面不同的差分方程。

(a) $f(n)-4f(n-2)=0, f(-1)=0, f(-2)=2$

(b) $f(n+1)-f(n)=2n+3, f(0)=\alpha$

(c) $f(n)+4f(n-1)+3f(n-2)=n-2, f(-1)=f(-2)=2$

4.3　运用 Z 变换求解下列差分方程。

$$3f(n+1)+2g(n)=5$$
$$f(n)-g(n+1)=3$$

有 $f(0)=g(0)=1$。

4.4　求出两个离散序列的卷积并绘图。

$$\{u_1(n)-u_1(n-4)\} \text{ 和 } \{u_1(n)-u_1(n-9)\}$$

4.5　求出下列函数的 Z 逆变换，假设原序列是因果序列。

(a) $\dfrac{z}{z-1}$　　(b) $\dfrac{z^2+2z}{4z^2-5z+1}$　　(c) $\dfrac{1}{z^4(2z-1)}$

4.6　写出如图 4.25 所示的系统的差分方程。

4.7　求出习题 4.6 所示系统在 Z 域中的传输函数。

4.8　下面每个差分方程中，$\{f(n)\}$ 是一个线性移不变系统的输入，并且 $\{g(n)\}$ 是它的输出。求出每个系统的传输函数并判断其稳定性。

(a) $g(n)=2g(n-1)-g(n-2)+3f(n)+f(n-1)$

(b) $g(n)=f(n)+2f(n-1)+g(n-1)+4g(n-2)$

(c) $g(n)=0.1f(n)+0.5f(n-1)-0.6f(n-2)+0.3g(n-0)+0.5g(n-2)+0.7g(n-3)$

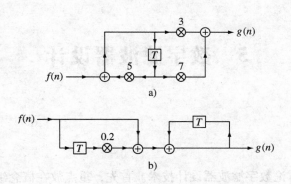

图 4.25

4.9 判断下列传输函数是否是稳定的。

（a） $H(z) = \dfrac{z^{-1}(1 + z^{-1})}{4 - 2z^{-1} + z^{-2}}$

（b） $H(z) = \dfrac{4z^{-1}(1 + z^{-1})}{4 + 3z^{-1} + 2z^{-2} + z^{-3} + z^{-4}}$

4.10 求出 FIR 的传输函数的直接非递归实现。

$$H(z) = 1 + 2z^{-1} + z^{-2} + 4z^{-3} + 7z^{-4} + 10z^{-5}$$

4.11 求出习题 4.9 中系统的直接典型形式实现。

4.12 求出下列传输函数的直接典型形式，二次级联形式以及并联形式。

（a） $H(z) = \dfrac{(1 + z^{-1})^3}{(1 + 0.1z^{-1})(1 - 0.4z^{-1} + 0.2z^{-2})}$

（b） $H(z) = \dfrac{(1 + z^{-1})^3}{37 + 51z^{-1} + 27z^{-2} + 5z^{-3}}$

5 数字滤波器设计

5.1 绪论

本章将详细讨论数字滤波器设计技术。首先,重点放在概念组织和设计的分析方法上。之后本章详细介绍了如何使用 MATLAB 作为一种有用的电脑辅助设计工具。本章还给出了大量实例分析以及计算机辅助的设计方法。

5.2 总则

与第 3 章研究的模拟滤波器情况相同,数字滤波器在频域内的设计可以通过以下流程来完成:

(a) 关于滤波器的设计要求通常用来得到滤波器的稳定传输函数。这是一个近似的问题。

(b) 滤波器的传输函数一旦确定,可以运用第 4 章的知识来进行实现。这是综合与实现的问题,它的结果仅仅需要得到传输函数系数。

一般 IIR 滤波器的传输函数的形式如下:

$$H(z) = \frac{\sum_{n=0}^{M} a_n z^{-1}}{1 + \sum_{n=1}^{M} b_n z^{-n}}$$

$$= \frac{A_M(z^{-1})}{B_N(z^{-1})} \tag{5.1}$$

特殊情况下的 FIR 滤波器可以通过使得 $B_N(z^{-1}) = 1$ 来得到。因此一个 FIR 数字滤波器的传输函数式以多项式的形式表示为

$$H(z) = \sum_{n=0}^{M} a_n z^{-n} \tag{5.2}$$

通过式(5.3)可以得到滤波器的频率响应

$$z \rightarrow \exp(j\omega T) \tag{5.3}$$

所以

$$H[\exp(j\omega T)] = \frac{\sum_{n=0}^{M} a_n \exp(-jn\omega T)}{1 + \sum_{r=1}^{N} b_n \exp(-jn\omega T)} \quad (5.4)$$

它可也写成如下形式：

$$H[\exp(j\omega T)] = |H[\exp(j\omega T)]|\exp[j\psi(\omega T)] \quad (5.5)$$

这里的$|H(\exp(j\omega T))|$是滤波器的振幅响应并且$\psi(\omega T)$是滤波器的相位响应。明显地

$$|H[\exp(j\omega T)]|^2 = H(z)H(z^{-1})\big|_{z=\exp(j\omega T)} \quad (5.6)$$

根据$H(z)$，我们可以得到相位函数$\psi(\omega T)$和群延迟$T_g(\omega T)$。对式（5.5）两边求对数可以得到

$$\begin{aligned} \ln H[\exp(j\omega T)] &= \ln|H[\exp(j\omega T)]| + j\psi(\omega T) \\ &= \frac{1}{2}\ln\{H[\exp(j\omega T)]H[\exp(-j\omega T)]\} + j\psi(\omega T) \end{aligned}$$

$$(5.7)$$

即如果使得

$$\psi(z) \overset{\triangle}{=} -\frac{1}{2}\ln\left[\frac{H(z)}{H(z^{-1})}\right] \quad (5.8)$$

然后

$$\psi(\omega T) = -j\psi(z)\big|_{z=\exp(j\omega T)} \quad (5.9)$$

得到群延迟为

$$\begin{aligned} T_g(\omega T) &= -\frac{d\psi(\omega T)}{d\omega} \\ &= j\frac{d\psi(z)}{dz}\bigg|_{z=\exp(j\omega T)} \cdot \frac{d\exp(j\omega T)}{d\omega} \\ &= T\left[z\frac{d\psi(z)}{dz}\right]_{\exp(j\omega T)} \quad (5.10) \end{aligned}$$

然而，由式（5.8）得出

$$\begin{aligned} -\frac{d\psi(z)}{dz} &= \frac{1}{2}\frac{d}{dz}\left[\ln\frac{H(z)}{H(z^{-1})}\right] \\ &= \frac{1}{2}\left[\frac{H'(z)}{H(z)} + \frac{1}{z^2}\frac{H'(z^{-1})}{H(z^{-1})}\right] \quad (5.11) \end{aligned}$$

所以式（5.10）中的群延迟变为

$$T_g(\omega T) = \frac{T}{2}\left[z\frac{H'(z)}{H(z)} + z^{-1}\frac{H'(z^{-1})}{H(z^{-1})}\right]_{z=\exp(j\omega T)} \quad (5.12)$$

或者

$$T_g(\omega T) = T\mathrm{Re}\left[z\,\frac{H'(z)}{H(z)}\right]_{z=\exp(\mathrm{j}\omega T)}$$

$$= T\mathrm{Re}\left[z\,\frac{\mathrm{d}}{\mathrm{d}z}\ln H(z)\right]_{z=\exp(\mathrm{j}\omega T)} \tag{5.13}$$

由此可见，通过计算它的振幅、相位以及延迟响应，式（5.4）~式（5.13）可以用作任意滤波器的分析。

现在，对于一个数字滤波器的实现，它的传输函数可以 z 为变量进行表示，如式（5.1）一样。然而，作为一个近似问题的结果，运用式（5.14）中的变量更为便利

$$\lambda = \tanh\frac{1}{2}Ts$$

$$= \sum + \mathrm{j}\Omega \tag{5.14}$$

这在第 4 章中进行过介绍。λ 与 z 有关

$$\lambda = \frac{1-z^{-1}}{1+z^{-1}} \tag{5.15a}$$

或者

$$z^{-1} = \frac{1-\lambda}{1+\lambda} \tag{5.15b}$$

因此一个形如式（5.1）的数字传输函数通过式（5.15b）可以等价转换为

$$H(\lambda) = \frac{P_m(\lambda)}{Q_m(\lambda)} \quad m \leqslant n \tag{5.16}$$

这里，为了保证稳定，$Q_n(\lambda)$ 必须严格是关于 λ 的赫维兹多项式。

在第 4 章里详细地讨论了 S 面、Z 面以及 λ 平面之间的映射关系，如图 4.14 所示。运用 λ 变量的优势是能通过改变模拟滤波器的传输原函数直接得到振幅导向型的数字滤波器，这在第 3 章中讨论过。

根据双线性变量 λ，通过使 $s \rightarrow \mathrm{j}\omega$ 可以得到滤波器的频率响应，即

$$\lambda \rightarrow \mathrm{j}\Omega \tag{5.17}$$

这里

$$\Omega = \tan\frac{1}{2}T\omega$$

$$= \tan\pi\,\frac{\omega}{\omega_N} \tag{5.18}$$

并且 ω_N 是弧度采样频率。如果是临界采样，那么 ω_N 是奈奎斯特频率，它是采样信号带宽内最高频率的 2 倍。在 $\mathrm{j}\omega$ 轴上，式（5.16）变为

$$H(\mathrm{j}\Omega) = \frac{P_m(\mathrm{j}\Omega)}{Q_n(\mathrm{j}\Omega)}$$

$$= |H(\mathrm{j}\Omega)|\exp[\mathrm{j}\psi(\Omega)] \tag{5.19}$$

群延迟是

$$
\begin{aligned}
T_g(\omega T) &= -\left.\frac{\mathrm{d}\psi(\lambda)}{\mathrm{d}s}\right|_{s=j\omega} \\
&= -\left.\frac{\mathrm{d}\psi(\lambda)}{\mathrm{d}\lambda}\frac{\mathrm{d}\lambda}{\mathrm{d}s}\right|_{s=j\omega} \\
&= -\frac{T}{2}(1-\lambda^2)\left.\frac{\mathrm{d}\psi(\lambda)}{\mathrm{d}\lambda}\right|_{s=j\omega}
\end{aligned}
\tag{5.20}
$$

或

$$
T_g(\Omega) = -\frac{T}{2}\mathrm{Re}(1+\Omega^2)\left.\frac{\mathrm{d}\psi(\lambda)}{\mathrm{d}\lambda}\right|_{\lambda=j\Omega}
\tag{5.21}
$$

它也可以表示为

$$
T_g(\Omega) = \frac{T}{2}(1+\Omega^2)\mathrm{Re}\left\{\left[\frac{Q_n'(\lambda)}{Q_n(\lambda)} - \frac{P_m'(\lambda)}{P_m(\lambda)}\right]_{\lambda=j\Omega}\right\}
\tag{5.22}
$$

现在我们来讨论 IIR 和 FIR 滤波器的近似问题。振幅导向型和相位导向型的设计都被涵盖其中，但是仅对 FIR 滤波器进行振幅选择性以及通带内相位线性讨论，这里相位线性度的讨论以一种较为简单的方式进行。

5.3 IIR 滤波器的振幅导向型设计

5.3.1 低通滤波器

IIR 数字滤波器的幅度二次方函数，可以从式（5.16）、式（5.17）写作

$$
\begin{aligned}
|H(j\Omega)|^2 &= \frac{|P_m(j\Omega)|^2}{|Q_n(j\Omega)|^2} \\
&= \frac{\displaystyle\sum_{r=0}^{m}c_r\Omega^{2r}}{\displaystyle\sum_{r=0}^{n}d_r\Omega^{2r}}
\end{aligned}
\tag{5.23}
$$

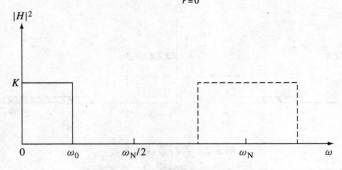

图 5.1 理想低通滤波器特性

由于变量 $\Omega = \tan(\pi\omega/\omega_N)$ 的周期性，该幅度二次方函数在第 4 章中进行过讨论，是 ω 的周期函数，所以

对于　　　$-\infty \leqslant \Omega \leqslant \infty$ 有 $\dfrac{-(2r+1)}{2} \leqslant \dfrac{\omega}{\omega_N} \leqslant \dfrac{2r+1}{2}$　$r = 0, 1, 2, \cdots$　　　(5.24)

然而，采样定理使得有用带宽的范围被限制为

$$0 \leqslant \frac{|\omega|}{\omega_N} \leqslant 0.5 \qquad (5.25)$$

理想低通滤波器振幅特性如图 5.1 所示，这里的虚线代表假定响应的周期特性。然而，如果输入信号被带限低于 $\omega_N/2$，那么大于 $\omega_N/2$ 的频率就被排除在外。如果不是该种情况，则会出现混叠现象。

现在，考虑一个模拟滤波器低通原型的传输函数

$$H(s) = \frac{N_m(s)}{D_n(s)} \quad m \leqslant n \qquad (5.26)$$

它的振幅响应

$$|H(j\omega)|^2 = \frac{|N_m(j\omega)|^2}{|D_n(j\omega)|^2} \qquad (5.27)$$

该振幅响应是通过带通边缘在 $\omega = 1$ 处的最佳标准得到的。在模拟函数中，使得

$$s \to \frac{\lambda}{\Omega_0} \to \frac{1}{\Omega_0} \frac{1 - z^{-1}}{1 + z^{-1}} \qquad (5.28)$$

这里

$$\Omega_0 = \tan\pi \frac{\omega_0}{\omega_N} \qquad (5.29)$$

并且 ω_0 是所求数字滤波器的实际通带边缘。式(5.28)将模拟函数转化为数字形式

$$H(\lambda) = \frac{P_m(\lambda)}{Q_n(\lambda)} \qquad (5.30)$$

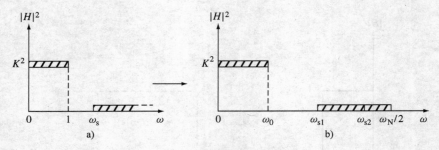

图 5.2　进行双线性变换
a) 模拟低通滤波器特性　b) 数字域特性

振幅响应定义为

$$|H(j\Omega)|^2 = \frac{|P_m(j\Omega)|^2}{|Q_n(j\Omega)|^2} \tag{5.31}$$

被式（5.28）定义的双线性转换具有以下基本特征：

（1）在模拟原型中的 $\omega=1$ 转换为数字域的 ω_0。点 $\omega=0$ 被转换为相同的点 $\omega=0$，由于 $\Omega=\infty$ 对应采样频率的一半，所以 $\omega=\infty$ 被转换为 $\omega=\omega_N/2$。

（2）模拟函数的稳定性在转换下仍然被保存，由于由式（5.28）所得的分母 $Q_n(\lambda)$ 被确定是严格的关于 λ 的霍维兹多项式，所以保证了数字函数的稳定性。

（3）模拟滤波器在 $j\omega$ 轴的性质被转换为 $j\omega$ 轴的相似性质。它对应 Z 平面的单位圆。然而，只有周期性才适用于这种状况。

（4）所得的传输函数都是具有实系数的 z^{-1} 的有理函数。

如图 5.2 所示是一个理想模拟滤波器低通原型响应到数字域响应的转换。映射为

$$\begin{aligned}
\omega=0 &\rightarrow \omega=0 \\
\omega=1 &\rightarrow \omega=\omega_0 \\
\omega=\infty &\rightarrow \omega=\omega_N/2
\end{aligned} \tag{5.32}$$

阻带现在从某个固定的频率 ω_{s1} 扩展为一半的采样频率 $\omega_N/2$。假定滤波器的输入满足采样理论，带限为 $\omega_N/2$。

从上述讨论中得出，我们可以通过转换式（5.28）得到数字域的最大平坦滤波器、切比雪夫滤波器或者椭圆滤波器。所以我们得到以下几种情况。

5.3.1.1 双边带的最大平坦响应

使式（3.31）中的 $s\rightarrow\lambda/\Omega_0$，我们得到

$$H(s) \rightarrow H(\lambda) = \frac{K}{\prod\limits_{r=1}^{n}\left[\dfrac{\lambda}{\Omega_0} - j\exp(j\theta_r)\right]} \tag{5.33}$$

这里

$$\theta_r = \frac{2r-1}{2n}\pi \quad r=1,2,\cdots,n \tag{5.34}$$

并且 K 是 dc 增益可以选择任意值，当 $H(0)=1$ 时 $K=1$。ω_0 为增益下降了 3dB 时的角频率。在 Z 域中，在式（5.33）中调用式（5.28）。

$$H(z) = \frac{K(1+z^{-1})^n}{\prod\limits_{r=1}^{n}\left\{\left[\dfrac{1}{\Omega_0} - j\exp(j\theta_r)\right] - \left[\dfrac{1}{\Omega_0} + j\exp(j\theta_r)\right]z^{-1}\right\}} \tag{5.35}$$

它可以由第 4 章所讲的方法实现。产生的响应可以通过让

$$\omega\rightarrow\Omega/\Omega_0 \tag{5.36}$$

得到，这得出

$$|H(j\Omega)|^2 = \frac{K^2}{1 + (\Omega/\Omega_0)^{2n}} \tag{5.37}$$

对应它在 $\omega = 0$ 周围有 $2n - 1$ 个零导数点，它在 $\Omega = 0$ 周围也有 $2n - 1$ 个零导数点。同样可以得到在 $\Omega = \infty$ 周围具有 $2n - 1$ 个零导数点，所对应的 $\omega_N/2$ 周围也有 $2n - 1$ 个零导数点。

为了确定所求滤波器的阶数，使其特性如下：

$$\text{通带为 } 0 \leq \omega \leq \omega_0, \text{ 衰减} \leq 3\text{dB} \tag{5.38}$$

$$\text{阻带为 } \omega_{s1} \leq \omega \leq \omega_{s2}, \text{ 衰减} \geq \alpha_s\text{dB}$$

现在我们指出阻带在数字域必须是有限的，在低于采样频率的一半处截止。我们选择的采样频率至少是相关带宽最高频率的 2 倍。因此，我们需要

$$\omega_N \geq 2\omega_{s2} \tag{5.39}$$

假设我们进行临界采样，所以式（5.39）满足性质

$$\omega_N \geq 2\omega_{s2} \tag{5.40}$$

接下来，通带被确定为

$$0 \leq \frac{\omega}{\omega_N} \leq \frac{\omega_0}{\omega_N} \tag{5.41}$$

并且阻带的范围为

$$\frac{\omega_{s1}}{\omega_N} \leq \frac{\omega}{\omega_N} \leq 0.5 \tag{5.42}$$

然后，通过在 Ω 域定义带宽得到相应的 Ω 值如下，定义为

$$\text{通带} \quad 0 \leq \Omega \leq \Omega_0$$

$$\text{阻带} \ \Omega_{s1} \leq \Omega \leq \Omega_{s2} \ (= \infty) \tag{5.43}$$

这里

$$\Omega_0 = \tan\pi \frac{\omega_0}{\omega_N} \tag{5.44a}$$

$$\Omega_{s1} = \tan\pi \frac{\omega_{s1}}{\omega_N} \tag{5.44b}$$

$$\Omega_{s2} = \tan\pi \frac{\omega_{s2}}{\omega_N} = \infty \tag{5.44c}$$

当然，如果采样频率高于 $2\omega_{s2}$，那么阻带被定义为

$$\Omega_{s1} \leq \Omega \leq \Omega_{s2} \tag{5.45}$$

这里，我们得到式（5.46）而不是式（5.44c）

$$\Omega_{s2} = \tan\pi \frac{\omega_{s2}}{\omega_n} \neq \infty \tag{5.46}$$

最后，所求滤波器的阶数通过在式（5.44）代入式（3.20），同时 $\omega_s \to \Omega_{s1}/\Omega_0$。得出

$$n \geqslant \frac{\log(10^{0.1\alpha_s} - 1)}{2\log(\Omega_{s1}/\Omega_0)} \tag{5.47}$$

表示特性的另一种形式可以写为

最大通带衰减 $= \alpha_p \quad \omega \leqslant \omega_0$

最小阻带衰减 $= \alpha_s \quad \omega \geqslant \omega_{s1}$ $\tag{5.48}$

在这种情况下式（5.47）可以用来确定经过 Ω 域转换后的阶数，有

$$n \geqslant \frac{\log\left(\dfrac{10^{0.1\alpha_s} - 1}{10^{0.1\alpha_p} - 1}\right)}{2\log(\Omega_{s1}/\Omega_0)} \tag{5.49}$$

例 5.1 设计一个 IIR 最大平坦数字滤波器，具有以下性质：

通带 $0 \sim 1\text{kHz}$ 内的衰减 $\leqslant 1\text{dB}$

阻带 $2 \sim 4\text{kHz}$ 内的衰减 $\geqslant 20\text{dB}$

答案：假设是临界采样，相关带宽的最高频率为 4kHz，选择采样频率为它的 2 倍，该值为

$$\omega_{\text{N}} = (2\pi)8 \times 10^3$$

所以，在 Ω 域我们有

$$\Omega_0 = \tan\frac{1}{8}\pi = 0.4142$$

$$\Omega_{s1} = \tan\frac{2}{8}\pi = 1.0$$

利用式（5.49），所求滤波器阶数为

$$n \geqslant 3.373$$

所以我们取 $n = 4$。

滤波器的传输函数可以通过式（5.35）和 n 求出，并且可以通过直接并联或级联的方式实现，和第 4 章中讨论的一样。

5.3.1.2 切比雪夫响应

使得式（3.36）的分母中 $s \to \lambda/\Omega_0$，我们得到

$$H(s) \to H(\lambda) = \frac{K}{\displaystyle\prod_{r=1}^{n}\left(\dfrac{\lambda}{\Omega_0} + \left[\eta\sin\theta_r + \text{j}(1 + \eta^2)^{1/2}\cos\theta_r\right]\right)} \tag{5.50}$$

这里 θ_r 由式（5.34）给出并且

$$\eta = \sinh\left(\frac{1}{n}\sinh^{-1}\frac{1}{\varepsilon}\right) \tag{5.51}$$

$H(\lambda)$ 的分子是一个任意常数 K，由于数字滤波器的增益可以任意调整，例如在模 - 数转换器阶段，和无源滤波器的情况一样并不局限于采用一个统一的最大值。再次，切比雪夫滤波器的 Z 域表现形式如下：

$$H(z) = \frac{K(1 + z^{-1})^n}{\prod_{r=1}^{n}\left[\left(\dfrac{1}{\Omega_0} + \mathrm{j}y_r\right)\left(\dfrac{1}{\Omega_0} - \mathrm{j}y_r\right)z^{-1}\right]} \tag{5.52}$$

这里

$$y_r = \cos(\sin^{-1}\mathrm{j}\eta + \theta_r) \tag{5.53}$$

显然，使式（3.25）中 $\omega \to (\Omega/\Omega_0)$，所得的传输函数有一个幅度二次方函数为

$$|H(\mathrm{j}\Omega)|^2 = \frac{K^2}{1 + \varepsilon^2 T_n^2(\Omega/\Omega_0)} \tag{5.54}$$

这里的 $T_n(\Omega/\Omega_0)$ 是式（3.26）和式（3.67）确定的切比雪夫多项式，并且 ε 是纹波因子。

$|H(\mathrm{j}\Omega)|^2$ 在通带内有一个最优的等纹波响应，并且在 $\Omega = \infty$ 处即在 $\omega_N/2$ 处有 $2n-1$ 个零导数点。

为了确定所求的滤波器的阶数，在式（5.44）中特性被转换到 Ω 域，然后使用式（3.24）。使得特性变为

通带：$0 \le \omega \le \omega_0$，衰减 $\le \alpha_p$；

阻带：$\omega_{s1} \le \omega \le \omega_{s2}$，衰减 $\ge \alpha_s$。 $\tag{5.55}$

选择 $\omega_N \ge 2\omega_{s2}$，并且通过式（5.44）估算 Ω_0 和 Ω_{s1}，我们接着运用式（3.24）可得到滤波器阶数

$$n \ge \frac{\cosh^{-1}\left[(10^{0.1\alpha_s}) - 1/(10^{0.1\alpha_p} - 1)\right]^{1/2}}{\cosh^{-1}(\Omega_{s1}/\Omega_0)} \tag{5.56}$$

例 5.2 设计一个切比雪夫低通数字滤波器，具有以下特性：

通带：$0 \sim 0.5\mathrm{kHz}$，纹波为 $1\mathrm{dB}$。

阻带边缘：$0.7\mathrm{kHz}$，衰减 $\ge 40\mathrm{dB}$。

采样频率：$2\mathrm{kHz}$。

答案：从式（5.44）得 Ω 域值为

$$\Omega_0 = \tan\pi\frac{0.5}{2} = 1$$

$$\Omega_{s1} = \tan\pi\frac{0.7}{2} = 1.963$$

并且式（5.56）给出了所求的滤波器的阶数为 $n = 6$，并且

$$\varepsilon = (10^{0.1\alpha_p} - 1)^{1/2} = (10^{0.01} - 1)^{1/2} = 0.1526$$

所以从式（5.51）得到的辅助参数为

$$\eta = \sinh\left(\frac{1}{6}\sinh^{-1}\frac{1}{0.01526}\right) = 0.443$$

最后，滤波器的传输函数可以通过式（5.51）～式（5.53）得到

$$H(z) = H_1(z)H_2(z)H_3(z)$$

有

$$H_1(z) = \frac{0.426 + 0.851z^{-1} + 0.426z^{-2}}{1 + 0.103z^{-1} + 0.805z^{-2}}$$

$$H_2(z) = \frac{0.431 + 0.863z^{-1} + 0.431z^{-2}}{1 - 0.266z^{-1} + 0.459z^{-2}}$$

$$H_3(z) = \frac{0.472 + 0.944z^{-1} + 0.472z^{-2}}{1 - 0.696z^{-1} + 0.192z^{-2}}$$

并且可以实现, 如图 4.18 所示的二阶部分可以用作 $H_1(z)$、$H_2(z)$ 以及 $H_3(z)$, 然后, 所得的结果可以采用如图 4.20 所示的级联进行连接。

5.3.1.3 椭圆函数响应

椭圆低通滤波器的传输函数可以同样地由式 (5.28) 得到, 并且通式可以用在模拟椭圆传输函数中[16]。过程由下面的例子表示。

例 5.3 一个三阶低通椭圆模拟滤波器的传输函数如下:

$$H(s) = \frac{0.314(s^2 + 2.806)}{(s + 0.767)(s^2 + 0.453s + 1.149)}$$

这里给出了 0.5dB 的通带纹波并且对于 $\omega_s / \omega \geqslant 1.5$ 的最小阻带衰减为 21dB。用这个原型函数去设计一个数字滤波器, 它带通边缘为 500Hz, 并且采样频率为 3kHz。

答案: 从滤波器特性及式 (5.44) 知

$$\Omega_0 = \tan\pi \frac{500}{3000} = 0.577$$

因此, 进行双线性转换得数字传输函数

$$H(z) = \left(\frac{0.126 + 0.126z^{-1}}{1 - 0.386z^{-1}}\right)\left(\frac{1.177 - 0.079z^{-1} + 1.1778z^{-2}}{1 - 0.75z^{-1} + 0.682z^{-2}}\right)$$

$$= H_1(z)H_2(z)$$

该滤波器可以通过如图 4.19 所示的传输函数的一阶函数 $H_1(z)$ 级联或者如图 4.18 所示的传输函数的二阶函数 $H_2(z)$ 级联实现。

5.3.2 高通滤波器

在 3.3 节中的模拟低通原型传输函数也可以来获得高通数字传输函数。它可以通过转换得到

$$s \to \frac{\Omega_0}{\lambda} \to \Omega_0\left(\frac{1 + z^{-1}}{1 - z^{-1}}\right) \tag{5.57}$$

这里

$$\Omega_0 = \tan\pi \frac{\omega_0}{\omega_N} \tag{5.58}$$

在这里 ω_0 是高通滤波器的通带边缘, 转换如图 5.3 所示。$\omega = 0$ 的点转换为

$\omega_N/2$ 并且 $\omega = \infty$ 点转换为 $\omega = 0$。

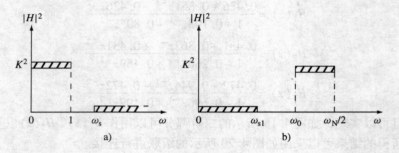

图 5.3 应用转换式（5.57）得到一个高通数字传输函数
a）模拟低通特性 b）数字带通特性

通带现在的范围为

$$\omega_0 \leqslant |\omega| \leqslant \omega_N/2 \tag{5.59}$$

所得的传输函数是通过转换式（5.57）和 3.3 节中的表达式求出的。最大平坦和切比雪夫幅度函数为

$$|H(j\Omega)|^2 = \frac{K^2}{1 + (\Omega_0/\Omega)^{2n}} \tag{5.60}$$

和

$$|H(j\Omega)|^2 = \frac{K^2}{1 + \varepsilon^2 T_n^2(\Omega_0/\Omega)} \tag{5.61}$$

为了得到滤波器的阶数，使它的特性如下：

$$\text{通带：} \omega_0 \leqslant \omega \leqslant \omega_N/2, \ \text{衰减} \leqslant \alpha_p \text{dB} \tag{5.62}$$
$$\text{阻带：} 0 \leqslant \omega \leqslant \omega_{s1}, \ \text{衰减} \geqslant \alpha_s \text{dB}$$

同时

$$\Omega_0 = \tan\pi \frac{\omega_0}{\omega_N} \tag{5.63}$$

$$\Omega_{s1} = \tan\pi \frac{\omega_{s1}}{\omega_N}$$

最大平坦滤波阶数通过让式（5.48）中（Ω_s/Ω_0）$\to$（Ω_0/Ω_s）得到

$$n \geqslant \frac{\log[(10^{0.1\alpha_s} - 1)/(10^{0.1\alpha_p} - 1)]}{2\log(\Omega_0/\Omega_{s1})} \tag{5.64}$$

或者，如果通带边缘在 3dB 点处，那么式（5.64）给出

$$n \geqslant \frac{\log(10^{0.1\alpha_s} - 1)}{2\log(\Omega_0/\Omega_{s1})} \tag{5.65}$$

对于切比雪夫响应，所求滤波器阶数为

$$n \geqslant \frac{\cosh^{-1}\left[\,(10^{0.1\alpha_s} - 1)\big/(10^{0.1\alpha_p} - 1)\,\right]^{1/2}}{\cosh^{-1}(\Omega_0/\Omega_{s1})} \tag{5.66}$$

得到了所需的滤波器阶数，模拟低通滤波器原型就可以得到，基于转换式（5.57）给出数字高通传输函数。

5.3.3　带通滤波器

又一次地，模拟低通原型传输函数可以通过一个转换式得到如下数字带通函数：

$$s \longrightarrow \frac{\overline{\Omega}}{\Omega_2 - \Omega_1}\left(\frac{\lambda}{\overline{\Omega}} + \frac{\overline{\Omega}}{\lambda}\right) \tag{5.67}$$

这里

$$\overline{\Omega} = \tan\pi\,\frac{\overline{\omega}}{\omega_N} \tag{5.68a}$$

$$\Omega_{1,2} = \tan\pi\,\frac{\omega_{1,2}}{\omega_N} \tag{5.68b}$$

$$\overline{\Omega} = (\Omega_1\Omega_2)^{1/2} \tag{5.68c}$$

这种转换如图 5.4 所示。频带中心 $\overline{\omega}$ 是任意的，但上边带阻带几乎等于 $\omega_N/2$，通带从 ω_1 扩展为 ω_2。式（5.15）可以用来转换到 Z 域以实现传输函数。

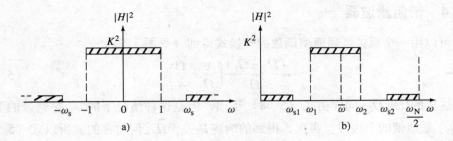

图 5.4　转换式（5.67）用来得到一个数字带通传输函数
a）模拟低通特性　b）数字带通特性

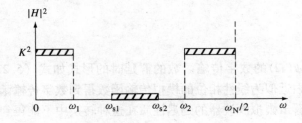

图 5.5　从低通原型到带阻数字滤波器特性的转换

所得最大平坦和切比雪夫响应，分别地，由式（5.69）和式（5.70）表示。

$$|H(j\Omega)|^2 = \frac{K^2}{1 + \left[\frac{\overline{\Omega}}{\Omega_1 - \Omega_2}\left(\frac{\Omega}{\overline{\Omega}} - \frac{\overline{\Omega}}{\Omega}\right)\right]^{2n}} \tag{5.69}$$

和

$$|H(j\Omega)|^2 = \frac{K^2}{1 + \varepsilon^2 T_n^2\left[\frac{\overline{\Omega}}{\Omega_1 - \Omega_2}\left(\frac{\Omega}{\overline{\Omega}} - \frac{\overline{\Omega}}{\Omega}\right)\right]^{2n}} \tag{5.70}$$

实际滤波器的传输函数可以以合适的模拟传输函数，例如，通过式（3.20）和式（3.36）。由转换式（5.15）和式（5.67）式表示。

所求的滤波器原型可以通过替换式（5.69）或式（5.70）的要求，在给定的频率和衰减值处形成必要的方程。特别的是，对于最大平坦响应，两个 3dB 的点分别出现在 ω_1 和 ω_2 处。此外，这里有两个频率 ω_{s1} 和 ω_{s2} 对应一个相同衰减值 α_s，这两个频率的关系为

$$\overline{\Omega} = \left[\left(\tan\pi\frac{\omega_{s1}}{\omega_N}\right)\left(\tan\pi\frac{\omega_N}{\omega_{s1}}\right)\right]^{1/2} \tag{5.71}$$

该滤波器的设计严格遵循这两个要求，并且响应在 Ω 域中关于 $\overline{\Omega}$ 几何对称。这些考虑同样适用于切比雪夫和椭圆滤波器。

5.3.4　带阻滤波器

可以用一个模拟低通原型函数的转换式得到（见图5.5）。

$$s \to \frac{(\Omega_2 - \Omega_1)}{\overline{\Omega}}\left(\frac{\lambda}{\overline{\Omega}} + \frac{\overline{\Omega}}{\lambda}\right)^{-1} \tag{5.72}$$

这里的 $\overline{\Omega}$ 和 $\Omega_{1,2}$ 同样由式（5.68）得出，但是这种情况下的 ω_1 是通带的下边界，ω_2 是通带的上边界。再次，得到的响应是关于 $\overline{\Omega}$ 几何对称的，所以式（5.71）和前面讨论的结果在这种情况下都是有效的。

5.4　相位导向型 IIR 滤波器设计

5.4.1　总则

一个相位为 $\psi(\Omega)$ 的数字传输函数的群延时的形式如式（5.22）。如果我们尝试从一个在通带内近似为线性相位的模拟传输函数得到数字传输函数，运用双线性转换式我们可以看出模拟滤波器的延迟性质在这种转换中不能得到保持。这是因为因子（$1 + \Omega^2$）乘以了式（5.21）中的 $d\psi(\Omega)/d\Omega$。所以，该非线性因子使得模拟原型，比如贝塞尔滤波器，在相位导向型滤波器设计中是无效的。此外，通过因子

$(\Omega \rightarrow k\Omega)$ 的频率缩放在这里也是不可行的，因为因子 $(1+\Omega^2)$ 不具有缩放特性。这需要在最初传输函数表达式的带宽中扩展参数。我们现在推导在 3.6.2 节中讨论的模拟低通贝塞尔滤波器的数字实现。

5.4.2　最大平坦群延迟响应

把数字传输函数写作如下形式：

$$H(\lambda) = \frac{K}{Q_n(\lambda)} \tag{5.73}$$

这里的 K 是一个常数并且 $Q_n(\lambda)$ 是一个多项式，用来确定群延迟在 $\Omega = 0$ 处是最大平坦的。写为

$$Q_n(\lambda) = M(\lambda) + N(\lambda) \tag{5.74}$$

这里的 $M(\lambda)$ 是 $Q(\lambda)$ 的偶数部分，$N(\lambda)$ 是 $Q(\lambda)$ 的奇数部分。考虑函数

$$\phi(\lambda, a) = \alpha \tanh^{-1} \lambda \tag{5.75}$$

所以

$$\tanh(\phi(\lambda, a)) = \tanh(\alpha \tanh^{-1} \lambda) \tag{5.76}$$

这里 α 是一个参数，它的意义很清晰，并且

$$\psi(\lambda) = \tanh^{-1}\left(\frac{N(\lambda)}{M(\lambda)}\right) \tag{5.77}$$

现在，如果 $\psi(\lambda)$ 和 $\phi(\lambda, \alpha)$ 一致，然后多项式 $Q_n(\lambda)$ 的延迟函数由式（5.20）得到

$$
\begin{aligned}
T_g(\lambda) &= -\frac{T}{2}(1-\lambda^2)\frac{\mathrm{d}\phi(\lambda, \alpha)}{\mathrm{d}\lambda} \\
&= -\frac{T}{2}(1-\lambda^2)\alpha\frac{\mathrm{d}}{\mathrm{d}\lambda}(\tanh^{-1}\lambda) \\
&= -\frac{T}{2}(1-\lambda^2)\alpha\frac{1}{1-\lambda^2} \tag{5.78} \\
&= -\frac{\alpha T}{2} \text{一个常数}
\end{aligned}
$$

由上述推导，我们从有理函数 $N(\lambda)/M(\lambda)$ 找到一种近似 $\tanh(\alpha\tanh^{-1}\lambda)$ 的方法，即

$$\frac{N(\lambda)}{M(\lambda)} \sim \tanh(\alpha\tan^{-1}\lambda) \tag{5.79}$$

为了达到目的我们写作

$$\tanh(\alpha\tanh^{-1}\lambda) = \frac{\sinh(\alpha\tanh^{-1}\lambda)}{\cosh(\alpha\tanh^{-1}\lambda)} \tag{5.80}$$

并且扩展 $\sinh(x)$ 和 $\cosh(x)$ 函数，然后得出式（5.80）右边的连续分式扩展如下：

$$\tanh(\alpha\tanh^{-1}\lambda) = \cfrac{\alpha\lambda}{1 + \cfrac{(1-\alpha^2)\lambda^2}{3 + \cfrac{(4-\alpha^2)\lambda^2}{5 + \cfrac{(9-\alpha^2)\lambda^2}{\ddots}}}} \qquad (5.81)$$

最终，多项式 $Q(\lambda, \alpha)$ 是根据 $\tanh(\alpha\tanh^{-1}\lambda)$ 连续分式扩展的 n 阶近似得出 $N(\lambda)/M(\lambda)$ 后得出的。所求的多项式可以容易地由递推公式获得

$$Q_{n+1}(\lambda, \alpha) = Q_n(\lambda, \alpha) + \frac{\alpha^2 - n^2}{4n^2 - 1}\lambda^2 Q_{n-1}(\lambda, \alpha) \qquad (5.82)$$

有

$$Q_0 = 1 \quad Q_1 = 1 + \alpha\lambda \qquad (5.83)$$

这表明所得滤波器的延迟响应在 $\Omega = 0$ 处最大平坦。图 5.6 给出这种响应的例子。然而，由于所有滤波阶数的自由度被用来约束滤波器的延迟响应，得到的振幅响应将比预期的更差，如图 5.7 所示。这些响应也表示，参数 α 可用作带宽扩展，可以在一个任意频率处确定通带边缘。设计一个该类型的滤波器，必须编写一个简单的电脑程序来得到滤波器阶数以及参数 α，以便使这些组合能够满足延迟响应的规范要求。

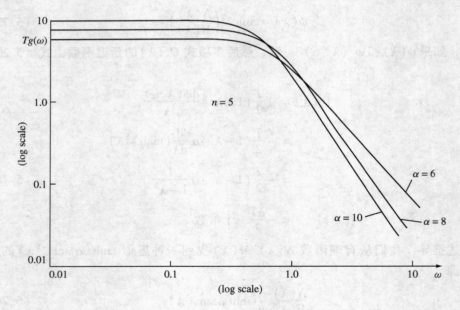

图 5.6　最大平坦延迟滤波器的延迟响应

除了最大平坦响应，这里有另一种近最优延迟响应，其特定的应用将在下一章节讨论。这类滤波器被称为等距线性相位响应滤波器[13,14]。

最后通过式（5.84）的转换，我们可以从式（5.73）中实现低通传输函数到

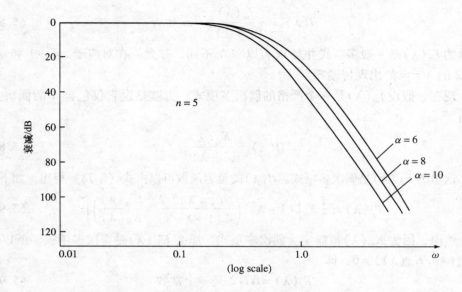

图 5.7 最大平坦延迟滤波器的振幅响应

高通传输函数的转换：

$$\lambda \to 1/\lambda \tag{5.84}$$

可以得到对应 $\omega_N/2$ 的在 $\lambda = \infty$ 周围的一个最大平坦响应。则可以通过替代式 (5.21) 得到验证。注意，这个结果在集总模拟域没有相应的滤波器类型。

5.5 FIR 滤波器

5.5.1 精确的线性相位特征

一个 FIR 类型的数字滤波器的传输函数具有下面的形式：

$$H(z) = \sum_{n=0}^{N} a_n z^{-n} \tag{5.85}$$

即，它是一个关于 z^{-1} 的多项式；所以它是无条件稳定的（所有的极点都在 $z = 0$ 处）。它的直接非递归实现如图 4.24 所示。显然，系数 a_n 构成滤波器的脉冲响应序列，所以

$$\{h(n)\} = a_n \quad n = 0, 1, 2, \cdots, N \tag{5.86}$$

并且

$$H(z) = \sum_{n=0}^{N} h(n) z^{-n} \tag{5.87}$$

并且替代双线性变量，它变为形式

$$H(\lambda) = \frac{f_m(\lambda)}{(1+\lambda)^N} \quad m \leqslant N \tag{5.88}$$

这里的 $f_m(\lambda)$ 是一般多项式并且 m 可以和 N 不同，并允许在对应于 $z = -1$ 和 $\omega = \omega_N/2$ 的 $\lambda = \infty$ 处出现传输零点。

现在，假设 $f_m(\lambda)$ 是一个严格的偶次多项式，也就是说它仅包含 λ 的偶次方。然后

$$H(\lambda) = \frac{E_m(\lambda)}{(1+\lambda)^N} \tag{5.89}$$

这里的 $E_m(\lambda)$ 是偶次多项式。$H(\lambda)$ 的延迟函数可以由式（5.78）得出，如下：

$$T_g(\lambda) = \frac{T}{2} E_v \left[(1-\lambda^2) \left(\frac{N(1+\lambda)^{N-1}}{(1+\lambda)^N} - \frac{E'_m(\lambda)}{E_m(\lambda)} \right) \right] \tag{5.90}$$

然而，因为 $E_m(\lambda)$ 被假定为偶次多项式，那么 $E'_m(\lambda)$ 是奇次多项式。所以 $E_v(E'_m(\lambda)/E_m(\lambda)) = 0$，即

$$T_g(\lambda) = NT/2 \text{ 是一个常数} \tag{5.91}$$

所以，我们得到一个重要的结论，即如果式（5.89）中 $f_m(\lambda)$ 是一个偶次多项式，那么滤波器对于所有频率有一个恒定的群延迟（精确的线性相位）。如果 $f_m(\lambda)$ 是一个奇次多项式也有相同的结论。然而，由于传输函数的零点在 $\lambda = 0$ 处，具有奇次分子的函数适合用来设计高通滤波器、带通滤波器以及微分器，不适用于设计低通和带阻响应，低通和带阻响应可以由具有偶次分子的 $H(\lambda)$ 实现。

现在让我们验证关于 FIR 传输函数在 Z 域中表达式的恒定群延迟特性（精确的线性相位）。如下所示的滤波器的约束系数 a_n（脉冲响应）由式（5.87）得到，它们是关于中点的奇或偶对称。

5.5.1.1 对称脉冲响应

（1）N 为偶数

$$h(n) = h(N-n) \quad n = 0, 1, 2, \cdots, (N/2-1) \tag{5.92a}$$

或，等价为

$$h\left(\frac{1}{2}N - n\right) = h\left(\frac{1}{2}N + n\right) \quad n = 1, 2, \cdots, \frac{1}{2}N \tag{5.92b}$$

（2）N 为奇数

$$h(n) = h(N-n) \quad n = 0, 1, 2, \cdots, \frac{1}{2}(N-1) \tag{5.93a}$$

或，等价为

$$h\left(\frac{1}{2}(N-1) - n\right) = h\left(\frac{1}{2}(N+1) + n\right) \quad n = 0, 1, 2, \cdots, \frac{1}{2}(N-1) \tag{5.93b}$$

上述约束条件意味着滤波器的脉冲响应关于一个中点偶对称，如图5.8所示。

为了证明对称约束条件式（5.92）和式（5.93）导致滤波器对于所有的频率

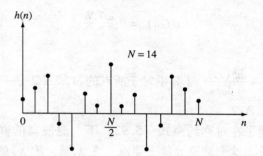

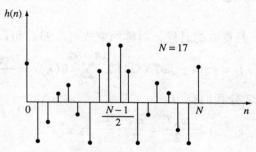

图 5.8   一个 FIR 滤波器的对称约束脉冲响应

具有一个常数的群延迟，考虑式（5.92）。将式（5.87）写为

$$H(z) = \sum_{n=0}^{N} h(n) z^{-n}$$

$$= z^{-N/2} \sum_{n=-N/2}^{N/2} h(N/2 + n) z^{-n} \tag{5.94}$$

或者

$$H(z) = z^{-N/2} \left(h(N/2) + \sum_{n=0}^{N/2-1} \left[h(n) z^{N/2-n} + h(N-n) z^{-(N/2-n)} \right] \right) \tag{5.95}$$

利用式（5.92）中的约束条件，上述表达式变为

$$H(z) = z^{-N/2} \left(h(N/2) + \sum_{n=0}^{N/2-1} h(n) z^{N/2-n} + z^{-(N/2-n)} \right) \tag{5.96}$$

它在单位圆 $z = \exp(j\omega T)$ 上，读为

$$H(\exp(j\omega T)) = \exp\left(-\frac{j\omega T N}{2} \right) \left(h(N/2) + 2 \sum_{n=0}^{N/2-1} h(n) \cos \frac{(N-2n)\omega T}{2} \right)$$

或

$$H(\exp(j\omega T)) = |H(\exp[j\omega T])| \exp(j\psi(\omega)) \tag{5.97}$$

这里

$$|H(\exp(j\omega T))| = h(N/2) + 2 \sum_{n=0}^{N/2-1} h(n) \cos \frac{(N-2n)\omega T}{2} \tag{5.98}$$

并且

$$\psi(\omega) = -\frac{\omega TN}{2} \tag{5.99}$$

所以，群延迟是

$$T_g(\omega) = -\frac{\mathrm{d}\psi(\omega)}{\mathrm{d}\omega} \quad (\text{其中对于所有的 } \omega, \ TN/2 \text{ 是一个常数}) \tag{5.100}$$
$$= TN/2$$

因此，我们已经证明了在对称约束式（5.92）下，滤波器的群延迟对于所有频率都是一个固定的常数。这个结论等价于要求：在 λ 域，$H(\lambda)$ 的分子是一个偶次多项式。

类似地，对于 N 是奇数的时候，对称约束式（5.93）可以得到相同的结论

$$H(\exp(j\omega T)) = \exp(-j\omega TN/2)\left(2\sum_{n=0}^{(N-1)/2} h(n)\cos\frac{(N-2n)\omega T}{2}\right) \tag{5.101}$$

在采样频率一半 $\omega_N/2$ 处我们有

$$\frac{\omega_N T}{2} = \frac{\omega_N}{2} \cdot \frac{2\pi}{\omega_N} = \pi \tag{5.102}$$

所以式（5.101）失效。因此，这种情况只适合设计低通滤波器和带通滤波器，不适合设计高通滤波器或带阻滤波器。

5.5.1.2　反对称脉冲响应

（i）N 为偶数

$$h(n) = -h(N-n) \quad n = 0,1,\cdots,(N-2)/2 \tag{5.103a}$$

或，当 $h(0) = 0$ 时，等价为

$$h(N/2-n) = -h(N/2+n) \quad n = 1,2,\cdots,N/2 \tag{5.103b}$$

（ii）N 为奇数

$$h(n) = -h(N-m) \quad n = 0,1,2,\cdots,(N-1)/2 \tag{5.104a}$$

或等价为

$$h\left(\frac{N-1}{2}-n\right) = -h\left(\frac{N+1}{2}+n\right) \quad n = 0,1,2,\cdots,(N-1)/2 \tag{5.104b}$$

上述约束式表明滤波器的脉冲响应关于某个中点具有奇对称特性，如图 5.9 所示。为了证明约束式得到一个常数的群延迟响应，首先考虑 N 为偶数的情况。在条件式（5.101）下，传输函数变为以下形式：

$$H(z) = z^{-N/2}\left[0 + \sum_{n=0}^{N/2-1} h(n)(z^{N/2-n} - z^{-(N/2-n)})\right] \tag{5.105}$$

所以

$$h[\exp(j\omega T)] = \exp(j\omega TN/2)2j\sum_{n=0}^{N/2-1} h(n)\sin\frac{(N-2n)\omega T}{2}$$
$$= |H[\exp(j\omega T)]||\exp[j\psi(\omega)] \tag{5.106}$$

这里

$$|H(\exp(j\omega T)| = 2 \sum_{n=0}^{N/2-1} h(n) \sin$$

$$\frac{(N-2n)\omega T}{2} \quad (5.107)$$

并且

$$\psi(\omega) = -\frac{\omega TN}{2} + \frac{\pi}{2}$$

$$(5.108)$$

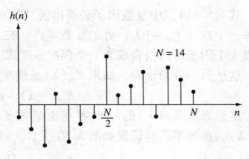

群延迟如下:

$$T_g(\omega) = -\frac{\mathrm{d}\psi(\omega)}{\mathrm{d}\omega}$$

$$= \frac{NT}{2}$$

其中,对于所有的 ω,$\dfrac{NT}{2}$ 是常数。

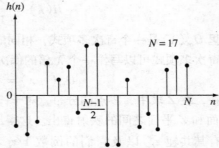

$$(5.109)$$ 图 5.9   一个 FIR 滤波器的反对称约束的脉冲响应

但是该滤波器产生一个固定的 $\pi/2$ 相移。可以清楚地知道在 $\omega = 0$ 处有一个零传输点。同时在采样频率的一半 $(N-2n)\omega T/2 = (N-2n)\pi/2$,并且由于 N 是偶数,传输函数在 $\omega_N/2$ 有一个零点。所以这种情况下的反对称脉冲响应,同时 N 为偶数时,仅适用于逼近理想特性的带通滤波器和微分器。

当 N 为奇数时,重复上述分析,得到相同的结论。

$$H[\exp(j\omega T)] = \exp(-j\omega TN/2)2j \sum_{n=0}^{(N-1)/2} h(n) \sin \frac{(N-2n)\omega T}{2} \quad (5.110)$$

再次,当 $\omega = 0$ 时上述函数等于 0,所以不适用于设计低通滤波器或者带阻滤波器,但是它可以用来设计高通滤波器或者带通滤波器以及微分器。

现在,让我们以传输函数零点的位置的形式,把准确的线性相位约束性质转化为相应的条件下的约束。我们在 λ 平面和 Z 平面上同时研究这些条件。考虑这种形式的传输函数为

$$H(\lambda) = \frac{E_m(\lambda)}{(1+\lambda)^N} \quad (5.111)$$

这里的 $E_m(\lambda)$ 是一个具有恒定群延迟响应的偶次多项式。但是任意实数偶次多项式的因子必须为以下三种形式:

(1) $(\lambda^2 - \Sigma_0^2)$ (5.112)

(2) $(\lambda^2 + \Omega_0^2)$ (5.113)

(3) $[\lambda + (\Sigma_0 + j\Omega_0)](\lambda + \Sigma_0 + j\Omega_0) \times [\lambda - (\Sigma_0 + j\Omega_0)][\lambda - (\Sigma_0 - j\Omega_0)]$

$$(5.114)$$

式（5.114）中复数因子必须出现共轭对以保证多项式系数是实数。此外，对于每一个在（$\Sigma_0 + j\Omega_0$）处的复数零点，在 $-(\Sigma_0 + j\Omega_0)$ 处也存在一个对应零点，所以 4 个因子可以组合成为一个偶次多项式。所以，复数零点一定是 4 个一组地出现。这从另一方面证明，如果 $E_m(\lambda)$ 是偶次多项式，那么

$$E_m(-\lambda) = E_m(\lambda) \tag{5.115}$$

这里需要 $E_m(\lambda)$ 的一个零点也必须是 $E_m(-\lambda)$ 的零点。一个偶次多项式 $E_m(\lambda)$ 的典型零点的位置如图 5.10 所示。对于一个如下形式的函数：

$$H(\lambda) = \frac{O_m(\lambda)}{(1+\lambda)^N} \tag{5.116}$$

这里 $O_m(\lambda)$ 是一个奇次多项式，相同的考虑适合于在 $\lambda = 0$ 处的附加零点，因为一个奇次多项式可以写作一个 λ 倍的偶次多项式。在这种情况下有

$$O_m(-\lambda) = -O_m(\lambda) \tag{5.117}$$

现在，在 Z 域中，零点的分布，对于一个固定的群延迟特性可以由图 5.10 以及 λ 平面和 Z 平面之间的映射得出。这得出条件为：在单位圆内的每个零点 z_i 我们必须有其共轭 z_i^* 以及它们的倒数 $1/z_i$ 和 $1/z_i^*$。如果我们用式（5.115）、式（5.117）、式（5.111）和式（5.116）可以得到

$$(1+\lambda)^N H(\lambda) = \pm(1-\lambda)^N H(-\lambda) \tag{5.118}$$

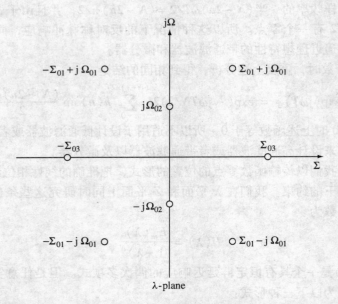

图 5.10 一个恒定延迟的 FIR 滤波器在 λ 域内的典型零点位置

这里，正号表示一个偶次分子，减号表示一个奇次分子的情况。然后，注意到式（5.115）中用 $-\lambda$ 来替代 λ，对应的用 $-z$ 来替代 z，式（5.20）可写作：

$$\frac{2^N}{(1+z^{-1})^N}H(z) = \pm\frac{(2z^-1)^N}{(1+z^{-1})^N}H(z^{-1}) \qquad (5.119a)$$

或者

$$H(z^{-1}) = \pm z^N H(z) \qquad (5.119b)$$

这意味着 $H(z^{-1})$ 和 $H(z)$ 的零点是一样的。所得的结论也给出了上述零点的位置。在这种情况下对于一个反对称的脉冲响应，在 λ 域中，对应于一个具有奇次分子的函数，零点位置在 $\lambda = 0$ 对应有 $z = 1$。零点在单位圆上都是以共轭对的形式出现，并且它们是互逆的。在 z 域中典型的零点位置如图 5.11 所示。

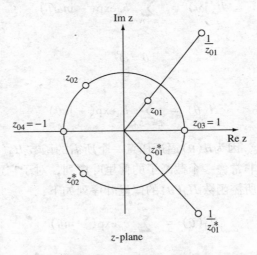

图 5.11　一个恒定延迟的 FIR 滤波器在 Z 域内的典型零点位置

现在我们来考虑 FIR 滤波器的设计方法。由于转换函数的限制条件，模拟原型不可能被直接运用，所以需要特定的技术，这些技术更简单并且有时候比用来设计 IIR 滤波器的方法更加详尽。

5.5.2　傅里叶系数滤波器设计

我们先从一种简单的逼近理想滤波器特性的设计方法开始讨论[12,20]。为了简洁，我们专注于低通偶阶滤波器的情况，而其他解决方案遵循类似的方式。

偶阶 FIR 滤波器的传输函数如式（5.85）所示，并且如果需要对所有频率具有恒定的群延迟，必须增加式（5.93）中的对称约束条件。为了简化表达式，让

$$b_n \overset{\Delta}{=} h(N/2 + n) \quad n = -N/2,\cdots,N/2 \qquad (5.120)$$

所以传输函数的形式变为

$$H(z) = z^{-N/2}\sum_{n=-N/2}^{N/2} b_n z^{-n} \qquad (5.121)$$

并且线性相位约束变为

$$b_{-n} = b_n \quad n = 1,2,\cdots,N/2 \tag{5.122}$$

在单位圆上，表达式（5.121）变为

$$H(\exp(j\omega T)) = \exp(-j\omega NT/2) \sum_{n=-N/2}^{N/2} b_n \exp(-jn\omega T) \tag{5.123}$$

然而，上述表达式中的指数因子不能影响振幅响应，它只引出了一个前面介绍的恒定延迟 $NT/2$。所以滤波器的振幅响应由函数（5.124）决定。

$$\hat{H}(j\omega) = \sum_{n=-N/2}^{N/2} b_n \exp(-jn\omega T) \tag{5.124}$$

确定，有

$$\theta = \omega T \tag{5.125}$$

我们得到

$$\hat{H}(\theta) = \sum_{n=-N/2}^{N/2} b_n \exp(-jn\theta) \tag{5.126}$$

现在需要确定系数 b_n，因为 $\hat{H}(\theta)$ 逼近任意一个所需的函数 $H_d(\theta)$。由于 $\hat{H}(\theta)$ 是周期性的，并且看起来非常像一个截断了的傅里叶序列，对于它建议使用一种明显的近似方法。首先扩展所需函数 $H_d(\theta)$ 的傅里叶序列如下：

$$H_d(\theta) = \sum_{n=-\infty}^{\infty} c_n \exp(-jn\theta) \tag{5.127}$$

这里

$$c_n = \frac{1}{2\pi} \int_{-\infty}^{\infty} H_d(\theta) \exp(jn\theta) \, d\theta \tag{5.128}$$

然后截断该序列并且定义

$$b_n = \begin{cases} c_n & |n| = 0, \ 1, \ \cdots, \ N/2 \\ 0 & |n| > N/2 \end{cases} \tag{5.129}$$

作为一个例子，考虑如图 5.12 所示的理想低通特性的近似。这是一个实偶次函数，定义为

$$H_d(\theta) = \begin{cases} 1 & 0 \leqslant |\theta| \leqslant \theta_0 \\ 0 & \theta_0 \leqslant |\theta| \leqslant \pi \end{cases} \tag{5.130}$$

计算所需响应函数 $H_d(\theta)$ 的傅里叶系数如下：

$$\begin{aligned} c_0 &= \frac{1}{2\pi} \int_{-\theta_0}^{\theta_0} d\theta \\ &= \frac{\theta_0}{\pi} \end{aligned} \tag{5.131}$$

并且

$$c_n = \frac{1}{2\pi}\int_{-\theta_0}^{\theta_0} \exp(jn\theta)\, d\theta$$

$$= \frac{1}{n\pi}\sin n\theta_0 \tag{5.132}$$

所以，通过式（5.129）我们得到滤波器的系数为

$$b_n = \frac{1}{n\pi}\sin n\theta_0 \quad n = 1,2,\cdots,N/2 \tag{5.133a}$$

$$b_0 = \theta_0/\pi \tag{5.133b}$$

并且为了得到精确的线性相位性质，我们运用式（5.120），原脉冲响应序列被简化为

$$h(N/2 + n) = \frac{1}{n\pi}\sin n\omega_0 T \quad n = 1,2,\cdots,(N/2 - 1) \tag{5.134a}$$

有

$$h(N/2) = \frac{\omega_0 T}{\pi} \tag{5.134b}$$

　　这种设计方法可以用来近似任意所需特性，不仅仅是理想特性。此外，线性相位响应的理想高通、带通和带阻情况下的近似，都可以选择适当类型的传输函数。

　　现在，在第 2 章中我们已知一个所需函数的傅里叶截断序列在附近不连续区域内导致吉布斯现象的出现。由于这种情况是对如图 5.12 所示的理想特性来说的，我们期望响应 $H(\theta)$ 表现出这样的振荡。第 2 章也解释了吉布斯现象是由于在附近不连续区域内截断傅里叶序列的不统一的收敛性引起的。在线性相位设计中，所得到的带通摆动大约为

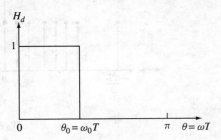

图 5.12　理想低通滤波器特性

0.8dB，并且阻带中的第一个纹波大约在 20dB 处，如图 5.13 所示。

　　无论是多大阶数的滤波器，这些 $|H(\theta)|^2$ 的纹波保持固定的大小 δ。随着滤波器阶数的增大，纹波只是缩小所占的带宽。因此，要求在通频带不超过 0.8dB，并且阻带超过 20dB 的滤波器中，简单直接的傅里叶序列的截断不能使用。如在 2.2.5 节中讨论的，用于得到滤波器传输函数的直接截断的傅里叶序列式（5.121）等价为通过加入矩形窗而乘以系数 c_n，如图 5.14a 所示。

并且有

$$w_R = \begin{cases} 1 & |n| \leqslant N/2 \\ 0 & |n| > N/2 \end{cases} \tag{5.135}$$

所以

$$b_n = w_R(n)c_n \tag{5.136}$$

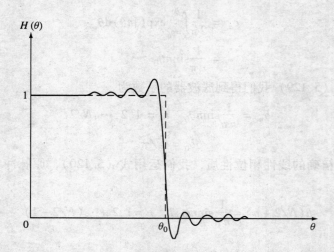

图 5.13　通过 FIR 传输函数近似理想低通特性中的吉布斯现象

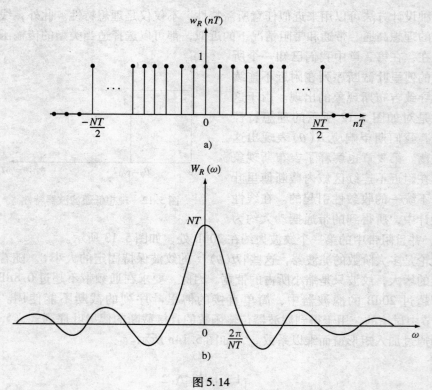

图 5.14

a) 矩形窗函数　b) 矩形窗函数的频谱

并且窗函数 $w_R(n)$ 的脉冲响应是几何对称的, 所以, 如果需要, 线性相位的性质

可以得到保持。该窗函数的频率响应可以通过对采样脉冲进行傅里叶变换得到

$$W_R(\omega) = NT \frac{\sin(N\omega T/2)}{N\omega T/2} \qquad (5.137)$$

如图 5.14b 所示。

　　由频率的卷积关系式（2.46），我们可以得到一个任意所需的特性 $H_d(\omega)$，该窗函数的频谱如下：

$$H_W(\omega) = \frac{1}{2\pi} \int_{-\infty}^{\infty} H_d(\mu) W_R(\omega - \mu) \, \mathrm{d}\mu \qquad (5.138)$$

　　如图 5.15 所示的情况，这里的 $H_d(\omega)$ 是如图 5.12 所示的理想低通特性。窗函数 $W_R(\omega)$ 的引入导致了纹波现象，并且为了消除这些纹波我们必须选择另外一个窗函数，它能产生比矩形窗更小的纹波现象。

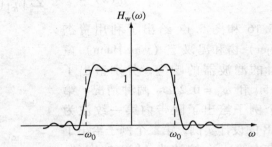

图 5.15　使用矩形窗的理想窗函数特性的频谱

　　我们可以选择很多不同的公式用来匹配系数 b_n 以减小吉布斯现象，并且提高截断序列的收敛性。这通常以截断率为代价，也就是说在不连续点附近减小边带纹波，但是这样会使得过渡带变得更宽。该表达式正是使用了第 2 章中讨论过的窗函数，但是这里在滤波器的设计中重复进行介绍，新的窗滤波器系数如下：

$$b_n^w = w(n) b_n \qquad (5.139)$$

这里的 $w(n)$ 是一个窗函数，如下面给出的例子。接下来的表达式有

$$w(n) = 0 \quad |n| > N/2 \qquad (5.140)$$

（1）费杰（Fejer）窗

$$w(n) = (N - n + 1)/(N + 1) \qquad (5.141)$$

（2）余弦（Lanczos）窗

$$w(n) = \frac{\sin(2n\pi/N)}{(2n\pi/N)} \qquad (5.142)$$

（3）冯汉宁（von Hann）窗

$$w(n) = 0.5 \left(1 + \cos \frac{2n\pi}{N} \right) \qquad (5.143)$$

（4）汉明（Hamming）窗

$$w(n) = 0.54 + 0.46 \cos \frac{2n\pi}{N} \qquad (5.144)$$

（5）布莱克曼（Blackman）窗

$$w(n) = 0.42 + 0.5\cos\left(\frac{2n\pi}{N}\right) + 0.08\cos\left(\frac{4n\pi}{N}\right) \tag{5.145}$$

(6) 凯瑟（Kaiser）窗

$$w(n) = I_0\left\{\beta\left[1 - \left(\frac{2n}{N}\right)^2\right]^{1/2}\right\}\Big/I_0(\beta) \tag{5.146}$$

这里的 $I_0(x)$ 是调整后的第一类零阶贝塞尔函数，并且 β 是一个参数。函数 $I_0(x)$ 可以通过快速收敛级数近似得到

$$I_0(x) = 1 + \sum_{k=1}^{\infty}\left[\frac{1}{k!}\left(\frac{x}{2}\right)^k\right]^2 \tag{5.147}$$

图 5.16 和图 5.17 给出了利用费杰（Fejer）窗和冯汉宁（von Hann）窗设计的滤波器的响应，分别给出了 $N = 50$ 和 $\omega_0 = 0.25\omega_N$ 两种情况。第一个例子给出了阻带内第一纹波为 26dB 的设计实例，第二个例子给出了阻带内第一个纹波为 44dB 的实例。表 5.1 给出了一些窗函数对于抑制吉布斯现象的比较。

一般地，特定的窗函数越能成功地抑制吉布斯现象，那么它的过渡带就越宽。此外，不管滤波器阶数是多少，每一个特定的窗函数都会在阻带内产生一定程度的幅度衰减。

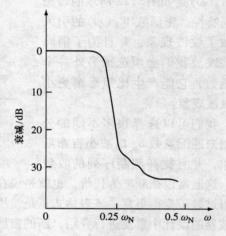

图 5.16　在 FIR 滤波器设计中采用费杰（Fejer）窗。$N = 50$，$\omega_0 = 0.25\omega_N$

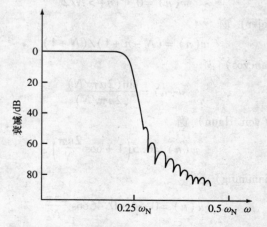

图 5.17　在 FIR 滤波器设计中采用冯汉宁（von Hann）窗

$N = 50$，$\omega_0 = 0.25\omega_N$

　　然而，有一个例外，在凯瑟（Kaiser）窗有一个参数 β，它可以用作纹波的大小和过渡带宽之间的折中。

　　对于凯瑟（Kaiser）窗，确定所需滤波器阶数存在有经验公式。为了说明这些，使过渡带宽关于采样频率 ω_N 进行归一化

$$\Delta\omega(\omega_s - \omega_0)/\omega_N \tag{5.148}$$

这里 ω_s 是阻带边缘，ω_0 是通带边缘。还需要得到一个最小的阻带衰减 α_s，那么，就可以得到滤波器阶数的公式为

$$N = \frac{\alpha_s - 7.95}{14.36\Delta\omega} \tag{5.149}$$

可以得到折中参数 β

$$\beta = 0.1102(\alpha_s - 8.7) \quad \alpha_s \geqslant 50\text{dB} \tag{5.150a}$$

或者

$$\beta = 0.5942(\alpha_s - 21)^{0.4} + 0.07886(\alpha_s - 21) \quad 21 < \alpha_s < 50 \tag{5.150b}$$

表 5.1　不同窗函数阻带衰减比较

窗函数的类型	固定延迟设计的阻带纹波/dB
Fejer	26
VonHann	44
Hamming	52
Kaiser, $\beta = 7.8$	80

　　作为一个例子，考虑到以下滤波器特性：

通带：$0 \sim 1\text{kHz}$

阻带：$1.5 \sim 5.0\text{kHz}$，$\alpha_s = 50\text{dB}$。

　　选择采样频率是相关频带内最高频率的 2 倍，我们有 $\omega_N = 2\pi \times 10 \times 10^3$，因此式（5.150）给出了

$$\Delta\omega = (1.5 - 1)/10 = 0.05 \tag{5.151}$$

所以用式（5.149）和式（5.150）我们得到

$$N = \frac{50 - 7.95}{14.36 \times 0.05} \sim 60 \tag{5.152}$$

并且 $\beta = 0.01102 \times (50 - 8.7) = 4.55$。

　　上述值可以用在式（5.146）中估算凯瑟（Kaiser）窗的系数，在式（5.147）中使用近似序列。图 5.18 给出了一个采用此方法设计的滤波器实例。

5.5.2.1　微分器的傅里叶系数设计

　　一个理想模拟微分器是一个线性系统，特性通过模拟传输函数表示。

$$H(s) = s \tag{5.153}$$

即

$$H(j\omega) = j\omega \quad (5.154)$$

所以，一个数字微分器的传输函数被设计成下面形式。

$$H(z)\big|_{z=\exp(j\omega T)} \sim j\omega \quad 0 \leqslant \omega \leqslant \omega_N/2 \quad (5.155)$$

前面章节里的傅里叶系数设计方法可以用来近似式（5.154）中的函数，很明显能看出它是奇次函数。所以，如果需要准确的线性相位性质，需要运用函数的反对称脉冲响应。相同的符号用于式（5.124）到式（5.128），N 变为 $N-1$。关于 $j\omega$ 函数的傅里叶系数如下：

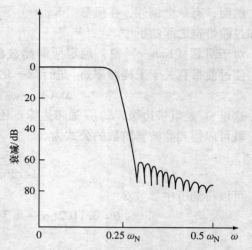

图 5.18　用凯瑟（Kaiser）窗设计的 FIR 滤波器实例

$$b_n = \frac{1}{2\pi}\int_{-\pi}^{\pi}(j\omega)\exp(jn\theta)\,d\theta \quad (5.156)$$

或者，有

$$\theta = \omega T = 2\pi\frac{\omega}{\omega_N} \quad (5.157)$$

$$bn = \frac{1}{\omega_N}\int_{-\omega_N/2}^{\omega_N/2}(j\omega)\exp(jn\omega T)\,d\omega \quad (5.158)$$

可以得出

$$b_0 = 0$$

$$b_n = \frac{1}{nT}\cos n\pi \quad n = 1,2,\cdots,(N-1)/2 \quad (5.159)$$

并且式（5.126）的截断傅里叶序列用来近似微分函数。显然，如果我们需要一个恒定的延迟响应用来近似微分函数，那么式（5.103）的反对称约束条件可能被采用，因为 $j\omega$ 是一个传输零点为 $\omega=0$ 的奇次函数。

振幅近似的误差是

$$\varepsilon(\omega) = \left|\sum_{-(N-1)/2}^{(N-1)/2} a_n\exp(-jn\omega T)\right| - \omega \quad (5.160)$$

如图 5.19 所示，其中 $N=21$。并且截断傅里叶序列的不均匀收敛性会导致振荡。这些可以通过使用一个窗函数如凯瑟（Kaiser）窗来减弱。对于 $N=21$、$\beta=3$ 的结果如图 5.20 所示。

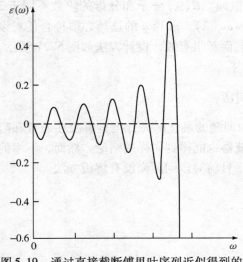

图 5.19　通过直接截断傅里叶序列近似得到的
理想微分器的误差

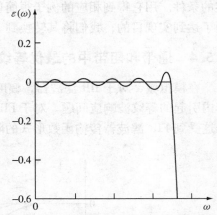

图 5.20　运用凯瑟（Kaiser）窗设计微分器
产生的误差

5.5.3　最优约束数量下的单调振幅响应

我们可以看出 FIR 滤波器的传输函数可以通过双线性变量 λ 来表示，如

$$H(\lambda) = \frac{f_m(\lambda)}{(1+\lambda)^N} \qquad (5.161)$$

并且，如 5.4.1 节所讲，如果 $f_m(\lambda)$ 是一个偶次（或奇次）多项式，那么滤波器对任意频率有一个恒定的群延迟。则相当于在 z 域和脉冲响应中存在对称或者反对称约束条件。一旦通过选择一个 f_m 偶次多项式（在低通情况下）系统会保持准确的线性相位性质，那么我们的努力将会全部集中在振幅近似上。我们现在能够在任意通带和阻带之间，在振幅响应单调与最优数量的共同约束下得到 $H(\lambda)$。让 N 为偶数并且

$$k = N/2 \qquad (5.162)$$

我们得到 $H(\lambda)$ 如下：

（1）$|H(j\Omega)|^2$ 有 $(2m-1)$ 个零导子，$\Omega = 0$（即 $\omega = 0$）

（2）$|H(j\Omega)|^2$ 有 $2(k-m)$ 个零导子，$\Omega = \infty$（即 $\omega = \omega_N/2$）

具有所需性质的函数为

$$H(\lambda) = \frac{\sum_{r=0}^{m}(-1)^r\binom{k}{r}\lambda^{2r}}{(1+\lambda)^{2k}} \qquad (5.163)$$

它是这样的，对于 $H(j\Omega)H(-j\Omega)$，第一个 m 组分子匹配相应的分母。所以，该观点在方程（5.72）的推导中进行了详细阐述，得出的结论是第一组 $2m-1$ 个

$|H(j\Omega)|^2$ 的衍生序列在 $\Omega = 0$ 处消失。相似地，$H(\lambda)$ 分子和分母的阶数不同于 $2(k-m)$ 对所应的 $\Omega = \infty$ 处的传输零点（$\omega = \omega_N/2$）。m 和 n 的选择必须符合任意设定的条件。用它得到相应的例子很简单，然而却很有效，设计方法如图 5.21 所示。为了达到实现目的，我们将其转换到 Z 域内。

5.5.4 通带和阻带中的最优等纹波响应

在模拟域，对于 IIR 滤波器，幅度近似问题的最优解决方案是解决在通带和阻带内引起的等纹波响应问题。对于 FIR 滤波器也能得到同样的结论。然而，不幸的是这受到 FIR 滤波器传输函数形式的限制，目前对该问题尚没有解析办法。

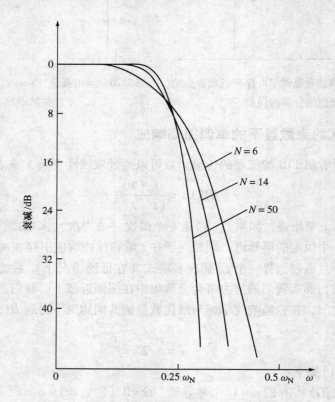

图 5.21 式（5.163）定义的 FIR 滤波器响应例子

所以，用数值方法来解决。这些都是基于大量对具有对称脉冲响应和偶数 N 阶低通线性相位设计讨论所得到的。这由式（5.94）定义，基于变量的变化可以得到

$$A(n) = 2h(N/2 - n) \tag{5.164}$$
$$A(0) = h(N/2)$$

转化为

$$H(\exp(j\omega T)) = \exp(-j\omega TN/2)\sum_{m=0}^{N/2}A(m)\cos m\omega T \qquad (5.165)$$

振幅是由上述表达式的总和决定的。为了方便，我们取采样频率为 $f_N = 1$ 即 $T = 1/f_N = 1$，并且振幅响应是由下面函数决定的：

$$\hat{H}(\omega)\sum_{m=0}^{N/2}A(m)\cos m\omega \qquad (5.166)$$

该问题确定了系数 $A(m)$，则振幅响应在通带和阻带内都具有最优等纹波。要指出的是该问题对于所有类型的线性相位传输函数在这里都归结为一个相同的问题，即由式（5.166）确定余弦序列系数的一般形式。

现在，通过多项式近似我们得到一个众所周知的理论结果，即对于所求函数 $D(\omega)$，在区间 $[0, \omega_N/2]$ 上，$H(\omega)$ 是唯一独特的最优加权切比雪夫近似，充分必要条件是式（5.167）的误差函数：

$$\varepsilon(\omega) = D(\omega) - \hat{H}(\omega) \qquad (5.167)$$

在区间 $[0, \omega_N/2]$ 上至少有 $(N/2+1)$ 个极值点（最大值和最小值）。这意味着在 $[0, \pi]$ 上存在 $(N/2+1)$ 个频率 ω_i，即

$$\omega_0 < \omega_1 < \cdots < \omega_{N/2} \qquad (5.168)$$
$$\varepsilon(\omega_1) = -\varepsilon(\omega_{i+1}) \quad i = 0,1,\cdots,N/2 \qquad (5.169)$$

并且

$$|\varepsilon(\omega_i)| = \max|\varepsilon(\omega)| \quad i = 0,1,\cdots,N/2 \qquad (5.170)$$

这里的所有 ω 的最大值在 $[0, \omega_N/2]$ 上。如果将误差加权函数 $W(\omega)$ 考虑进来，结论依然有效，加权误差可以写作

$$\varepsilon(\omega) = W(\omega)(D(\omega) - \hat{H}(\omega)) \qquad (5.171)$$

在这种情况下 $W(\omega)$ 允许设计者在通带和阻带上列举相关的误差。例如在这种情况下的低通设计，容限如图5.22所示，我们得到

$$D(\omega) = \begin{cases} 1 & 0 \le \omega \le \omega_p \\ 0 & 0 \le \omega \le \omega_N/2 \end{cases} \qquad (5.172)$$

并且我们取

$$W(\omega) = \begin{cases} (\delta_2/\delta_1) & 0 \le \omega \le \omega_p \\ 1 & \omega_s \le \omega \le \omega_N/2 \end{cases} \qquad (5.173)$$

近似问题可以通过下列公式来解决

$$W(\omega_r)(D(\omega_r) - \hat{H}(\omega_r)) = (-1)^r\delta \qquad (5.174)$$

或者

$$W(\omega_r)\left(D(\omega_r) - \sum_{m=0}^{N/2}A(m)\cos m\omega_r\right) = (-1)^r\delta \quad r = 0,1,\cdots,(N/2+1)$$

$$(5.175)$$

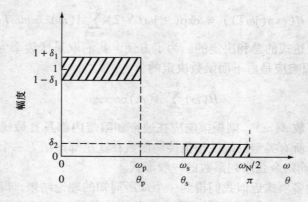

图 5.22　低通滤波器设计的容限图

这里未知的是系数 $A(m)$ 并且最大误差是 δ。式（5.175）中的方程式可以表示为

$$
\begin{bmatrix}
1 & \cos\omega_0 & \cos 2\omega_0 & \cdots & \cos[(N/2)\omega_0] & \dfrac{1}{W(\omega_0)} \\
1 & \cos\omega_1 & \cos 2\omega_1 & \cdots & \cos[(N/2)\omega_1] & \dfrac{-1}{W(\omega_1)} \\
\vdots & \vdots & \vdots & \vdots & \vdots & \vdots \\
1 & \cos\omega_{N/2+1} & \cos\omega_{N/2+1} & \cdots & \cos[(N/2)\omega_{N/2+1}] & \dfrac{(-1)^{N/2+1}}{W(\omega_{N/2+1})}
\end{bmatrix}
$$

$$
\times
\begin{bmatrix}
A(0) \\
A(1) \\
\vdots \\
A(N/2) \\
\delta
\end{bmatrix}
=
\begin{bmatrix}
D(\omega_0) \\
D(\omega_1) \\
\vdots \\
D(\omega_{N/2+1})
\end{bmatrix}
\tag{5.176}
$$

现在，如果极值频率 ω_r（$r=0,1,\cdots,N/2+1$）和滤波器阶数是已知的。那么式（5.174）的结果就可以给出滤波系数。然而，之前这些是未知的，因此用一个迭代的过程来解决系数问题。这是基于雷米交换算法，它的步骤如下：

（1）初步猜测滤波器阶数以及极限频率 ω_r。

（2）通过解系统方程（5.176）得到相应的 δ 值。这会给出

$$
\delta = \frac{\displaystyle\sum_{i=0}^{N/2+1} c_i D(\omega_i)}{\dfrac{c_0}{W(\omega_0)} - \dfrac{c_1}{W(\omega_1)} + \cdots + \dfrac{(-1)^{N/2+1}c_{N/2+1}}{W(\omega_{N/2+1})}}
\tag{5.177}
$$

这里

$$
c_i = \sum_{\substack{i=0 \\ i\neq k}}^{N/2+1} \frac{1}{\cos\omega_k - \cos\omega_i}
\tag{5.178}
$$

（3）拉格朗日插值公式用于在 ω_r 对 $\hat{H}(\omega)$ 进行插值

$$B_k = D(\omega_k) - (-1)^k \frac{\delta}{W(\omega_k)} \quad k = 0, 1, \cdots, (N/2 + 1) \tag{5.179}$$

并且

$$\hat{H}(\omega) = \frac{\displaystyle\sum_{k=0}^{N/2+1} \left(\frac{\beta_k}{x - x_k}\right) B_k}{\displaystyle\sum_{k=0}^{N/2+1} \left(\frac{\beta_k}{x - x_k}\right)} \tag{5.180}$$

这里

$$\beta_k = \sum_{\substack{i=0 \\ i \neq k}}^{N/2+1} \left[\frac{1}{(x_k - x_i)} \right] \tag{5.181}$$

并且

$$x = \cos\omega \tag{5.182}$$

（4）误差 $\varepsilon(\omega)$ 是由频率的完备集计算得到，并且与 δ 比较。如果在该完备集内对于所有的频率都有 $\varepsilon(\omega) < \delta$，那么最优解就找到了；如果不是，那么另一组频率集合 ω_r 被选作假定的极限频率。新的点用作误差曲线的峰值，然后通过迭代过程达到 δ 的收敛上界。

（5）极限频率的最优值，与相对应的 δ 通过式（5.176）计算滤波系数 $A(m)$。实际上，这无需矩阵求逆，可以采用另一种叫作快速傅里叶变换的算法，这将在下一章里讨论。

现在，上述算法的收敛性依赖于初始化过程，一个电脑程序就足以执行所有类型滤波器的设计步骤。此外，目前的研究通过提高初始化过程，已经加速了这些设计的进程。

由于这些最优等纹波滤波器的设计是通过计算机辅助工具来完成的，这种方法本身不会再讨论。然而，我们注意到这项技术假设滤波器阶数是已知的。这是因为即使不是这种情况，滤波器阶数 N 也是确定的。对于如图 5.22 所示的低通标准，下面的先验估算公式可用来估算 N。

$$N_{est} = \frac{2}{3}\log\left(\frac{1}{10\delta_1\delta_2}\right)\frac{\omega_N}{\Delta\omega} \tag{5.183}$$

对于高通滤波器，上述假设同样适用。对于带通设计，式（5.183）可以运用，同时 $\Delta\omega = \min(\Delta\omega_1, \Delta\omega_2)$，这里 $\Delta\omega_{1,2}$ 是上边带和下边带的频率。需要指出的是式（5.183）只是一个估算公式，并且更精确的公式在参考文献中可以找到。虽然如此，这种估计在雷米交换算法程序中可以作为初始估计。如我们所知，MAT-LAB 可以用来减轻数字计算的任务。

5.6　IIR 和 FIR 滤波器的比较

在确定两大类型的滤波器设计时，设计者必须牢记一些要点：

（1）FIR 滤波器通过对脉冲响应实施简单的对称约束或者反对称约束，可以很容易地设计成具有恒定群延迟响应。对于具有振幅选择性以及近似恒定群延迟的 FIR 滤波器，需要更复杂的近似方法。可以看出恒定群延迟需求的重要性，它会在许多领域中应用，如语音处理以及数据传输中。

（2）非递归方法实现的 FIR 滤波器本质上是稳定的。

（3）非递归结构 FIR 滤波器中由于滚降产生的误差（将会在下一章讨论）较小。

（4）采用对称或者反对称约束得到 FIR 滤波器精确的线性相位特性，同样会使得实现较为简单。

（5）对相同的幅度特性，相对于一个 IIR 滤波器，FIR 滤波器的滤波器阶数会大很多。

（6）振幅导向型 IIR 滤波器可以通过模拟原型设计，因此，在模拟滤波器领域内丰富的资源可直接用于 IIR 滤波器设计。与 FIR 滤波器的最优化等纹波特性不同，IIR 滤波器设计并不需要任何最优化或者数值算法。

由此可见，特定的应用、所需设计的滤波器的数量以及可供设计者使用的设备等决定了滤波器特定类型的选择。

5.7　MATLAB 在数字滤波器设计中的应用

前面章节中讨论的滤波器传输函数的推导以及研究，可以由 MATLAB 的信号处理工具包很容易地生成。这一章节将给出响应的命令与函数，并且可以加强读者对知识的巩固，同时减少设计的工作量。这些函数由滤波器的特性生成传输函数，并且给出两种形式的结果：

（1）用 [z, p, k] 的形式得到传输函数的极点和零点。这种情况下，MAT-LAB 得到一个零点值的列矩阵 [z]、一个极点值列矩阵 [p] 以及一个滤波器的增益 k。

（2）用 [a, b] 的形式来表示分子和分母的系数，并且 [a] 是一组关于 z^{-1} 的升幂分子系数，同时 [b] 是一组相同阶数的分母系数，它的第一个系数为 1。

5.7.1　巴特沃斯 IIR 滤波器

滤波器的阶数由下式计算：

$$[n, wn] = \text{buttord}(wp, ws, \alpha_p, \alpha_s)$$

这对一个低通滤波器来说，wp 和 ws 是标量。对带通或带阻滤波器，［wp1 wp2］和［ws1 ws2］两个向量分别表示两个通带边缘和阻带边缘。wn 是归一化频率或者是用于生成传输函数的频率向量。频率归一化为采样频率的一半。

归一化截止频率为 **wn** 的低通滤波器

$[z,p,k] = butter(n,wn)$

$[a,b] = butter(n,wn)$

归一化截止频率为 **wn** 的高通滤波器

$[z,p,k] = butter(n,wn,'high')$

$[a,b] = butter(n,wn,'high')$

由通带边缘频率 **w1** 和 **w2** 定义的归一化频率向量为 **wn** = ［**w1** **w2**］的带通滤波器

$[z,p,k] = butter(n,wn,'bandpass')$

$[a,b] = butter(n,wn,'bandpass')$

由阻带边缘频率 **w1** 和 **w2** 定义的归一化频率向量为 **wn** = ［**w1** **w2**］的带阻滤波器

$[z,p,k] = butter(n,wn,'stop')$

$[a,b] = butter(n,wn,'stop')$

例 5.4　设计一个低通巴特沃斯滤波器，具有以下特性：

1. 通带边缘为 5200Hz，最大衰减为 3dB；

2. 阻带边缘为 6000Hz，最小衰减为 30dB；

3. 采样频率为 16000Hz。

$$[n,wn] = buttord(wp,ws,\alpha_p,\alpha_s)$$

这里 $n = 9$，$wn = 0.6523$。那么传输函数的系数可以得到：

$[a,b] = butter(n,wn)$

$[a] = [0.0344\ 0.3097\ 1.2390\ 2.8910\ 4.3365\ 4.3365\ 2.8910\ 1.2390\ 0.3097\ 0.0344]$

$[b] = [1.0000\ 2.7288\ 4.2948\ 4.3241\ 3.0597\ 1.5299\ 0.5380\ 0.1268\ 0.0181\ 0.0012]$

这是按 z^{-1} 的升序排列。

滤波器的频率响应可以由 freqz（a，b）得到，如图 5.23 所示。

5.7.2　切比雪夫 **IIR** 滤波器

滤波器所需的阶数可由下式得到：

$$[n,wn] = cheb1ord(wp,ws,\alpha_p,\alpha_s)$$

这对一个低通滤波器来说，wp 和 ws 是标量。对带通或带阻滤波器，是［wp1 wp2］和［ws1 ws2］的两个向量，分别表示两个通带边缘和阻带边缘。wn 是归一

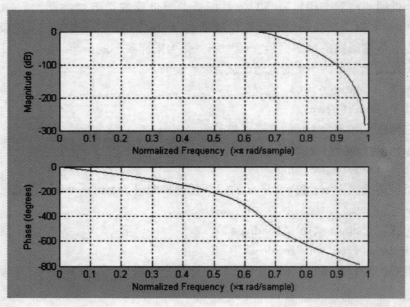

a)

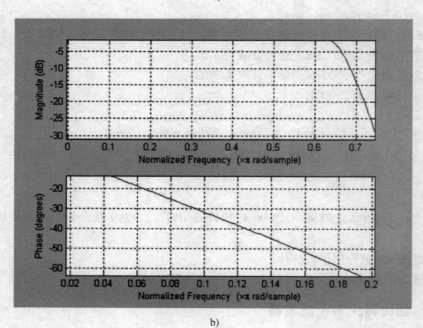

b)

图 5.23　例 5.7 的滤波器响应

化频率或者是用于生成传输函数的频率向量。在所有情况下，频率归一化为采样频率的一半。

归一化截止频率为 **wn** 的低通滤波器

$[z,p,k] = \text{cheby1}(n,\alpha_p,\text{wn})$

$[a,b] = \text{cheby1}(n,\alpha_p,\text{wn})$

归一化截止频率为 **wn** 的高通滤波器

$[z,p,k] = \text{cheby1}(n,\alpha_p,\text{wo},'\text{high}')$

$[a,b] = \text{cheby1}(n,\alpha_p,\text{wo},'\text{high}')$

由通带边缘频率 **w1** 和 **w2** 定义的归一化频率向量为 **wn =** $\begin{bmatrix} \text{w1} & \text{w2} \end{bmatrix}$ 的带通滤波器

$[z,p,k] = \text{cheby1}(n,\alpha_p,\text{wn},'\text{bandpass}')$

$[a,b] = \text{cheby1}(n,\alpha_p,\text{wn},'\text{bandpass}')$

由阻带边缘频率 **w1** 和 **w2** 定义的归一化频率向量为 **wn =** $\begin{bmatrix} \text{w1} & \text{w2} \end{bmatrix}$ 的带阻滤波器

$[z,p,k] = \text{cheby1}(n,\alpha_p,\text{wn},'\text{stop}')$

$[a,b] = \text{cheby1}(n,\alpha_p,\text{wn},'\text{stop}')$

例 5.5　设计一个切比雪夫低通滤波器，具有以下特性：

1. 通带边缘为 1000Hz，最大衰减为 0.05dB；

2. 阻带边缘为 2000Hz，最小衰减为 40dB；

3. 采样频率为 16000Hz。

$[n,\text{wn}] = \text{cheblord}(\text{wp},\text{ws},\alpha_p,\alpha_s)$

$n = 6,$

$\text{wn} = 0.1250。$

$[a,b] = \text{cheby1}(n,\alpha_p,\text{wn})$

$[a,b] = (n,0.05,\text{wn})$

$[a] = \begin{bmatrix} 1.0e-003 & 0.0092 & 0.0550 & 0.1376 & 0.1834 & 0.1376 & 0.0550 & 0.0092 \end{bmatrix}$

$[b] = \begin{bmatrix} 1.0000 & -5.0692 & 10.9243 & -12.7889 & 8.5675 & -3.1114 & 0.4783 \end{bmatrix}$

如图 5.24 所示为滤波器的响应。

5.7.3　椭圆 IIR 滤波器

滤波器所需的阶数可由下式得到：

$[n,\text{wn}] = \text{ellipord}(\text{wo},\text{ws},\alpha_p,\alpha_s)$

这对一个低通滤波器来说，wp 和 ws 是标量。对带通或带阻滤波器，$\begin{bmatrix} \text{wp1} & \text{wp2} \end{bmatrix}$ 和 $\begin{bmatrix} \text{ws1} & \text{ws2} \end{bmatrix}$ 两个向量分别表示两个通带边缘和阻带边缘。Wn 是归一化频率或者是用于生成传输函数的频率向量。在所有情况下，频率归一化为采样频率的一半。

归一化截止频率为 **wn** 的低通滤波器

$[z,p,k] = \text{ellip}(n,\alpha_p,\alpha_s,\text{wn})$

$[a,b] = \text{ellip}(n,\alpha_p,\alpha_s,\text{wn})$

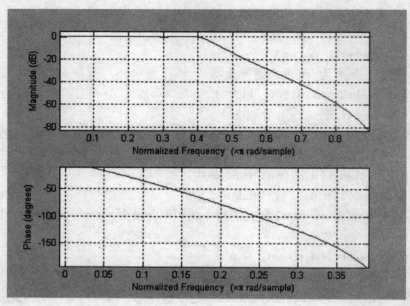

a)

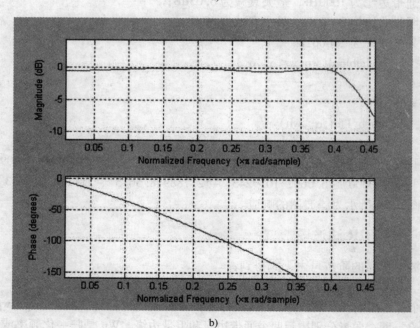

b)

图 5. 24 例 5. 5 中的滤波器的响应

归一化截止频率为 **wn** 的高通滤波器

$[z,p,k] = \mathrm{ellip}(n,\alpha_p,\alpha_s,wn,'high')$

$[a,b] = \mathrm{ellip}(n,\alpha_p,\alpha_s,wn,'high')$

由通带边缘频率 **w1** 和 **w2** 定义的归一化频率向量为 **wn** = [**w1　w2**] 的带通滤波器

$[z,p,k] = \mathrm{ellip}(n,\alpha_p,\alpha_s,wn,'bandpass')$

$[a,b] = \mathrm{ellip}(n,\alpha_p,\alpha_s,wn,'bandpass')$

由阻带边缘频率 **w1** 和 **w2** 定义的归一化频率向量为 **wn** = [**w1　w2**] 的带阻滤波器

$[z,p,k] = \mathrm{ellip}(n,\alpha_p,\alpha_s,wn,'stop')$

$[a,b] = \mathrm{ellip}(n,\alpha_p,\alpha_s,wn,'stop')$

例5.6　设计一个椭圆带通滤波器，具有以下特性：

1. 通带：1000～2000Hz，最大衰减为0.1dB；

2. 阻带边缘为500Hz和8000Hz，最大衰减为30dB；

3. 采样频率为20kHz。

滤波器阶数和归一化频率向量由以下命令得到：

$[n,wn] = \mathrm{ellipord}(wo,ws,\alpha_p,\alpha_s)$

$[n,wn] = \mathrm{ellipord}([1000\ 2000]/10000,[500\ 8000]/10000,0.1,30)$

n = 3,

wn = 0.1000　0.2000

$[a,b] = \mathrm{ellip}(n,\alpha_p,\alpha_s,wn)$

$[a] = [0.308\ -0.0929\ 0.0943\ 0.0000\ -0.0943\ 0.0929\ -0.0308]$

$[b] = [1.0000\ -4.8223\ 10.1818\ -12.0124\ 8.3481\ -3.2415\ 0.5518]$

滤波器的频率响应绘图由 freqz（a，b）得到，并且如图5.25所示。

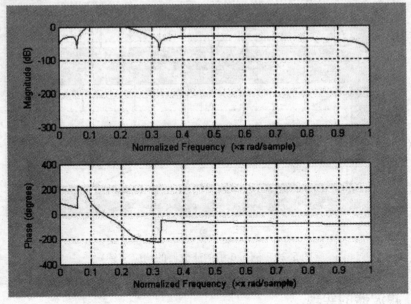

a)

图5.25　例5.6中的滤波器的响应

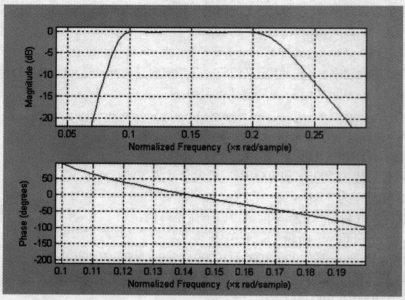

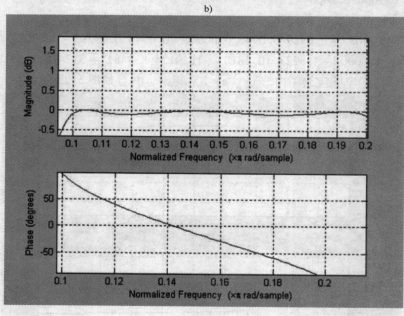

图 5.25　例 5.6 中的滤波器的响应（续）

5.7.4　滤波器的实现

由函数 $[\mathrm{sos},\mathrm{g}] = \mathrm{zp2sos}(\mathrm{z},\mathrm{p},\mathrm{k})$ 可以实现传输函数级联的形式，这里有

$$
sos = \begin{bmatrix} a_{01} & a_{11} & a_{21} & b_{01} & b_{11} & b_{21} \\ a_{02} & a_{12} & a_{22} & b_{02} & b_{12} & b_{22} \\ \cdot & \cdot & \cdot & \cdot & \cdot & \cdot \\ a_{0k} & a_{1k} & a_{2k} & b_{0k} & b_{1k} & b_{2l} \end{bmatrix}
$$

这里，每一行给出二阶传输函数的分子和分母。g 给出滤波器的整体增益。

5.7.5 线性相位 FIR 滤波器

采用窗函数进行设计，可以采用如下命令：

B = fir1(n,wn,'filtertype',window)

这里 'filtertype' 是低通、高通、带通或带阻滤波器中的任意一种。窗函数可以选择 Hamming 窗、Kaiser 窗等。

最优等纹波设计可以由以下命令得到：

[n,fo,ao,wt] = remezord(f,a,dev,fs)

这里的 f 是一个定义通带和阻带边缘频率向量，另一个向量 a 定义所需值，并且 dev 是通带和阻带中的最大偏差 δ_1、δ_2 的向量。这个函数可以得到所求滤波器的阶数，fo、ao 和加权 wt。然后利用这个结果，由下式得到传输函数向量。

a = remez(n,fo,ao,wt)

例 5.7 设计一个低通线性相位 FIR 滤波器，具有以下特性：

1. 通带边缘为 1000Hz，统一的最大偏差为 0.01；
2. 阻带边缘为 2000Hz，最大的零偏差为 0.001；
3. 采样频率为 8000Hz。

[n,fo,ao,wt] = remezord([1000 2000],[1 0],[0.01 0.001],8000)

n = 19

fo = 0 0.2500 0.5000 1.0000

ao = 1 1 0 0

wt = 1 10

然后滤波器的传输函数可以由如下命令得到：

a = remez(n,fo,ao,wt)

同时

[a] = [−0.0017 0.0033 0.0150 0.0188 −0.0057 −0.0478 −0.0511 0.0394 0.2033 0.3362 0.3362 0.2033 0.0394 −0.0511 −0.0478 −0.0057 0.0188 0.0150 0.0033 −0.0017]

这是传输函数关于 z^{-1} 的上升系数。

振幅和相位响应图由函数

freqz(a,128,4000)

得到，如图 5.26 所示。

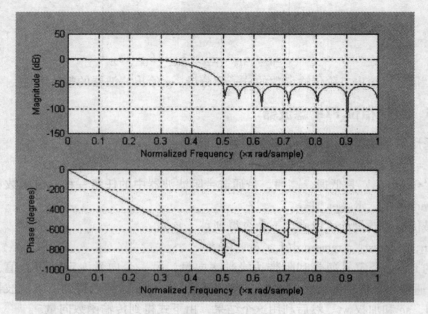

图 5.26　例 5.7 中滤波器的响应

　　到目前为止对设计方法一步一步地详细讨论是有益的，并且能够帮助对本章所学知识的理解，所以这就是优先进行滤波器设计讨论的目的。在掌握了滤波器设计方法以后，实际滤波器设计工程师可以利用更快捷的滤波器分析和设计工具，它可以通过一个步骤来隐藏所有用户和生产设计的详细步骤。一旦启用这个工具，它会采用一个宽松的方案，它很容易通过术语来解释。核心的知识是对滤波器设计知识入门，并且可以直接设计所需的滤波器振幅和相位响应。

5.8　一个综合应用：数据传输的脉冲整形

5.8.1　最优设计

　　一个数据传输 IIR 数字滤波器传输函数的导数在和 3.11 节条件（a）和（b）一样时得到[17]。为了在 s 域和 λ 域之间形成一对一的对应，我们采用双线性变量。传输函数写为

$$H(\lambda) = \frac{P_{2m}(\lambda)}{Q_n(\alpha|\beta|\lambda)} \tag{5.184}$$

这里的 Q_n 是等间距线性相位多项式。它可以通过递推公式得到

$$Q_{n+1}(\alpha|\beta|\lambda) = Q_n(\alpha|\beta|\lambda) + \gamma_n[\lambda^2 + \tan^2(n\alpha)]Q_{n-1}(\alpha|\beta|\lambda) \tag{5.185}$$

$$\gamma_n = \frac{\cos(n-1)\alpha\cos(n+1)\alpha\sin(\beta-n)\alpha\sin(\beta+n)\alpha\cos^2 n\alpha}{\sin(2n-1)\alpha\sin(2n+1)\alpha\cos^2\beta\alpha} \tag{5.186}$$

$$Q_0(\alpha|\beta|\lambda) = 1 \tag{5.187}$$

$$Q_1(\alpha|\beta|\lambda) = 1 + \frac{\tan(\alpha\beta)}{\tan\alpha}\lambda \tag{5.188}$$

并且

$$\beta\omega_i - \arg\{Q_n[\alpha|\beta|\mathrm{j}\tan(\pi\omega_i/\omega_N)]\} = 0 \quad \omega_i = i\alpha \quad i = 0,1,\cdots,n \tag{5.189}$$

稳定性的充分必要条件是

$$\alpha < \frac{\pi}{2n}, \beta > n-1, (\beta+n-1)\alpha < \pi \tag{5.190}$$

接着传输函数的分子必须满足条件（b）。最小二乘拟合程序使用 MATLAB 来确定分子的系数。我们也可以添加一个额外的约束系数 σ，从而得到传输函数斜率值在中点 ω_1 处的大小。这样就可以控制滤波器的选择性。

例 5.8 作为一个例子，图 5.27 表示了一个滤波器阶数为 10 的 IIR 数字脉冲整形滤波器的脉冲响应和频率响应，有

$$m = 4, \quad \omega_1 = \pi/8, \quad \alpha = \pi/40 = 0.0785, \quad \beta = 16, \quad \sigma = 3.328$$

传输函数为

$$H(z) = \frac{N(z)}{D(z)}$$

有

$$\begin{aligned}
N(z) = {} & 4.619617 - 281.0891z + 296.0831z^2 + 113.5679z^3 + 44.70272z^4 + \\
& 874.0432z^5 - 447.70272z^6 + 113.5679z^7 + 296.0831z^8 - \\
& 281.0891z^9 + 4.619637z^{10}
\end{aligned}$$

$$\begin{aligned}
D(z) = {} & 1489.422 - 12945.68z + 55727.74z^2 - 156511.2z^3 + 318069.5z^4 - \\
& 490121.3z^5 - 582466z^6 - 530424.3z^7 + 2357297z^8 - \\
& 162687.2z^9 + 38663.07z^{10}
\end{aligned}$$

在该例中，最大过冲为 0.0777dB，最小衰减为 38dB，采样误差为 1.86×10^{-5}，且第一副瓣为主瓣大小的 10%。

5.8.2 运用 MATLAB 设计数据传输滤波器

基于升余弦特性，MATLAB 通信工具包也可以用来设计 FIR 和 IIR 数据传输滤波器。函数为

1. num = rcosine(Fd, Fs);
2. [num, den] = rcosine(Fd, Fs, type_flag);
3. [num, den] = rcosine(Fd, Fs, type_flag, r);
4. [num, den] = rcosine(Fd, Fs, type_flag, r, delay);
5. [num, den] = rcosine(Fd, Fs, type_flag, r, delay, tol).

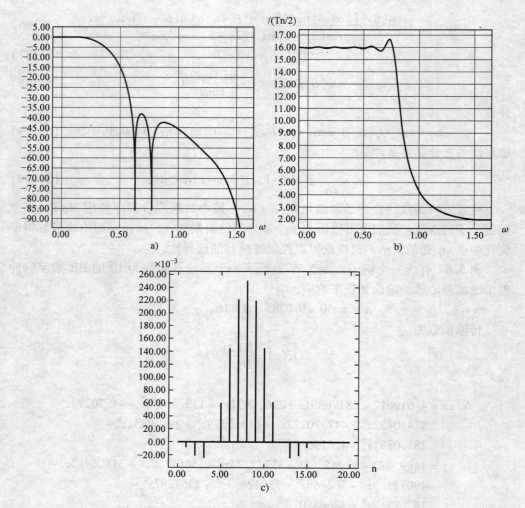

图 5.27 例 5.8 中的数据传输滤波器的响应

a) 振幅 b) 群延迟 c) 脉冲响应

第一个函数给出了一个 FIR 滤波器。其他的函数得到滤波器类型和输入 - 输出延迟值。滤波器类型可以是 fiR/normal，fiR/sqrt，iir/normal 或 iir/sqrt。其中 "sqrt（开二次方）" 主要设计两种滤波器，一个是响应近似为升余弦函数的开二次方根；另一个是发射机和第二接收机终端。这是因为已经证明该装置给出了最优的信噪比。从传输到接收终端的总响应很明显依然是一个升余弦函数。r 是衰减因子并且大于 1。当滤波器的采样频率为 F_s 时，F_d 是输入信号的采样频率，F_s 必须大于 F_d。

例 5.9 下面的一个例子是用 MATLAB 设计一个 FIR 数据传输滤波器，默认的阶数是 30（响应见图 5.28）。

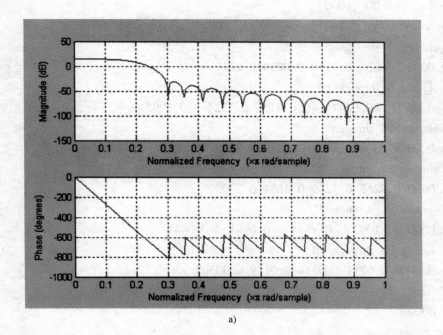

a)

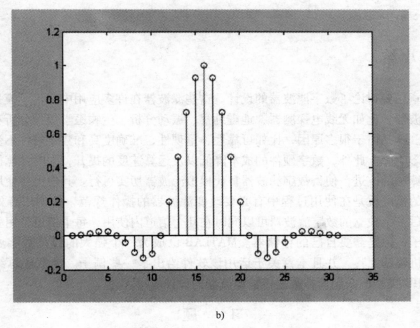

b)

图 5.28   例子 5.9 中的滤波器的响应

a) 频率响应   b) 脉冲响应

$n = \text{rcosine}(200, 1000)$

$\text{num} =$

Columns 1 through 5

0.0000 0.0030 0.0119 0.0214 0.0211

Columns 6 through 10

−0.0000 −0.0441 −0.0981 −0.1324 −0.1095

Columns 10 through 15

0.0000 0.2008 0.4634 0.7289 0.9268

Columns 16 through 20

1.0000 0.9268 0.7289 0.4634 0.2008

Columns 21 through 25

0.0000 −0.1095 −0.1324 −0.0981 −0.0441

Columns 26 through 30

−0.0000 0.0211 0.0214 0.0119 0.0030

Columns 31

0.0000

> > stem(num)

> > freqz(num)

5.9　小结

　　本章主要讨论了数字滤波器的设计。这些滤波器在许多应用中替代了模拟连续时间滤波器，比如无线电探测器、地震勘察、振动分析、生物医学信号分析和声波定位仪。这是由于很多原因，比如可靠性、重现性、准确度高和数字硬件不受时间和温度影响等。此外，数字硬件的成本降低以及运算速度的提升，同时计算机的软件以及算法的改进，使得数字滤波器替代模拟滤波器切实可行。其他需要使用数字滤波器的情况就是在使用过程中有必要改变滤波器的操作规范，比如语音处理过程。最后一个独立的数字滤波器可以同时在几个信道内使用，每个信道公用相同的算数因子，但是需要自己的存储器。MATLAB 已成为一个强大的设计数字滤波器的计算机辅助工具，并且本章关于运用该软件给出了一些例子。本章还总结了在 FIR 和 IIR 类型的奈奎斯特数据传输滤波器的设计应用。

习　　题

5.1　设计一个低通最大平坦 IIR 滤波器，具有以下特性：

　　（a）通带：0 ~ 1.5kHz，衰减≤0.8dB；

　　（b）阻带：2.0 ~ 3.5kHz，衰减≥30dB。

假设为临界采样，并且以并联方式实现。

5.2　设计一个低通切比雪夫 IIR 滤波器，具有以下特性：

　　(a) 通带：0~3.2kHz，0.25dB 纹波；

　　(b) 阻带边缘：4.6kHz，衰减≥50dB；

　　(c) 采样频率：8kHz。

　　以级联的方式实现。

5.3　设计一个带通切比雪夫 IIR 滤波器，具有以下特性：

　　(a) 通带：300~3200Hz，纹波为 0.25dB；

　　(b) 阻带边缘 = 100kHz 和 4.2kHz，并且最小衰减为 32dB；

　　(c) 采样频率：10kHz。

5.4　设计一个带阻切比雪夫 IIR 滤波器，具有以下特性：

　　(a) 通带边缘频率：1kHz 和 3kHz，0.5dB 纹波；

　　(b) 阻带：1.2~1.5kHz，并且最小衰减为 20dB；

　　(c) 采样频率：8kHz。

5.5　用傅里叶系数设计方法得到一个 FIR 低通滤波器，近似理想特性为：归一化截止频率为 3.2kHz，阻带边缘为 4.6kHz，采样频率为 8kHz 并且阻带衰减为 40dB。第一次运用 Hamming 窗进行设计，第二次运用 Kaiser 窗进行设计。滤波器除了满足振幅特性还具有恒定延迟特性。

6 快速傅里叶变换及其应用

6.1 绪论

$f(t)$ 表示一个周期为 T 的模拟信号，根据傅里叶级数形式我们可以写成

$$f(t) = \sum_{k=-\infty}^{\infty} c_k \exp(jk\omega_o t) \qquad (6.1)$$

这里

$$c_k = \frac{1}{T} \int_{-T/2}^{T/2} f(t) \exp(-jk\omega_o t) \, dt \qquad (6.2a)$$

或者

$$c_k = \frac{1}{T} \int_0^T f(t) \exp(-jk\omega_o t) \, dt \qquad (6.2b)$$

并且

$$\omega_o = 2\pi/T \qquad (6.3)$$

相比之下，一个非周期信号 $f(t)$ 的傅里叶变换由式（6.4）可得到。

$$F(\omega) = \int_{-\infty}^{\infty} f(t) \exp(-j\omega t) \, dt \qquad (6.4)$$

在傅里叶级数的形式下，式（6.2）的积分求值决定了参数 c_k 的取值，该计算通常采用数值计算的方式得到。它允许使用有效高速的计算方法。由于计算机只能处理变量 t 的离散值，所以式（6.2）的积分必须通过求和近似得到。

此外，由傅里叶级数的表示，$f(t)$ 只能使用有限长级数进行表示，所以我们通常采用第 n 级级数部分之和或者截断级数来获得该函数的近似。

$$f_n(t) = \sum_{k=-n}^{n} c_k \exp(jk\omega_o t) \qquad (6.5)$$

对于式（6.4）的傅里叶变换，我们必须计算有限范围内的积分，并通过求和逼近它的积分，以便可以通过数值计算函数值。

在本章中，我们将讨论一种可行的有效算法去计算傅里叶系数和傅里叶变换[11,12,17]，并构成一个高速有效的算法集合。这个算法集合就是我们所熟知的快速傅里叶变换（FFT）算法，该算法已经结合软件广泛地使用在数字计算机上。一旦这些算法结合信号处理技术，就可以广泛地用于诸如快速卷积、相关性分析、滤波和功率谱的测量中。本章也会对这些应用进行具体的讨论。

6.2　周期信号

一个周期为 T 的信号 $f(t)$，将周期 T 划分为 N 个等间距子区间，每个子区间持续时间为 T_0，即

$$T_0 = T/N \tag{6.6}$$

假设我们对函数 $f(t)$ 在 0，T_0，$2T_0$，$3T_0$，$\cdots$，$(N-1)T_0$ 点处进行采样，则得到一组序列

$$\{f(mT_0)\} \overset{\Delta}{=} \{f(0), f(T_0), \cdots, f(mT_0), \cdots, f((N-1)T_0)\} \tag{6.7}$$

它也可以写成另外一种形式

$$\{f(m)\} \overset{\Delta}{=} \{f(0), f(1), f(2), \cdots, f(m), \cdots, f(N-1)\} \tag{6.8}$$

其中，大括号表示一个序列，而 $f(mT_0)$ 表示 $f(t)$ 的第 m 个抽样结果。所以，能够得到一个离散的时间变量 (mT_0) 函数，函数只被定义在这些瞬间。利用这种序列，我们可以近似定义傅里叶系数 c_k 的积分总和。

$$dt \to T_0$$
$$T \to NT_0$$
$$t \to (mT_0) \quad m = 0, 1, \cdots (N-1)$$
$$f(t) \to \{f(mT_0)\}$$
$$\int_0^T \to \sum_{m=0}^{(N-1)} \tag{6.9}$$

这里通过定义式（6.9）来实现 c_k 求值，使傅里叶系数的表达式近似变为

$$c_k = \frac{1}{NT_0} \sum_{m=0}^{N-1} f(mT_0) [\exp(-jk\omega_0 m)] T_0 \tag{6.10}$$

或者

$$c_k = \frac{1}{N} \sum_{m=0}^{N-1} f(mT_0) \exp\left(-j\frac{2\pi km}{N}\right) \tag{6.11}$$

为了简化计算，我们令

$$w = \exp\left(j\frac{2\pi}{N}\right) \tag{6.12}$$

于是我们得到

$$c_k = \frac{1}{N} \sum_{m=0}^{N-1} f(mT_0) w^{-km} \tag{6.13}$$

将式（6.12）代入式（6.1），得到 $f(t)$ 的离散抽样点的函数值

$$f(mT_0) = \sum_{k=-\infty}^{\infty} c_k w^{km} \tag{6.14}$$

需要注意的是

$$w^N = 1, \quad w^{m(k+iN)} = w^{km} \qquad (6.15)$$

对于任意整数 i，我们可以将式（6.14）明确的写成

$$
\begin{aligned}
f(mT_0) = & (\cdots + c_{-N} + c_0 + c_N + \cdots) \\
& + (\cdots + c_{-N+1} + c_1 + c_{N+1} + \cdots)w^m + \cdots \\
& + (\cdots c_{-N+k} + c_k + c_{N+k} + \cdots)w^{km} + \cdots \\
& + (\cdots + c_{-1} + c_{N-1} + c_{2N-1} + \cdots)w^{(N-1)m} \qquad (6.16)
\end{aligned}
$$

如果我们定义混叠系数 $\hat{c}_k$，可以进一步简化上面的表达式的结果

$$\hat{c}_k = \sum_{i=-\infty}^{\infty} c_{k+iN} \qquad (6.17)$$

它是一个周期为 N 的周期函数。因此，式（6.14）的可以写为

$$f(mT_0) = \sum_{k=0}^{N-1} \hat{c}_k w^{km}, \quad 其中\, m = 0,1,\cdots,(N-1) \qquad (6.18)$$

现在，可以通过代入 $m = 0,$ 1，2，3，$\cdots$，$(N-1)$ 得到式（6.18）中 $f(t)$ 的抽样值。这里给出了一组线性方程组的形式

$$
\begin{aligned}
f(0) &= \hat{c}_0 + \hat{c}_1 \cdots + \hat{c}_k \cdots + \hat{c}_{N-1} \\
f(T_0) &= \hat{c}_0 + \hat{c}_1 w + \cdots + \hat{c}_k w^k + \cdots + \hat{c}_{N-1} w^{N-1} \\
f(NT_0 - T_0) &= \hat{c}_0 + \hat{c}_1 w^{N-1} + \cdots + \hat{c}_k w^{(N-1)k} + \cdots + \hat{c}_{N-1} w^{(N-1)^2}
\end{aligned}
$$

$$(6.19)$$

用矩阵形式表示以上方程组形式

$$
\begin{bmatrix} f(0) \\ f(T_0) \\ \vdots \\ f(NT_0 - T_0) \end{bmatrix}
=
\begin{bmatrix}
1 & 1 & \cdots & 1 & \cdots & 1 \\
1 & w & \cdots & w^k & \cdots & w^{N-1} \\
1 & w^2 & \cdots & & & \\
1 & w^3 & \cdots & \vdots & & \vdots \\
\vdots & \vdots & & & & \\
1 & w^{(N-1)} & \cdots & w^{(N-1)k} & \cdots & w^{(N-1)^2}
\end{bmatrix}
\begin{bmatrix} \hat{c}_0 \\ \hat{c}_1 \\ \vdots \\ \hat{c}_k \\ \vdots \\ \hat{c}_{N-1} \end{bmatrix}
\qquad (6.20)
$$

或者更加简洁的形式

$$[f] = [W_N][\hat{c}] \qquad (6.21)$$

现在的问题是确定样本 $f(mT_0)$ 的系数 $\hat{c}_k$。为此我们使用虚拟变量 i 代替式（6.18）中的 k，在第 m 个方程式上乘以 w^{-km}，并且将所有乘过之后的方程式相加得到

$$\sum_{m=0}^{N-1} f(mT_0) w^{-km} = \sum_{m=0}^{N-1} w^{-km} \sum_{i=0}^{N-1} \hat{c}_k w^{im}$$

$$= \sum_{i=0}^{N-1} \hat{c}_i \sum_{m=0}^{N-1} w^{m(i-k)} \tag{6.22}$$

式（6.22）右边第二个和是 $w^{(i-k)}$ 的几何级数，并且由于 $w^N = 1$，可以得到

$$\sum_{m=0}^{N-1} w^{m(i-k)} = \frac{1 - w^{N(i-k)}}{1 - w^{i-k}}$$

$$= \begin{cases} N & (i = k) \\ 0 & (i \neq k) \end{cases} \tag{6.23}$$

因此，式（6.22）变成

$$\sum_{m=0}^{N-1} f(mT_0) w^{-km} = \hat{c}_k N \tag{6.24}$$

或者

$$\hat{c}_k \frac{1}{N} \sum_{m=0}^{N-1} f(mT_0) w^{-km} \quad k = 0, 1, \cdots, (N-1) \tag{6.25}$$

表示在抽样值 $f(mT_0)$ 中的混叠系数。矩阵形式为

$$\begin{bmatrix} \hat{c}_0 \\ \hat{c}_1 \\ \vdots \\ \hat{c}_{N-1} \end{bmatrix} = \frac{1}{N} \begin{bmatrix} 1 & 1 & 1 & \cdots & 1 \\ 1 & w^{-1} & w^{-2} & \cdots & w^{-(N-1)} \\ 1 & w^{-2} & w^{-3} & \cdots & w^{-(N-2)} \\ \vdots & \vdots & & \vdots & \vdots \\ 1 & w^{-(N-1)} & \cdots & & w^{-(N-1)^2} \end{bmatrix} \begin{bmatrix} f(0) \\ f(T_0) \\ \vdots \\ f(NT_0 - T_0) \end{bmatrix} \tag{6.26}$$

或者

$$[\hat{c}] = \frac{1}{N} [\hat{W}_N][f] \tag{6.27}$$

现在可以根据式（6.17）得到混叠系数 $\hat{c}_k$。然而，由于式（6.17）的和是无限的，用一般的方法从 $\hat{c}_k$ 获得 c_k 是不可能的。但是，我们通常像式（6.5）那样通过缩短级数（第 n 项和）来代替 $f(t)$，以便可以利用式（6.14）去近似抽样值，通过

$$f(mT_0) = \sum_{k=-n}^{n} c_k w^{km} \tag{6.28}$$

因此假定

$$c_k = 0, \quad \text{当} |k| > n \tag{6.29}$$

或者忽略 $|k| > n$ 的参数。此外，使 n 被选择为

$$N > 2n \tag{6.30}$$

如图 6.1 所示。

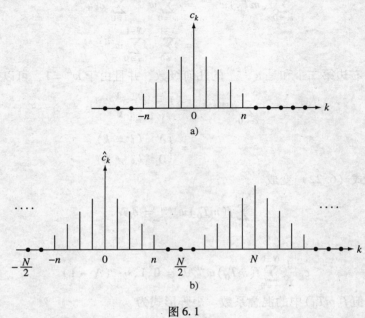

图 6.1

a）一个给定函数的截断傅里叶级数的系数　b）满足式（6.30）的混叠系数条件

在式（6.29）和式（6.30）的假设下，能够利用混叠参数 $\hat{c}_k$ 确定 c_k，由式（6.26）式（6.31）得出。

$$
c_k = \begin{cases} \hat{c}_k & \text{当} |k| \leqslant n \\ 0 & \text{当} |k| > n \end{cases} \tag{6.31}
$$

因此，我们可以得出结论，如果利用式（6.5）中截断傅里叶级数形式来表示 $f(t)$ 并根据式（6.30）选取适当的 n，那么参数 c_k 能利用式（6.26）和式（6.31），通过 N 次抽样值 $f(mT_0)$ 确定。

需要注意的是，在取的采样点数量 N 大于截断傅里叶级数 2 倍的时候，式（6.30）的条件会经常遇到。当对一个连续信号 $f(t)$ 进行采样时，这意味着应采取足够高的采样频率以满足式（6.30）。在第 4 章中，我们将采用另一种方法对采样理论进行讨论。

6.3　非周期信号

接下来我们考虑非周期信号 $f(t)$ 和它的傅里叶变换 $F(\omega)$，如图 6.2 所示。

此外，我们想要通过一个有限长的公式来取代式（6.4）的积分，然后通过求

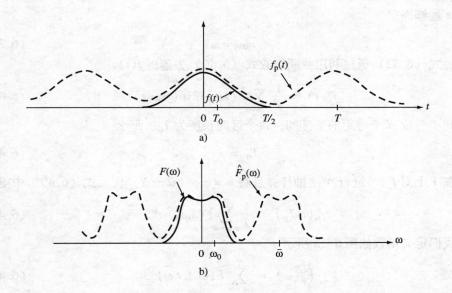

图 6.2

a) 由式 (6.32) 定义的一个非周期函数的拓展 b) $f(t)$ 的频谱和式 (6.43) 定义的频谱

和逼近最终的积分结果, 最后对一组离散的 ω 值求和。首先通过 $f(t)$ 拓展构造一个周期函数 $f_p(t)$, 如图 6.2a 所示。

$$f_p(t) = \sum_{k=-\infty}^{\infty} f(t + kT) \qquad (6.32)$$

并且如果

$$f(t) \leftrightarrow F(\omega) \qquad (6.33)$$

那么

$$f_p(t) = \frac{1}{T} \sum_{k=-\infty}^{\infty} F(k\omega_0) \exp(jk\omega_0 t) \qquad (6.34)$$

其中

$$\omega_0 = 2\pi/T \qquad (6.35)$$

而且 $[(1/T)F(k\omega_0)]$ 为周期函数 $f_p(t)$ 的傅里叶系数。因此, 之前的分析能够应用在 $f_p(t)$ 上且

$$c_k \equiv \frac{1}{T}F(k\omega_0) \qquad (6.36)$$

因此假设 $F(\omega)$ 是带限的, 带宽在一定频率范围内, 也就是

$$当 |\omega| > \hat{\omega}, \ F(\omega) = 0 \qquad (6.37)$$

以至于

$$当 |k| > n, \ F(k\omega_0) = 0 \qquad (6.38)$$

而且 n 能够满足

$$n\omega_0 = \hat{\omega} \tag{6.39}$$

那么，式（6.32）通过利用截断级数式（6.40）去逼近 $f(t)$。

$$\hat{f}_p(t) = \frac{1}{T} \sum_{k=-n}^{n} F(k\omega_0) \exp(jk\omega_0 t) \tag{6.40}$$

将区间 T 分成 N 个等距的子区间，每个区间长度为 T_0，那么

$$T_0 = \frac{T}{N} \tag{6.41}$$

我们在 T 上对 $f_p(t)$ 进行 N 次抽样并且将 $w = \exp\ (j2\pi/N)$ 代入式（6.40）中得到

$$\hat{f}_p(mT_0) = \frac{1}{T} \sum_{k=-n}^{n} F(k\omega_0) w^{km} \tag{6.42}$$

那么我们定义函数如图 6.2b 所示。

$$\hat{F}_p(\omega) = \sum_{r=-\infty}^{\infty} F(\omega + r\overline{\omega}) \tag{6.43}$$

可以通过 $F(\omega)$ 对每一个 $\overline{\omega}$ 的周期拓展得到，其中

$$\overline{\omega} = N\omega_0 \tag{6.44}$$

我们注意到，$\hat{F}_p(\omega)$ 不是 $f_p(t)$ 的傅里叶变换。接下来，我们采用式（6.45）定义混叠系数，在一组频率下来计算 $F(\omega)$。

$$\hat{c}_k = \frac{1}{T} \hat{F}_p(k\omega_0) \tag{6.45}$$

同前一节一样，如果我们选择

$$N > 2n \tag{6.46}$$

那么，式（6.39）和式（6.44）我们可以简化为

$$N\omega_0 > 2n\omega_0 \tag{6.47}$$

和

$$\overline{\omega} > 2\hat{\omega} \tag{6.48}$$

其中需要 $F(\omega)$ 的有限带宽为 $|\omega| = \hat{\omega} < 2\overline{\omega}$，即

$$当 |\omega| > N\omega_0 时，\quad F(\omega) = 0 \tag{6.49}$$

如果这个条件满足的话，然后利用抽样函数 $\hat{F}_p(k\omega_0)$，可以根据式（6.50）准确计算 $F(k\omega_0)$。

$$F(k\omega_0) = \begin{cases} \hat{F}_p(k\omega_0) & |k| \leq n \\ 0 & |k| > n \end{cases} \tag{6.50}$$

所以，通过类比式（6.28）的方法，使用式（6.45）可以写成

$$\hat{f}_p = (mT_0) = \frac{1}{T} \sum_{k=0}^{N-1} \hat{F}_p(k\omega_0) w^{km} \tag{6.51}$$

其矩阵形式为

$$\begin{bmatrix} \hat{f}_p(0) \\ \hat{f}_p(T_0) \\ \vdots \\ \hat{f}_p(NT_0 - T_0) \end{bmatrix} = \frac{1}{T} [W_N] \begin{bmatrix} \hat{F}_p(0) \\ \hat{F}_p(\omega_0) \\ \vdots \\ \hat{F}_p(N\omega_0 - \omega_0) \end{bmatrix} \tag{6.52}$$

这里 $[W_N]$ 与矩阵（6.20）相同。

采用与从式（6.20）中得到式（6.25）相同的方法，我们可以以 $\hat{f}_p(mT_0)$ 的形式从以上的方程组中计算出 $\hat{F}_p(k\omega_0)$，具体如下：

$$\hat{F}_p(k\omega_0) = \frac{T}{N} \sum_{m=0}^{N-1} \hat{f}_p(mT_0) w^{-km} \tag{6.53}$$

或

$$\begin{bmatrix} \hat{F}_p(0) \\ \hat{F}_p(\omega_0) \\ \vdots \\ \hat{F}_p(N\omega_0 - \omega_0) \end{bmatrix} = \frac{T}{N} [\hat{W}_N] \begin{bmatrix} \hat{f}_p(0) \\ \hat{f}_p(T_0) \\ \vdots \\ \hat{f}_p(NT_0 - T_0) \end{bmatrix} \tag{6.54}$$

这里 $[\hat{W}_N]$ 与式（6.26）中的矩阵完全相同。

现在，根据式（6.49），仅仅在 $F(\omega)$ 是有限带宽的情况下，我们能够确定式（6.50）。那么 $\hat{F}_p(k\omega_0)$ 中的 $\hat{f}_p(mT_0)$ 决定了式（6.50）和式（6.54），这意味着我们以 $\hat{F}_p(t)$ 的抽样值的形式获得了 $f(t)$ 傅里叶变换的抽样值。另一方面，如果 $f(t)$ 不符合式（6.49）的有限带宽，但是可以使 N 足够大，以至于 $\overline{\omega}$ 足够大，使 $F(\omega)$ 能忽略 $|\omega| > \omega_0/2$ 区间以外的值，即

$$当 |\omega| > \omega_0/2, \ F(\omega) \approx 0 \tag{6.55}$$

于是，

$$当 |k| < \frac{\overline{\omega}}{2\omega_0}, \ F(k\omega_0) \approx \hat{F}_p(k\omega_0) \tag{6.56}$$

所以，我们仍然能够利用式（6.54）从 $\hat{f}_p(mT_0)$ 中确定 $F(k\omega_0)$。但是，这种方法在逼近过程中将存在一个误差，该误差称为混叠误差。

$$\varepsilon = F(k\omega_0) - \hat{F}_p(k\omega_0) \tag{6.57}$$

6.4　离散傅里叶变换

在前两部分中，我们已经看到计算傅里叶系数和傅里叶变换的问题可以简化成根据另一个周期序列计算一个周期序列的问题。因此，我们需要高效的算法来完成这些计算。为此，我们首先忽视序列的起源问题，在不管它们是如何获得的情况下，介绍一些仅处理序列本身的概念。首先周期为 N 的周期序列可以写成

$$\{f(n)\} \stackrel{\Delta}{=} \{f(0), f(1), f(2), \cdots, f(n), \cdots, f(N-1)\} \tag{6.58}$$

这里的花括号用来表示一个序列。我们可以定义 $\{f(n)\}$ 的离散傅里叶变换（DFT）为另外一个周期为 N 的周期序列

$$\{F(k)\} \stackrel{\Delta}{=} \{F(0), F(1), F(2), \cdots, F(n), \cdots, F(N-1)\} \tag{6.59}$$

$\{f(n)\}$ 通过进行下面的变换得到。

$$F(k) = \sum_{n=0}^{N-1} f(n) w^{-nk} \tag{6.60}$$

其中

$$w = \exp(j2\pi/N) \tag{6.61}$$

相反的，通过 $\{F(k)\}$ 的傅里叶逆变换（IDFT），序列 $\{f(n)\}$ 也能被表示为

$$f(n) = \frac{1}{N} \sum_{k=0}^{N-1} F(k) w^{kn} \quad n = 0, 1, 2, \cdots, (N-1) \tag{6.62}$$

式（6.60）和式（6.62）的两个序列与式（6.18）和式（6.25）的形式完全相同，所以式（6.60）推导出式（6.62）的证明与式（6.18）推导式（6.25）的证明相同。虽然如此，这里给出一种另外一种证明方法。改变式（6.60）中的指数，使其从 n 变到 m，并且替代式（6.62）右边的式子

$$\frac{1}{N} \sum_{k=0}^{N-1} F(k) w^{kn} = \frac{1}{N} \sum_{k=0}^{N-1} w^{kn} \sum_{k=0}^{N-1} f(m) w^{-km} \tag{6.63}$$

即

$$\frac{1}{N} \sum_{k=0}^{N-1} F(k) w^{kn} = \frac{1}{N} \sum_{m=0}^{N-1} f(m) \left(\sum_{k=0}^{N-1} w^{(n-m)k} \right) \tag{6.64}$$

然而

$$\sum_{k=0}^{N-1} w^{(n-m)k} = \frac{1 - w^{(n-m)N}}{1 - w^{n-m}} \tag{6.65}$$

并且代入

$$w^N = \exp(j2\pi) = 1 \tag{6.66}$$

得到

$$\frac{1 - w^{(n-m)N}}{1 - w^{(n-m)}} = \begin{cases} 0 & n \neq m \\ N & n = m \end{cases} \tag{6.67}$$

因此式（6.64）变成如式（6.62）所给出的

$$\frac{1}{N}\sum_{k=0}^{N-1} F(k)w^{kn} = \frac{1}{N}f(n)N = f(n) \tag{6.68}$$

现在，序列 $\{f(n)\}$ 和 $\{F(k)\}$ 被称为 N 阶离散傅里叶变换对，它们可以表示为

$$\{f(n)\} \overset{\leftrightarrow}{N} \{F(k)\} \tag{6.69}$$

为了对所有的 k 和 n，式（6.60）和式（6.62）的关系有效，序列必须是周期性的，因为 w 的周期性为

$$w^{\pm(k+N)n} = \exp\left(\pm j\frac{2\pi(k+N)n}{N}\right) \tag{6.70}$$

$$= w^{+kn}$$

因此，序列的每部分都必须满足式（6.71）；以便使所有的 k 和 n 都满足式（6.60）。

$$F(k+N) = F(k)$$

和

$$f(n+N) = f(n) \tag{6.71}$$

所以离散傅里叶变换建立在两个周期为 N 的周期序列——对应的关系上。

例6.1 一个序列 $\{f(n)\} = \{1,1,1,1,0,0,0,0,0,0\}$ 其中 $N = 10$ 为假设的周期。它的离散傅里叶变换序列为 $\{F(k)\}$，其中

$$F(k) = \sum_{n=0}^{9} f(n)w^{-nk}, \quad k = 0,1,\cdots,9$$

这使得

$$F(k) = 1 \times w^{0k} + 1 \times w^{-k} + 1 \times w^{-2k} + 1 \times w^{-3k} + 0 \times w^{-4k} + 0 \times w^{-5k}$$

$$+ 0 \times w^{-6k} + 0 \times w^{-7k} + 0 \times w^{-8k} + 0 \times w^{-9k}$$

$$= \sum_{n=0}^{4} \exp(-j2kn\pi/10) = \exp(-j2k\pi/5)\frac{\sin(k\pi/2)}{\sin(k\pi/10)}$$

序列 $\{F(k)\}$ 的结果是

$$\{F(k)\} = \{5,(1-j3.0777),0,(1-j0.727),0,1,0,(1+j0.727),0,(1+j3.0777)\}$$

现在假设 $\{f(n)\}$ 是非周期序列，但是它是有限的持续时间 N。在这种情况下，仍然可以利用一个周期为 N 的周期序列代替 $\{f(n)\}$，但是要注意，这两个序列仅仅在 N 上相等。这意味着我们可以以相同的序列 $\{F(k)\}$ 定义有限时间序列的 DFT，只要对式（6.60）所给出的表达式进行适当解释，规定只有符合式（6.72），他们才是有效的。

$$n < N$$

和

$$k < N \tag{6.72}$$

6.5　快速傅里叶变换算法

式（6.60）和式（6.62）定义了一个序列的 DFT 和逆 DFT。式（6.60）能够写成如下矩阵形式。

$$
\begin{bmatrix} F(0) \\ F(1) \\ \vdots \\ F(N-1) \end{bmatrix} = \begin{bmatrix} 1 & 1 & 1 & 1 & \cdots & 1 \\ 1 & w^{-1} & w^{-2} & w^{-3} & \cdots & w^{-(N-1)} \\ 1 & w^{-2} & w^{-4} & w^{-6} & \cdots & w^{-2(N-1)} \\ \vdots & \vdots & \vdots & & \vdots \\ 1 & w^{-(N-1)} & w^{-2(N-1)} & & \cdots & w^{-(N-1)^2} \end{bmatrix} \begin{bmatrix} f(0) \\ f(1) \\ \vdots \\ f(N-1) \end{bmatrix}
$$

$$(6.73)$$

或者

$$
[F] = [\hat{w}_N][f] \tag{6.74}
$$

类似的，式（6.62）可以代入这种形式中

$$
[f] = \frac{1}{N}[W_N][F] \tag{6.75}
$$

这里的 $[W_N]$ 通过 $[\hat{W}_N]$ 中 w^{-k} 到 w^k 的变换得到。总的来说，可以假设，序列中的每一个部分都可以是复数。

我们现在利用式（6.73）或式（6.75），考虑由序列 $\{f(n)\}$ 计算 $\{F(k)\}$ （和由序列 $\{F(k)\}$ 计算 $\{f(n)\}$）的问题。首先注意到，如果找到一种有效的利用式（6.74）计算 DFT 的算法，那么式（6.75）定义的 IDFT 能够使用同样的算法进行计算。因为除了用 w^{-1} 代替 w 和因子 N 之外，二者的形式完全相同。所以，只需要考虑式（6.74）的情况。

现在，由于矩阵的特有属性，使得由 $[f]$ 计算 $[F]$ 的过程大量简化。任何提高这种计算的算法都被称为快速傅里叶变换（FFT）算法。特别的，如果 N 是 2 的整数幂，算法尤为有效和快速。

利用式（6.73）直接由 $\{f(n)\}$ 求解 $\{F(k)\}$ 包括了 $N(N-1)$ 次乘法和相同数目的加法。N 非常大时，因为它通常是一个函数的精确表示，大约需要 $(N-1)^2$ 次乘法和相同数目的加法。我们现在检查一下这种算法的一般特性，乘法次数减少到 $(N/2)\log_2(N/2)$，加法的次数减少至 $(N)\log_2(N)$。周期为 N 的序列的直接傅里叶变换有时被称为 N 点 DFT。

6.5.1　按时间抽取的快速傅里叶变换

将 $N = 2^L$（L 为正数）的序列 $\{f(n)\}$ 按 n 的奇偶分成两个交错的序列，偶数部分为

$$\{f(0), f(2), f(4), \cdots, f(N-2)\} \tag{6.76a}$$

奇数部分为

$$\{f(1), f(3), f(5), \cdots, f(N-1)\} \tag{6.76b}$$

其中，N 是偶数，因为它是 2 的整数幂。

根据式（6.67）的分解，先写出式（6.73）序列 $\{F(k)\}$ 的前 $N/2$ 项为

$$
\begin{bmatrix} F(0) \\ F(1) \\ F(2) \\ \vdots \\ F\left(\dfrac{1}{2}N-1\right) \end{bmatrix} =
\overset{[\hat{W}_{N/2}]}{
\begin{bmatrix}
1 & 1 & \cdots & 1 \\
1 & w^{-2} & \cdots & w^{-2(N/2-1)} \\
1 & w^{-4} & \cdots & w^{-4(N/2-1)} \\
\vdots & \vdots & & \vdots \\
1 & w^{-2(N/2-1)} & \cdots & w^{-2(N/2-1)^2}
\end{bmatrix}}
\begin{bmatrix} f(0) \\ f(2) \\ f(4) \\ \vdots \\ f(N-2) \end{bmatrix}
$$

$$
+
\underset{[\hat{\hat{W}}_{N/2}]}{
\begin{bmatrix}
1 & 1 & \cdots & 1 \\
w^{-1} & w^{-3} & \cdots & w^{-(N-1)} \\
w^{-2} & w^{-6} & \cdots & w^{-2(N-1)} \\
\vdots & \vdots & & \vdots \\
w^{-(N/2-1)} & w^{-3(N/2-1)} & \cdots & w^{-(N/2-1)(N-1)}
\end{bmatrix}}
\begin{bmatrix} f(1) \\ f(3) \\ f(5) \\ \vdots \\ f(N-1) \end{bmatrix}
\tag{6.77}
$$

其中 $[\hat{\hat{W}}_{N/2}]$ 和 $[\hat{W}_{N/2}]$ 的关系为

$$
[\hat{\hat{W}}_{N/2}] =
\begin{bmatrix}
1 & & & & O \\
& w^{-1} & & & \\
& & w^{-2} & & \\
& & & \ddots & \\
O & & & & w^{-(N/2-1)}
\end{bmatrix}
[\hat{W}_{N/2}]
\tag{6.78}
$$

$$
[\hat{\hat{W}}]_{N/2} = [\hat{W}_d][\hat{W}_{N/2}]
$$

因此式（6.77）可以写成

$$
\begin{bmatrix} F(0) \\ F(1) \\ F(2) \\ \vdots \\ F\left(\dfrac{1}{2}N-1\right) \end{bmatrix} =
[\hat{W}_{N/2}]
\begin{bmatrix} f(0) \\ f(2) \\ f(4) \\ \vdots \\ f\left(\dfrac{1}{2}N-2\right) \end{bmatrix}
+ [\hat{W}_d][\hat{W}_{N/2}]
\begin{bmatrix} f(1) \\ f(3) \\ f(5) \\ \vdots \\ f(N-1) \end{bmatrix}
\tag{6.79}
$$

用类似的方法，$\{F(k)\}$ 的后 $N/2$ 项可以写成

$$
\begin{bmatrix} F\left(\frac{1}{2}N\right) \\ F\left(\frac{1}{2}N+1\right) \\ F\left(\frac{1}{2}N+2\right) \\ \vdots \\ F(N-1) \end{bmatrix} = \begin{bmatrix} \hat{W}_{N/2} \end{bmatrix} \begin{bmatrix} f(0) \\ f(2) \\ f(4) \\ \vdots \\ f(N-2) \end{bmatrix} - \begin{bmatrix} \hat{W}_d \end{bmatrix} \begin{bmatrix} \hat{W}_{N/2} \end{bmatrix} \begin{bmatrix} f(1) \\ f(3) \\ f(5) \\ \vdots \\ f(N-1) \end{bmatrix} \tag{6.80}
$$

很明显，除了式（6.80）后部分的符号不同外，式（6.79）中 $F(k)$ 的计算与式（6.80）中 $F(k)$ 的计算相同，图6.3形象地表示了式（6.79）和式（6.80）的计算过程。

　　因此，我们成功地将一个 N 点傅里叶变换减少为两个 $N/2$ 点的傅里叶变换，如果这个迭代过程的次数为

$$
\log_2 N - 1 = \log_2\left(\frac{1}{2}N\right) \tag{6.81}
$$

　　那么我们实现了一个二阶的变换，每一个 2 点的变换都有一个矩阵

$$
\begin{bmatrix} \hat{W}_2 \end{bmatrix} = \begin{bmatrix} 1 & 1 \\ 1 & -1 \end{bmatrix} \tag{6.82}
$$

并且这个变换不需要乘法。每减少一阶需要（$N/2$）次（复数）相乘，因此，完整变换的所需计算（混合）相乘的总次数为

$$
M_c = \left(\frac{N}{2}\right)\log_2\left(\frac{N}{2}\right) \tag{6.83}
$$

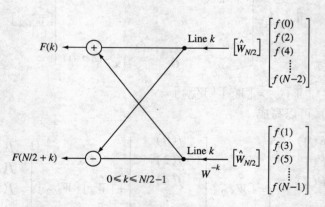

图6.3　式(6.79)和式(6.80)中计算的符号描述

（复数）加法所需要的总次数为

$$
A_c = N\log_2 N \tag{6.84}
$$

对比直接运算需要 $(N-1)^2$ 次乘法和 $N(N-1)$ 次加法，这些替代大大减少了

运算量。例如一个 64 点的变换，直接计算需要 $(63)^2 = 3639$ 次乘法和 $64 \times 63 = 4032$ 次加法。比较而言，FFT 算法需要 $32\log_2 32 = 160$ 次乘法和 $64\log_2 64 = 384$ 次加法，这是一个相当大的减少，这种计算的简化将随着 N 值变得更大而变得更加难以想象。

例 6.2 考虑一个 4 点傅里叶转换矩阵计算量的减少。

$$\left[\hat{W}_4\right] = \begin{bmatrix} 1 & 1 & 1 & 1 \\ 1 & w^{-1} & w^{-2} & w^{-3} \\ 1 & w^{-2} & w^{-4} & w^{-6} \\ 1 & w^{-3} & w^{-6} & w^{-9} \end{bmatrix} \tag{6.85}$$

由

$$\begin{aligned} w^{-1} &= \exp\left(-\mathrm{j}\frac{2\pi}{N}\right) \\ &= \exp\ (-\mathrm{j}\pi/2) \\ &= \cos\frac{\pi}{2} - \mathrm{j}\sin\frac{\pi}{2} \\ &= -\mathrm{j} \end{aligned}$$

并且注意到 $w^{-k} = w^{-(k+N)}$，得到

$$\left[\hat{W}_4\right] = \begin{bmatrix} 1 & 1 & 1 & 1 \\ 1 & -\mathrm{j} & -1 & \mathrm{j} \\ 1 & -1 & 1 & -1 \\ 1 & \mathrm{j} & -1 & -\mathrm{j} \end{bmatrix} \tag{6.86}$$

图 6.4 表示的是 $\left[\hat{W}_4\right]$ 简化所需的图。

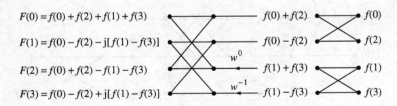

图 6.4　4 点 FFT 矩阵简化所需的计算

这些流图称为蝶形，并且每一个蝶形的约定表述如图 6.5 所示：

（a）箭头表示相乘。

（b）蝶形左边的实点表示：如果点位于任一数的上边，右边两个数就进行相加，如果点位于任一数的下边，右边两个数就进行相减。

例 6.3　关于一个 8 点的矩阵 $\left[\hat{W}_8\right]$ 变换的简化，根据 $w^{-1} = \exp\ (-\mathrm{j}2\pi/8)$，可以得到

$$w^0 = 1, \ w^{-1} = \frac{1-j}{\sqrt{2}}, \ w^{-2} = -j, \ w^{-3} = -\frac{(1+j)}{2^{1/2}}$$

$$w^{-4} = -1, \ w^{-5} = \frac{(1-j)}{2^{1/2}}, \ w^{-6} = j, \ w^{-7} = \frac{1+j}{\sqrt{2}}$$

很明显 $w^{-k} = w^{-(k+8)}$ 并且

$$w^{-4} = -w^0, w^{-5} = -w^{-1}, w^{-6} = -w^{-2}, w^{-7} = -w^{-3}$$

图 6.6 为 8 点转换简化的流程图。

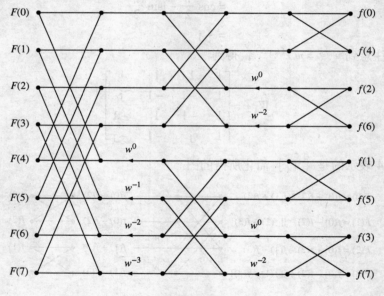

图 6.6　8 点 FFT 的简化

位翻转

检查图 6.4 和图 6.6 得到，序列 $\{F(k)\}$ 中的项按自然顺序出现。但是，$\{f(n)\}$ 中的项以交替的规律出现。这是由于序列 $\{f(n)\}$ 项的连续交叠所必需的转换规则的简化。由于这种计算总是利用数字计算机处理，我们来使用二进制数论证 $N = 8$ 的 $\{f(n)\}$ 序列。由图 6.6 知道 $\{f(n)\}$ 的规律符合如下对应关系：

$$f(0)[000]: f(0)[000]$$
$$f(4)[100]: f(1)[001]$$
$$f(2)[010]: f(2)[010]$$
$$f(6)[110]: f(3)[011]$$
$$f(1)[001]: f(4)[100]$$
$$f(5)[101]: f(5)[101]$$
$$f(3)[011]: f(6)[110]$$
$$f(7)[111]: f(7)[111]$$

由以上对应关系很明显可以看出，序列 $\{f(n)\}$ 的顺序改变规则符合一种方法，这种方法被称为位翻转。因为它导致 $\{f(n)\}$ 的二进制表示的逆转或反演。

接下来，我们注意到，如果我们仅仅改变指数 w 的符号，那么逆变换可以用上面相同的方法得到。如果我们将蝶形运算中的加和减的结果除以 2，那么式 (6.75) 中的因子 $(1/N)$ 就可以被引入。

最后，可以观测到的使用计算机计算 N 点转换的计算，仅仅需要足够的内存来保存 N 个（复数）位置。这是因为蝶形运算的输入和输出都是两个变量，输出数据可以立即使用原输入数据节点所占用的内存，因此，这种计算方法被称为同址计算。

6.5.2 按频率抽取的快速傅里叶变换

用于序列 $\{f(n)\}$ 早期的分解和插入过程同样可以用于序列 $\{F(k)\}$，因此，将 $\{F(k)\}$ 中的项分为奇偶两个部分，由式 (6.73) 可知，偶数部分为

$$
\begin{bmatrix} F(0) \\ F(2) \\ F(4) \\ \vdots \\ F(N-2) \end{bmatrix} = \overset{\hat{W}_{N/2}}{\begin{bmatrix} 1 & 1 & 1 & \cdots & 1 \\ 1 & w^{-2} & w^{-4} & & w^{-2(N/2-1)} \\ 1 & w^{-4} & w^{-8} & & w^{-4(N/2-1)} \\ \vdots & \vdots & & & \vdots \\ 1 & w^{-2(N/2-1)} & & \cdots & w^{-2(N/2-1)^2} \end{bmatrix}} \begin{bmatrix} f(0)+f(N/2) \\ f(1)+f(N/2+1) \\ f(2)+f(N/2+2) \\ \vdots \\ f(N/2)+f(N-1) \end{bmatrix}
$$
(6.87)

同样的，奇数项为

$$
\begin{bmatrix} F(1) \\ F(3) \\ F(5) \\ \vdots \\ F(N-1) \end{bmatrix} = \begin{bmatrix} 1 & w^{-1} & \cdots & w^{-(N/2-1)} \\ 1 & w^{-3} & \cdots & w^{-3(N/2-1)} \\ 1 & w^{-5} & \cdots & w^{-5(N/2-1)} \\ \vdots & \vdots & & \vdots \\ 1 & w^{-(N-1)} & \cdots & w^{-(N-1)(N/2-1)} \end{bmatrix}_{[\hat{\hat{W}}_{N/2}]} \begin{bmatrix} f(0)-f(N/2) \\ f(1)-f(N/2+1) \\ f(2)-f(N/2+2) \\ \vdots \\ f(N/2-1)-f(N-1) \end{bmatrix}
$$
(6.88)

对比 $\left[\hat{\hat{W}}_{N/2}\right]$ 和 $\left[\hat{W}_{N/2}\right]$ 的表示，我们可以得到他们的关系。

$$\left[\hat{\hat{W}}_{N/2}\right] = \left[\hat{W}_{N/2}\right]\begin{bmatrix} 1 & & & & \\ & w^{-1} & & & \textbf{\textit{O}} \\ & \textbf{\textit{O}} & w^{-2} & & \\ & & & \ddots & \\ & & & & w^{-(N/2-1)} \end{bmatrix} \tag{6.89}$$

因此，矩阵 $\left[\hat{\hat{W}}_{N/2}\right]$ 可以用于计算 k 为奇数和偶数时的 $\{F(k)\}$，式（6.89）的使用是为了获得 $N/2$ 阶的转换。因此，图 6.7 描述了这种算法。利用前面蝶形运算相同的惯例，我们重复这个过程，直到 2 点转换的完成。这种情况下的计算与按时间抽取的 FFT 相同。图 6.8 为 $N=8$ 的按频率抽选 FFT 的简图。很明显，这里也一样，序列 $\{f(n)\}$ 的项是以自然顺序出现的，然而转换序列 $\{F(k)\}$ 是以位翻转顺序出现的。

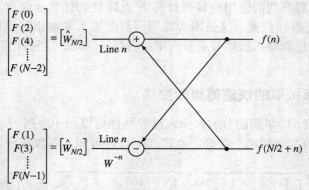

图 6.7　式（6.87）和式（6.88）的运算符号图

6.5.3　基 −4 快速傅里叶变换

到目前为止通过将 N 点转换（其中 $N=2^L$）分解成基本的不需要乘法运算的 2 点转换，这种算法称为基 −2FFT。如果 $N=4^L$，那么可以把矩阵 $\left[\hat{W}_4\right]$ 写成

$$\left[\hat{W}_4\right] = \begin{bmatrix} 1 & 1 & 1 & 1 \\ 1 & -j & -1 & j \\ 1 & -1 & 1 & -1 \\ 1 & j & -1 & -j \end{bmatrix} \tag{6.90}$$

作为这种变换的基本矩阵。在这种情况下，序列 $\{f(n)\}$ 中的项被分解成 4 个交叉的子集。$\left[\hat{W}_{N/4}\right]$ 为（$N/4$）点变换的方阵。并且

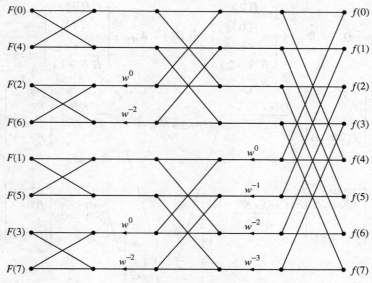

图 6.8　　$N = 8$ 的按频率抽取 FFT 的简图

$$[D_i] \stackrel{\Delta}{=} \begin{bmatrix} w^{-1} & & & & \\ & w^{-2} & & O & \\ & O & w^{-3} & & \\ & & & \ddots & \\ & & & & w^{-i(N-1)} \end{bmatrix} \quad i = 1,2,3,\cdots \qquad (6.91)$$

那么，序列 $\{F(k)\}$ 的前 $N/4$ 的项为

$$\begin{bmatrix} F(0) \\ F(1) \\ F(2) \\ \vdots \\ F(N/4-1) \end{bmatrix} = [\hat{W}_{N/4}] \begin{bmatrix} f(0) \\ f(4) \\ f(8) \\ \vdots \\ f(N-4) \end{bmatrix} + [D_1][\hat{W}_{N/4}] \begin{bmatrix} f(1) \\ f(5) \\ f(9) \\ \vdots \\ f(N-3) \end{bmatrix}$$

$$+ [D_2][\hat{W}_{N/4}] \begin{bmatrix} f(2) \\ f(6) \\ f(10) \\ \vdots \\ f(N-2) \end{bmatrix} + [D_3][\hat{W}_{N/4}] \begin{bmatrix} f(3) \\ f(7) \\ f(11) \\ \vdots \\ f(N-1) \end{bmatrix} \qquad (6.92)$$

序列的下一个 $N/4$ 项为

$$\begin{bmatrix} F(N/4) \\ F(N/4+1) \\ \vdots \\ F(N/2-1) \end{bmatrix} = [\hat{W}_{N/4}] \begin{bmatrix} f(0) \\ f(4) \\ \vdots \\ f(N-4) \end{bmatrix} - j[D_1][\hat{W}_{N/4}] \begin{bmatrix} f(1) \\ f(5) \\ \vdots \\ f(N-3) \end{bmatrix}$$

$$-[D_2][\hat{W}_{N/4}]\begin{bmatrix} f(2) \\ f(6) \\ \vdots \\ f(N-2) \end{bmatrix} + \mathrm{j}[D_3][\hat{W}_{N/4}]\begin{bmatrix} f(3) \\ f(7) \\ \vdots \\ f(N-1) \end{bmatrix} \tag{6.93}$$

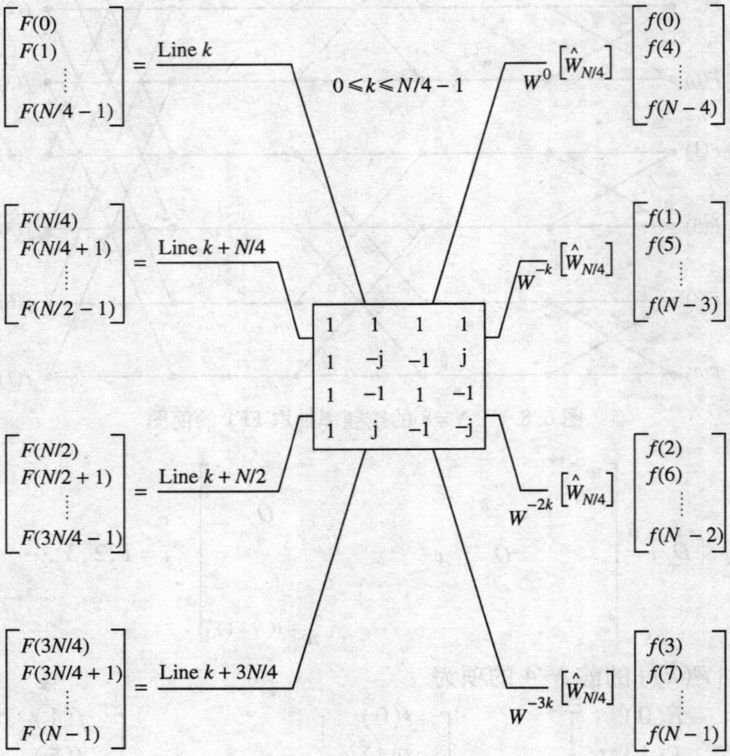

图 6.9　基 - 4FFT

它包含了式（6.92）相同的计算并且乘以式（4.90）中 $[\hat{W}_4]$ 的第二行 $[1 \ -\mathrm{j}$ $-1 \ \mathrm{j}]$。对第 3 个和第 4 个（$N/4$）项的序列重复这个过程，得到如图（6.9）所示的基 - 4FFT。

　　N 点转换简化成 4 点转换所减少的每部分数目为

$$\log_4 N - 1 = \log_4(N/4) \tag{6.94}$$

并且因为每个部分包括 3（$N/4$）个复数乘法，总共需要

$$M_c = \frac{3}{4}N\log_4(N/4) \tag{6.95}$$

同样的，复数加法的总数为

$$A_c = 2N\log_4 N \tag{6.96}$$

　　比较式（6.96）和式（6.84）我们知道，所需要加法的次数与基 - 2 转换相同。然而，通过比较式（6.95）和式（6.83）我们可以得到，基 - 4 算法中乘法

次数的减少超过 25%。

6.6 离散傅里叶变换的性质

离散傅里叶变换（DFT）有几个重要的性质，它可以被认为是第 2 章连续信号研究相对应的研究。现在这些性质被提出是因为它们能够制定离散时间信号的傅里叶变换理论。这些信号是定义在离散时间上的，因此它们被称为序列。

6.6.1 线性

如果

$$\{f(n)\} \overset{\leftrightarrow}{N} \{F(k)\} \tag{6.97}$$

并且

$$\{h(n)\} \overset{\leftrightarrow}{N} \{H(k)\} \tag{6.98}$$

那么

$$a\{f(n)\} + b\{h(n)\} \overset{\leftrightarrow}{N} a\{F(k)\} + b\{H(k)\} \tag{6.99}$$

这个性质可以从 DFT 的定义式（6.60）中直接得到。

6.6.2 圆周卷积

考虑两个周期序列的转换如式（6.97）和式（6.98）。定义两个序列 $\{f(n)\}$ 和 $\{h(n)\}$ 的圆周卷积为序列 $\{g(n)\}$

$$\{g(n)\} = \{f(n)\} * \{h(n)\}$$
$$\overset{\Delta}{=} \sum_{m=0}^{N-1} f(m)h(n-m) \tag{6.100}$$

很明显它是一个周期为 N 的序列，可以进行 DFT。因此，可以写成

$$\{g(n)\} \overset{\leftrightarrow}{N} \{G(k)\} \tag{6.101}$$

这里

$$G(k) = \sum_{n=0}^{N-1} g(n)w^{-nk} \tag{6.102}$$

对式（6.100）两边都进行 DFT，并且利用式（6.60）可得

$$G(k) = \sum_{n=0}^{N-1} \left(\sum_{m=0}^{N-1} f(m)h(n-m) \right) w^{-nk}$$
$$= \sum_{m=0}^{N-1} f(m) \sum_{m=0}^{N-1} h(n-m) w^{-nk} \tag{6.103}$$

令 $(n-m) = r$，可得

$$\sum_{n=0}^{N-1} h(n-m) w^{-nk} = w^{-mk} \sum_{r=-m}^{N-1-m} h(r) w^{-rk} \tag{6.104}$$

并且因为 $\{h(r)\}$ 和 w^{-m} 都是周期为 N 的序列，于是从式（6.104）可知，从 $-m$

到$(N-1-m)$的和与从 0 到$(N-1)$的和相同。因此式（6.104）可转换为

$$w^{-mk}\sum_{r=0}^{N-1}h(r)w^{-rk} = w^{-mk}H(k) \tag{6.105}$$

代入式（6.103）得到

$$
\begin{aligned}
G(k) &= \sum_{m=0}^{N-1}f(m)H(k)w^{-mk}\\
&= H(k)\sum_{m=0}^{N-1}f_m w^{-mk} \tag{6.106}\\
&= H(k)F(k)
\end{aligned}
$$

因此，我们已经证明两个周期序列卷积的 DFT 是这两个序列分别卷积的结果。因为它们的周期性，序列$\{g(n)\}$被称为周期或者圆周卷积。很明显，利用式（6.100）和式（6.62），式（6.106）的卷积关系变为

$$\sum_{m=0}^{N-1}f(m)h(n-m) = \frac{1}{N}\sum_{k=0}^{N-1}F(k)H(k)w^{kn} \tag{6.107}$$

根据式（6.106），很明显看出，卷积的操作具有交换性，使得

$$\{f(n)\} * \{h(n)\} = \{h(n)\} * \{f(n)\} \tag{6.108}$$

即

$$\sum_{m=0}^{N-1}f(m)h(n-m) = \sum_{m=0}^{N-1}h(m)f(n-m) \tag{6.109}$$

6.6.3　周期序列的移位

由式（6.104）和式（6.105）可以看到如果

$$\{f(n)\}\overset{\leftrightarrow}{N}\{F(k)\} \tag{6.110}$$

然后得到一对移位对

$$\{f(n-m)\}\overset{\leftrightarrow}{N}w^{-mk}\{F(k)\} \tag{6.111}$$

并且

$$\{f(n+m)\}\overset{\leftrightarrow}{N}w^{mk}\{F(k)\} \tag{6.112}$$

这就意味着序列的m次移位的结果是它的 DFT 乘以w^{-mk}。同样，由于序列的周期性，通过$(m \pm N)$的移位可以得到相同的关系。

6.6.4　对称性和共轭对

序列$\{f(n)\}$和它的 DFT$\{F(k)\}$的周期都是N，所以我们可以写成

$$f(-n) = f(N-n) \quad F(-k) = F(N-k) \tag{6.113}$$

根据式（6.60）典型 DFT 的表示，式（6.113）两边求复共轭可得（注意$w^*$$= w^{-1}$）

$$F*(k) = \sum_{n=0}^{N-1}f*(n)w^{kn} \tag{6.114}$$

令

$$n = (N - m) \tag{6.115}$$

并且利用式（6.113）我们可得

$$F^*(k) = \sum_{m=0}^{N-1} f^*(N-m) w^{(N-m)} \tag{6.116}$$

同样

$$w^m = w^{m \pm N} \tag{6.117}$$

因此式（6.116）可以化为

$$F^*(k) = \sum_{m=0}^{N-1} f^*(-m) w^{-km} \tag{6.118}$$

然而，以上序列的和就是序列 $\{f*(-n)\}$ 的 DFT。因此，我们可以得到一个转换对

$$\{f^*(-n)\} \overset{\leftrightarrow}{N} \{F^*(k)\} \tag{6.119}$$

同样的可以写成

$$F(-k) = \sum_{n=0}^{N-1} f(n) w^{kn}$$

$$= \sum_{m=0}^{n-1} f(N-m) \exp[k(N-m)] \tag{6.120}$$

并且利用式（6.113）得

$$F(-k) = \sum_{m=0}^{N-1} f(-m) w^{-km} \tag{6.121}$$

因此，得到的转换对为

$$\{f(-n)\} \overset{\leftrightarrow}{N} \{F(-k)\} \tag{6.122}$$

纵观以上分析，我们认为序列 $\{f(n)\}$ 为复数。另一方面，如果 $\{f(n)\}$ 是一个实数序列（这种情况发生在该序列是通过采样实数时间函数所得的），那么

$$f^*(-n) = f(-n)$$
$$F^*(k) = F(-k) \tag{6.123}$$

这样式（6.119）可以转化为式（6.112）。由于 $F(-k) = F(N-k)$，那么如果 $F(k)$ 适用于 $k = 0, 1, 2, \cdots, N/2$，也同样适用于所有的 k。

6.6.5 帕塞伐尔定理和功率谱

对于一个连续的周期信号，我们也需要关注其表示成周期序列的离散信号的功率谱。考虑到转换对为

$$\{f(n)\} \overset{\leftrightarrow}{N} \{F(k)\}$$

和

$$\{g(n)\} \overset{\leftrightarrow}{N} \{G(k)\} \tag{6.124}$$

通过式（6.107）的卷积关系，我们可以得到

$$\sum_{m=0}^{N-1} f(n)g(n-m) = \frac{1}{N}\sum_{k=0}^{N-1} F(k)G(k)w^{kn} \qquad (6.125)$$

这里设 $n = 0$，可以得到

$$\sum_{m=0}^{N-1} f(m)g(-m) = \frac{1}{N}\sum_{k=0}^{N-1} F(k)G(k) \qquad (6.126)$$

如果用 $g^*(m)$ 代替 $g(-m)$，那么式（6.126）中的 $G(k)$ 被 $G^*(k)$ 所替代，化为

$$\sum_{m=0}^{N-1} f(m)g^*(m) = \frac{1}{N}\sum_{k=0}^{N-1} F(k)G^*(k) \qquad (6.127)$$

这是式（6.126）所给的连续信号帕塞伐尔定理的离散形式。特殊的，如果令

$$f(m) = g(m) \qquad (6.128)$$

式（6.127）的表示变为

$$\sum_{m=0}^{N-1} |f(m)|^2 = \frac{1}{N}\sum_{k=0}^{N-1} |F(k)|^2 \qquad (6.129)$$

这就是信号的功率。以上的关系是式（2.49）的离散所对应的。并且可以确定的是功率谱与最初序列的功率相同。$(1/N)|F(k)|^2$ 被称为功率谱密度或者简称为信号的功率谱。

6.6.6　圆周相关

两个序列 $\{f(n)\}$ 和 $\{g(n)\}$ 之间的圆周相关为 $\{R_{fg}(m)\}$，定义为

$$R_{fg}(m) = \frac{1}{N}\sum_{n=0}^{N-1} f(n)g(n+m) \qquad (6.130)$$

对上式两边进行 DFT，并且根据式（6.60）可得

$$\begin{aligned}
\mathrm{DFT}\{R_{fg}(m)\} &= \frac{1}{N}\sum_{m=0}^{N-1}\left(\sum_{n=0}^{N-1} f(n)g(n+m)\right)w^{-mk} \\
&= \frac{1}{N}\sum_{n=0}^{N-1} f(n)\sum_{m=0}^{N-1} g(n+m)w^{-mk}
\end{aligned} \qquad (6.131)$$

令 $(n+m) = r$，由序列和 w 的周期性，可得

$$\begin{aligned}
\sum_{m=0}^{N-1} g(n+m)w^{-nk} &= w^{nk}\frac{1}{N}\sum_{r=n}^{n+N-1} g(r)w^{-rk} \\
&= \frac{1}{N}w^{nk}G(k)
\end{aligned} \qquad (6.132)$$

将式（6.132）代入式（6.131）可得

$$\begin{aligned}
\mathrm{DFT}\{R_{fg}(m)\} &= \frac{1}{N}\sum_{n=0}^{N-1} f(n)G(k)w^{nk} \\
&= \frac{1}{N}G(k)\sum_{n=0}^{N-1} f(n)w^{nk}
\end{aligned} \qquad (6.133)$$

或者

$$\mathrm{DFT}\{R_{fg}(m)\} = \frac{1}{N}F^*(k)G(k) \qquad (6.134)$$

上式（6.134）右边部分被称为序列 $\{f(n)\}$ 和 $\{g(n)\}$ 互功率谱。因此，可得到转换对

$$R_{fg}(m)\overset{\leftrightarrow}{N}\frac{1}{N}F^{*}(k)G(k) \tag{6.135}$$

直接使用频率变量 ω_0，可以写成

$$R_{fg}(mT_0)\overset{\leftrightarrow}{N}\frac{1}{N}F^{*}(k\omega_0)G(k\omega_0) \tag{6.136}$$

现在，令式（6.130）中的 $f(n)=g(n)$，可以得到自相关序列

$$R_{ff}(m)=\frac{1}{N}\sum_{n=0}^{N-1}f(n)f(n+m) \tag{6.137}$$

所以式（6.135）和式（6.136）给出

$$R_{ff}(m)\overset{\leftrightarrow}{N}\frac{1}{N}F^{*}(k)F(k) \tag{6.138a}$$

或者

$$R_{ff}(m)\overset{\leftrightarrow}{N}\frac{1}{N}|F(k)|^2 \tag{6.138b}$$

并且

$$R_{ff}(mT_0)\overset{\leftrightarrow}{N}\frac{1}{N}|F(k\omega_0)|^2 \tag{6.139}$$

将式（6.138）与式（6.129）进行比较，可以得到由自相关序列和功率谱形成的一组 DFT 变换对。

6.6.7　离散傅里叶变换与 z 变换之间的关系

设 $F(z)$ 为有限长为 N 的序列 $\{f(n)\}$ 的单边 z 变换。因此

$$F(z)=\sum_{n=0}^{N-1}f(n)z^{-n} \tag{6.140}$$

这里，在单位圆上 $[z=\exp(j\theta)]$，上式（6.140）变为

$$F[\exp(j\theta)]=\sum_{n=0}^{N-1}f(n)\exp(-jn\theta) \tag{6.141}$$

$\theta=2\pi k/N$，上式（6.141）变为

$$F(k)=\sum_{n=0}^{N-1}f(n)w^{-nk} \tag{6.142}$$

因此，通过计算一个序列在单位圆 N 个等间距点上的 z 变换，就可以得到该序列的 DFT 变换。

6.7　利用 FFT 进行频谱分析

前面所讨论高效算法是为了进行傅里叶积分以及傅里叶级数的系数计算[11,12]。

这就是频谱分析，这节主要讨论其中涉及到一些频谱计算的主要问题。

6.7.1 傅里叶积分的计算

给定一个非周期函数 $f(t)$，利用式（6.32）和式（6.43）可以定义两个周期函数

$$f_p(t) = \sum_{k=-\infty}^{\infty} f(t + kT) \tag{6.143}$$

和

$$\hat{F}_p(\omega) = \sum_{r=-\infty}^{\infty} F(\omega + r\overline{\omega}) \tag{6.144}$$

这里

$$f(t) \leftrightarrow F(\omega) \tag{6.145}$$

且

$$\overline{\omega} = N\omega_0 = N(2\pi/T) \tag{6.146}$$

然后，$f_p(t)$ 在时间 T 上进行抽样，这里每个 T_0 都有

$$T = NT_0 \tag{6.147}$$

并且每经过 ω_0，$\hat{F}_p(\omega)$ 被抽样一次。式（6.143）和式（6.144）的抽样值由式（6.148）和式（6.149）可得

$$\hat{f}(mT_0) = \sum_{k=-\infty}^{\infty} f(mT_0 + kT) \tag{6.148}$$

$$\hat{F}(n\omega_0) = \sum_{r=-\infty}^{\infty} F(n\omega_0 + r\overline{\omega}) \tag{6.149}$$

我们可以看到 $\hat{f}(mT_0)$ 和 $(1/T)\hat{F}(n\omega_0)$ 形成离散傅里叶转换对，即

$$\hat{f}(mT_0) \overset{\leftrightarrow}{N} \frac{1}{T}\hat{F}(n\omega_0) \tag{6.150}$$

因此，可以利用 FFT 算法由一个序列计算另一个序列。这时只需要计算所需要的两个参数 T 和 N。

假设 $f(t)$ 是被定义在区间 $[0, a]$ 上，并且在这个区间外为 0，如图 6.10a 所示。在第 3 章我们知道，一个有限时长的函数不能同时具有频带限制。于是序列 $\hat{F}(mT_0)$，如 6.3 节解释的那样，仅能通过逼近得到，混叠误差如式（6.57）所表示。

现在，如果定义 $f(t)$ 的区间为 $[0, a]$，那么可以选择 $T = a$，如图 6.10b 所示，并且 N 是有效 FFT 算法的阶数。

因此，我们利用该算法由 $\hat{f}(mT_0)$ 求 $\hat{F}(n\omega_0)$。如果当 $|\omega| > \hat{\omega}$，且 $\hat{\omega} < \overline{\omega}/2$ 时 $F(\omega)$ 可忽略（这个条件当 N 足够大时将会满足），那么可以利用式（6.56）进行

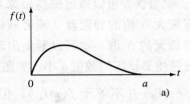

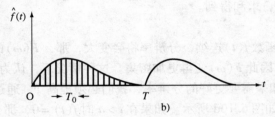

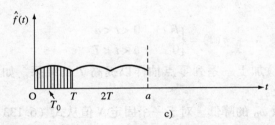

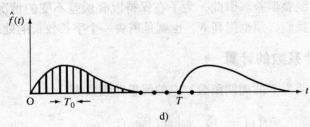

图 6.10

a) 函数 $f(t)$　b) 选择 $T=a$　c) $T<a$　d) $T>a$

定义。

$$F(n\omega_0) \approx \begin{cases} \hat{F}(n\omega_0) & |n| \leqslant \dfrac{N}{2} \\ \\ 0 & |n| > \dfrac{N}{2} \end{cases} \tag{6.151}$$

在这种计算中有两个主要的问题：混叠误差和转换分辨率。

（i）混叠误差

自然地，减小混叠误差应该是主要的一个目标。混叠误差为

$$\varepsilon = F(n\omega_0) - \hat{F}(n\omega_0) \tag{6.152}$$

如 6.3 节所解释的，根据式（6.44），混叠误差可以通过提高 $\overline{\omega}$ 来降低。这里有两种提高 $\overline{\omega}$ 的方法，第一种是选择具有较大 N 值的处理器（或者软件）。不管怎样，如果这个可用的处理器有一个确定的较大的 N 值，就可以避免出现不可接受的混叠误差。那么另外一种提高 $\overline{\omega}$ 的方法是使 T 比区间数值 a 小，如图 4.10c 所示。然而，在这个情况下 $f_p(t)$ 抽样得到 $\hat{f}(mT_0)$ 并不等于 $f(mT_0)$，但是可以按照式（6.148）通过对 $f(mT_0)$ 求和得到。

（ii）转换分辨率

如果选择 $T = a$，函数 $f(t)$ 连续，分辨率将会变大，那么 $F(\omega)$ 的抽样将被 $\omega_0 = 2\pi/T = 2\pi/a$ 间隔开，因此 $F(\omega)$ 变得更加密集。这种情况下，认为 $F(\omega)$ 的分辨率是比较好的。因此，如果需要更好的分辨率，我们必须提高 T，通过使 T 大于信号持续时间，即 $T > a$，如图 6.10d 所示。如果在 $t > a$ 时 $f(t) = 0$，那么我们可以得到一个函数

$$\hat{f}(t) = \begin{cases} f(t) & 0 < t < a \\ 0 & a < t < T \end{cases} \tag{6.153}$$

这是我们使 $f(mT_0)$ 加上一系列零点抽样以提高 T 的结果，如图 4.10d 所示，这个过程被称为零填充。

现在，提高 T 导致 ω_0 的降低，对于一个固定 N 值从式（6.133）中降低 $\overline{\omega}$ 值，这种结果提高了混叠误差。因此，为了在保持混叠误差不变的情况下通过降低 ω_0 来提高分辨率，我们必须也提高 N，也就是需要一个字长较长的处理器。

6.7.2　傅里叶系数的计算

对于一个周期为 T 的周期函数，它的傅里叶级数为

$$f(t) = \sum_{k=-\infty}^{\infty} c_k \exp(jk\omega_0 t) \quad \omega_0 = \frac{2\pi}{T} \tag{6.154}$$

我们可以看到，如果混叠系数定义为

$$\hat{c}_k = \sum_{r=-\infty}^{\infty} c_{k+rN} \tag{6.155}$$

那么 $f(t)$ 的抽样值 $f(mT_0)$ 和混叠系数可以通过式（6.20）和式（6.26）关联起来，即它们可以形成一个 DFT 变换对

$$f(mT_0) \overset{\leftrightarrow}{N} \hat{c}_k \quad T_0 = T/N \tag{6.156}$$

因此式（6.26）给出

$$[\hat{c}_k] = \frac{1}{N}[\hat{W}][f] \tag{6.157}$$

此外，可以利用 FFT 算法完成所需的计算。如果我们利用截断傅里叶级数表示 $f(t)$，即为

$$f(t) \approx \sum_{k=-n}^{n} c_k \exp(jk\omega_0 t) \tag{6.158}$$

在6.2节中我们曾经表示过，当时选择

$$N > 2n \tag{6.159}$$

将得到

$$c_k = \begin{cases} \hat{c}_k & \text{当}|k| \leqslant \dfrac{N}{2} \\ 0 & \text{当}|k| > \dfrac{N}{2} \end{cases} \tag{6.160}$$

并且混叠误差为 0。这里

$$
\begin{aligned}
c_k &= \frac{1}{T}\int_0^T f(t)\exp(-jk\omega_0 t)\,\mathrm{d}t \\
&= \frac{1}{N}\sum_{m=0}^{N-1} f(mT_0)w^{-mk}
\end{aligned} \tag{6.161}
$$

即

$$[c_k] = \frac{1}{N}[\hat{W}][f] \tag{6.162}$$

可是，如果我们不用截断傅里叶级数，但是假设当$|k| > N/2$时，c_k是可以忽略的，如6.2节所给一样：

$$c_k \approx \begin{cases} \hat{c}_k & |k| \leqslant \dfrac{N}{2} \\ 0 & |k| > \dfrac{N}{2} \end{cases} \tag{6.163}$$

并且混叠误差为

$$\varepsilon = c_k - \hat{c}_k \tag{6.164}$$

所以，当$|k| > N/2$时，如果c_k是可以忽略的，那么混叠误差很小。如果当$|k| > N/2$时c_k不可忽略，那么我们必须提高 FFT 算法的阶数以便减小混叠误差。

6.8　频谱窗

6.8.1　连续时间信号

在6.7节中，对定义在一个区间内且区间以外为0的信号$f(t)$，我们用 FFT 完成了频谱分析。另一种看待这个问题的方法是：假设在一个有限区间 $[-a, a]$ 上，对于所有的t，$f(t)$均存在，并且是已知的或者可通过观察得到的，如图 6.11 所示。在这章我们将在频谱分析中讨论一种利用$f(t)$的截断傅里叶级数来减少误差的技术。

对每一个 t 都在区间 $[-a, a]$ 的 $f(t)$，我们希望确定 $f(t)$ 的频谱 $F(\omega)$。实际上，我们给定一个函数

$$f_a(t) = w_r(t)f(t) \tag{6.165}$$

这里

$$w_r(t) = \begin{cases} 1 & |t| < a \\ 0 & |t| > a \end{cases} \tag{6.166}$$

因此，频谱 $F(\omega)$ 不能够完全精确的确定，只能估算。对已知的 $f_a(t)$ 进行傅里叶变换 $F_a(\omega)$。那么

$$w_r(t)f(t) \leftrightarrow F_a(\omega) \tag{6.167}$$

这里

$$F_a(\omega) = \int_{-a}^{a} f(t)\exp(-\mathrm{j}\omega t)\,\mathrm{d}t \tag{6.168}$$

很明显 $w_r(t)$ 是一个矩形窗，当 $f(t)$ 乘以 $w_r(t)$ 时，将得到一个 $f(t)$ 的截断函数 $f_a(t)$，然而

$$w_r(t) \leftrightarrow \frac{2\sin a\omega}{\omega} \tag{6.169}$$

因此结合式（6.167）和频率卷积定理得到

$$F_a(\omega) = \frac{1}{2\pi}F(\omega) * \left(\frac{2\sin a\omega}{\omega}\right)$$

$$= \int_{-\infty}^{\infty} F(\mu)\frac{\sin a(\omega-\mu)}{\pi(\omega-\mu)}\mathrm{d}\mu \tag{6.170}$$

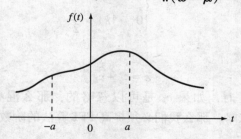

图 6.11　函数 $f(t)$ 在区间 $[-a, a]$ 的观察结果

如果它被用于估算 $F(\omega)$，像以前几章提到那样，那么很明显这种估计的效果不是很好，具体原因如下：

（a）$F_a(\omega)$ 是 $F(\omega)$ 在一个阶为 $2\pi/a$ 区间内的加权平均值。因此，$F(\omega)$ 在这个区间的快速变化 $F_a(\omega)$ 不能够表示出来。

（b）权函数 $\sin a(\omega-\mu)/\pi(\omega-\mu)$（见图 6.12）有很大的侧波瓣，计算过程中容易引入失真。

（c）函数 $\sin a(\omega-\mu)/\pi(\omega-\mu)$ 可能是负的。

我们的目标是改善从 $f_a(t)$ 估算 $F(\omega)$ 的准确度。为此，我们利用窗函数

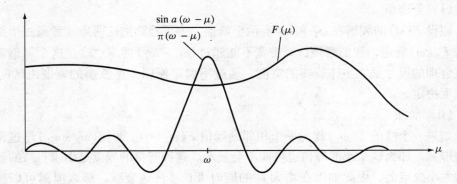

图 6.12 函数 $\sin a(\omega-\mu)/\pi(\omega-\mu)$ 和它在式 (6.170) 中的应用

$$f_w(t) = w(t)f(t) \tag{6.171}$$

这里 $w(t)$ 是实数，偶数且时间限制在区间 $[-a, a]$ 内。它的转换满足

$$W(\omega) \geqslant 0, W(0) = \frac{1}{2\pi}\int_{-\infty}^{\infty} W(\omega)\,\mathrm{d}\omega = 1 \tag{6.172}$$

平滑频谱变为

$$F_w(\omega) = \int_{-a}^{a} f_w(t)\exp(-\mathrm{j}\omega t)\,\mathrm{d}t$$

$$= \int_{-a}^{a} f(t)w(t)\exp(-\mathrm{j}\omega t)\,\mathrm{d}t \tag{6.173}$$

利用式 (6.171) 和频率卷积定理可以得到

$$F_w(\omega) = \frac{1}{2\pi}\int_{-\infty}^{\infty} F(\mu)W(\omega-\mu)\,\mathrm{d}\mu$$

$$= \frac{1}{2\pi}\int_{-\infty}^{\infty} F(\omega-\mu)W(\mu)\,\mathrm{d}\mu \tag{6.174}$$

此外 $F_w(\omega)$ 是 $F(\omega)$ 的加权平均数，这里我们能够通过选择合适的 $w(t)$ 来改善这种加权逼近。$w(t)$ 的傅里叶变换 $W(\omega)$ 被称为一个频谱窗，反之 $w(t)$ 被称为迟滞窗。式 (6.174) 的关系如图 6.13 所示。在选择频谱窗时，以下两个因素必须要考虑。

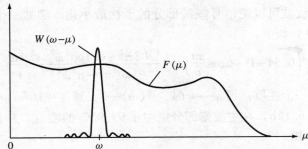

图 6.13 如式 (6.174) 所表示的在频谱分析中使用一般窗函数

（i）分辨率

假设 $F(\omega)$ 的频谱在 ω_1 和 ω_2 有两个峰值，为了检测到这两点或者通过平滑的频谱 $F_w(\omega)$ 确定，我们必须选择带宽不能超过 $(\omega_2 - \omega_1)$ 的 $W(\omega)$。这个频谱窗口带宽合理的尺寸是它主体波瓣的宽度。通过不确定原则，主波瓣的宽度由区间 $2a$ 的宽度决定。

（ii）泄漏

如果一个峰值 $F(\omega_1)$ 比另一个相邻的峰值 $F(\omega_2)$ 小，即使 $(\omega_2 - \omega_1)$ 超过窗函数的带宽，那么这个小的峰值也可能不会显示。这种降低的程度是由 $W(\omega)$ 的侧波瓣的大小决定的，因此如果在增大 ω 的同时 $W(\omega)$ 快速衰减，那么泄漏可以被减小。

由以上讨论可知，通常来说，一个好的窗函数频谱都集中在它的主波瓣，且频谱较窄，并且侧波瓣为正且尽可能的小。窗函数的性质是建立在傅里叶变换的性质上的。令

$$w(t) \leftrightarrow W(\omega) \tag{6.175}$$

那么性质 [11，12] 可以根据第 2 章的讨论结果，很容易推导出如下结论：

（1）如果 $w(t)$ 是一个普通的不含脉冲的函数，那么

$$当 \omega \rightarrow \infty, W(\omega) \rightarrow 0 \tag{6.176}$$

（2）此外，如果 $w(t)$ 是连续的，那么

$$当 \omega \rightarrow \infty, \omega W(\omega) \rightarrow 0 \tag{6.177}$$

（3）如果 $w(t)$ 第 k 次导数存在并且连续

$$当 \omega \rightarrow \infty, \omega^{k+1} W(\omega) \rightarrow 0 \tag{6.178}$$

于是，如果我们要求 $W(\omega)$ 接近 0 的速度比 $1/\omega^k$ 快，那么 $w(t)$ 的选择应使它的第 k 次导数连续。$w(t)$ 和它的第一个 k 次导数在区间 $[-a, a]$ 内的最终点必须为 0，即

$$w(\pm a) = w'(\pm a) = \cdots = w^{(k)}(\pm a) = 0 \tag{6.179}$$

选择一个窗函数后，可将 FFT 算法用于 $f_W(t)$ 的频谱估算。很明显，带宽越窄和旁带纹波越小的频谱窗，频谱估算越准确。同时，窄带宽可以产生一个好的 FFT 分辨率，小的旁带纹波可以使信号频谱部分的干扰最小化。例如一个 Hamming 窗变换对（见图 6.14）如下：

$$\left(0.54 + 0.46\cos\frac{\pi t}{a}\right) \leftrightarrow \frac{(1.08\pi^2 - 0.16a^2\omega^2)\sin a\omega}{\omega(\pi^2 - a^2\omega^2)} \tag{6.180}$$

该窗函数有一个性质：当 $\omega \rightarrow \infty$ 时，$W(\omega) \rightarrow 0$，速度 $\approx 16/\omega$。此外，Hamming 窗的频谱（见图 6.14b）在主波瓣部分集中了 99.96% 的能量，并且最大的旁波瓣比主波瓣低了 43dB。

频谱窗也可以用于以截断傅里叶级数表示的周期信号的频谱分析。因此

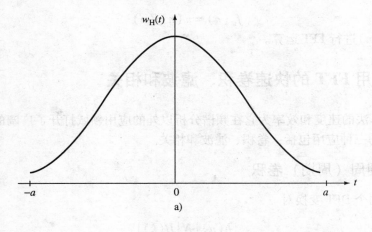

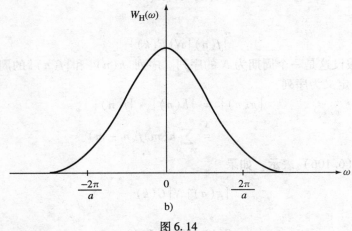

图 6.14

a) Hamming 窗   b) Hamming 窗的频谱

$$f_w(\omega) = \sum_{n=-N}^{N} w(n)f(nT)\exp(-jn\omega T)$$

$$= \frac{1}{2a}\int_{-a}^{a} F(\omega-\mu)W(\mu)\,d\mu \qquad (6.181)$$

这里窗口 $w(n)$ 时第 2 章中所给的表达式之一，且 $k \to n$，$n \to N$。

6.8.2 离散时间信号

在前几部分的离散时间部分的分析可以通过对信号序列的计算得到。当使用 FFT 算法可以很自然的得到结果，所以对连续时间信号的抽样和它的频谱共同产生了一个 DFT 对，其中信号抽样 $f(nT)$ 形式为一个离散的时间信号。因此，如果这个信号已经是离散时间信号，我们所需的就是离散时间窗函数。事实上他们已经通过式（5.141）～式（5.147）给出。因此，先运用 FFT 算法之前，离散时间函数 $f(n)$ 先通过一个窗函数，如下式（6.182）所示。

$$f_w(n) = w(n)f(n) \tag{6.182}$$

然后对 $f_w(n)$ 进行 FFT 运算。

6.9 利用 FFT 的快速卷积、滤波和相关

FFT 算法的速度和效率为它在频谱分析以外的应用领域打开了广阔的区域。其中最主要的三种应用包括：卷积、滤波和相关。

6.9.1 圆周（周期）卷积

对于两个 DFT 变换对

$$\{h(n)\} \overset{\leftrightarrow}{N} \{H(k)\} \tag{6.183}$$

和

$$\{f(n)\} \overset{\leftrightarrow}{N} \{F(k)\} \tag{6.184}$$

首先，这里假设这是一个周期为 N 的序列。序列 $\{h(n)\}$ 和 $\{f(n)\}$ 的周期卷积利用式（6.100）定义为序列

$$
\begin{aligned}
\{g(n)\} &= \{h(n)\} * \{f(n)\} \\
&\overset{\Delta}{=} \sum_{m=0}^{N-1} h(m)f(n-m)
\end{aligned}
\tag{6.185}
$$

并且，如式（6.106）表示，如果

$$\{g(n)\} \overset{\leftrightarrow}{N} \{G(k)\} \tag{6.186}$$

那么

$$G(k) = H(k)F(k) \tag{6.187}$$

完成两个序列 $\{f(n)\}$ 和 $\{h(n)\}$ 的快速圆周卷积，意味着我们必须对每个序列利用 FFT 算法进行 DFT，得到结果为 $G(k)$，如式（6.187）所示，最后利用 FFT 对 $\{G(k)\}$ 做 IDFT 变换，得到所求结果 $\{g(n)\}$。

6.9.2 非周期卷积

通常，$\{f(n)\}$ 和 $\{h(n)\}$ 是非周期的并且有限时长分别为 L 和 K。这两个序列的卷积为

$$g(n) = \sum_{m=0}^{N} h(m)f(n-m) \tag{6.188}$$

它的时长为 $L+K-1$。这种情况下，通过选择 N 来执行快速卷积，其中，N 必须是 2 的幂指数，并且满足

$$N \geqslant L+K-1 \tag{6.189}$$

之后每个序列的时长通过适当的填零操作增加为 N。三个序列都被认为是同一个周

期的周期序列，并且 FFT 算法被用于计算其圆周卷积序列。尽管结果是一个周期序列，只有一个周期被认为是我们想得到的卷积序列。

6.9.3　滤波和分段卷积

现在，可以看到，卷积在滤波操作中是非常重要的，$\{f(n)\}$ 是一个脉冲响应为 $\{h(n)\}$ 的 FIR 滤波器的输入，输出为 $\{g(n)\}$。我们再次考虑卷积操作，并且说明滤波过程能够通过使用 FFT 来完成。假设，如图 6.15 所示，

$$当\ 0 > n > L - 1, f(n) = 0 \tag{6.190}$$

和

$$当\ 0 > n > K - 1, h(n) = 0 \tag{6.191}$$

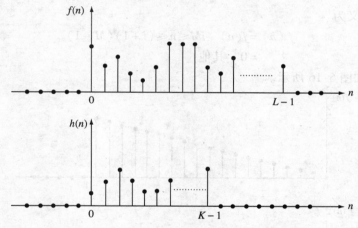

图 6.15　式（6.190）和式（6.191）定义的两个序列

$\{f(n)\}$ 和 $\{h(n)\}$ 都是有限的因果序列，但是持续时间不同。滤波器的输出序列为

$$g(n) = \sum_{m=0}^{K-1} h(m)f(n-m) \quad 0 \leqslant n \leqslant L + K - 2 \tag{6.192}$$

接下来我们定义序列的 N 点 DFTs，这里的 N 满足式（6.189），并且使用零填充。滤波器的响应能够通过以下步骤进行计算：

（i）利用 FFT 算法计算 $\{h(n)\}$ 和 $\{f(n)\}$ 的 DFT；

（ii）计算 $H(k)F(k)$ 的乘积（$k = 0, 1, 2, \cdots$）；

（iii）利用与（i）相同的 FFT 算法计算 $G(k)$ 的 IDFT。

以上步骤需要（$6\log_2 N + 4$）次乘法，然而式（6.192）的直接计算需要 K 次乘法。因此，计算的减少更展现了 FFT 算法的特点，即使卷积和实现 FIR 滤波器的计算更加高效。例如，$L = K = 256$，使用 FFT 需要 58 次乘法，相比之下如果利用式（6.192）的直接实现需要 256 次。

现在，按照以上程序，假设全部输入序列 $\{f(n)\}$ 在处理开始之前是有效的。

所以，如果输入序列 $\{f(n)\}$ 比脉冲序列 $\{h(n)\}$ 更长，即 $L \gg K$，一个相应长度的延迟在计算中会产生，这在实时滤波中是不允许的。这种情况下，为了使延迟最小化，我们将每个序列划分为持续时间为 M 的子序列，并且每一个序列都进行单独处理。因此，对于 $L \gg K$ 我们可以写出

$$f(n) = \sum_{i=0}^{q} f_i(n) \quad 0 \leqslant n \leqslant (q+1)M - 1 \tag{6.193}$$

这里 $(q+1)$ 是子序列的数目。其中，L 和 M 的关系为

$$q = \text{最小整数} \geqslant L/M \tag{6.194}$$

FFT 算法的系数 N 是 2 的幂级数，并且满足

$$N \geqslant M + K - 1 \tag{6.195}$$

子序列被定义为

$$f_i(n) = f(n) \quad iM \leqslant n \leqslant (i+1)(M-1)$$
$$= 0 \quad \text{其他} \tag{6.196}$$

对 $M = 4$，如图 6.16 所示。

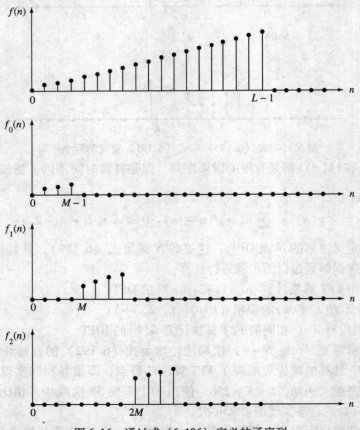

图 6.16　通过式（6.196）定义的子序列

那么，输出序列可以写成

$$g(n) = \sum_{m=0}^{K-1} \sum_{i=0}^{q} h(m) f_i(n-m)$$

$$= \sum_{i=0}^{q} g_i(n) \tag{6.197}$$

其中

$$g_i(n) = \sum_{m=0}^{K-1} h(m) f_i(n-m) \tag{6.198}$$

式（6.197）和式（6.198）意味着响应$\{g(n)\}$序列能够用一些局部卷积的叠加来计算。每一个计算结果都可以作为序列$h(n)$子列$f_i(n)$的非周期卷积。因此，局部卷积能够通过两个增强序列的周期卷积求得，如6.9.2节所讨论。利用

$$(iM-1) \leqslant n \leqslant (i+1)M+K-1 \tag{6.199}$$

和式（6.198）给出第i个局部卷积

$$g_i(iM-1) = 0$$

$$g_i(iM) = h(0)f(iM)$$

$$g_i(iM+1) = h(0)f(iM+1) + h(1)f(iM) \tag{6.200}$$

$$g_i[(i+1)M+K-2] = h(K-1)f[(i+1)M-1]h(K-1)$$

$$g_i[(i+1)M+K-1] = 0$$

由以上表示我们知道，第i个局部卷积序列有$(M+K-1)$个非零元素，它能够被存入一个数组g_i中，如图6.17所示。g_i中的元素可以由式（6.201）计算得到

$$g_i(n) = \text{IDFT}[H(k)F_i(k)] \tag{6.201}$$

我们需要一个$(M+K-1)$点FFT。随后，我们得到一个$g(n)$值的数组，通过引入g_0，g_1，…中的部分元素，进而添加这些元素并覆盖它们之间相邻的部分。如图6.17所示。那么，当M输入样本可用时，计算过程就可以开始了。并且当第一子部分的操作开始进行时，第一批M输出样本的值就变得有效了。在这种方式下，计算过程中的延迟能够有效降低。这种方法称为分段卷积。

6.9.4 快速相关

两个周期序列$\{f(n)\}$和$\{g(n)\}$之间的周期互相关定义为

$$R_{fg}(m) = \frac{1}{N} \sum_{n=0}^{N-1} f(n)g(n+m) \tag{6.202}$$

并且它被表示为

$$\text{DFT}\{R_{fg}(m)\} = \frac{1}{N} F^*(k)G(k) \tag{6.203}$$

于是，互相关$R_{fg}(m)$可以用以下方式进行计算：利用FFT算法对$\{f(n)\}$和$\{g(n)\}$进行DFT，之后得到$F^*(k)G(k)$的结果，最后对$(1/N)F^*(k)G(K)$进行

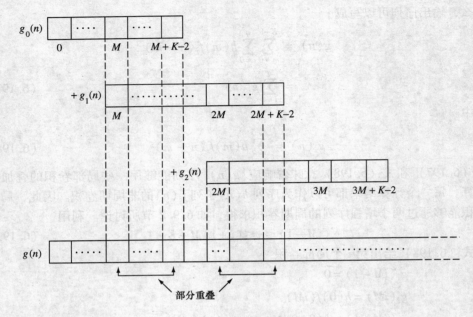

图 6.17 分段卷积

IDFT 获得互相关函数。与式（6.202）的直接计算比较，计算减少的结果与卷积情况下的相同。同样的，一个序列的周期自相关为

$$R_{ff}(m) = \frac{1}{N}\sum_{n=0}^{N-1}f(n)f(n+m) \tag{6.204}$$

因此由式（6.137）所给可得

$$\mathrm{DFT}\{R_{ff}(m)\} = \frac{1}{N}F^*(k)F(k)$$

$$= \frac{1}{N}|F(k)|^2 \tag{6.205}$$

因此，序列 $R_{ff}(m)$ 可以通过利用 FFT 算法由 $f(n)$ 求 $F(k)$ 而获得，那么我们就可以得到 $(1/N)|F(k)|^2$；并且通过利用 FFT 可以计算它的 IDFT，从而获得所需序列 $\{R_{ff}(m)\}$。

在以上利用 FFT 算法的相关序列计算中，如果序列是非周期的，可以根据 6.9.2 节中的讨论来修改步骤。此外，分段相关能够采用与 6.9.3 节中分段卷积相似的方法进行讨论。相关序列主要应用在统计信号处理领域上，这些将在随后章节中进行介绍。

6.10 MATLAB 软件的使用

一个序列的 DFT 能够通过利用 MATLAB 中的信号处理工具箱来获得。对于一

个通过矢量［x］定义的序列，FFT 可以由 Y = fft(x) 得到，且幅度和相位频谱可以通过以下语句得到：

m = abs(y)

P = unwrap(angle(y))

还可以在转换中指定 n 点的数目，利用 Y = fft (x, n) 得到，如果序列的长度大于 n，那么它将被截断；反之，如果序列长度小于 n，将进行填零操作。

　　两个序列［a］和［b］的卷积可以通过 c = conv (a, b) 求得。

　　DFT 的逆变换可以通过 x = ifft (y) 求得。

6.11　小结

　　这一章主要讨论了算法及其相关的概念，它们一般被用于信号的频谱分析和滤波，用于提高计算的速度和效率。通过介绍离散傅里叶变换，可以利用被称为快速傅里叶变换的计算方法，可以使得两个序列相关，并由一个序列求解出另一个序列。然而，需要记住的是，FFT 仅仅是一种算法，它的引入最初是为了计算傅里叶系数和傅里叶函数的积分。但是，它的应用已经远远超出这些，在信号处理的许多操作中，例如滤波、快速卷积和快速相关中都已应用。

习　　题

6.1　求以下序列 $N = 16$ 的 DFT

　　(a) {1, 1, 1, 0, 0, 0, 0, 0, 0, 0, 0, 0, 0, 1, 1, 1},

　　(b) {1, 1, 1, 1, 1, 1, 0, 0, 0, 0, 0, 0, 0, 0, 0, 0},

　　(c) {0, 0, 0, 1, 1, 1, 1, 1, 1, 0, 0, 0, 0, 0, 0, 0}。

6.2　求以下序列 $N = 128$ 的 DFT。

　　$f(0) = f(1) = f(2) = f(125) = f(126) = f(127) = 1$

　　$f(n) = 0 \quad 3 \leqslant n \leqslant 124$

6.3　画出 $N = 16$ 的按时间抽取 FFT 算法的简化图。

6.4　计算以下序列 $N = 16$ 的 DFT，并利用结果计算以下序列的卷积。

　　$f(n) = \sin(4\pi n/7) + 0.1\sin(4\pi n/13)$

　　{$\sin n$} 和 exp{$-10n$}

6.5　利用 MATLAB 计算习题 6.4 中信号的功率谱，假设使用 $N = 16$ 的 FFT 并且使用 Hamming 窗。

7　随机信号和功率谱

7.1　绪论

我们讨论了这么多的信号和系统，都默认为信号可以通过解析表达式、微分方程、差分方程甚至任意图形来定义的。这些信号被称为确定的。同样的，确定性的系统也可以通过微分方程、积分方程或者其他函数描述。然而，大多数信号都是随机的或者大部分含有随机部分，因为在信号发生源或者传输过程中的信道都会引入噪声。这些信号需要使用统计的方法进行描述，这就产生了对随机信号处理领域的研究[11,12]。这一章将讨论适用于描述随机信号的概念和相关技术，包括模拟信号和数字信号。然而处理这些随机信号的系统本身是具有确定性的。

7.2　随机变量

考虑这样一种情况，我们首先进行了多次实验，并记录了每次实验的结果ς_i（$i = 1, 2, \cdots$）。因此，我们得到一组可能的结果 Λ，Λ 中包括ς_1，ς_2，$\cdots$，这组数据可能是有限长的或者（理论上）是无限长的。那么，我们可以令$f(\varsigma)$是ς满足某种规则得到的数。如此，我们建立一个函数$f(\varsigma)$，或简记为 $\mathbf{f}$，$\mathbf{f}$ 定义域为 Λ，且它的范围是 $\mathbf{f}(\varsigma_1)$，$\mathbf{f}(\varsigma_2)$，$\cdots$，这个函数被称为一个随机变量[11,12]。本章中的随机量之后都用黑体字进行表示。

7.2.1　概率分布函数

一个随机变量 $\mathbf{f}$ 可以在范围 $[f_1, f_2]$ 内存在实数值，这里f_1 可以小至 $-\infty$，f_2 可以大至 $+\infty$。让我们在整个范围 $[f_1, f_2]$ 内观察这个变量，并且定义它的概率分布函数为

$$P(f) \overset{\Delta}{=} Prob[\mathbf{f} < f] \tag{7.1}$$

它是随机变量 $\mathbf{f}$ 的概率，并且假设 $\mathbf{f}$ 的值小于所给的 f。

7.2.2　概率密度函数

如果概率分布函数 $P(f)$（变量为 $\mathbf{f}$）可微，那么我们定义概率密度函数为

$$p(f) = \frac{dP(f)}{df} \tag{7.2}$$

它有一个很明显的特性

$$\int_{-\infty}^{\infty} p(f)\,\mathrm{d}f = 1 \tag{7.3}$$

因为任何 **f** 值都位于 ［ −∞ ，+∞ ］ 之间。此外，**f** 在 f_1 和 f_2 之间的概率为

$$Prob[f_1 < \mathbf{f} < f_2] = \int_{f_1}^{f_2} p(f)\,\mathrm{d}f \tag{7.4}$$

概率密度函数的图形曲线指出了假设的 **f** 值的最佳范围。例如，一个经常提到的概率密度函数是高斯概率密度函数，如式 （7.5） 所示：

$$p(f) = \frac{1}{(2\pi\sigma)^{1/2}} \exp[-(f-\eta)^2/2\sigma^2] \tag{7.5}$$

这里 σ 和 η 是常数，函数如图 7.1 所示。另一个例子如图 7.2 所示，对于位于 ［f_1，f_2］ 区间的随机变量 **f** 来说，没有最佳范围。概率密度被认为是均匀的，如式 （7.6） 所示：

$$\begin{aligned} p(f) &= 1/(f_2 - f_1) \quad f_1 \leqslant \mathbf{f} \leqslant f_2 \\ &= 0 \quad \text{其他} \end{aligned} \tag{7.6}$$

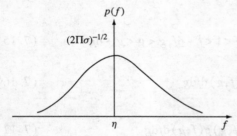

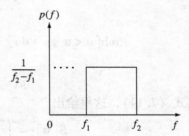

图 7.1　式 （7.5） 定义的高斯概率密度函数　　　图 7.2　式 （7.6） 均匀概率密度分布函数

7.2.3　联合分布

在实验中，我们可能得到两组实验结果

$$\zeta_{f1}，\zeta_{f2}，\zeta_{f3}，\cdots$$

和

$$\zeta_{g2}，\zeta_{g3}，\zeta_{g4}，\cdots \tag{7.7}$$

观察 **f** 和 **g** 分别小于 f 和 g 的概率，可以得到 **f** 和 **g** 的联合概率分布函数。

$$P(f,g) = Prob[\mathbf{f} < f, \mathbf{g} < g] \tag{7.8}$$

f 和 **g** 的联合概率密度函数定义为

$$p(f,g) = \frac{\partial^2 P(f,g)}{\partial f \partial g} \tag{7.9}$$

此外，区间 ［ −∞ ，+∞ ］ 包含了 **f** 和 **g**，我们能够得到

$$\int_{-\infty}^{\infty} \int_{-\infty}^{\infty} p(f,g)\,\mathrm{d}f\mathrm{d}g = 1 \tag{7.10}$$

如果任何 ς_g 的事件对任何 ς_f 的事件没有任何影响，相反情况下也没有影响，那么两个表示（ς_{f1}，ς_{f2}，…）和（ς_{g1}，ς_{g2}，…）结果的随机变量 **f** 和 **g**，被称为独立的统计。在这种情况下：

$$p(f,g) = p(f)p(g) \tag{7.11}$$

7.2.4 统计参数

随机变量的性质可以通过一系列参数来进行描述。现在我们回顾一下：

（i）随机变量 **f** 的期望值被表示为 $E(f)$ 或者 η_f，其定义为

$$E[f] \triangleq \int_{-\infty}^{\infty} fp(f)\,\mathrm{d}f \equiv \eta_f \tag{7.12}$$

更普遍的，如果随机参数 **u** 是两个随机变量 **f** 和 **g** 的函数，即

$$\mathbf{u} \triangleq u(\mathbf{f},\mathbf{g}) \tag{7.13}$$

那么

$$E[\mathbf{u}] = \int_{-\infty}^{\infty} up(u)\,\mathrm{d}u \tag{7.14}$$

且

$$Prob[u < \mathbf{u} < u + \mathrm{d}u] = Prob[f < \mathbf{f} < f + \mathrm{d}f, g < \mathbf{g} < g + \mathrm{d}g] \tag{7.15}$$

即

$$p(u)\,\mathrm{d}u = p(f,g)\,\mathrm{d}f\mathrm{d}g \tag{7.16}$$

根据式（7.14），这里给出

$$E[\mathbf{u}] = \int_{-\infty}^{\infty} \int_{-\infty}^{\infty} u(f,g)p(f,g)\,\mathrm{d}f\mathrm{d}g \tag{7.17}$$

式（7.13）在特殊情况

$$\mathbf{u} = \mathbf{fg} \tag{7.18}$$

下，我们得到

$$E[\mathbf{fg}] = \int_{-\infty}^{\infty} \int_{-\infty}^{\infty} fgp(f,g)\,\mathrm{d}f\mathrm{d}g \tag{7.19}$$

此外，如果 **f** 和 **g** 是相互独立的变量，那么利用式（7.11）和式（7.19）得到

$$E[\mathbf{fg}] = \int_{-\infty}^{\infty} fp(t)\,\mathrm{d}f \int_{-\infty}^{\infty} gp(g)\,\mathrm{d}g$$

$$= E[\mathbf{f}]E[\mathbf{g}] \tag{7.20}$$

（ii）随机变量 **f** 的第 n 阶矩被定义为

$$E[\mathbf{f}^n] = \int_{-\infty}^{\infty} f^n p(f)\,\mathrm{d}f \tag{7.21}$$

特殊的，$n = 2$ 的二阶矩为

$$E[\mathbf{f}^2] = \int_{-\infty}^{\infty} f^2 p(f)\,\mathrm{d}f \tag{7.22}$$

总是可以通过减去变量 η 来得到中心变量，这里给出中心变量 $\mathbf{f}_c$ 为

$$\mathbf{f}_c = \mathbf{f} - \eta$$
$$= \mathbf{f} - E[\mathbf{f}] \tag{7.23}$$

这是一个零均值变量。

$\mathbf{f}$ 的二阶中心矩为

$$E[\mathbf{f}_c^2] = E[(\mathbf{f} - \eta)^2] \tag{7.24}$$

注意，这种期望运算 $E[.]$ 是线性的，我们可得到

$$E[(\mathbf{f} - \eta)^2] = E[\mathbf{f}^2] - E[2\eta\mathbf{f}] + \eta^2$$
$$= E[\mathbf{f}^2] - 2\eta E[\mathbf{f}] + \eta^2$$
$$= E[\mathbf{f}^2] - \eta^2 \tag{7.25}$$

（iii）中心二阶矩被称为 $\mathbf{f}$ 的方差，表示成 σ_f^2。那么

$$\sigma_f^2 = E[\mathbf{f}^2] - \eta^2$$
$$= E[\mathbf{f}^2] - E^2[\mathbf{f}] \tag{7.26}$$

例 7.1 利用均匀概率密度的定义式（7.6），计算 $\mathbf{f}$ 的均值和方差。

解：

$$E[\mathbf{f}] = \int_{f_1}^{f_2} \frac{f}{f_2 - f_1} \mathrm{d}f = \frac{1}{2}(f_2 + f_1)$$
$$= \eta \tag{7.27}$$

$$E[\mathbf{f}^2] = \int_{f_1}^{f_2} \frac{f}{f_2 - f_1} \mathrm{d}f = \frac{f_2^3 - f_2^3}{3(f_2 - f_1)} \tag{7.28}$$

将上面两式代入式（7.26）我们可以得到方差

$$\sigma_f^2 = \frac{(f_2 - f_1)^2}{12} \tag{7.29}$$

例 7.2 利用高斯概率密度的定义式（7.5）计算随机变量 $\mathbf{f}$ 的均值和方差。

解： 直接运用式（7.12）和式（7.26）给出的高斯概率密度

$$E[\mathbf{f}] = \eta_f = \eta \tag{7.30}$$

并且

$$E[\mathbf{f}^2] = \sigma^2 + \eta^2$$

或者

$$\sigma_f^2 = \sigma^2 \tag{7.31}$$

7.3 模拟随机过程

我们已经知道，随机变量 $\mathbf{f}$ 可以理解为一个规则，这个规则为每一个实验结果 ς_i 分配一个数 $\mathbf{f}(\varsigma)$ 作为表示。我们现在定义一个随机过程（或者随机信号）$\mathbf{f}(t, \varsigma)$ 以一种规则为每个 ς 定义一个函数 $\mathbf{f}(t, \varsigma)$。也就是一个随机过程是一个取决于参数 ς 的时间函数的集合。图 7.3 表示了随机过程的构成。对每一个 ς_i 都有

一个时间函数。整组的函数被称为集合，然而，每个单独的函数被称为样本函数，或者简称为样本。

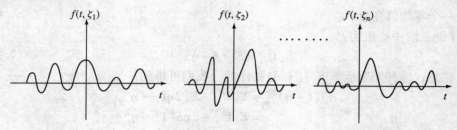

图 7.3 作为一个样本集合的模拟随机过程

我们利用 $\mathbf{f}\ (t,\ \varsigma)$ 来表示随机过程，简单起见，我们经常先排除参数 ς，而只通过 $\mathbf{f}(t)$ 表示这个过程。随机过程可以假设为下面的解释之一：

（a）如果 t 和 ς 都是变量，那么 $\mathbf{f}$ 是函数 $\mathbf{f}\ (t,\ \varsigma)$ 的一个集合。

（b）如果 ς 是定值，t 是变量，那么 $\mathbf{f}(t)$ 是一个信号时间函数或者是过程的一个样本。

（c）如果 t 是定值，ς 是变量，那么 $\mathbf{f}(t)$ 是一个随机变量。

（d）如果 t 和 ς 都是定值，那么 $\mathbf{f}(t)$ 是一个数。

7.3.1 随机过程统计

由以上定义我们可以知道，对每一个 t 来说，随机过程是一个随机变量没有限制的数。因此，对于特殊的 t，$\mathbf{f}(t)$ 是一个随机变量，它的概率分布函数为

$$P(f,t) = \mathrm{Prob}\big[\mathbf{f}(t) < f\big] \tag{7.32}$$

它取决于 t，且它等于组成所有结果 ς_i 事件 $[\mathbf{f}(t) < f]$ 的概率。在特定的时间点 t，所给过程的样本 $\mathbf{f}(t, \varsigma_i)$ 小于 f 的值。$P(f,t)$ 对 f 求导得到概率密度

$$p(f,t) = \frac{\partial P(f,t)}{\partial f} \tag{7.33}$$

式（7.33）中的函数 $P(f,\ t)$ 被称为一阶分布，且在式（10.33）中的 $p(f,\ t)$ 是过程 $\mathbf{f}(t)$ 的一阶密度。

在两个特殊的时间点 t_1 和 t_2，$\mathbf{f}(t_1)$ 和 $\mathbf{f}(t_2)$ 是不同的随机变量。

它们联合概率分布为

$$P(f_1, f_2; t_1, t_2) = \mathrm{Prob}\big[\mathbf{f}(t_1) < f_1; \mathbf{f}(t_2) < f_2\big] \tag{7.34}$$

它们概率密度函数为

$$p(f_1, f_2; t_1, t_2) = \frac{\partial^2 P(f_1, f_2; t_1, t_2)}{\partial f_1 \partial f_2} \tag{7.35}$$

为了得到完整的随机过程的特性，我们必须知道对每一个 f_i、t_i 和 n 的概率分布函数 $P\ [f_1,\ f_2,\ \cdots,\ f_n;\ t_1,\ t_2,\ \cdots,\ t_n]$。而且对于许多应用，只有预期值 $E[\mathbf{f}(t)]$

和 $E[\mathbf{f}^2(t)]$ 用来描述这一过程的。它们是描述这个过程的二阶性质。对于每一个 t，$\mathbf{f}(t)$ 的均值 $\eta(t)$ 是随机变量 $\mathbf{f}(t)$ 的期望值

$$\eta(t) = E[\mathbf{f}(t)] = \int_{-\infty}^{\infty} f p(f,t)\,\mathrm{d}f \tag{7.36}$$

这个过程的均方为

$$E[\mathbf{f}^2(t)] = \int_{-\infty}^{\infty} f^2 p(f,t)\,\mathrm{d}f \tag{7.37}$$

互相关函数 $R_{ff}(t_1, t_2)$ 被定义为 $\mathbf{f}(t_1)\mathbf{f}(t_2)$ 结果的期望
因此

$$\begin{aligned}
R_{ff}(t_1,t_2) &= E[\mathbf{f}(t_1)\mathbf{g}(t_2)] \\
&= \int_{-\infty}^{\infty}\int_{-\infty}^{\infty} P(f_1,f_2;t_1,t_2)\,\mathrm{d}f_1\,\mathrm{d}f_2 \\
&= R_{ff}(t_2,t_1)
\end{aligned} \tag{7.38}$$

这个参数是瞬时信号在 t_1 和 t_2 时的相关程度。对于 $t_1 = t_2 = t$ 时，

$$R_{ff}(t,t) = E[\mathbf{f}^2(t)] \geq 0 \tag{7.39}$$

这就是这个过程的的均方，它被称为 $\mathbf{f}(t)$ 的平均功率，我们将在随后做出解释。事实上，自相关是随机过程的一个很重要的特性，因为它影响随机过程的频域表示。

两个随机过程 $\mathbf{f}(t)$ 和 $\mathbf{g}(t)$ 的互相关通过 $R_{fg}(t_1, t_2)$ 来表示，并且被定义为 $\mathbf{f}(t_1)\mathbf{g}(t_2)$ 结果的期望，那么

$$R_{fg}(t_1,t_2) = E[\mathbf{f}(t_1)\mathbf{g}(t_2)] \tag{7.40}$$

互协方差 $C_{fg}(t_1, t_2)$ 被定义为 $\{\mathbf{f}(t_1) - \eta_f(t_1)\}\{\mathbf{g}(t_1) - \eta_f(t_2)\}$ 结果的期望，这里 η_f 和 η_g 是分别是 $\mathbf{f}(t)$ 和 $\mathbf{g}(t)$ 的均值。那么

$$C_{fg}(t_1,t_2) = E[\{\mathbf{f}(t_1) - \eta_f(t_1)\}\{\mathbf{g}(t_2) - \eta_g(t_2)\}] \tag{7.41}$$

利用期望运算的线性，式（7.41）的表示简化为

$$C_{fg}(t_1,t_2) = E[\mathbf{f}(t_1)\mathbf{g}(t_2)] - \eta_f(t_1)\eta_g(t_2) \tag{7.42}$$

根据式（7.40）变为

$$C_{fg}(t_1,t_2) = R_{fg}(t_1,t_2) - \eta_f(t_1)\eta_g(t_2) \tag{7.43}$$

随机过程 $\mathbf{f}(t)$ 的自协方差用 $C_{ff}(t_1, t_2)$ 表示，令 $\mathbf{f} = \mathbf{g}$，由式（7.41）和式（7.43）可得到。那么

$$\begin{aligned}
C_{ff}(t_1,t_2) &= E[\{\mathbf{f}(t_1) - \eta_f(t_1)\}\{\mathbf{f}(t_2) - \eta_f(t_2)\}] \\
&= E[\mathbf{f}^2(t_1)] - \eta_f(t_1)\eta_f(t_2) \\
&= R_{ff}(t_1,t_2) - \eta_f(t_1)\eta_f(t_2)
\end{aligned} \tag{7.44}$$

当 $t_1 = t_2 = t$，我们可以得到

$$C_{ff}(t) = R_{ff}(t,t) - \eta_f^2 \tag{7.45}$$

它也就是 $\mathbf{f}(t)$ 的方差。

7.3.2 平稳过程

如果一个随机过程的统计特性是不随时间变化的，也就是它的所有性质与时间无关，这个随机过程就是严格平稳的。然而如果它的均值与时间无关，并且它的自相关仅仅与时间差 $\tau = t_1 - t_2$ 有关，这个过程称为广义的稳态过程。广义稳态过程为

$$R_{ff}(t_1, t_2) = R_{ff}(\tau) = E[f(t)f(t+\tau)] \tag{7.46}$$

很明显，如果随机过程为平稳过程，那么它也是广义的稳态过程，反过来不一定成立。如此，我们可以在处理广义稳态过程中使用平稳过程的性质。

如果两个随机过程 $\mathbf{f}(t)$ 和 $\mathbf{g}(t)$ 都是平稳的，且它们的互相关 $R_{fg}(t_1, t_2)$ 仅仅与时间差 $\tau = t_1 - t_2$ 有关，那么它们被称为联合平稳随机过程。那么

$$R_{fg}(t_1, t_2) = R_{fg}(\tau) = E[\mathbf{f}(t)\mathbf{g}(t+\tau)] \tag{7.47}$$

将式（7.43）代入上式（7.47），于是，两个联合平稳随机过程的互协方差 C_{fg} (t_1, t_2) 仅仅取决于 τ，即

$$C_{fg}(t_1, t_2) = C_{fg}(\tau) = R_{ff}(\tau) - \eta_f \eta_g \tag{7.48}$$

对于一个平稳过程，如果上式中 $f = g$，可以得到

$$C_{ff}(t_1, t_2) = C_{ff}(\tau) = R_{ff}(\tau) - \eta_f^2 \tag{7.49}$$

于是得到

$$\begin{aligned} C_{ff}(0) &= E[(\mathbf{f}(t) - \eta_f)^2] \\ &= R_{ff}(0) - \eta_f^2 \end{aligned} \tag{7.50}$$

它是平稳随机过程 $\mathbf{f}(t)$ 的方差。

7.3.3 时间均值

给定一个平稳随机过程 $\mathbf{f}(t)$，我们表示它的截断部分 $\mathbf{f}_T(t)$ 为

$$\mathbf{f}_T(t) = \begin{cases} \mathbf{f}(t) & |t| < \dfrac{T}{2} \\ 0 & |t| \geqslant \dfrac{T}{2} \end{cases} \tag{7.51}$$

定义积分

$$\begin{aligned} \eta_T &= \frac{1}{T} \int_{-T/2}^{T/2} \mathbf{f}_T(t)\, dt \\ &= \frac{1}{T} \int_{-T/2}^{T/2} \mathbf{f}(t)\, dt \end{aligned} \tag{7.52}$$

它随 $\mathbf{f}(t)$ 样本的变化而变化。因此，η_T 本身是一个随机变量。如果限制 $\mathbf{f}(t)$ 为

$$\langle \mathbf{f}(t) \rangle \overset{\Delta}{=} \lim_{T \to \infty} \eta_T = \lim_{T \to \infty} \frac{1}{T} \int_{-T/2}^{T/2} \mathbf{f}(t)\, dt \tag{7.53}$$

存在，那么它被称为 $\mathbf{f}(t)$ 的时域平均。

同样的，$\{\mathbf{f}(t)\mathbf{f}(t+\tau)\}$ 的时域平均为

$$\langle \mathbf{f}(t)\mathbf{f}(t+\tau)\rangle = \lim_{T\to\infty}\int_{-T/2}^{T/2}\mathbf{f}(t)\mathbf{f}(t+\tau)\,\mathrm{d}t \tag{7.54}$$

7.3.4　遍历性

在随机信号的研究中，我们感兴趣的是它统计学的性质，例如均值、均方值、自相关等。例如，我们通过观察大量的 $\mathbf{f}(t,\varsigma_i)$ 抽样数据来决定随机过程 $\mathbf{f}(t)$ 的均值（总体平均值），那么我们得到一个集合。然后作为总体均值的估计 $\eta(t)$

$$\eta(t)\approx\frac{1}{n}\sum_i\mathbf{f}(t,\zeta_i) \tag{7.55}$$

然而，很多情况下可供我们所用的就只有 $\mathbf{f}(t,\varsigma)$ 一个过程的样本。它的时域平均可以通过利用式（7.52）和式（7.54）得到。问题是：我们可以利用时域平均作为总体的平均吗？自然的，如果 $\eta(t)$ 取决于 t，那么这将是不可能的。然而，如果 $\eta(t)\equiv\eta$ 是一个常量，那么根据一个抽样信号计算随机过程的均值是有可能的。这就有了对遍历性的研究。

7.3.4.1　定义

如果随机过程的总体平均值等于相应的时域平均，那么这个随机过程被称为遍历性的。

以上定义意味着，任何概率为 1 的 $\mathbf{f}(t)$ 的统计值能够通过样本信号被确定。但是，这个定义过于严格，因为在大多数应用中，我们只关心具体的统计数据。因此，我们通常在有限意义上定义遍历性。因此，如果只有一个特定的统计参数 S 可以从一个信号样本来确定，则该过程被称为 S - 遍历性。例如，我们说的过程的均值遍历性、相关遍历性等。

现在，由式（7.53）得到

$$E[\eta_T]=\frac{1}{T}\int_{-T/2}^{T/2}E[\mathbf{f}(t)]\,\mathrm{d}t \tag{7.56}$$

这里期望和积分的顺序被颠倒。如果这个过程有常数的均值，那么

$$E[\eta_T]=\frac{1}{T}\int_{-T/2}^{T/2}\eta_f\,\mathrm{d}t$$

$$=\eta_f \tag{7.57}$$

为了 η_T 能够更加接近总体均值 η_f，使 T 足够大，我们必须满足

$$\lim_{T\to\infty}\eta_T=\eta_f \tag{7.58}$$

式（7.58）的概率为 1，这种情况下的过程称为均值遍历性。我们可以通过式（7.59）这种关系来表示。

$$E[\mathbf{f}(t)]=\lim_{T\to\infty}\frac{1}{T}\int_{-T/2}^{T/2}\mathbf{f}(t)\,\mathrm{d}t \tag{7.59}$$

同样的，平稳信号 $\mathbf{f}(t)$ 自相关的遍历性为

$$E[\mathbf{f}(t)\mathbf{f}(t + \tau)] = \lim_{T \to \infty} \frac{1}{T} \int_{-T/2}^{T/2} \mathbf{f}(t)\mathbf{f}(t + \tau)\,\mathrm{d}t \tag{7.60}$$

所以

$$R_{ff}(\tau) = \lim_{T \to \infty} \frac{1}{T} \int_{-T/2}^{T/2} \mathbf{f}(t)\mathbf{f}(t + \tau)\,\mathrm{d}t \tag{7.61}$$

对于一个相关遍历的过程，令式（7.60）中 $\tau = 0$，我们得到这个过程的均方值

$$E[\mathbf{f}^2(t)] = \lim_{T \to \infty} \frac{1}{T} \int_{-T/2}^{T/2} \mathbf{f}^2(t)\,\mathrm{d}t \tag{7.62}$$

在相同的条件下，我们也有

$$\lim_{T \to \infty} \frac{1}{T} \int_{-T/2}^{T/2} [\mathbf{f}(t) + \mathbf{f}(t + \tau)]^2 \mathrm{d}t$$
$$= 2[R(0) + R(\tau)] \tag{7.63}$$

7.3.5 随机信号的功率谱

在第 3 章我们已经知道一个确定的有限功率信号 $f(t)$，自相关函数 $\rho_{ff}(\tau)$ 和它的能量谱 $E(\omega)$ 组成傅里叶变换对

$$\rho_{ff}(\tau) \leftrightarrow E(\omega) \tag{7.64}$$

这里

$$E(\omega) = F(\omega)F^*(\omega)$$
$$= |F(\omega)|^2 \tag{7.65}$$

且

$$f(t) \leftrightarrow F(\omega) \tag{7.66}$$

即

$$\rho_{ff}(\tau) \leftrightarrow |F(\omega)|^2 \tag{7.67}$$

此外，两个有限功率信号 $f(t)$ 和 $g(t)$ 的互相关函数 $\rho_{fg}(\tau)$ 和交互能量谱 $F^*(\omega)G(\omega) = E_{fg}(\omega)$ 形成一对傅里叶变换，即

$$\rho_{fg}(\tau) \leftrightarrow F^*(\omega)G(\omega) \tag{7.68}$$

这就是 Wiener – Kintchine 关系，一个特例是式（7.65）中的 $f(t) = g(t)$。

现在回到随机信号上来，我们注意到这些不是二次方可积的情况，通常不具有傅里叶变换。因此，我们将寻找这些信号统计特性在频率的另一种表示方法。这通常是以它们的功率谱进行表示的，而不是以能量谱形式。我们应该关注那些具有均值遍历性和相关遍历性的平稳信号。

7.3.5.1 功率谱

一个平稳过程 $\mathbf{f}(t)$ 的功率谱密度，或者简称为功率谱 $P_{ff}(\omega)$ 被定义为它自相关的傅里叶变换，即

$$P_{ff}(\omega) = \int_{-\infty}^{\infty} R_{ff}(\tau)\exp(-\mathrm{j}\omega t)\,\mathrm{d}\tau \tag{7.69}$$

利用相反关系

$$R_{ff}(\tau) = \frac{1}{2\pi}\int_{-\infty}^{\infty} P_{ff}(\omega)\exp(\mathrm{j}\omega\tau)\,\mathrm{d}\omega \qquad (7.70)$$

结果我们得到傅里叶变换对

$$R_{ff}(\tau) \leftrightarrow P_{ff}(\omega) \qquad (7.71)$$

这类似于式（7.64）的有限能量信号。运用式（7.69）作为功率谱定义的理由来自于过程函数 $\mathbf{f}(t)$ 的平均功率是

$$E[\mathbf{f}^2(t)] = R(0) \qquad (7.72)$$

它能够通过式（7.70），令 $\tau = 0$ 得到

$$E[\mathbf{f}^2(t)] = \frac{1}{2\pi}\int_{-\infty}^{\infty} P_{ff}(\omega)\,\mathrm{d}\omega \qquad (7.73)$$

这表明，在 $P_{ff}(\omega)$ 曲线下的面积给出了信号的平均功率，因此 $P_{ff}(\omega)$ 即为功率谱密度。很明显，式（7.73）的表示是确定的有限能量信号的帕塞瓦尔关系［式（2.49）］的随机信号部分。因为式（7.69）意味着功率积分的存在，信号被称为有限功率信号。

现在，随机过程的稳定性意味着它的自相关函数为

$$R_{ff}(\tau) = E[\mathbf{f}(t)\mathbf{f}(t+\tau)] \qquad (7.74)$$

仅仅取决于 τ，所以

$$R_{ff}(-\tau) = R_{ff}(\tau) \qquad (7.75)$$

因此，它是一个关于 τ 的偶函数。因为 $\mathbf{f}(t)$ 是实数，由式（7.69）得到，功率谱 $P_{ff}(\omega)$ 是实数，且是偶函数

$$P_{ff}(-\omega) = P_{ff}(\omega) \qquad (7.76)$$

因此，利用式（7.69）我们可以得到

$$P_{ff}(\tau) = \int_{-\infty}^{\infty} P_{ff}(\tau)\cos(\omega\tau)\,\mathrm{d}\tau \qquad (7.77)$$

和

$$R_{ff}(\tau) = \frac{1}{2\pi}\int_{-\infty}^{\infty} P_{ff}(\omega)\cos(\omega\tau)\,\mathrm{d}\omega \qquad (7.78)$$

在 $\omega = 0$ 时

$$P_{ff}(0) = \int_{-\infty}^{\infty} R_{ff}(\tau)\,\mathrm{d}\tau \qquad (7.79)$$

它意味着自相关曲线下面的面积等于频率为 0 时的功率谱。

对于一个自相关遍历性的过程，因为功率谱，它的自相关能够利用时间平均得到：

$$R_{ff}(\tau) = \lim_{T\to\infty}\frac{1}{T}\int_{-T/2}^{T/2}\mathbf{f}(t)\mathbf{f}(t+\tau)\,\mathrm{d}t \qquad (7.80)$$

上面的表达式和式（7.69）、式（7.70）构成计算随机过程功率谱的基础。通过在

一个较大的周期内观察该信号，可以得到表达式：

$$R_{ff}(\tau) \approx \frac{1}{T}\int_{-T/2}^{T/2} \mathbf{f}(t)\mathbf{f}(t+\tau)\mathrm{d}t \tag{7.81}$$

式（7.81）称为自相关的估计。这种估计能够通过第 6 章（6.5 节）的 FFT 算法算出。于是，通过这种估计，利用式（7.69）和其他的 FFT 步骤可以计算该信号的功率谱。自然的，信号抽样的最初步骤和通过求和近似的积分都体现在这个计算过程中，之后将介绍更加详细的计算过程。

7.3.5.2　互功率谱

两个相关的平稳过程 $\mathbf{f}(t)$ 和 $\mathbf{g}(t)$，互功率谱 $P_{fg}(\omega)$ 被定义为他们互相关的傅里叶变换。因此

$$P_{fg}(\omega) = \int_{-\infty}^{\infty} R_{fg}(\tau)\exp(-\mathrm{j}\omega\tau)\mathrm{d}\tau \tag{7.82}$$

利用相反关系

$$R_{fg}(\tau) = \frac{1}{2\pi}\int_{-\infty}^{\infty} P_{fg}(\omega)\exp(\mathrm{j}\omega\tau)\mathrm{d}\omega \tag{7.83}$$

所以，互相关和互功率谱（密度）构成傅里叶变换对

$$R_{fg}(\tau) \leftrightarrow P_{fg}(\omega) \tag{7.84}$$

此外，对于相关遍历性联合平稳过程，互相关能够利用时域平均得到

$$R_{fg}(\tau) = \lim_{T\to\infty}\frac{1}{T}\int_{-T/2}^{T/2} \mathbf{f}(t)\mathbf{g}(t+\tau)\mathrm{d}t \tag{7.85}$$

它等于整个集合的平均，在式（7.40）中已给出。互功率谱有一个性质

$$P_{fg}(\omega) = P_{fg}^{*}(\omega) \tag{7.86}$$

并且，利用第 6 章所用的类似分析，结合式（7.83）和式（7.84）我们可以得到，对平稳的相关遍历性过程

$$P_{fg}(\omega) = P_{ff}^{*}(\omega)P_{gg}(\omega) \tag{7.87}$$

这类似于式（2.53）的有限能量信号。

此外，第 6 章的 FFT 算法能够用于估计互功率谱。首先，我们注意到 $\mathbf{f}(t)$ 和 $\mathbf{g}(t)$ 在一个足够长的时间 T 上并且

$$R_{fg}(\tau) \approx \frac{1}{T}\int_{-T/2}^{T/2} \mathbf{f}(t)\mathbf{g}(t+\tau)\mathrm{d}t \tag{7.88}$$

式（7.88）是对互相关的近似计算。这个近似能够利用 FFT 算法（6.5 节）求得。那么互功率谱能够通过式（7.82）和 $R_{fg}(\omega)$ 利用 FFT 算法的估计来求得。当然，信号抽样的所有开始的步骤和通过求和近似的积分都在这个步骤中，之后将简要介绍详细的计算过程。

7.3.5.3　白噪声

一个随机过程的功率谱在所有频率上都是常数，那么它被称为白噪声。例如一个信号

$$P_{WN}(\omega) = A \quad \text{常数} \tag{7.89}$$

那么它的傅里叶逆变换给出了它的自相关为

$$R_{WN}(\tau) = A\delta(\tau) \tag{7.90}$$

它是一个在 $\tau = 0$ 时的脉冲。

图7.4表示一些自相关函数和相关功率谱。图7.4a是式（7.89）和式（7.90）所表示的白噪声。图7.4b为带限白噪声。图7.4c表示通过电阻的热噪声。

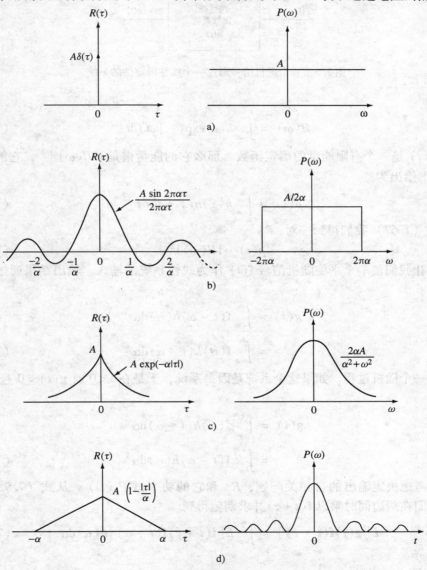

图 7.4　自相关函数及其功率谱

7.3.6 线性系统信号

如图 7.5 所示的一个确定性的线性系统，脉冲响应为 $h(t)$ 且传输函数为 $H(\omega)$ 。那么

$$h(t) \rightarrow H(\omega) \tag{7.91}$$

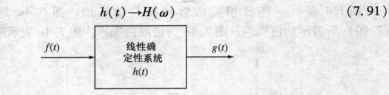

图 7.5 一个随机信号通过一个线性确定性的系统

其中

$$H(\omega) = \int_{-\infty}^{\infty} h(t) \exp(-j\omega t) dt \tag{7.92}$$

因为 $h(t)$ 是一个有限能量的确定函数，那么它的能量谱是 $|H(\omega)|^2$ ，它的自相关 $\rho(\tau)$ 给出为

$$\rho(t) = \int_{-\infty}^{\infty} h(\tau) h(\tau + t) d\tau \tag{7.93}$$

且由式（7.67）我们得到一对

$$\rho(t) \rightarrow |H(\omega)|^2 \tag{7.94}$$

现在，让我们使一个平稳随机信号 $\mathbf{f}(t)$ 作为线性系统的输入。输出结果通过卷积给出

$$g(t) = \int_{-\infty}^{\infty} \mathbf{f}(t - \alpha) h(\alpha) d\alpha$$

$$= \int_{-\infty}^{\infty} \mathbf{f}(\alpha) h(t - \alpha) d\alpha \tag{7.95}$$

它也是一个随机过程。如果这个系统是因果系统，于是在 $t < 0$ 时 $\mathbf{g}(t) = 0$ 且 $\mathbf{g}(t)$ 变为

$$\mathbf{g}(t) = \int_{-\infty}^{+\infty} \mathbf{f}(\alpha) h(t - \alpha) d\alpha$$

$$= \int_{0}^{+\infty} \mathbf{f}(t - \alpha) h(\alpha) d\alpha \tag{7.96}$$

接下来考虑决定输出的自相关问题，R_{gg} 和它的功率谱 $P_g(\omega)$ 。从式（7.95）开始，我们在两边同时乘以 $\mathbf{f}(t + \tau)$ 并求期望得到

$$E[\mathbf{g}(t)\mathbf{f}(t + \tau)] = \int_{-\infty}^{\infty} E[\mathbf{f}(t + \tau)\mathbf{f}(t - \alpha)] h(\alpha) d\alpha \tag{7.97}$$

然而

$$E[\mathbf{f}(t + \tau)\mathbf{f}(t - \alpha)] = R_{ff}(\tau + \alpha) \tag{7.98}$$

所以有

$$R_{fg}(\tau) = \int_{-\infty}^{\infty} R_{ff}(\tau + \alpha)h(\alpha)\mathrm{d}\alpha$$

$$= \int_{-\infty}^{\infty} R_{ff}(\tau - \beta)h(-\beta)\mathrm{d}\beta \tag{7.99}$$

或者

$$R_{fg}(\tau) = R_{ff}(\tau) * h(-\tau) \tag{7.100}$$

同样的在式（7.96）两边乘以 $\mathbf{g}(t + \tau)$ 并求期望

$$E[\mathbf{g}(t)\mathbf{g}(t - \tau)] = \int_{-\infty}^{\infty} E[\mathbf{f}(t - \alpha)\mathbf{g}(\alpha)]\mathrm{d}\alpha \tag{7.101}$$

因此

$$R_{gg}(\tau) = \int_{-\infty}^{\infty} R_{fg}(t - \alpha)h(\alpha)\mathrm{d}\alpha \tag{7.102}$$

或者

$$R_{gg}(\tau) = R_{fg}(\tau) * h(\tau) \tag{7.103}$$

现在，利用卷积定理并做式（7.100）和式（7.103）的傅里叶变换，我们得到

$$P_{fg}(\omega) = P_{ff}H^*(\omega) \tag{7.104}$$

和

$$P_{gg}(\omega) = P_{fg}(\omega)H(\omega) \tag{7.105}$$

结合式（7.100）、式（7.103）、式（7.104）和式（7.105）得到

$$R_{gg}(\tau) = R_{ff} * \rho(\tau) \tag{7.106}$$

和

$$P_{gg}(\omega) = P_{ff}|H(\omega)|^2 \tag{7.107}$$

也就是说，以上表达式意味着，平稳输入线性系统的输出自相关是输入自相关和（有限能量）系统脉冲响应自相关的卷积。同样的，在频域内，输出功率谱是输入功率谱和脉冲响应函数能量谱作用的共同作用的结果。

7.3.6.1 系统辨别

式（7.100）的表示提供了一种测量系统脉冲响应的方法。当白噪声被加入系统中，在式（7.100）中我们令 $R_{ff}(\tau) = A\delta(\tau)$。那么，输入和输出之间的互相关就能被求得。给出

$$R_{fg}(\tau) = R_{fg}(-\tau) = A\delta(\tau) * h(-\tau)$$

$$= Ah(\tau) \tag{7.108}$$

式（7.108）给出了一个按比例缩小的系统脉冲响应。

7.4 离散时间随机过程

到目前为止我们的讨论都是针对随机连续时间过程的，现在，我们来讨论离散信号的定义和概念。这里，我们也关注实数过程。

对每一个整数定义，一个离散的实过程 $\mathbf{f}(n)$ 是一个随机变量实序列。$\mathbf{f}(n)$ 可能等价于连续时间过程 $\mathbf{f}(t)$ 每 Ts 的时间抽样 $\mathbf{f}(nT)$。在这种情况下，

$$f(n) \equiv f(nT) \tag{7.109}$$

为方便起见，我们放弃对采样周期 T 理论上的讨论。采用这种方法，我们也可以做出调整，使讨论重点集中在离散量而不是时间上。然而，我们仍将 n 称为离散时间变量。

7.4.1 统计参数

$\mathbf{f}(n)$ 的均值 $\eta(n)$，自相关 $R(n_1, n_2)$ 和自协方差 $C(n_1, n_2)$ 被定义为

$$\eta(n) = E[\mathbf{f}(n)] \tag{7.110}$$

$$R_{ff}(n_1, n_2) = E[\mathbf{f}(n_1)\mathbf{f}(n_2)] \tag{7.111}$$

$$C_{ff}(n_1, n_2) = R_{ff}(n_1, n_2) - \eta(n_1)\eta(n_2) \tag{7.112}$$

对于两个离散过程 $\mathbf{f}(n)$ 和 $\mathbf{g}(n)$，我们定义互相关为

$$R_{fg}(n_1, n_2) = E[\mathbf{f}(n_1)\mathbf{g}(n_2)] \tag{7.113}$$

和互协方差为

$$C_{fg}(n_1, n_2) = E[\{\mathbf{f}(n_1) - \eta_f(n_1)\}\{\mathbf{g}(n_2) - \eta_g(n_2)\}] \tag{7.114}$$

7.4.2 平稳过程

对于离散时间过程 $\mathbf{f}(n)$，如果它的均值是恒定的，并且它的自相关仅仅取决于差值 $m = (n_1 - n_2)$，那么 $\mathbf{f}(n)$ 称为（广义）平稳，因此

$$\eta(n) = \eta \quad \text{一个常数} \tag{7.115}$$

且

$$R_{ff}(m) = E[f(n)f(n+m)] \tag{7.116}$$

对于平稳的过程，均值可以移到一个零均值的过程。既然这样，式（7.110）和式（7.112）表明自相关与自协方差相等。

两个序列 $\mathbf{f}(n)$ 和 $\mathbf{g}(n)$ 都是平稳的，并且他们的互相关仅仅取决于差值 $m = (n_1 - n_2)$，那么被称为联合平稳。因此

$$R_{fg}(m) = E[\mathbf{f}(n)\mathbf{g}(n+m)] \tag{7.117}$$

对于均值为零的平稳过程，式（7.114）表明互相关和互协方差是相同的。

平稳过程 $f(n)$ 的功率谱 $P_{ff}(\omega)$ 被定义为一个傅里叶级数系数为 $R(m)$ 的周期函数，即

$$P_{ff}(\omega) = \sum_{m=-\infty}^{\infty} R_{ff}(m)\exp(-jmT\omega) \tag{7.118}$$

并且

$$R_{ff}(m) = \frac{1}{2\alpha}\int_{-\alpha}^{\alpha} P_{ff}(\omega)\exp(jmT\omega)\,d\omega \tag{7.119}$$

这里，一般情况下

$$\alpha = \pi/T \tag{7.120}$$

它是一个任意的常数。然而，如果 $f(n)$ 是通过连续随机过程抽样获得的，那么 T 就是抽样周期。另外，我们可以令

$$T = 1 \quad \alpha = \pi \tag{7.121}$$

所以

$$P_{ff}(\omega) = \sum_{m=-\infty}^{\infty} R_{ff}(m)\exp(-jm\omega) \tag{7.122}$$

且

$$R_{ff}(m) = \frac{1}{2\pi}\int_{-\pi}^{\pi} P_{ff}(\omega)\exp(jm\omega)\mathrm{d}\omega \tag{7.123}$$

信号的平均功率是它的方差，通过令式（7.118）中 $m=0$ 和式（7.119）可得到

$$E[\mathbf{f}^2(n)] = R_{ff}(0)$$

$$= \frac{1}{2\alpha}\int_{-\alpha}^{\alpha} P_{ff}(\omega)\mathrm{d}\omega \tag{7.124}$$

根据式（7.119），很明显，因为 $\mathbf{f}(n)$ 是实数序列，那么 $R(m)$ 就是一个实数偶序列。从式（7.122）可以得出 $R_{ff}(\omega)$ 是一个实数偶函数。我们也注意到，零均值平稳信号的方差等于它的平均功率，在式（7.118）中已给出。

两个联合平稳过程 $\mathbf{f}(n)$ 和 $\mathbf{g}(n)$ 的互功率谱被定义为

$$P_{fg}(\omega) = \sum_{m=-\infty}^{\infty} R_{fg}(m)\exp(-jmT\omega) \tag{7.125}$$

7.4.2.1 白噪声

如果 序列 $\mathbf{w}(n)$ 满足

$$E\{\mathbf{w}(n_1)\mathbf{w}(n_2)\} = 0 \quad n_1 = n_2 \tag{7.126}$$

序列 $\mathbf{w}(n)$ 被称为白噪声

令

$$E\{|\mathbf{w}(n)|^2\} = \{I(n)\} \tag{7.127}$$

$\mathbf{w}(n)$ 的自相关通过下式给出

$$R_{ww}(n_1,n_2) = I(n_1)u_0(n_1-n_2) \tag{7.128}$$

这里 u_0 是离散的脉冲。如果 $\mathbf{w}(n)$ 是平稳的，那么 $I(n) = I$，是一个定值，所以

$$R_{ww}(m) = Iu_0(m) \tag{7.129}$$

且

$$P_{ww}(\omega) = I \tag{7.130}$$

根据以上定义，遍历性的概念也能用同样的方法进行定义。因此，如果 $\mathbf{f}(n)$ 的集合均值等于它时间的平均，那么它是均值遍历性的，即

$$E[\mathbf{f}(n)] = \lim_{N\to\infty} \frac{1}{N}\sum_{n=0}^{N-1} \mathbf{f}(n) \tag{7.131}$$

同样的，平稳信号 $\mathbf{f}(n)$ 的自相关遍历性为

$$E\left[\mathbf{f}(n)\mathbf{g}(n+m)\right] = \lim_{N\to\infty} \frac{1}{N}\sum_{n=0}^{N-1} \mathbf{f}(n)\mathbf{g}(n+m)$$
$$= R_{ff}(m) \qquad (7.132)$$

并且两个序列 $\mathbf{f}(n)$ 和 $\mathbf{g}(n)$ 的互相关满足

$$E\left[\mathbf{f}(n)\mathbf{g}(n+m)\right] = \lim_{N\to\infty} \frac{1}{N}\sum_{n=0}^{N-1} \mathbf{f}(n)\mathbf{g}(n+m) \qquad (7.133)$$

此外，功率谱的估计可以利用第 6 章的 FFT 算法完成。首先，互相关或自相关序列可以利用有限次数的抽样进行估计

$$R_{fg}(m) \approx \frac{1}{N}\sum_{n=0}^{N-1} \mathbf{f}(n)\mathbf{g}(n+m) \qquad (7.134)$$

$$R_{ff}(m) \approx \frac{1}{N}\sum_{n=0}^{N-1} \mathbf{f}(n)\mathbf{f}(n+m) \qquad (7.135)$$

上面的两个估计都可以利用 FFT 算法（6.5 节）求得。那么式（7.122）和式（7.125）频谱可以通过有限和与其他 FFT 步骤估计。我们之后将结合用于提高估计准确度的不同方法来详细讨论这个过程。

我们还可以定义自相关序列 $\{R(m)\}$ 的（双边）z 变换为

$$P_{ff}(z) = \sum_{m=-\infty}^{\infty} R(m)z^{-m} \qquad (7.136)$$

和互相关序列

$$P_{fg}(z) = \sum_{m=-\infty}^{\infty} R_{fg}(m)z^{-m} \qquad (7.137)$$

通过改变式（7.137）极限的下限为 0，我们就可以得到单边变换。让一个平稳的随机过程 $\mathbf{f}(n)$ 施加在一个确定性的线性离散时不变系统上，其中，脉冲响应序列为 $h(n)$ 并且转换函数为 $H(z)$。那么输出 $\{\mathbf{g}(n)\}$ 同样是一个平稳的随机过程。

$$g(n) = \sum_{m=-\infty}^{\infty} \mathbf{f}(m)h(n-m) \qquad (7.138)$$

如果系统是因果系统，那么在 $n<0$ 时 $h(n)=0$，输出变为

$$\mathbf{g}(n) = \sum_{m=0}^{\infty} \mathbf{f}(m)h(n-m) \qquad (7.139)$$

令

$$H(z) = \sum_{k=-\infty}^{\infty} h(n)z^{-n} \qquad (7.140)$$

并且系统的脉冲响应 $h(n)$ 有一个确定的自相关序列为

$$\rho(n) = \sum_{k=-\infty}^{\infty} h(n+k)h(k) \qquad (7.141)$$

那么

$$Z\{\rho(n)\} = \sum_{n=-\infty}^{\infty} \Big(\sum_{k=-\infty}^{\infty} h(n+k)h(k) \Big) z^{-n} \tag{7.142}$$

令 $i = n + k$，上式变为

$$Z\{\rho(n)\} = \sum_{i=-\infty}^{\infty} h(i)z^{-1} \sum_{k=-\infty}^{\infty} h(k)z^k \tag{7.143}$$

利用式（7.131）给出

$$Z\{\rho(n)\} = H(z)H(z^{-1}) \tag{7.144}$$

类似于模拟的情况，我们得到关系

$$P_{fg}(z) = P_{ff}(z)H(z^{-1}) \tag{7.145}$$

$$P_{gg}(z) = P_{fg}(z)H(z) \tag{7.146}$$

所以

$$P_{gg}(z) = P_{ff}(z)H(z)H(z^{-1}) \tag{7.147}$$

在单位圆上 $[z = \exp(j\omega T)]$，上式变为

$$P_{gg}(\omega) = P_{ff}(\omega)|H(\exp(j\omega T))|^2 \tag{7.148}$$

以上分析和结论同样适用于单边 z 变换和因果序列。

7.5　功率谱估计

7.5.1　连续时间信号

信号处理中一个重要的问题是，当只有一段 $\mathbf{f}_T(t)$ 可用时，去估计一个过程 $\mathbf{f}(t)$ 的功率谱 $P_{ff}(\omega)$。如果自相关 $R_{ff}(\omega)$ 对在区间 $[-T/2,\ T/2]$ 中的每一个 τ 是已知的，那么式（7.69）能够结合 FFT 算法用来估计功率谱。然而，通常而言，函数 $R_{ff}(\tau)$ 不能准确的确定，并且我们只能给出 t 在区间 $[-T/2,\ T/2]$ 中对应的 $\mathbf{f}(t)$ 值。所以自相关 $R_{ff}(\tau)$ 本身需要通过时间平均估计。于是，功率谱估计由两个步骤组成。

步骤 1　给出一个 $\mathbf{f}_T(t)$，它由 $\mathbf{f}(t)$ 在区间 $[-T/2,\ T/2]$ 中对每一个 t 的抽样而定义得到。我们求解一个自相关估计 $R_{ff}(\tau)$。通过采用 FFT 算法可以执行该项计算。

步骤 2　利用步骤 1 中获得的自相关估计，式（7.69）所给的功率谱可以根据 FFT 算法求得。

现在，在估计任何参数 **A** 时，通过一段时间的观察，可以得到估计值 $\hat{\mathbf{A}}$。有两个量通常用于估计特性的衡量，它们称为估计偏差和方差。偏差是通过真值 **A** 和估计期望之间的差来定义的，即

$$Bias \triangleq \mathbf{A} - E[\hat{\mathbf{A}}] \tag{7.149}$$

如果偏差是零，这个估计被称为无偏差的。估计的方差为

$$\sigma_A^2 = E[\{\hat{\mathbf{A}} - E[\hat{\mathbf{A}}]\}^2] \tag{7.150}$$

如果随着观察时间的增加，偏差和方差都趋于零，那么这个估计被称为是相容的。通常情况下，一个好的估计的偏差和方差都很小。

回到步骤 1，它需要来自 $\mathbf{f}_T(t)$ 的自相关 $R_{ff}(\tau)$ 的估计。一个很明显的方法是利用估计

$$R_{ff}^T(\tau) = \frac{1}{(T/2) - |\tau|} \int_{-(T/2) + |\tau|/2}^{(T/2) - |\tau|/2} \mathbf{f}(t + \tau/2) \mathbf{f}(t - \tau/2) \, \mathrm{d}t \tag{7.151}$$

它与式（7.54）相似，只是在时间原点上有移动，并且没有求极限过程。很明显，式（7.151）表示的是一个 $R_{ff}(\tau)$ 的无偏差估计，因为它的期望是 $R_{ff}(\tau)$

$$E[R_{ff}^T(\tau)] = R_{ff}(\tau) \quad |\tau| < T \tag{7.152}$$

然而，$R_{ff}(\tau)$ 的傅里叶变换为

$$P_{ff}^T(\omega) = \int_{-T}^{T} \hat{R}_{ff}^T(\tau) \exp(-\mathrm{j}\omega\tau) \, \mathrm{d}\tau \tag{7.153}$$

它是 $P_{ff}(\omega)$ 的有偏估计，因为对于 $|\tau| > T$，它的逆是零。此外，$P_{ff}^T(\omega)$ 的方差研究表明对于任何 T，它的值都非常大。为了减小这种影响，可以使用一个窗函数，如 4.8 节讨论那样。但是，虽然它减小了方差，但也提高了偏差。

另一个可用的自相关估计为

$$\hat{R}_{ff}(\tau) = \int_{-(T/2) + |\tau|/2}^{(T/2) - |\tau|/2} \mathbf{f}(t + \tau/2) \mathbf{f}(t - \tau/2) \, \mathrm{d}t \tag{7.154}$$

与式（7.151）相比它有一个明显的优势，它的傅里叶变换能够根据 $\mathbf{f}_T(t)$ 直接表示。式（7.154）的傅里叶变换为

$$\hat{P}_{ff}(\omega) = \int_{-T}^{T} \hat{R}_{ff}(\tau) \exp(-\mathrm{j}\omega\tau) \, \mathrm{d}\tau \tag{7.155}$$

然而，式（7.154）的积分是 $\mathbf{f}_T(t)$ 和 $\mathbf{f}_T(-t)$ 的卷积，即

$$\hat{R}_{ff}(\tau) = \frac{1}{T} \mathbf{f}_T(\tau) * \mathbf{f}_T(-\tau) \tag{7.156}$$

所以，利用卷积定理和式（7.155）我们得到

$$\hat{P}_{ff}(\omega) = \frac{1}{T} |\mathbf{F}_T(\omega)|^2 \tag{7.157}$$

和

$$\mathbf{F}_T(\omega) = \int_{-T/2}^{T/2} \mathbf{f}_T(t) \exp(-\mathrm{j}\omega t) \, \mathrm{d}t \tag{7.158}$$

因此，式（7.157）的频率估计 $\hat{P}_{ff}(\omega)$ 可以根据 $\mathbf{f}_T(t)$ 直接得到。

$\hat{P}_{ff}(\omega)$ 就像上面定义的，被称为抽样谱或者周期图。它是有偏频谱估计，因

为

$$E\left[\hat{R}_{ff}(\tau)\right] = \left(1 - \frac{|\tau|}{T}\right)R_{ff}(\tau) \quad |\tau| < T \tag{7.159}$$

不过，在 $|\tau| \ll T$ 的范围内，由于 $(1 - |\tau| < T)$，误差会较小。它也可以通过减少估计的方差来补偿。此外，方差可以通过频谱窗进一步减少。因此，我们表示加窗的自相关为

$$\hat{R}_{ff}^w(\omega) = w(\tau)\hat{R}_{ff}(\tau) \tag{7.160}$$

所以可以得到平滑的频谱

$$\hat{P}_{ff}^w(\omega) = \frac{1}{2\pi}\int_{-\infty}^{\infty}\hat{P}_{ff}(\omega - \mu)W(\mu)\,d\mu \tag{7.161}$$

其中

$$w(t) \rightarrow W(\omega) \tag{7.162}$$

这里 $W(\omega)$ 是频谱窗，并且它的逆 $w(t)$ 是一个滞后窗（6.8 节）。这个平滑频谱可以写成另外一种形式

$$\hat{P}_{fg}^w(\omega) = \int_{-T}^{T}w(\tau)\hat{R}_{ff}(\tau)\exp(-j\omega t)\,d\tau \tag{7.163}$$

涉及到窗函数运用的问题与前面 6.8 节的讨论相类似，并且本书其他部分也有用到。由式（7.151）或式（7.154）构成的频谱估计的计算步骤如下：

（i）根据式（7.155）计算 $\hat{P}_{ff}(\omega)$。需要一个 FFT 和一次乘法。

（ii）找到 $\hat{P}_{ff}(\omega)$ 的逆；它是 $R_{ff}(\tau)$。需要一个 FFT 和一次乘法。

（iii）选择一个窗函数 $w(\tau)$ 并且写出结果 $\hat{R}_{ff}^W(\tau) = w(\tau)R_{ff}(\tau)$。找到 $\hat{R}_{ff}^W(\tau)$ 的转换 $\hat{P}_{ff}^W(\omega)$。这个步骤需要一次乘法和一个 FFT。结果是所需的谱估计。

最后，两个信号 $\mathbf{f}(t)$ 和 $\mathbf{g}(t)$ 的互功率谱 $P_{fg}(\omega)$ 能够利用相同的步骤得到。取代式（7.154）我们得到估计

$$\hat{R}_{fg}(\tau) = \frac{1}{T}\int_{-(T/2)+|\tau|/2}^{(T/2)-|\tau|/2}\mathbf{f}(t + \tau/2)\mathbf{g}(t - \tau/2)\,dt \tag{7.164}$$

它使

$$\hat{P}_{fg}(\omega) = \frac{1}{T}F^*(\omega)G(\omega) \tag{7.165}$$

加窗后的互相关为

$$\hat{R}_{fg}^w(\tau) = w(\tau)\hat{R}_{fg}(\tau) \tag{7.166}$$

并且，可以通过适当改变功率谱中相似的两个步骤所给的过程，利用 FFT 算法得到互功率估计。

7.5.2 离散时间信号

一个自相关序列为 $R_{ff}(m)$ 的离散过程 $f(n)$ 的功率谱通过式（7.118）或式（7.122）给出。因此，

$$P_{ff}(\omega) = \sum_{m=-\infty}^{\infty} R_{ff}(m)\exp(-jm\omega T) \tag{7.167}$$

此外，假设 $f(n)$ 仅仅对有限数目为 N 的抽样是已知的。让 $f_N(n)$ 表示这个已知的抽样。功率谱的估计能够通过遵循之前所给的连续时间信号很接近的过程来完成，加上简化的信号已经用离散形式表示。因此，FFT 算法能够直接被使用，而不需要采样信号。因此，频谱的估计能通过接下来的步骤得到。

步骤 1 一个估计 $\hat{R}_{ff}(m)$ 可以作为有限序列的自相关

$$\hat{R}_{ff}(m) = \frac{1}{N}\sum_{n=0}^{N-1} f_N(n)f_N(n+m) \tag{7.168}$$

可以利用 FFT 和式（7.138）求得。因此

$$\mathrm{DFT}\{R_{ff}(m)\} = \frac{1}{N}F_N^*(k)F_N(k)$$

$$= \frac{1}{N}|F_N(k)|^2 \tag{7.169}$$

这是由式（7.157）得到的以连续时间情况表示的离散时间周期图。因此，通过计算它的 DFT $F_N(k)$，自相关估计 $\hat{R}_{ff}(m)$ 能从 $f_N(n)$ 中得到，表示为 $F_N^*(N)F_N(k)$，那么再做逆 DFT。它包括两个 DFTs 和一次乘法。

步骤 2 步骤 1 中得到的自相关估计 $\hat{R}_{ff}(m)$ 与式（5.143）~式（5.148）所给的窗函数 $w(n)$ 相乘。加窗后的序列 $\hat{R}_{ff}^w(m)$ 被用于功率谱的估计

$$\hat{P}_{ff}^w(k\omega_0) = \sum_{m=0}^{N-1} \hat{R}_{ff}^w(m)\exp(-jmk\omega_0) \tag{7.170}$$

它包括一次 DFT。图 7.6 只给出一般步骤示意图。

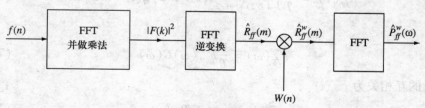

图 7.6 利用 FFT 算法的功率谱估计

最后，两个离散时间信号 $f(n)$ 和 $g(n)$ 的互功率谱能通过同样的方法得到。这种方法中必要的步骤被描述在图 7.7 中。

图 7.7   利用 FFT 算法的互功率谱估计

7.6   小结

本章讨论了随机信号的描述和频谱分析的相关技术，对模拟（连续时间）和离散时间信号都进行了讨论。在两种情况中，随机信号为有限功率型的。就这点而言，在频域上，它们能用它们的功率谱描述。它也证明了随机信号的自相关和功率谱组成一对傅里叶变换。可想而知，自相关函数的重要性。同样的，两个信号的互相关和与它们的互功率谱组成一对傅里叶变换。这些讨论用于模拟和数字信号上，但是在后者，离散傅里叶变换被引入讨论。最后，本章讨论了快速傅里叶变换算法用于估计随机信号功率谱以及改善估计性能的方法。

习　　题

7.1   求随机信号的概率密度 $p(f, t)$、均值和自相关，这里 $\mathbf{g}(t)$ 是一个随机量，它的概率密度为

$$\mathbf{f}(t) = \mathbf{g}(t) - 1$$

$$P(\mathbf{g}) = \frac{1}{(2\pi)^{1/2}}\exp(-g^2/2)\,; \ -\infty \leqslant g \leqslant \infty$$

7.2   证明

$$E\{\,|\,\mathbf{f}(t+\tau) + \mathbf{f}(t)\,|^2\,\} = 2\big[R_{ff}(0) + R_{ff}(\tau)\big]$$

7.3 $\mathbf{f}(t)$ 为一个随机信号，它的均值为常数，有界协方差 $C\ (t_1,\ t_2)$。证明这个过程如果满足下面的条件，则它是均值遍历的

$$\lim_{\tau \to 0} C(t+\tau,t) \ \text{当} \ \tau \to \infty$$

7.4 $\mathbf{f}(t)$ 为一个自相关是 $R_{ff}(\tau)$ 的平稳信号，$\alpha,\ \beta$ 是非等量采样数（即 $\alpha,\ \beta$ 不是整数比例常数）。假如

$$R_{ff}(\alpha) = R_{ff}(\beta) = R_{ff}(0)$$

证明

$$R_{ff}(\tau) = R_{ff}(0) = \text{常数}$$

7.5   一个确定的系统，其脉冲响应为

$$h(t) = 1/\alpha \quad -\alpha \leqslant |t| \leqslant \alpha$$

（a）求脉冲响应的自相关。

　　（b）如果系统输入为自协方差为 $C_{ff}(\tau)$ 的随机信号。求输出协方差和方差 $C_{ff}(0)$ 的表达式。

7.6　一个线性的离散系统，输入 $\mathbf{v}(n)$ 和输出 $\mathbf{g}(n)$ 通过等式

$$\mathbf{g}(n) - \alpha \mathbf{g}(n-1) = \mathbf{v}(n)$$

来描述。如果 $\mathbf{v}(n)$ 是白噪声 $P_{vv}(\omega) = 1$，求输出功率频谱和自相关。

8 数字信号处理器的有限字长效应

8.1 绪论

我们已经看到，一个数字滤波器，或者一个常见的数字信号处理系统，通过一种计算算法来处理一个输入采样数据信号，从而产生一个输出采样数据信号。由于采样数据信号是由数字序列表示的，他们被量化，并使用二进制码进行编码，并且处理器算法可以使用通用计算机软件或专用硬件来实现。因为大规模集成电路（VLSI）的优势，后者的方法越来越受欢迎，并由此产生了可用的集成电路模块和具有足够内存、复杂性和速度的专用硬件，最终使硬件实现数字滤波器、实时操作成为一种受人关注的技术。

现在，无论以何种类型来实现，使用数字系统处理的数字最终是存储在有限容量的寄存器（内存）内的。因此，所有的数字网络处理只对有限数量的二进制位数（位）进行处理。所以，在处理过程准确性上有一个固定的限制。在本章，我们讨论使用有限字长代表数字和算术运算，对一般的数字信号处理器和特殊的数字滤波器准确度的影响[12,20]。

使用有限的字长来表示相关数字导致的误差主要有以下几种类型：

（i）输入信号量化影响

这些误差是由于输入信号通过一组离散幅度值的表示，和随后通过二进制数的有限字长的表示而产生的。典型字长是 32 或 64 位。这些误差在第 4 章进行过讨论，它们是模拟到数字转换中所固有的。

（ii）参数量化影响

这些结果来自于每一个滤波器参数的表示：a_r、b_r 在式中为

$$H(z) = \frac{\sum_{r=0}^{M} a_r z^{-r}}{1 + \sum_{r=0}^{N} b_r z^{-r}} \tag{8.1}$$

这两个系数首先通过一个量化的离散幅度值进行表示，之后再利用有限位数的二进制进行表示。我们回想一下，解决近似问题中推导出式（8.1）一般形式的传输函数，在这个传输函数中系数（a_r、b_r）被认为能够以任意程度的准确性来代表。然而，实现之前，这些参数是被量化的，并且通过有限位数来表示。典型的长度还是 32 位或者 64 位。因此，滤波器响应可能大幅偏离所需的特性。而且，由于系数量

化引起的误差可能引起式（8.1）中传输函数极点在 z 平面上位置的移动，甚至可能移动到单位圆上或者单位圆之外，造成滤波器的不稳定。

（iii）结果量化和积累误差

在利用专用硬件或微处理器实现的数字滤波器的应用中，一个合适长度为 l 的移位寄存器被用于整个滤波器。然而，在乘法的算术运算中，用一个 l – bit 数替代的信号与另外一个采用 l – bit 数替代的参数相乘。相乘的结果产生了一个 $2l$ – bit 的数字信号。但是由于每一个寄存器的长度统一为 l – bit，$2l$ – bit 的数字信号将被折叠或者截断为 l – bit。那么这就会导致出现结果量化误差，这种误差将积累起来，作为执行乘法运算来影响滤波器。

（iv）由于溢出和极限环产生的自激振荡

在执行算术运算中，溢出可能引起自激振荡，这代表一种滤波器的不稳定性。如果在逻辑饱和器件没有使用时，数据超出了存储器的容量，溢出就可能发生。此外，当滤波器的输入名义上是零时，自激振荡也可能发生，因为即使没有有效数据，误差信号也依然存在，这主要是由内部数据在内存存储前的量化所导致的。这个影响被称为极限环振荡。

在本章中我们给出了以上类型误差的讨论，讨论主要基于第 7 章所给的随机过程的分析。

数字被表示成定点或者浮点型。不管哪种方法，量化数是由舍入或截断进行。在 l 位的字长的定点算法中，数字量化被假设为是一个随机过程，在适当的范围内具有均匀概率密度函数所产生的误差，如图 8.1 所示。这是一个合理的假设，因为很显然没有"最优"的误差范围。对于 l 位位数的浮点型算法，它的误差响应概率密度函数如图 8.2 所示。在我们的有限字长效应的讨论中，我们主要讨论定点运算的情况。

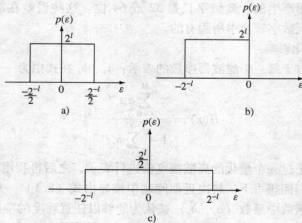

图 8.1　定点算法的误差概率密度
a）取整　b）用 2 截断补码　c）用 l 截断的补码或者原码

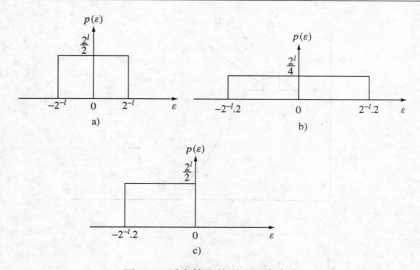

图 8.2　浮点算法的误差概率密度

a）取整　b）用 2 截断补码　c）用 l 截断的补码或者原码

8.2　输入信号的量化误差

在第 4 章，我们已经看到，模拟到数字的转换过程涉及到连续时间信号 $f(t)$ 的抽样，从而得到抽样函数 $f(nT)$ ，之后在幅度上量化给出 $f_q(nT)$ ，最后编码并输出到数字系统。如果遵循了相关的规则，取样过程就不会出现误差。相反，在实际的模拟输入采样和相应的二进制编码的量化值之间的差，被称为量化误差或量化噪声。这是模 – 数转换过程中信号性能下降的一个重要因素，也是目前需要进行细致研究的部分。目前的研究主要集中于使用定点算法进行改进。

特别的，A – D 转换器使用数字滤波器实现，有（$l+1$）位定点输出，包括符号位。这相当于 $1/2^l$ 的分辨率。因此量化步长 q 为

$$q = 1/2^l \tag{8.2}$$

如果取整用于样本 $f(nT)$ 的量化，那么最大可能量化误差为 $\pm q/2$。图 8.3a 表示输入原来连续信号 $f(t)$ 的量化器的输出（编码前）。图 8.3b 表示相应的量化误差，并且误差信号的幅度处于 $-q/2$ 与 $q/2$ 之间。量化的信号幅度被称为决定幅度。假设舍入误差 ε 是均匀概率密度 $p(\varepsilon)$ 的白噪声是合理的，如图 8.4a 所示。该误差信号的方差（功率）能作为衡量信号量化后的下降程度。当信号的量化步长相对于信号的变化来说非常小时，误差信号被认为相当于基本误差信号的总和，每一次通过直线段来近似，如图 8.4b 所示。宽度为 τ 的基本误差信号的功率（方差）为

$$\sigma_0^2 = \frac{1}{\tau}\int_{-\tau/2}^{\tau/2}\varepsilon^2(t)\,\mathrm{d}t$$

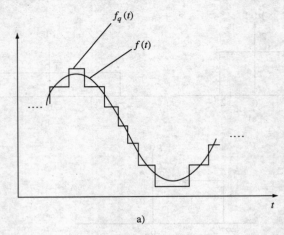

图 8.3

a) 输入为 $f(t)$，输出为 $f_q(t)$ 的量化器　b) 量化误差

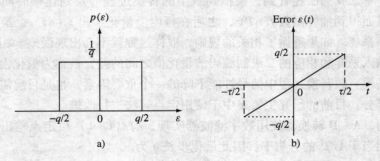

图 8.4

a) 舍入误差的概率密度　b) 一个基本误差信号的近似

$$= \frac{q^2}{\tau^3}\int_{-\tau/2}^{\tau/2} t^2 \mathrm{d}t$$

或者

$$\sigma_0^2 = \frac{q^2}{12} = \frac{2^{-2l}}{12} \tag{8.3}$$

现在，量化后，滤波器的输入为

$$f_q(nT) = f(nT) + \varepsilon(nT) \tag{8.4}$$

因为滤波器是线性系统，它的输出是两个部分的和：一个由 $f(nT)$ 引起；另一个由

量化误差 $\varepsilon(nT)$ 引起的。那么，误差通过传递函数为 $H(z)$ 的滤波器时，也被过滤。因为误差 $\varepsilon(nT)$ 被认为是均值为 0，方差为 $q^2/12$ 的白噪声，那么（7.4 节）稳态输入部分由于 $\varepsilon(nT)$ 是一个均值为 0 的广义平稳过程，其功率谱密度，在 z 区域，给出

$$P_d(z) = \frac{1}{12} q^2 H(z) H(z^{-1}) \tag{8.5}$$

所以

$$P_d(\omega) = \frac{1}{12} q^2 H[\exp(-j\omega T)] H[\exp(j\omega T)] \tag{8.6}$$

这里，我们忽略参数量化和舍入量化的影响，因为它们对 $\varepsilon(nT)$ 的影响远小于对 $f(nT)$ 的影响。

那么，输出均方误差（输出噪声功率）为

$$\sigma_{\text{out}}^2 = \frac{q^2}{12} \sum_{n=0}^{\infty} [h(nT)]^2 \tag{8.7}$$

这里 $\{h(nT)\}$ 是滤波器的脉冲响应，它是因果响应。另外，输出误差的均方值由式（8.5）得到的输入量化引起，并且在 z 区间的帕塞伐尔关系为

$$\sigma_{\text{out}}^2 = \frac{q^2}{12} \frac{1}{j2\pi} \oint_c H(z) H(-z) \frac{dz}{z} \tag{8.8}$$

这里的积分是一个封闭的曲线，包括了 $H(z)$ 所有的奇点。这个积分可以利用留数、数字、代数表示或者电脑程序的方法求得。

现在，让量化序列 $f_q(nT)$ 的每一个部分用一个 $l-\text{bit}$ 二进制数代替。那么，量化幅度的最大值能被编码成二进制形式 2^l。于是，幅度 A 的范围能够被编码到以下区间中

$$q \leqslant A \leqslant q2^l \tag{8.9}$$

因此，任何超过 $q2^l$ 的幅度值不能被表示出来，即该信号被消减，导致信号质量下降。

使信号幅度范围在 $[-A_m, A_m]$ 之内，那么

$$A_m = \frac{q2^l}{2} \tag{8.10}$$

如果取整用于量化操作，误差信号为

$$|\varepsilon(nT)| \leqslant A_m 2^{-l} \tag{8.11}$$

现在，定义一个编码器的峰值功率为最大幅值 A_m 的正弦信号功率，且该编码器可完整编码，无削波现象发生（见图 8.5）。那么，峰值功率为

$$P_c = \frac{1}{2} \left(\frac{q2^l}{2} \right)^2$$

$$= q^2 2^{2l-3} \tag{8.12}$$

动态编码范围 R_c 被定义为峰值功率与量化噪声功率之比。因此，利用式（8.3）和式（8.12）我们得到

$$R_c = \frac{P_c}{\sigma_0^2}$$

$$= 3(2^{2l-1}) \tag{8.13}$$

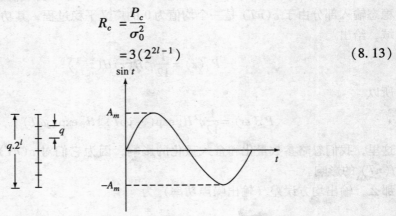

图 8.5   A – D 转换器的编码动态范围的有关定义

或者

$$10\log\left(\frac{P_c}{\sigma_0^2}\right) = 6.02l + 1.76\text{dB} \tag{8.14}$$

例如，一个 8 位编码器有一个大约为 50dB 的动态范围，而一个 16 位编码器有大约 98dB 的动态范围。

如果输入信号幅度的范围超过编码器动态范围，那么在量化之前应该适当减小信号幅度，从而消除削波现象。因此，在通过式（8.4）量化表示的模型中，一个比例缩小因子 K 被引入，如

$$f_q(nT) = Kf(nT) + \varepsilon(nT) \tag{8.15}$$

这里

$$0 < K < 1 \tag{8.16}$$

这里的信噪比为

$$\text{SNR} = 10\log\left(\frac{k^2\sigma_f^2}{\sigma_0^2}\right)\text{dB} \tag{8.17}$$

这里 $K^2\sigma_f^2$ 是按比例缩小的信号，并且 σ_0^2 是量化噪声功率。

可以发现由于进行 K 值选择，削波现象可以忽略[20]，其中 K 值为

$$K = 1/5\sigma_f \tag{8.18}$$

所以

$$\text{SNR} = 10\log\left(\frac{1}{25\sigma_0^2}\right)$$

$$= 10\log\left(\frac{12}{25q^2}\right)\text{dB} \tag{8.19}$$

并利用式（8.2），表示变为

$$SNR = 6.02l - 3.1876dB \qquad (8.20)$$

因此，对于一个 8 位 A – D 转换器，信噪比大约为 45dB，然而对于一个 16 位的转换器，信噪比大约为 100dB。

8.3 量化系数的影响

当使用二进制和有限长度来表示滤波器系数 a_r 和 b_r，每个系数都用 l – 位的定点或浮点形式进行表示。那么意味着，系数 a_r 被 $(a_r)_q$ 所替代，这里定点形式表示为

$$(a_r)_q = a_r + \alpha_r \qquad (8.21)$$

浮点形式表示为

$$(a_r)_q = a_r(1 + \alpha_r) \qquad (8.22)$$

其中

$$|\alpha_r| \leqslant 2^l \qquad (8.23)$$

同样的，在定点形式下 b_r 变成

$$(b_r)_q = b_r + \beta_r \qquad (8.24)$$

或者浮点表示为

$$(b_r)_q = b_r(1 + \beta_r) \qquad (8.25)$$

此外

$$|\beta_r| \leqslant 2^{-l} \qquad (8.26)$$

现在可见滤波器特性偏离了所期望的理想特性。为了研究这种效应，我们采用 l – 位取整系数来计算因果滤波器的频率响应，即使用实际的传递函数式（8.27）进行计算。

$$H_q(z) = \frac{\sum_{r=0}^{M} (\alpha_r)_q z^{-r}}{1 + \sum_{r=0}^{N} (b_r)_q z^{-r}} \qquad (8.27)$$

利用式（8.27）来计算

$$H_q[\exp(j\omega T)] = |H_q[\exp(j\omega T)]| \exp[j\psi_q(\omega T)] \qquad (8.28)$$

结果再与近似问题中获得的原始设计所需的理论响应 $H[\exp(j\omega T)]$ 进行比较。自然的，用于表示的字长越长，那么频率响应越接近实际所期望的响应。

另一种研究上述影响的办法是，计算由于系数取整操作而引起的传输函数零点和极点漂移，之后再采用敏感性理论来检验滤波器频率响应的变化。让 $H(z)$ 的极点为 p_i，$H_q(z)$ 极点为 $(p_i + \Delta p_i)$ 处。参考文献 [20] 中证明了典型极点位置的变化为

$$\Delta P_i = \sum_{r=1}^{N} \frac{p_i^{r+1}}{\prod_{\substack{m=1 \\ m \neq i}}^{N} (1 - \frac{p_i}{p_m})} \Delta a_r \tag{8.29}$$

这里 a_r 是参数取整产生的系数变化量，它是 α_r 或者 $a_r \alpha_r$。同样的结果可以从零点的移动中获得。根据这些摆动，就可以得到整个滤波器响应的偏移量。

除了改变频率响应，系数量化也可能影响一个 IIR 滤波器的稳定性。如果极点在 z 平面中正好靠近单位圆，系数量化可以引起它们位置的适当移动以至于移动到单位圆或单位圆外，因此会导致不稳定。已经证明，对于一个 N 阶 IIR 低通滤波器，如果位数满足不等式（8.30），工作在抽样频率为 $1/T$，并且有两个极点（$\cos\omega_r T \pm j\sin\omega_r T$），稳定性是有保障的。

$$l > -\log_2 \left(\frac{5\sqrt{N}}{2^{N+2}} \prod_{r=1}^{N} \omega_r T \right) \tag{8.30}$$

例 8.1 对于一个传递函数

$$H(z) = \frac{z}{z^2 - 1.7z + 0.745}$$

在稳定的情况下确定系数字长。

解：极点在 $z = (0.85 \pm j0.15)$ 处，即

$$\omega_1 T = \tan^{-1}\left(\frac{0.15}{0.85} \right)$$

$$= 0.1747\text{rad}$$

$$= \omega_2 T$$

那么，利用式（8.30）的估计我们能得到

$$l > -\log_2 \left(\frac{5\sqrt{2}}{2^4} (0.1747)^2 \right)$$

即

$$l > -\log_2 (0.0135)$$

所以，$l > 6.21$，我们取 $l = 7.0$。正如之前提到的，估计值可能会不太乐观，尤其是因为它基于截断量化而不是取整量化。

通常情况下，系数量化的影响对于高阶滤波器的直接形式比相应的级联或并联实现更加重要。因此，串联或并联形式应该多用于高阶滤波器设计，因为它显著地减少了所需字长。

最后，我们注意到由于系数量化，输出序列与理想的不同。结果误差的分析将在下节中结合舍入误差累积进行讨论。

8.4 舍入累积的影响

首先，我们在忽略系数量化效应，考虑结果量化效应的情况下研究舍入累积的

影响。之后我们结合这两种效应产生的错误再次对舍入累积进行研究。在我们的讨论中，我们主要对定点运算的情况进行讨论。

8.4.1 忽略量化误差的舍入累积

这些误差都是依赖于实际的特定形式。因此每个形式都要单独进行处理。

8.4.1.1 直接形式

一个 IIR 滤波器的传输函数为

$$H(z) = \frac{\sum\limits_{r=0}^{M} a_r z^{-r}}{1 + \sum\limits_{r=1}^{N} b_r z^{-r}}$$

$$= \frac{N(z^{-1})}{D(z^{-1})} \tag{8.31}$$

对应的差分方程为

$$g(n) = \sum_{r=0}^{M} a_r f(n-r) - \sum_{r=1}^{N} b_r g(n-r) \tag{8.32}$$

这里为了方便起见，略去抽样周期 T。直接实现的滤波器如图 4.17 所示，需要 $(N+M+1)$ 次乘法。在定点计算中，两个 l – 位长度的数字相乘得到一个 $2l$ – 位长度的结果，这是一个取整的 l – 位字。在处理这类乘积量化误差时，我们假设整个滤波器的信号电平比量化步长 q 大很多。这就允许我们把乘法器的输出乘积量化误差看作不相关（统计独立）的随机变量，也就是功率密度谱为 $q^2/12$ 的白噪声。因此，整个误差 $\varepsilon(n)$ 是所有乘法引起误差的和。如果 μ 是系数 a_r 的个数，它既不是 0 也不是 1，并且 v 是参数 b_r 的个数，它既不是 0 也不是 1，那么乘法的个数的总和为 $(\mu+v)$。所以误差的总和为

$$\varepsilon(n) = \frac{(\mu+v)q^2}{12} \tag{8.33}$$

对于大多数情况下式（8.31）可以写成

$$\mu = M + 1$$
$$v = N \tag{8.34}$$

所以

$$\varepsilon(n) = \frac{(M+N+1)q^2}{12} \tag{8.35}$$

那么量化（取整）滤波器输出序列为

$$g_q(n) = \sum_{r=0}^{M} a_r f(n-r) - \sum_{r=0}^{M} b_r g(n-r) + \varepsilon(n) \tag{8.36}$$

现在，滤波器输出误差我们可以定义为

$$e(n) = g_q(n) - g(n) \tag{8.37}$$

将式 (8.32) 和式 (8.36) 代入式 (8.37) 我们得到

$$e(n) = \varepsilon(n) - \sum_{r=1}^{N} b_r e(n-r) \tag{8.38}$$

它描述了一个输入为 $\varepsilon(n)$ 输出为 $e(n)$ 的线性离散系统。因此，对式 (8.38) 做 z 变换，我们可以表示传输函数

$$\hat{H}(z) = \frac{E(z)}{\varepsilon(z)} = \frac{Z\{e(n)\}}{Z\{\varepsilon(n)\}}$$

$$= \frac{1}{1 + \sum_{r=1}^{N} b_r z^{-r}} \tag{8.39a}$$

或者

$$\hat{H}(z) = \frac{1}{D(z^{-1})} \tag{8.39b}$$

这里 $D(z^{-1})$ 是滤波器传输函数 $H(z)$ 的分母。由此可见，$D(z^{-1})$ 是传输函数中导致滤波器输出误差噪声的部分。因此，我们可以构造一个滤波器模型，它考虑到舍入误差累积，如图 8.6 所示。

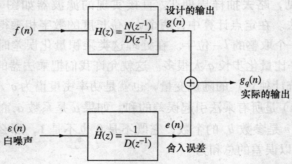

图 8.6　一个直接形式的 IIR 滤波器模型，考虑了舍入误差累积

平均输出噪声功率为

$$\sigma^2 = \frac{(N+M+1)q^2}{12} \sum_{n=0}^{\infty} (\hat{h}(n))^2$$

$$= \frac{(N+M+1)q^2}{12} \frac{1}{j2\pi} \oint_c \frac{1}{D(z)D(z^{-1})} \frac{dz}{z} \tag{8.40}$$

例 8.2　计算由舍入误差累积引起的输出噪声，其中滤波器的传输函数为

$$H(z) = \frac{1}{(1 - 0.4z^{-1})(1 - 0.5z^{-1})}$$

解：

$$D(z^{-1}) = (1 - 0.4z^{-1})(1 - 0.5z^{-1})$$

$$D(z) = (1 - 0.4z)(1 - 0.5z)$$

这里，$M = 0$ 且 $N = 2$。所以式（8.40）给出

$$\sigma^2 = \frac{q^2}{8j\pi} \oint_c \frac{z\,dz}{(0.4 - z)(0.5 - z)(1 - 0.4)(1 - 0.5z)}$$

积分的计算是通过对积分曲线中极点留数求和来实现的，在本例中积分曲线是单位圆。可以得到

$$\sigma^2 = \frac{q^2}{8j\pi} \times j2\pi \sum residuecs$$

被积函数极点在单位圆内是 $z = 0.4$ 和 $z = 0.5$。相关的留数为

$$k_1 = \frac{0.4}{(0.4 - 0.5)(1 - 0.4^2)(1 - 0.4 \times 0.5)} = -5.9524$$

$$k_2 = \frac{0.5}{(0.5 - 0.4)(1 - 0.5^2)(1 - 0.4 \times 0.5)} = 8.333$$

那么，舍入误差累积噪声为

$$\sigma^2 = \frac{q^2}{4}(8.333 - 5.9524)$$

$$= 0.595q^2$$

现在，考虑直接非递归的 FIR 滤波器实现

$$H(z) = \sum_{r=0}^{M} a_r z^{-r} \tag{8.41}$$

在本例中，舍入累积噪声能利用式（6.40）求得，$D(z^{-1}) = 1$ 且 $N = 0$。那么，平均输出噪声功率为

$$\sigma^2 = \frac{(M+1)q^2}{12} \frac{1}{j2\pi} \oint_c \frac{dz}{z}$$

即

$$\sigma^2 = \frac{(M+1)}{12} q^2 \tag{8.42}$$

8.4.1.2 级联实现

如同第 4 章介绍的那样，该方法所得到的表达形式的传输函数为

$$H(z) = \prod_{k=1}^{m} H_k(z) \tag{8.43}$$

这里 $H_k(z)$ 是该式中的二阶因子

$$H_k(z) = \frac{\alpha_{0k} + \alpha_{1k}z^{-1} + \alpha_{2k}z^{-2}}{1 + \beta_{1k}z^{-1} + \beta_{2k}z^{-2}}$$

$$= \frac{A(z^{-1})}{B(z^{-1})} \tag{8.44}$$

当 $H(z)$ 为奇数阶函数时，$H_k(z)$ 则可能是一阶因子；此时 $\alpha_{2k} = \beta_{2k} = 0$，与式（8.44）的表示形式相似。

　　滤波器的最终实现是通过许多二阶因子（和可能的一阶因子）级联而成，这些二阶因子描述了式（8.44）中的典型传输函数。没有进行舍入误差考虑的滤波器实现形式如图 8.5 所示。为了将舍入误差考虑在分析中，图 8.6 的模型使用了式（8.44）描述的传输函数，并且结果采用级联连接。图 8.7 给出了这种模型。量化误差输入 $\varepsilon_k(n)$ 导致噪声功率部分的 σ_k^2 在输出时引起一个总的噪声功率为

$$\sigma_T^2 = \sum_{k=1}^{m} \sigma_k^2 \tag{8.45}$$

图 8.7 中的模型表明，每一个噪声输入 $\varepsilon_k(n)$ 产生一个 $\varepsilon_k(n)$ 输出，因此一个误差传输函数能被表示为

$$\hat{H}_k(z) = \frac{Z[e_k(n)]}{Z[\varepsilon_k(n)]}$$

$$= \frac{1}{B_k(z^{-1})} \prod_{r=k+1}^{m} \hat{H}_r; k = 1, 2, \cdots, (m-1) \tag{8.46a}$$

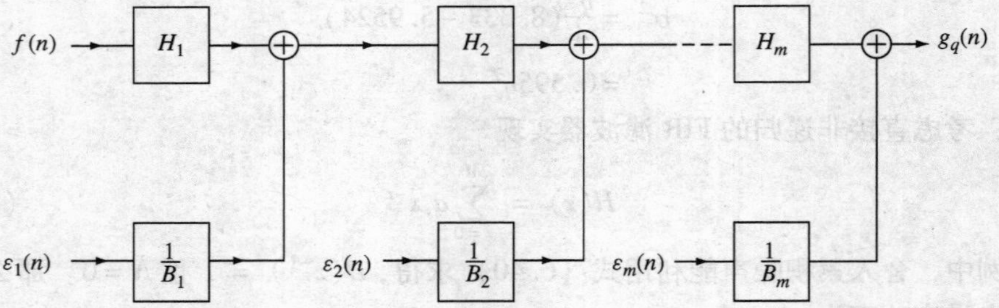

图 8.7　一个级联型 IIR 滤波器模型，考虑了舍入误差累积

和

$$\hat{H}_m(z) = \frac{1}{B_m(z^{-1})} \tag{8.46b}$$

因此，利用帕塞伐尔定理和式（8.40）类似的关系，第 k 个量化的误差部分产生的噪声功率为

$$\sigma_k^2 = \frac{\mu_k q^2}{12} \frac{1}{j2\pi} \oint \frac{1}{B_k B_{k^*}} \prod_{r=k+1}^{m} H_r H_{r^*} \cdot \frac{dz}{z}; \quad k = 1, 2, \cdots, (m-1) \tag{8.47a}$$

和

$$\sigma_m^2 = \frac{\mu_m q^2}{12} \frac{1}{j2\pi} \oint \frac{1}{B_m B_{m^*}} \cdot \frac{dz}{z} \tag{8.47b}$$

这里下标星号表示 z 变换为 z^{-1}，并且 μ_k 是第 k 部分的乘法数。对于一个普通的 2 阶部分 $\mu_k = 5$，一个普通的一阶 $\mu_k = 3$。最后，输出噪声功率总和可以由式（8.46）和式（8.47）得到。

　　例 8.3　例 8.2 中的传输函数由级联方式来实现，计算由于舍入累积导致的输出噪声功率。

　　解：让我们以两个一阶节级联来实现传输函数。因为两个极点都是实数，所以很容易进行实现。那么

$$H(z) = H_1(z)H_2(z)$$

这里

$$H_1(z)\frac{z^{-1}}{(1-0.4z^{-1})} = \frac{1}{z-0.4}$$

$$H_2(z)\frac{z^{-1}}{(1-0.5z^{-1})} = \frac{1}{z-0.5}$$

利用式（8.47）我们得到 $\mu_1 = 1$，

$$\sigma_1^2 = \frac{q^2}{12}\frac{1}{j2\pi}\oint \frac{5z\mathrm{d}z}{(z-0.4)(z-0.5)(2.5-z)(2-z)}$$

单位圆内的两个极点是 $z=0.4$ 和 $z=0.5$。相应的留数是 -5.9524 和 8.333。因此

$$\sigma_1^2 = \frac{q^2}{12}\frac{1}{j2\pi}j2\pi(-5.9524+8.333)$$

$$= 0.1984q^2$$

$\hat{H}_2$ 相似，$\mu_2 = 1$

$$\sigma_2^2 = 0.111q^2$$

因此，总输出噪声功率是

$$\sigma_T^2 = \sigma_1^2 + \sigma_2^2$$

$$= 0.3095q^2$$

与例8.2中的直接实现相比较，可以看出，对于该传输函数，在相同的抽样间隔下，级联模式产生较低的舍入噪声。

8.4.1.3　并联实现

　　在这种模式中，我们表示传输函数为

$$H(z) = \sum_{k=1}^{m} H_k(z) \tag{8.48}$$

其中

$$H_k = \frac{\alpha_{0k} + \alpha_{1k}z^{-1}}{1 + \beta_{1k}z^{-1} + \beta_{2k}z^{-2}}$$

$$= \frac{A_k(z)}{B_k(z)} \tag{8.49}$$

跟前面一样，我们可以改进图8.8的模型，它给出了考虑舍入噪声情况下并联形式滤波器的实现。

　　每一个输入噪声误差 $\varepsilon_k(n)$ 都会在输出时产生一个量化噪声功率部分 σ_k^2。输出的舍入噪声总功率是

$$\sigma_T^2 = \sum_{k=1}^{m} \alpha_k^2 \tag{8.50}$$

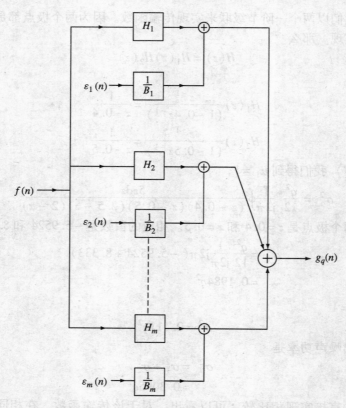

图 8.8　并联形式的 IIR 滤波器，考虑了舍入误差累积

这里

$$\sigma_k^2 = \frac{\mu_k q^2}{12} \frac{1}{j2\pi} \oint_c \frac{1}{B_k B_{k^*}} \quad k = 1, 2, \cdots, m \tag{8.51}$$

式中，μ_k 是在第 k 部分的乘法数。

例 8.4　在并联情况下实现例 8.2 和 8.3 中的传输函数，分别计算它们的输出舍入噪声功率。

解:

$$H(z) = \frac{1}{(z - 0.4)(z - 0.5)}$$

用两个一阶并联方式来实现，因为两个极点都是实的。那么

$$H(z) = H_1(z) + H_2(z)$$

这里

$$H_1(z) = \frac{10}{z - 0.5}$$

$$H_2(z) = \frac{-10}{z - 0.4}$$

那么

$$\sigma_1^2 = \frac{q^2}{12} \frac{1}{\mathrm{j}2\pi} \oint_c \frac{1}{(z-0.4)(z^{-1}-0.4)} \frac{\mathrm{d}z}{z}$$

$$= 0.0992q^2$$

并且

$$\sigma_2^2 = \frac{q^2}{12} \frac{1}{\mathrm{j}2\pi} \oint_c \frac{1}{(z-0.5)(z^{-1}-0.5)} \frac{\mathrm{d}z}{z}$$

$$= 0.111q^2$$

所以

$$\sigma_\mathrm{T}^2 = \sigma_1^2 + \sigma_2^2 = 0.2103q^2$$

对于该同样的传输函数,它的输出舍入噪声功率甚至比级联形式更小。

8.4.2 考虑量化误差的舍入累积

现在,我们在同时考虑滤波器参数取整的情况下,重复上节的分析。与此同时,假设使用的是定点算法。

8.4.2.1 直接实现

采用式(8.21)~式(8.26)的取整系数符号,定义

$$\Delta(n) = -\sum_{k=1}^{M} b_k \Delta(n-k) + u(n) \tag{8.52}$$

这里

$$u(n) = \sum_{k=0}^{N} \alpha_k f(n-k) - \sum_{k=1}^{M} \beta_k g(n-k) + \varepsilon(n) \tag{8.53}$$

$$A(z) = \sum_{k=0}^{M} \alpha_k z^{-k} \tag{8.54}$$

$$B(z) = \sum_{k=1}^{N} \beta_k z^{-k} \tag{8.55}$$

$$C(z) = A(z) - H(z)B(z) \tag{8.56}$$

$$D(z) = 1 + \sum_{k=1}^{N} b_k z^{-k} \tag{8.57}$$

现在,假设输入序列 $\{f(n)\}$ 是零均值和广义平稳的,它有自相关序列 $\{R_{ff}(n)\}$ 和功率谱密度 $\phi_{ff}(z)$。于是,输出序列 $\{g(n)\}$ 也是零均值和广义平稳的,功率谱密度 $\phi_{gg}(z)$ 为

$$\phi_{gg}(z) = H(z)H_*(z)\phi_{ff}(z) \tag{8.58}$$

可以证明,如式(8.53)所定义的,$\{u(n)\}$ 也是零均值和广义平稳的,自相关函数为

$$\phi_{uu}(z) = C(z)C_*(z)\phi_{ff}(z) + \frac{(M+N+1)q^2}{12DD_*} \tag{8.59}$$

输出的量化误差 $\Delta(n)$ 包括参数的量化和产生的舍入累积，它也是零均值和广义平稳的，自相关为

$$\phi_{gg}(z) = \frac{1}{D(z)D_*(z)}\phi_{uu}(z) \qquad (8.60)$$

根据式（8.59），它可变为

$$\phi_{\Delta\Delta}(z) = \frac{C(z)C_*(z)}{D(z)D_*(z)}\phi_{ff}(z) + \frac{M+N+1}{12}q^2 \qquad (8.61)$$

因此，均方误差，或者输出噪声功率为

$$\sigma_T^2 = \frac{1}{j2\pi}\oint\phi_{\Delta\Delta}(z)\,\frac{\mathrm{d}z}{z} \qquad (8.62)$$

很明显，如果没有系数取整误差，式（8.61）的第一个式子就不会存在，并且式（8.61）和式（8.62）的表示简化为之前得到的式（8.40）。于是，由于内部量化产生的总输出噪声就是舍入累积和系数取整到 l - 位两部分之和。由于舍入累积产生的部分与输入序列 $\{f(n)\}$ 和理论的输出序列都不相关的。一个包含这些误差的传输函数的直接实现的形式，可以很容易根据式（8.61）和式（8.62）得到。如图 8.9 所示，它是图 8.6 的一个特例。

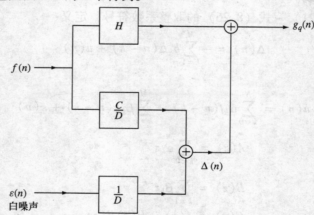

图 8.9　直接形式的 IIR 滤波器，同时考虑舍入量化累积和系数量化

8.4.2.2　级联实现

将 $H(z)$ 分解成式（8.43），图 8.9 的模型可以应用于每一个因子 H_k，其中 $M = N = 2$（或 1）。式（8.21）～式（8.26）中的符号可以用于任意一阶节和二阶节的量化系数。那么

$$\hat{A}_k(z) = \alpha_{0k} + \alpha_{1k}z^{-1} + \alpha_{2k}z^{-2}$$
$$\hat{B}_k(z) = \beta_{1k}z^{-1} + \beta_{2k}z^{-2} \qquad (8.63)$$
$$C_k(z) = \hat{A}_k(z) - H_k(z)\hat{B}_k(z)$$

我们可以构造图 8.10 的模型，它是图 8.7 的一个忽略系数量化的特例。

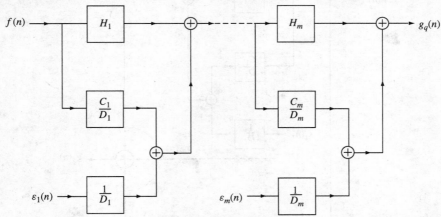

图 8.10 级联形式的 IIR 滤波器，同时考虑舍入量化累积和系数量化

因此，对于级联实现，输出误差的功率谱密度为

$$\phi_{\Delta\Delta}(z) = \phi_{ff} \sum_{k=1}^{m} \frac{C_k C_{k*}}{D_k D_{k*}} \prod_{\substack{r=1 \\ r \neq k}}^{m} H_r H_{r*}$$

$$+ \frac{q^2}{12} \left(\frac{\mu_m}{D_k D_{k*}} + \sum_{k=1}^{m-1} \frac{\mu_k}{D_k D_{k*}} \prod_{\substack{r=1 \\ r \neq k}}^{m} H_r H_{r*} \right) \tag{8.64}$$

这里 μ_k 是在第 k 部分的乘法数。

最后，根据式（8.62）和式（8.64）能得到总的输出噪声功率。我们还要注意零系数舍入，根据式（8.62）、式（8.64）可简化为式（8.47）。

8.4.2.3 并联实现

将 $H(z)$ 表示为式（8.48），图 8.9 的模型能够用于每一个二阶（或者一阶）的 $H_k(z)$。式（8.21）到式（8.26）的符号用于每部分的系数量化。因此，

$$\hat{A}_k(z) = \alpha_{0k} + \alpha_{1k} z^{-1}$$

$$\hat{B}_k(z) = \beta_{0k} z^{-1} + \beta_{1k} z^{-2} \tag{8.65}$$

$$C_k(z) = \hat{A}_k(z) - H_k(z) \hat{B}_k(z)$$

根据上面的表示，我们能构建图 8.11 的模型，图 8.8 是图 8.11 不进行系数量化情况下的特殊情况。那么，对于并行实现形式，

输出误差的功率谱密度为

$$\phi_{\Delta\Delta}(z) = \phi_{ff}(z) \left(\sum_{k=1}^{m} \frac{C_k}{D_k} \right) \left(\sum_{k=1}^{m} \frac{C_{k*}}{D_{k*}} \right) + \frac{q^2}{12} \sum_{k=1}^{m} \frac{\mu_k}{D_k D_{k*}} \tag{8.66}$$

式中，μ_k 是在第 k 部分的乘法数。总的输出噪声功率能根据式（8.66）和式（8.62）得到。对于没有参数量化的情况，结果简化为式（8.51）。

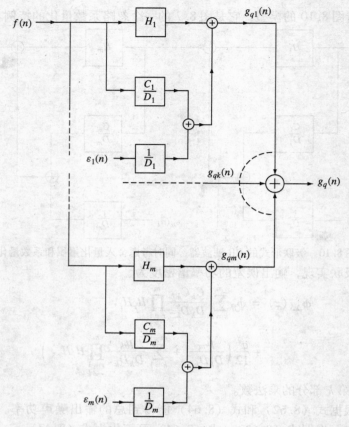

图 8.11 级联形式的 IIR 滤波器，同时考虑舍入量化累积和参数量化

8.5 自激：溢出和极限周期

8.5.1 溢出振荡

考虑到二阶节作为数字传输函数的基本结构模块[12]。对于图 8.12 所示的部分由差分方程描述

$$g(n) = f(n) - \beta_1 g(n-1) - \beta_2 g(n-2) \tag{8.67}$$

相应的传输函数是一个全极点函数

$$H(z) = \frac{Z\{g(n)\}}{Z\{f(n)\}} = \frac{1}{1 + \beta_1 z^{-1} + \beta_2 z^{-2}} \tag{8.68}$$

稳定条件的获得是通过极点计算得到的，为

$$P_{1,2} = \frac{-\beta_1 \pm (\beta_1^2 - 4\beta_2)^{1/2}}{2} \tag{8.69}$$

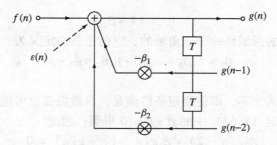

图 8.12 由式（8.67）和式（8.68）表示的一个二阶滤波器

所以为保证稳定性，$p_{1,2}$ 必须在 z 平面的单位圆内。这个条件能被表示在（β_1，β_2）平面上，如图 8.13 所示。对于复数极点，稳定区间是由抛物线界定的

$$\beta_2 = \frac{\beta_1^2}{4} \tag{8.70}$$

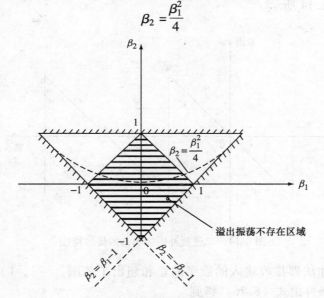

图 8.13 自激振荡的相关讨论

并且对于稳定性有

$$0 \leqslant \beta_2 < 1 \tag{8.71}$$

实极点从式（8.69）中可以得到

$$-\frac{\beta_1}{2} + \frac{1}{2}(\beta_1^2 - 4\beta_2)^{1/2} < 1$$
$$-1 < \frac{\beta_1}{2} - \frac{1}{2}(\beta_1^2 - 4\beta_2)^{1/2} \tag{8.72}$$

即

$$\beta_2 > -\beta_1 - 1, \beta_2 > \beta_1 - 1, \tag{8.73}$$

或者

$$|\beta_1| < 1 + \beta_2 \tag{8.74}$$

这种情况下，稳定的区域是一个三角形的，它的三条边定义为

$$\beta_2 = 1, \beta_2 = -\beta_1 - 1, \beta_2 = \beta_1 - 1 \tag{8.75}$$

如图 8.13 所示。

现在，甚至输入为零，即使稳定条件满足，自激振荡也可能发生。零输入的差分方程可以通过设定（8.67）中的 $f(n) = 0$ 得到；因此

$$\beta_2 g(n-2) + \beta_1 g(n-1) + g(n) = 0$$

或

$$g(n) = -[\beta_1 g(n-1) + \beta_2 g(n-2)] \tag{8.76}$$

当使用图 8.12 加法器的定点算法，溢出就可能发生。例如，二进制补码加法器的传输特性如图 8.14 所示。

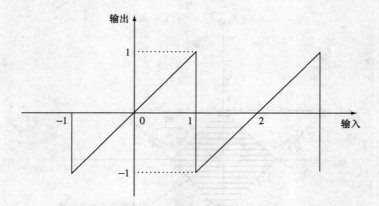

图 8.14　二进制补码加法器的传输特性

很明显，如果加法器接收输入的数字的总和超出了范围（ $-1, 1$ ），溢出将会发生。不溢出的条件由式（8.76）得到

$$|g(n)| < 1 \tag{8.77}$$

所以

$$|\beta_1 g(n-1) + \beta_2 g(n-2)| < 1 \tag{8.78}$$

并且因为 $g(n-1)$ 和 $g(n-2)$ 被限制小于 1，于是，一个避免溢出的充分必要条件为

$$|\beta_1| + |\beta_2| < 1 \tag{8.79}$$

它定义了一个序列，该序列在如图 8.13 所示的（ β_1, β_2 ）平面稳定的三角形内。它已经表明，如果式（8.79）的条件不满足，那么加法器将工作在一个非线性方式，即使当输入是零，也能产生一个滤波器的输出。这个输出可能是常数也可能周期性信号，它通常被称为溢出振荡。解决这个问题的方法是使用饱和加法器。这种加法器的传输特性如图 8.15 所示，并且不允许输出结果超过指定的动态范围。

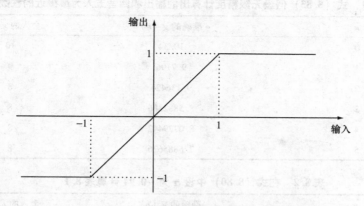

图 8.15 二进制补码饱和加法器的传输特性

8.5.2 极限周期和死区效应

如果数字滤波器的输入为零或者常数，在 8.4 节所给的讨论方式中，算法的舍入误差不能被视为不相关的随机过程。反而，舍入噪声取决于信号的输入，并且甚至当输入完全关闭，仍存在一个由舍入噪声确定的输出。这种现象会导致自激振荡，被称为极限环。这些现在都通过由一阶差分方程描述的一阶滤波器所表示

$$g(n) = \alpha g(n-1) + f(n) \tag{8.80}$$

所以它的传输函数为

$$H(z) = \frac{1}{1 - \alpha z^{-1}} \tag{8.81}$$

并且稳定性要求

$$|\alpha| < 1 \tag{8.82}$$

令 $\alpha = 0.94$，初始条件为 $g(-1) = 11$，并且假设输入完全关闭，即 $f(n) = 0$，我们有

$$g(n) = 0.94g(n-1) \tag{8.83}$$

假设输出是无限准确度计算得到的，那么将其舍入到最接近的整数，表 8.1 给出了相应的值。这表明虽然 $g(n)$ 的准确值以指数方式衰减，但舍入的值达到 8 的稳定值。这就是极限周期对零输入的响应。如果我们重复表 8.1 的计算，并且在式 (8.80) 中设 α 为 -0.94，那么我们得到表 8.2，揭示出 $g(n)$ 的舍入值在 $-8 \sim 8$ 之间变动。区间 $[-8, 8]$ 被称为死区，并且这种现象被称为死区效应。

通常，对于一阶滤波器，死区可以根据下式 (8.84) 得到

$$D = \left\{ \frac{0.5}{1 - |\alpha|} \right\} \text{的整数部分} \tag{8.84}$$

表 8.1   式（8.83）假设无限精度计算出的输出和四舍五入为最接近的整数

n	准确的 g（n）	舍入的 g（n）
0	10.34	10
1	9.7196	9
2	9.136424	8
3	8.5882386	8
4	8.0729442	8
5	7.5885676	8

表 8.2   在式（8.80）中设 α 为 -0.94 计算表 8.1

n	准确的 g（n）	舍入的 g（n）
0	-10.34	-10
1	9.7196	9
2	-9.136424	-8
3	8.5882386	8
4	-8.0729442	-8
5	7.5885676	8

这里

（ⅰ）对于 $\alpha > 0$ 极限环是常数；

（ⅱ）对于 $\alpha < 0$ 信号以 $\omega_N/2$ 的频率振荡。

极限周期的二阶分析表明存在两种方式的自激振荡。第一方式与 $\omega_N/2$ 频率下一阶节产生的常数输出或振荡的情况类似。在第二种方式下，滤波器表现为在单位圆上存在一对共轭极点。

必须观察到的是极限环振荡的发生是由于存储到寄存器前的量化。在精心设计的系统中，一般具有足够大的位数以及足够小的量化步长，它们通常具有很小的幅度。因此，在缺乏逻辑饱和器件时，它们的振幅比可能产生溢出振荡的振幅要小。通过指定量化误差的边界，如式（8.85），一个极限环幅度的上界能够很容易获得

$$\varepsilon(n) \leqslant \frac{q}{2} \tag{8.85}$$

因此，如果滤波器脉冲响应序列为 $\{h(n)\}$，那么

$$|g(n)| \leqslant \frac{q}{2} \sum_n |h(n)| \tag{8.86}$$

事实上，这是比较悲观的情况。更实际的极限环幅值的估算由下式（8.87）给出

$$A_{1c} = \frac{q}{2} \max |H(\exp(j\omega T))| \tag{8.87}$$

这里 $H(\exp(j\omega T))$ 是滤波器部分的传输函数。例如，一个二阶节描述为

$$H(z) \frac{1}{1 + \beta_1 z^{-1} + \beta_2 z^{-2}} \qquad (8.88)$$

它的极点为

$$P_{1,2} = |r| \exp(j \pm \theta) \qquad (8.89)$$

所以式（8.86）给出

$$|g(n)| \leqslant \frac{q}{2(1 - r)\sin\theta}$$

然而式（8.87）给出

$$A_{1c} = \frac{q}{2} \frac{1}{(1 - r^2)\sin\theta} \qquad (8.90)$$

最后，我们观察到，为了尽量减少极限环振荡，寄存器的长度必须选择足够大，并且量化步长必须足够小。极限环振荡也可以通过利用截断而不是取整的量化来消除。可是，代价是在信号的出现时增加了量化噪声。

8.6 小结

本章主要讨论了数字信号处理器性能下降的各种原因和来源，这是系统所固有的，是由使用有限长数字表示信号序列和传输函数的系数引起的。这些有限字长效应的研究是非常重要的，因为在数字系统的设计完成和实现之前它们是必须要考虑的。在数字信号处理系统中，这些性能的限制，例如一个数字滤波器，构成了数字系统和模拟系统的根本区别，因为模拟系统并没有这些限制。

习　　题

8.1　对于以下的滤波器传输函数：

（a）$H(z) = \dfrac{(1 + z^{-1})^3}{(1 + 0.1z^{-1})(1 - 0.4z^{-1} + 0.2z^{-2})}$

（b）$H(z) = \dfrac{z^{-1}(1 + z^{-1})}{(4 - 2z^{-1} + z^{-2})(37 + 51z^{-1} + 27z^{-2} + 5z^{-3})}$

计算由 32 位定点数表示的输入信号量化的输出误差。

8.2　计算习题 8.1 传输函数的系数字长，要求避免不稳定性。

8.3　对于习题 8.1 的传输函数，计算每种情况（直接实现、级联实现、并联实现）下由舍入误差引起的输出误差，不考虑系数量化。

8.4　在考虑系数量化影响的情况下重新计算习题 8.3，假设全部字长都是 16 位。

9 线性估计、系统建模和自适应滤波器

9.1 绪论

在本章中，我们将讨论一个信号处理的核心问题，即：从一组收到的噪声数据信号[11,12,20,21]中估算出有用的信号。如果信号是确定的且频谱已知，并且这些频谱与噪声不发生交叠，那么信号能通过之前讨论的传统滤波技术进行恢复。但是这种情况非常少见。相反，我们常常遇见的问题是在存在的噪声中估计一个未知的随机信号，并且这通常是以一定的标准来完成，以使估算中的误差最小化。这就引出了对自适应滤波的研究[21]。一个密切相关的区域是对一个未知的线性系统（或过程）行为的建模或仿真。首先，本章对线性估计和建模的规则进行了讨论，那就表明这些可以使用自适应算法来进行实现。在线性估计理论中，我们使用的是从确定性函数的经典均方逼近方法派生出来的设计技术。因此，本章从这些方法的讨论开始，再扩展到随机信号。本章意在介绍一种模拟和数字技术的线性估计方法。重点是放在离散区间的 Winener 滤波器和相关的自适应算法。这些讨论都以第 7 章的结果和符号为基础的。

9.2 均方近似

9.2.1 模拟信号

假设，给定一个函数 $f(t)$，通过式（9.1）中 N 个独立信号 $x_k(t)$ 的线性组合进行近似为

$$\hat{f}(t) = \sum_{k=0}^{N-1} a_k x_k(t) \tag{9.1}$$

近似误差为

$$e(t) = f(t) - \hat{f}(t)$$

$$= f(t) - \sum_{k=0}^{N-1} a_k x_k(t) \tag{9.2}$$

确定常数 a_k，减小由此产生的均方误差

$$\varepsilon = \int_{-\infty}^{\infty} e^2(t)\,\mathrm{d}t \tag{9.3}$$

即

$$\varepsilon = \int_{-\infty}^{\infty} [f(t) - \sum_{k=0}^{N-1} a_k x_k(t)]^2 dt \tag{9.4}$$

我们之前提到一个类似的例子，通过一个截断傅里叶级数表示一个函数的近似。在那个例子中，信号 $x_k(t)$ 是以 $\sin k\omega_0 t$、$\cos k\omega_0 t$ 或者 $\exp(j\omega_0 t)$ 的形式出现。这里，我们研究最普遍的情况，其中，信号 $x_k(t)$ 不会被特殊信号所限制。我们仅限于对实信号进行讨论。

9.2.1.1 正交性原理

首先，我们注意到，如果 $x(t)$ 和 $y(t)$ 在区间 $[a,b]$ 上是正交的，满足

$$\int_a^b x(t)y(t)dt = 0 \tag{9.5}$$

如果区间为是 $[-\infty, \infty]$，那么正交性满足

$$\int_{-\infty}^{\infty} x(t)y(t)dt = 0 \tag{9.6}$$

现在我们讨论式（9.4）所给的均方误差 ε，注意到它是系数 a_k 的函数。为了将 ε 最小化，我们对它求 a_i 的微分，并且等于零

$$\frac{\partial \varepsilon}{\partial a_i} = 0 \quad i = 0,1,\cdots,(N-1) \tag{9.7}$$

或者

$$\frac{\partial}{\partial a_i} \left[\int_{-\infty}^{\infty} (f(t) - \sum_{k=0}^{N-1} a_k x_k(t))^2 \right] = 0 \tag{9.8}$$

即

$$-2\int_{-\infty}^{\infty} (f(t) - \sum_{k=0}^{N-1} a_k x_k(t))x_i(t)dt = 0 \tag{9.9}$$

或者

$$\int_{-\infty}^{\infty} [f(t) - \hat{f}(t)]x_i(t)dt = 0 \quad i = 0,1,\cdots,(N-1) \tag{9.10}$$

所以

$$\int_{-\infty}^{\infty} e(t)x_i(t)dt = 0 \quad i = 0,1,\cdots,(N-1) \tag{9.11}$$

它意味着误差，$e(t) = f(t) - \hat{f}(t)$，与信号 $x_i(t)$ 必须是正交的。

将式（9.11）进行详细表示，我们有

$$a_0\int_{-\infty}^{\infty} x_0(t)x_i(t)dt + a_1\int_{-\infty}^{\infty} x_1(t)x_i(t)dt + \cdots + a_{N-1}\int_{-\infty}^{\infty} x_{N-1}(t)x_i(t)dt$$

$$= \int_{-\infty}^{\infty} f(t)x_i(t)dt \quad i = 0,1,\cdots,(N-1) \tag{9.12}$$

它是 N 个以 a_0，a_1，$\cdots$，a_{N-1} 为系数的等式系统，它的解给出了最小均方误差的最优值。

很明显，如果我们施加额外条件，即信号 $x_i(t)$ 本身就是一个正交组，那么

$$\int_{-\infty}^{+\infty} x_i(t) x_k(t)\, dt = E_i \quad i = k$$
$$= 0 \quad i \neq k \tag{9.13}$$

如果是这种情况，那么式（9.12）和式（9.13）给出

$$a_i = \frac{1}{E_i} \int_{-\infty}^{\infty} f(t) x_i(t)\, dt \tag{9.14}$$

9.2.2　离散信号

如果两个序列 $\{x(n)\}$ 和 $\{y(n)\}$ 在区间 $[-\infty, \infty]$ 上正交，那么有

$$\sum_{n=-\infty}^{\infty} x(n) y(n) = 0 \tag{9.15}$$

现在，给定一个任意序列 $\{f(t)\}$，要求用 N 个线性独立序列 $\{x_k(n)\}$ 的线性组合对其进行近似，有

$$\hat{f}(n) = \sum_{k=0}^{N-1} a_k x_k(n) \tag{9.16}$$

误差的近似为

$$e(n) = f(n) - \hat{f}(n)$$
$$= f(n) - \sum_{k=0}^{N-1} a_k x_k(n) \tag{9.17}$$

此外，我们希望确定系数 a_k，使均方误差最小

$$\varepsilon = \sum_{n=-\infty}^{\infty} e^2(n)$$
$$= \sum_{n=-\infty}^{\infty} \left[f(n) - \sum_{k=0}^{N-1} a_k x_k(n) \right]^2 \tag{9.18}$$

为了达到这个目的，使上面的表达式对一个典型的系数求微分并且等于零。即

$$\frac{\partial \varepsilon}{\partial a_i} = -2 \sum_{n=-\infty}^{\infty} \left[f(n) - \hat{f}(n) \right] x_i(n) = 0 \tag{9.19}$$

那么

$$\sum_{n=-\infty}^{\infty} (f(n) - \hat{f}(n)) x_i(n) = 0 \quad i = 0, 1, \cdots, (N-1) \tag{9.20}$$

或者

$$\sum_{n=-\infty}^{\infty} e(n) x_i(n) = 0 \quad i = 0, 1, \cdots, (N-1) \tag{9.21}$$

它意味着误差与信号 $x_i(n)$ 是正交的。所以，正交性的原理也适用于离散信号。为

了确定系数，我们将式（9.19）写成

$$a_0 \sum_{n=-\infty}^{\infty} x_0(n)x_i(n) + a_1 \sum_{n=-\infty}^{\infty} x_1(n)x_i(n) + \cdots + a_{N-1} \sum_{n=-\infty}^{\infty} x_{N-1}(n)x_i(n)$$

$$= \sum_{n=-\infty}^{\infty} f(n)x_i(n) \quad i = 0,1,\cdots,(N-1) \tag{9.22}$$

上述 N 个方程的解给出了系数 a_k 的最优值。

在本章的其余部分，我们将使均方逼近原则适用于随机信号的估计。使用估计而不是近似的术语，是因为信号是随机的或者最好包含有随机信号的成分。

9.3　线性估计、系统建模与最佳滤波器

对于一个随机信号 $f(t)$，只能观察到加性噪声的存在[12]。噪声也是一个随机信号 $v(t)$ 并且接收的数据信号为

$$\mathbf{x}(t) = \mathbf{f}(t) + v(t) \tag{9.23}$$

图 9.1a 形象地表示了它。当有用信号是 $\mathbf{x}(t)$ 时，这里需要考虑的问题是 $\mathbf{f}(t)$ 信号的估计。在式（9.23）中假设 $\mathbf{f}(t)$ 是一个未知的随机信号抽样序列，并且 $v(t)$ 是已知功率谱的联合平稳序列。

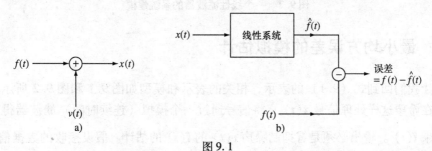

图 9.1
a）式（9.23）的符号表示　b）线性估计

我们区分三种类型的估计：

（a）从数据 $\mathbf{x}(t)$ 有效到时间 t，对 $\mathbf{f}(t)$ 在时间 t 上进行估计，通常称为过滤。

（b）从数据有效到时间 t，对 $\mathbf{f}(t)$ 在时间 t 上进行估计，并且测量时间晚于 t。这就是所谓的平滑。这种情况下，在估计的结果上有一些延迟。

（c）直到 t 时刻点，在未来的时间点（$t+\tau$）上对信号进行估计。这就是所谓的预测。

一般而言，线性估计问题包括可用噪声信号通过线性系统（如图 9.1b）的过程，严格地说，它被称为滤波器，无论过程是滤波、平滑或者预测。滤波器 $\mathbf{f}(t)$ 的输出必须是信号 $\mathbf{f}(t)$ 的估计，并且要求噪声 $v(t)$ 被抑制。

估计理论的最开始工作是由 Kolmogorov 和 Wiener 在 20 世纪 40 年代以平稳过

程的形式完成的。该解决方案使用最小均方误差作为最优化准则，并将得到的最优滤波器被称为 Wiener 滤波器。然而，Kolmogorov 和 Wiener 的理论不适用于处理非平稳信号和噪声。这就引发了 Kalman 在 20 世纪 60 年代的研究，他发表了一种适用于非平稳过程的新理论。该解决方案提供了一种利用最小二乘法的最佳的设计，其结果是一种称为 Kalman 滤波器的可变系数的系统。

另外一个与最优化滤波非常相关的问题是一个未知系统通过一个线性系统（滤波器）进行建模或仿真。这种情况与图 9.2 所描述一样，滤波器输出与理想输出的误差是最小的。最优建模问题的解决与估计问题在表示上相同。因此，本章的讨论都适用于这两种情况。但是，我们只考虑它们中的一个和其他特定的情况。

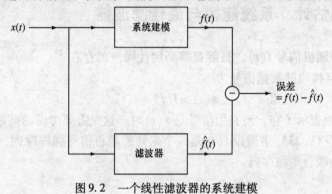

图 9.2 一个线性滤波器的系统建模

9.4 最小均方误差的模拟估计

让我们回到式（9.1）的表示，相关的表示和模型如图 9.1 和图 9.2 所示。我们现在希望这样处理信号 $\mathbf{x}(t)$，将信号通过一个模拟（连续时间）滤波器得到输出结果 $\hat{\mathbf{f}}(t)$。输出必须是有抑制噪声 $v(t)$ 的 $\mathbf{f}(t)$ 的估计。假设接收的数据信号 $\mathbf{x}(t)$ 是（广义）平稳的，那么它的均值

$$E[\mathbf{x}(t)] = \eta, \text{常数} \tag{9.24}$$

并且它的自相关是

$$R_{xx}(\tau) = E[\mathbf{x}(t)\mathbf{x}(t+\tau)] \tag{9.25}$$

仅仅取决于差值 τ。此外，因为总是减去均值 η，我们认为过程是零均值的。

首先，我们利用非因果滤波器讨论数据平滑，然后讨论因果估计问题。

9.4.1 非因果的平滑维纳滤波器

对于图 9.3，图中数据 $\mathbf{x}(t)$ 通过一个脉冲响应为 $h(t)$ 的滤波器。我们希望能够得到 $h(t)$ 或者它的傅里叶转换 $H(\omega)$，使滤波器的输出 $\hat{\mathbf{f}}(t)$ 是 $\mathbf{f}(t)$ 的估计。这种情况下，我们利用数据 $\mathbf{x}(t)$ 的以前值和未来值的线性组合来估计 $\mathbf{f}(t)$。（非因

果）估计量的输出 $\hat{\mathbf{f}}(t)$ 与它的输入有如下卷积关系：

$$\hat{\mathbf{f}}(t) = \int_{-\infty}^{\infty} h(\alpha)\mathbf{x}(t-\alpha)\mathrm{d}\alpha$$

(9.26)

图 9.3　输入为接收到的噪声信号并且输出为所需信号估计的滤波器

那么，$\hat{\mathbf{f}}(t)$ 是数据 $\mathbf{x}(t-\tau)$ 的线性组合，其中，τ 取从 $-\infty$ 到 ∞ 的所有值。估计中的误差为

$$e(t) = \mathbf{f}(t) - \hat{\mathbf{f}}(t) = \mathbf{f}(t) - \mathbf{x}(t) - \int_{-\infty}^{\infty} h(\alpha)\mathbf{x}(t-\alpha)\mathrm{d}\alpha \qquad (9.27)$$

现在需要确定滤波器的脉冲响应，使误差信号在均方检测上最小化。这可以通过在第 9.2.1 节中讨论的正交性原则的一般化实现。

为此，我们首先扩展式（9.16）和式（9.17）的表达式得到无穷求和，然后对得到的和求极限，将它们转化成积分。它给出了均方误差为

$$\varepsilon = E[e^2(t)] = E[(\mathbf{f}(t) - \hat{f}(t))^2]$$

$$= E\left[\left(\mathbf{f}(t) - \int_{-\infty}^{\infty} h(\alpha)\mathbf{x}(t-\alpha)\mathrm{d}\alpha\right)^2\right] \qquad (9.28)$$

利用正交定理，它是数据的最小正交误差 $e(t)$。那么

$$E\left[\left(\mathbf{f}(t) - \int_{-\infty}^{\infty} h(\alpha)\mathbf{x}(t-\alpha)\mathrm{d}\alpha\right)\mathbf{x}(t-\tau)\right] = 0 \qquad (9.29)$$

利用期望的线性特性，我们得到

$$E[\mathbf{f}(t)\mathbf{x}(t-\tau)] = \int_{-\infty}^{\infty} h(\alpha)E[\mathbf{x}(t-\alpha)\mathbf{x}(t-\tau)]\mathrm{d}\alpha = \int_{-\infty}^{\infty} h(\alpha)E[\mathbf{x}(t-\alpha)]\mathrm{d}\alpha$$

(9.30)

即

$$R_{fx}(\tau) = \int_{-\infty}^{\infty} h(\alpha)R_{xx}(\tau-\alpha)\mathrm{d}\alpha \qquad (9.31)$$

它被称为 Wiener – Hopf 条件下的最佳非因果估计。因此，最佳非因果滤波器的脉冲响应通过求解关于 $h(t)$ 的等式（9.31）可得到。利用变换对

$$R_{fx}(\tau) \leftrightarrow P_{fx}(\omega) \qquad (9.32)$$

$$R_{xx}(\tau) \leftrightarrow P_{xx}(\omega) \qquad (9.33)$$

$$h(t) \leftrightarrow H(\omega) \qquad (9.34)$$

式（9.31）的变换变为

$$P_{fx}(\omega) \leftrightarrow H(\omega)P_{fx}(\omega) \qquad (9.35)$$

于是，最佳滤波器的传输函数给出为

$$H(\omega) = \frac{P_{fx}(\omega)}{P_{xx}(\omega)} \qquad (9.36)$$

它是通过信号和数据的互功率谱与反数据的功率谱确定的。传输函数为式（9.36）的滤波器被称为非因果 Wiener 滤波器。如果时间是实数，那么式（9.36）定义的响应不可能实现，只能通过近似实现。

现在，在最小均方误差的情况下，对所有的 τ、误差 $e(t)$ 与数据 $\mathbf{x}(t-\tau)$ 正交。因此，式（9.27）和式（9.29）给出

$$E\big[\{\mathbf{f}(t) - \hat{\mathbf{f}}(t)\}\hat{\mathbf{f}}(t)\big] = 0 \tag{9.37}$$

所以

$$E\big[\mathbf{f}(t)\hat{\mathbf{f}}(t)\big] = E\big[\hat{\mathbf{f}}^2\big] \tag{9.38}$$

然而，（9.28）给出

$$\varepsilon_{\min} = E\big[(\mathbf{f}(t) - \hat{\mathbf{f}}(t))^2\big] = E\big[\mathbf{f}^2(t)\big] - 2E\big[\mathbf{f}(t)\hat{\mathbf{f}}(t)\big] + E\big[\hat{\mathbf{f}}^2(t)\big]$$

利用式（9.38），得到

$$\varepsilon_{\min} = E\big[\mathbf{f}^2(t)\big] - E\big[\mathbf{f}(t)\hat{\mathbf{f}}(t)\big] = R_{ff}(0) - \int_{-\infty}^{\infty} h(\alpha)R_{fx}(\alpha)\mathrm{d}\alpha \tag{9.39}$$

利用式（7.73）的 Parseval's 关系，以上的最小误差能在频域中表示为

$$\varepsilon_{\min} = \frac{1}{2\pi}\int_{-\infty}^{\infty} P_{ff}(\omega)\mathrm{d}\omega - \frac{1}{2\pi}\int_{-\infty}^{\infty} P_{fx}^*(\omega)H(\omega)\mathrm{d}\omega \tag{9.40}$$

当信号 $\mathbf{f}(t)$ 和噪声 $v(t)$ 是不相关时，Wiener 滤波器的非常特殊的情况就会发生，他们被称为是正交的。这种情况下 $R_{fv}(\tau) = 0$ 并且我们有

$$P_{fx}(\omega) = P_{ff}(\omega) \tag{9.41}$$

和

$$P_{xx}(\omega) = P_{ff}(\omega) + P_{vv}(\omega) \tag{9.42}$$

因此，滤波器所要求的传输函数变为

$$H(\omega) = \frac{P_{ff}(\omega)}{P_{ff}(\omega) + P_{vv}(\omega)} \tag{9.43}$$

最小相关误差为

$$\varepsilon_{\min} = \frac{1}{2\pi}\int_{-\infty}^{\infty} \frac{P_{ff}(\omega)P_{vv}(\omega)}{P_{ff}(\omega) + P_{vv}(\omega)}\mathrm{d}\omega \tag{9.44}$$

例 9.1 假设噪声是白噪声，所以

$$P_{vv}(\omega) = A \quad \text{是一个常数}$$

并且已知信号的频谱为

$$P_{ff}(\omega) = \frac{1}{\omega^2 + \gamma^2}$$

然后，假设信号和噪声是非相关的，所以所要求的滤波器的传输函数通过式（9.43）给出为

$$H(\omega) = \frac{1}{1 + A(\omega^2 + \gamma^2)} = \frac{1/A}{\omega^2 + (1 + A\gamma^2)/A}$$

所以

$$h(t) = \frac{1}{A}\exp\left[-(1+A\gamma^2)/A\right]|t|$$

显然它是非因果的。

9.4.2　因果的维纳滤波器

当信号的处理是实时的，在当前时间 t，仅过去数据值是有效的。那么我们需要一个信号 $\mathbf{f}(t)$ 的估计 $\hat{\mathbf{f}}(t)$，它可以通过数据 $\mathbf{x}(t-\tau)$ 的线性组合得到，其中 τ 的取值是 0 到 ∞。那么我们需要一个因果滤波器，脉冲响应满足

$$h(t) = 0; \quad t < 0 \tag{9.45}$$

上节的分析仍然有效，但是取代式（9.26），我们有

$$\hat{\mathbf{f}}(t) = \int_0^\infty h(\alpha)\mathbf{x}(t-\alpha)\mathrm{d}\alpha \tag{9.46}$$

为了使均方误差最小，我们采用式（9.29）的正交原理，且积分的下限变为 0，从而得到

$$E\left[\left(\hat{\mathbf{f}}(t) - \int_0^\infty h(\alpha)\mathbf{x}(t-\alpha)\mathrm{d}\alpha\right)\mathbf{x}(t-\tau)\right] = 0 \tag{9.47}$$

所以式（9.31）等价为一个如下给出的因果维纳滤波器

$$R_{fx}(\tau) = \int_0^\infty h(\alpha)R_{xx}(\tau-\alpha)\mathrm{d}\alpha \quad \text{对于 } \tau > 0 \tag{9.48}$$

它是一个 Wiener – Hopf 条件的最优因果估计。因为式（9.48）仅仅对于 $\tau > 0$ 有效，它不能用与式（9.31）相同的方法解出，因为式（9.31）对所有的 τ 都有效。我们不应该去追求式（9.48）的解来得到所要求滤波器 $h(t)$。相反，我们转移到估计问题的离散时间上，这里数字技术与模拟技术相比有压倒性的优势。但是，在这样做之前，由于其在通信系统中的重要性，一种特殊类型的模拟处理器被引入。

9.5　匹配滤波器

匹配滤波器是一种重要且特殊的处理器[11]。这种情况下的最优准则与维纳滤波器的最优准则是不同的。回到式（9.23）我们假设 $f(t)$ 是确定的、已知的，但是被加上了加性随机噪声，所以收到的信号为

$$\mathbf{x}(t) = f(t) + v(t) \tag{9.49}$$

现在，将数据 $\mathbf{x}(t)$ 加到一个脉冲响应为 $h(t)$ 且传输函数为 $H(\omega)$ 的滤波器上，输出为随机信号

$$\mathbf{y}(t) = \mathbf{x}(t) * h(t) = y_f(t) + y_v(t) \tag{9.50}$$

这里

$$y_f(t) = f(t) * h(t) \tag{9.51}$$

它是信号 $f(t)$ 产生的输出信号的一部分，并且

$$y_v(t) = v(t) * h(t) \tag{9.52}$$

它是由于随机噪声 $\tilde{v}(t)$ 产生的输出信号的一部分。在任何时间 τ，信噪比在输出处为

$$\text{SNR} = \frac{|y_f(\tau)|}{\{E[|y_v(\tau)|^2]\}^{1/2}} \tag{9.53}$$

现在需要确定滤波器的传输函数，使输出信噪比最大。由 $f(t)$ 得到的 $y_f(t)$，由式（9.51）写成

$$y_f(t) = \mathfrak{J}^{-1}[H(\omega) * F(\omega)] = \frac{1}{2\pi} \int_{-\infty}^{\infty} H(\omega) F(\omega) \exp(j\omega t) d\omega \tag{9.54}$$

然而，对于由输入噪声产生的输出，我们有

$$E[y_v^2(t)] = \frac{1}{2\pi} \int_{-\infty}^{\infty} P_v(\omega) |H(\omega)|^2 d\omega \tag{9.55}$$

这里 $P_{vv}(\omega)$ 是平稳噪声 $v(t)$ 的功率谱。

现在，考虑两个函数

$$G_1(\omega) = [P_{vv}(\omega)]^{1/2} H(\omega) \tag{9.56}$$

和

$$G_2(\omega) = \frac{F(\omega)}{[P_{vv}(\omega)]^{1/2}} \exp(j\omega t) \tag{9.57}$$

所以 $G_1(\omega) G_2(\omega)$ 的乘积是式（9.54）的积分。对 $G_1(\omega)$ 和 $G_2(\omega)$ 使用 Schwartz's 不等式[11,12]，我们得到

$$\left| \int_{-\infty}^{+\infty} F(\omega) H(\omega) \exp(j\omega t) d\omega \right|^2 \leqslant \int_{-\infty}^{+\infty} \frac{|F(\omega)|^2}{P_{vv}(\omega)} d\omega \int_{-\infty}^{+\infty} P_{vv}(\omega) |H(\omega)|^2 d\omega \tag{9.58}$$

在以上等式中利用式（9.53），我们得到

$$(\text{SNR})^2 = \frac{y_f^2(\tau)}{E[y_v^2(\tau)]} \leqslant \frac{1}{2\pi} \int_{-\infty}^{\infty} \frac{|F(\omega)|^2}{P_{vv}(\omega)} d\omega \tag{9.59}$$

当 $G_1(\omega)$ 按比例等于 $G_2^*(\omega)$ 时，式（9.59）达到它的最大值[11,12]，

$$G_1(\omega) = c G_2^*(\omega) \quad c \text{ 是一个常数} \tag{9.60}$$

或者根据式（9.56）和式（9.57）

$$[P_{vv}(\omega)]^{1/2} H(\omega) = c \frac{F^*(\omega)}{[P_{vv}(\omega)]^{1/2}} \exp(j\omega t) \tag{9.61}$$

所以所要求的滤波器的传输函数为

$$H(\omega) = c \frac{F^*(\omega)}{P_{vv}(\omega)} \exp(-j\omega t) \tag{9.62}$$

它使 SNR 最大

$$(\text{SNR})^2_{\max} = \frac{1}{2\pi}\int_{-\infty}^{\infty} \frac{|F(\omega)|^2}{P_{vv}(\omega)}d\omega \tag{9.63}$$

在这种特殊情况下，白噪声为

$$P_{vv}(\omega) = A \quad \text{其中 A 为常数} \tag{9.64}$$

并且式（9.62）变为

$$H(\omega) = \frac{c}{A}F^*(\omega)\exp(-j\omega t) \tag{9.65}$$

所以

$$h(t) = \frac{c}{A}f(\tau - t) \tag{9.66}$$

其中

$$(\text{SNR})^2_{\max} = \frac{1}{2\pi A}\int_{-\infty}^{\infty} |F(\omega)|^3 d\omega$$

$$= \frac{E}{A} \tag{9.67}$$

或

$$E(\text{SNR})_{\max} = (E/A)^{1/2} \tag{9.68}$$

这里，E 是信号 $f(t)$ 的能量。

9.6　离散时间线性估计

考虑一个随机信号 $\mathbf{f}(t)$，在加性噪声存在的情况下，它能够被观察到。噪声也是随机信号 $v(t)$，并且接收到数据信号是（见图 9.1）所给的式（9.23）。这里讨论的问题与 9.4 节是完全相同的，即当可用信号是 $\mathbf{x}(t)$ 时，考虑对信号 $\mathbf{f}(t)$ 的估计。然而我们希望采用离散时间技术，特别是采用数字滤波器。数字滤波器需要实时操作，并且我们仅仅关注因果估计。为了使用离散时间滤波器进行处理，我们首先对一个有用信号每 T 秒进行抽样，从而产生一个抽样部分 $\mathbf{x}(t)$，那么式（9.23）变为

$$\mathbf{x}(nT) = \mathbf{f}(nT) + v(nT) \tag{9.69}$$

简单起见，它写成

$$\mathbf{x}(n) = \mathbf{f}(n) + v(n) \tag{9.70}$$

上式（9.70）不考虑常数 T。式（9.70）的符号表示如图 9.4 所示。

这组可用数据是序列 $\{\mathbf{x}(n)\}$，它被称为随机时间序列。

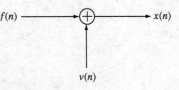

图 9.4　式（9.70）的符号表示

9.6.1 非递归维纳滤波

我们现在希望通过一个离散时间线性系统来处理信号 $\mathbf{x}(n)$，如图 9.5 所示，它得到一个输出 $\hat{f}(n)$ 作为信号 $\mathbf{x}(n)$ 的估计结果。对系统的要求是抑制噪声 $v(n)$ 的影响。估值器的脉冲响应序列为 $\{h(n)\}$，这里假设它是无限时长

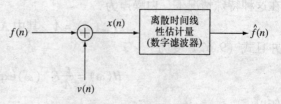

图9.5　离散时间线性估计

的，我们使用 FIR 滤波器进行处理，滤波器的周期等于输入信号的抽样数。

考虑如图 9.6 所示的 FIR 滤波器，它的传输函数为

$$H(z) = \sum_{n=0}^{M-1} h(n)z^n \qquad (9.71)$$

并且滤波器的输入是有效信号 $\mathbf{x}(n)$。假设随机信号 $\mathbf{x}(n)$ 是（广义）平稳的，那么

$$\text{(i)} \quad E[\mathbf{x}(n)] = \eta \quad \text{一个常数} \qquad (9.72)$$
$$\text{(ii)} R_{xx}(n,m) = E[\mathbf{x}(n)\mathbf{x}(n-m)]$$

仅取决于 m 的不同。注意在上面定义中，我们用 $-m$ 而不是 m。此外，我们能减去均值 η，就可以假设这个过程是零均值的。

现在，如果滤波器输出是 $\hat{\mathbf{f}}(n)$，那么

$$\hat{\mathbf{f}}(n) = \sum_{k=0}^{M-1} h(k)\mathbf{x}(n-k) \qquad (9.73)$$

它是接收信号 $\mathbf{x}(n-k)$ 的线性组合。上面的表达式能写成矩阵形式

$$\hat{\mathbf{f}}(n) = [h(k)]'[\mathbf{x}(n)] \qquad (9.74)$$

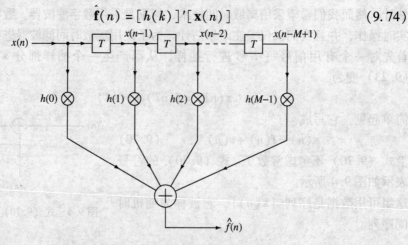

图9.6　作为线性非递归估值器的 FIR 滤波器

这里

$$[h(n)] = \begin{bmatrix} h(0) \\ h(1) \\ \cdots \\ h(M-1) \end{bmatrix} \tag{9.75}$$

$$[\mathbf{x}(n)] = \begin{bmatrix} \mathbf{x}(n) \\ \mathbf{x}(n-1) \\ \cdots \\ \mathbf{x}(n-M+1) \end{bmatrix} \tag{9.76}$$

因为理想滤波器的输出是 $\mathbf{f}(n)$，那么估计中的误差是

$$e(n) = \mathbf{f}(n) - \hat{\mathbf{f}}(n) \tag{9.77}$$

现在需要确定滤波器系数 $\{h(n)\}$，使误差信号在均方值中最小化。这个过程通过 9.2.2 节所概括的正交性原理，能够很容易实现。那么，利用式（9.73）和式 （9.77），得到均方值误差为

$$\varepsilon(n) = E[e^2(n)] = E\Big[\big(\mathbf{f}(n) - \sum_{k=0}^{M-1} h(k)\mathbf{x}(n-k)\big)^2\Big] \tag{9.78}$$

这里可变参数是滤波器系数 $h(k)$。因此，为了使均方误差最小化，考虑典型的系数 $h(m)$，对式（9.78）求微分，我们得到

$$\frac{\partial \varepsilon(n)}{\partial h(m)} = 2E\Big[\big(\mathbf{f}(n) - \sum_{k=0}^{M-1} h(k)\mathbf{x}(n-k)\big)\mathbf{x}(n-m)\Big] \tag{9.79}$$

为了使 $\varepsilon(n)$ 最小化，对所有的 m，式（9.79）的值必须为零。因此

$$E\Big[\big(\mathbf{f}(n) - \sum_{k=0}^{M-1} h(k)\mathbf{x}(n-k)\big)\mathbf{x}(n-m)\Big] = 0 \quad m = 0,1,\cdots,(M-1) \tag{9.80}$$

这意味着，误差信号与数据（上面圆括号中的）是正交的。利用期望算子的线性性质，式（9.80）变为

$$E[(\mathbf{f}(n)\mathbf{x}(n-m)] - \sum_{k=0}^{M-1} h(k)E[\mathbf{x}(n-k)]\mathbf{x}(n-m)] = 0 \tag{9.81}$$

假设平稳和联合平稳过程我们能写成

$$E[\mathbf{f}(n)\mathbf{x}(n-m)] = R_{fx}(m) \tag{9.82}$$

它是 $\mathbf{f}(n)$ 和 $\mathbf{x}(n)$ 的互相关。并且

$$E[\mathbf{x}(n-k)\mathbf{x}(n-m)] = R_{xx}(m-k) \tag{9.83}$$

是过程 $\mathbf{x}(n)$ 的自相关。因此，式（9.80）假设的正交性原理表示成

$$R_{fx}(m) = \sum_{k=0}^{M-1} h_{op}(n)R_{xx}(m-k) \tag{9.84}$$

这里，下标"*op*"表示"最优"。这是一组未知的最佳滤波器系数 $h_{op}(n)$ 联立的 M 个方程组。已知量是：（ⅰ）输入为 $\mathbf{x}(n)$ 滤波器的自相关序列 $\{R_{xx}(m-k)\}$，并且（ⅱ）期望序列和滤波器输入序列的互相关序列 $\{R_{fx}(m)\}$。式（9.84）的表示是式（9.48）给出连续时间因果 Wiener 滤波器的 Wiener - Hopf 条件的离散版本。

现在，式（9.84）表示的 M 个方程能写成矩阵形式。

$$[h_{op}(n)] = \begin{bmatrix} h_{op}(0) \\ h_{op}(1) \\ \cdots \\ h_{op}(M-1) \end{bmatrix} \tag{9.85}$$

$$[R_{fx}(n)] = \begin{bmatrix} R_{fx}(0) \\ R_{fx}(1) \\ \cdots \\ R_{fx}(M-1) \end{bmatrix} \tag{9.86}$$

注意，对于平稳过程 $\mathbf{x}(n)$

$$R_{xx}(n-m) = R_{xx}(m-n) \tag{9.87}$$

那么我们可以写成

$$[R_{xx}(n)] = \begin{bmatrix} R_{xx}(0) & R_{xx}(1) & R_{xx}(M-1) \\ R_{xx}(1) & R_{xx}(0) & R_{xx}(M-2) \\ \cdots & & \cdots \\ R_{xx}(M-1) & \cdots & R_{xx}(0) \end{bmatrix} \tag{9.88}$$

它被称为输入信号的自相关矩阵，并且是对称的。因此式（9.84）表示为

$$[R_{fx}] = [R_{xx}][h_{op}] \tag{9.89}$$

这里 $[h_{op}]$ 为最优估值器的系数，该最优估值器被称为非递归维纳滤波器。因此，最佳滤波器系数矩阵 $[h_{op}]$ 的计算需要自相关矩阵 $[R_{xx}]$ 逆矩阵来得到

$$[h_{op}] = [R_{xx}]^{-1}[R_{fx}] \tag{9.90}$$

然而，自相关矩阵 $[R_{xx}]$ 有很多有用的性质来简化计算。主要有以下几方面[21]：

（ⅰ）$[R_{xx}]$ 是对角线对称的矩阵。它遵从式（9.87）的平稳信号的条件。

（ⅱ）$[R_{xx}]$ 是托普利茨矩阵。这意味着每一条对角线上的数是相等的。即主对角线上的数是相同的，并且任一平行于主对角线的对角线上的数也是相同的。

（ⅲ）$[R_{xx}]$ 是半正定的，并且几乎总是正定的。让 $[A]$ 为任一指数为 M 的列矩阵并且定义随机变量

$$\begin{aligned} \alpha &= [A]'[\mathbf{x}(n)] \\ &= [\mathbf{x}(n)]'[A] \end{aligned} \tag{9.91}$$

这里 $[\mathbf{x}(n)]$ 是指数为 M 的输入信号的列矩阵。α 的均方值为

$$E[\alpha^2] = E[[A]'[\mathbf{x}(n)][\mathbf{x}(n)]'[A]]$$

$$= [A]'E\{[\mathbf{x}(n)][\mathbf{x}(n)]'\}[A] \tag{9.92}$$
$$= [A]'[R_{xx}][A]$$

它是一个二次方程式的表示,并且因为 $E[\alpha^2]$ 必须是非负的,那么 $[R_{xx}]$ 是半正定的。但是在特殊情况下,我们总能找到 $[R_{xx}]$ 是正定的,并且因此非奇异。

现在,回到式(9.78)的表示,根据最优条件,在式(9.78)中发现估计误差能通过带入最优滤波器系数得到,如式(9.84)所给。得到

$$\varepsilon_{\min} = E\Big[\Big(\mathbf{f}(n) - \sum_{k=0}^{M-1} h_{op}(k)\mathbf{x}(n-k)\Big)\mathbf{f}(n)\Big]$$

$$= R_{ff}(0) - \sum_{k=0}^{M-1} h_{op}(k)R_{fx}(n-k) \tag{9.93}$$

$$= R_{ff}(0) - [R_{fx}]'[h_{op}]$$

根据式(9.89),它变为

$$\varepsilon_{\min} = R_{ff}(0) - [R_{fx}]'[R_{xx}]^{-1}[R_{fx}] \tag{9.94}$$

9.6.2 采用最小均方误差梯度算法的自适应滤波

我们已经证明,为了在最小均方情况下优化 FIR 滤波器系数,我们需要知道以下信息:

(i) 输入信号 $\mathbf{x}(n)$ 的自相关矩阵 $[R_{xx}]$;

(ii) 期望信号 $\mathbf{f}(n)$ 和数据 $\mathbf{x}(n)$ 的互相关矩阵 $[R_{fx}]$。

根据上述的量,我们能利用式(9.90)的表示来计算最优滤波器系数矢量 $[h_{op}]$。这包含 $[R_{xx}]$ 的逆,然后,再乘以 $[R_{fg}]$。虽然在 M 比较大的情况下,逆矩阵的计算量很大,但 $[R_{xx}]$ 的两两对称和托普利兹的特性,使计算大量简化。

然而,还有一种情况,这里滤波器工作在自相关矩阵 $[R_{xx}]$ 和互相关矩阵 $[R_{fx}]$ 都是未知的情况下。在这种情况下,我们可以利用获得的直到 n 时刻的数据,来估算矩阵 $[R_{xx}]$ 和 $[R_{fx}]$ 的估计 $[\hat{R}_{xx}]$ 和 $[\hat{R}_{fx}]$,之后根据式(9.90),利用这个结果再得到滤波器系数。这些相关的计算可以利用 7.5 节中 FFT 算法实现。然而,对于高阶滤波器,这种方法不再适用。由于这个原因,为了提供另一种方法计算 $[R_{xx}]$ 的逆,我们寻求一种不同的方法来确定最佳滤波器系数的值。然而,必须要强调的是,我们仍然在最小均方误差情况下寻找最优值。

这个替代方法本质是一种迭代,在滤波器设计中称为自适应算法,如图 9.7 所示,它允许自动调整滤波器系数。我们先从系数向量 $[h]$ 的猜测开始。那么,在一个确定的迭代过程后系数被改变,以保证经历有限长迭代后我们可以得到一组足够接近式(9.90)所定义的最优维纳解的系数向量。自然的,我们可能只能得到一个近似解,但是这也是我们为计算速度付出的代价。

这里讨论的自适应算法被称为最小均方误差(MMS)算法,或者最陡下降法。它的应用遵循以下过程:

1. 首先通过猜测，确定一个滤波器系数向量 $[h]$。

2. 计算 MMS 误差梯度向量。这是一个列矩阵，它的元素等于均方误差 $\varepsilon(n)$ 对滤波器系数求一阶导数。

3. 该系数以梯度向量的反方向进行改变。

4. 计算新的误差梯度向量，并且迭代这个过程，直到这些梯度向量的连续修正使均方误差最小，从而达到系数 $[h_{op}]$ 的最佳值。

我们已经证明，不管滤波器系数向量的最初猜测值是什么，这种最陡下降法或者 MMS 误差梯度算法可以收敛到最优维纳滤波器系数 $[h_{op}]$。让我们检查这个梯度算法的一些细节。图 9.7 给出了融入了自适应算法的 FIR 滤波器原理图。这里假设，滤波器系数是根据自适应算法可调的。

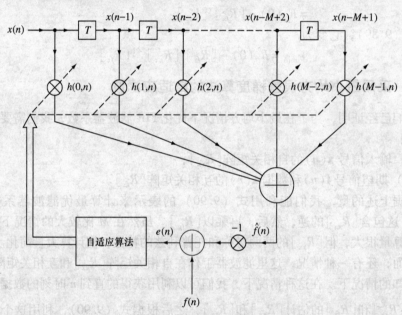

图 9.7　融入自适应算法的 FIR 滤波器

自然的，如第 5 章讨论的那样，滤波器的实现包括算法能够合理地以软件形式实现。滤波器在时间 n 上的系数被表示为

$$h(0,n),h(1,n),h(2,n),\cdots,h(M-1,n) \tag{9.95}$$

在自适应滤波器中，两个处理过程将会发生。第一个是过程称为适应，或者根据算法自动调整滤波器系数。第二个过程是滤波过程，由在自适应过程中得到的一组系数计算输出信号的结果。在第二个过程中，一个所需的响应被馈送到自适应算法，以提供用于调节系数值的指导。在时间 n，滤波器的输出为

$$\hat{f}(n) = \sum_{k=0}^{M-1} h(k,n)\mathbf{x}(n-k) \tag{9.96}$$

它是相对于所需响应产生的一个误差信号

$$\mathbf{e}(n) = \mathbf{f}(n) - \hat{\mathbf{f}}(n) \tag{9.97}$$

自适应算法的设计使它能够采用误差信号 $\mathbf{e}(n)$ 产生滤波器系数的修正，使这些系数逼近式（9.90）所定义的最优维纳解。根据式（9.79），误差信号对典型系数为 $h(k,n)$ 的导数可以表示为

$$\frac{\partial \varepsilon(n)}{\partial h(k,n)} = -2E[\mathbf{e}(n)\mathbf{x}(n-k)] = -2R_{ex}(k) \quad k = 0,1,2,\cdots \tag{9.98}$$

这里 $R_{ex}(n)$ 是误差信号和在 k 点输入的互相关。式（9.98）在误差最小点处应能达到零值。定义误差梯度向量为

$$\nabla(n) = \begin{bmatrix} \partial \varepsilon(n)/\partial h(0,n) \\ \partial \varepsilon(n)/\partial h(1,n) \\ \cdots \\ \partial \varepsilon(n)/\partial h(M-1,n) \end{bmatrix} \tag{9.99}$$

式（9.98）能写成

$$\nabla(n) = -2E\{\mathbf{e}(n)[\mathbf{x}(n)]\} \tag{9.100}$$

这里

$$[\mathbf{x}(n)] = \begin{bmatrix} \mathbf{x}(n) \\ \mathbf{x}(n-1) \\ \cdots \\ \mathbf{x}(n-M+1) \end{bmatrix} \tag{9.101}$$

并且，让滤波器系数在时间 n 处被表示为

$$[h(n)] = \begin{bmatrix} h(0,n) \\ h(1,n) \\ \cdots \\ h(M-1,n) \end{bmatrix} \tag{9.102}$$

我们现在陈述梯度（最陡下降）算法。在时间 $(n+1)$ 的更新的系数矩阵通过下式得到

$$[h(n+1)] = [h(n)] + \frac{1}{2}\mu[-\nabla(n)] \tag{9.103}$$

这里 μ 是一个正数，它确定修正的步长。直观的，式（9.103）应该最终产生最佳维纳的解，因为滤波器的系数在 MMS 误差梯度的相反方向上被改变。将式（9.100）带入式（9.103）得到

$$[h(n+1)] = [h(n)] + \mu E[\mathbf{e}(n)\mathbf{x}(n)] = [h(n)] + \mu[R_{ex}(n)] \tag{9.104}$$

于是，通过将校正值应用在误差信号 $\mathbf{e}(n)$ 和输入向量 $[\mathbf{x}(n)]$ 间 μ 次，来更新系数向量。因此 μ 控制修正值的大小，称为步长参数。误差信号为

$$\mathbf{e}(n) = \mathbf{f}(n) - [\mathbf{x}(n)]'[h(n)] \tag{9.105}$$

式（9.104）和式（9.105）一起定义了 MMS 误差梯度（最陡下降）算法。为了完成自适应滤波，算法从[h(n)]的初始估计开始，它经常取的是零序列，即我们从滤波器系数为零开始迭代。根据该算法，系数不断被更新，从而得到[h(1)]，[h(2)]，……直到得到式(9.90)所定义的最优维纳解。

9.6.3　最小均方误差梯度算法

现在，最陡下降（MMS）梯度算法的主要缺点在于，在迭代过程的每个步骤中，梯度向量的精确测量是必需的。这是不现实的，我们需要一个算法，能够从可用的数据中推导梯度向量的估计。它能够通过最小均方（LMS）误差梯度算法得到。它的优点是：它简单易行，不需要求逆矩阵，并且它不需要自相关求解。

取代式（9.100）中使用预期值进行梯度向量计算，LMS 算法基于输入[x(n)]和误差 e(n)抽样值对向量进行瞬时估计。根据式（9.100），梯度向量的瞬时估计是

$$\hat{\nabla}(n) = -2\mathbf{e}(n)[\mathbf{x}(n)] \qquad (9.106)$$

这样的估计显然是无偏的，因为它的期望值与式（9.100）的值相同。在 LMS 算法中，滤波器系数是根据以下关系沿着梯度向量估计的方向被改变的

$$[h(n+1)] = [h(n)] + \frac{1}{2}\mu[-\hat{\nabla}(n)] = [h(n)] + \mu\mathbf{e}(n)[\mathbf{x}(n)] \qquad (9.107)$$

它比式（9.104）更加简单，因为需要的只有数据[x(n)]，不需要互相关估计。误差信号仍是式（9.105）所定义的。

那么自适应滤波过程与最陡下降算法是相似的。首先我们开始在 $n=0$ 时初始化系数值，它们的初始值都可以设为零。

在任意时间 n，系数被更新如下：

（a）根据[h(n)]，输入向量[x(n)]和期望的响应 $\mathbf{f}(n)$，我们计算误差信号为

$$e(n) = \mathbf{f}(n) - [\mathbf{x}(n)]'[h(n)] \qquad (9.108)$$

（b）根据式（9.107）得到新的估计[h(n+1)]。

（c）时间指数 n 是每次递增数为 1，并且过程被迭代，直到一个稳定状态。

然而，需要注意的是，LMS 算法仅仅提供一个对最优维纳解的近似。并且，它绕过式（9.99）中均方误差梯度向量估计固有的难度，基本上是由时间平均取代总体均值。此外，LMS 算法已被证明能够运行在一个缓慢变化的非平稳环境中。

9.7　自适应 IIR 滤波器和系统建模

我们已经观察到，线性估计和系统建模的问题，基本上，有相同的解决方案。在我们对线性估计的讨论中，我们都集中在使用相关自适应算法的 FIR 滤波器的使

用上。我们现在考虑使用 IIR 滤波器解决相同的问题，但是这个构想改变为对一个未知线性系统进行建模。

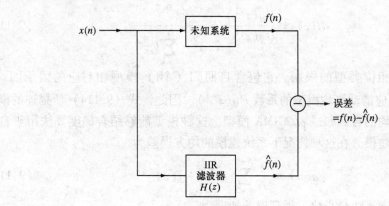

图 9.8　IIR 滤波器的系统模型

参考图 9.8，它是图 9.2 的离散部分，给定一个未知系统，它的输入是 $x(n)$，取一组输出 $f(n)$ 作为测量值。现在需要设计一个 IIR 滤波模型，它是一个未知系统，$f(n)$ 为它的理想响应。

一个可能的 IIR 模型有一个如下表述的传输函数

$$H(z) = \frac{1}{1 + \sum_{r=1}^{N} b_r z^{-r}} \tag{9.109}$$

对应差分方程形式

$$\hat{f}(n) = x(n) - \sum_{r=1}^{N} b_r \hat{f}(n - r) \tag{9.110}$$

以上的表示可以描述一个系统，它在时间 n 的输出采样回归到 N 个过去的采样点。那么，式（9.109）描述的模型被称为自回归（AR）模型。

系统建模可以通过一个更为一般的最小相位传输函数 IIR 滤波器来描述：

$$H(z) = \frac{P(z^{-1})}{Q(z^{-1})} \tag{9.111}$$

这里 $P(z^{-1})$ 的零点全在 z 平面的单位圆内。对这样的函数，它可以写成

$$1/P(z^{-1}) \approx 1 + \sum_{r=1}^{M} c_r z^{-r} \tag{9.112}$$

所以

$$H(z) \approx \frac{1}{\left(1 + \sum_{r=1}^{N} b_r z^{-r}\right)\left(1 + \sum_{r=1}^{M} c_r z^{-r}\right)} \tag{9.113}$$

并且，有一种情况能看成式（9.109）所描述那种情况。现在，最一般的 IIR 传输

函数的形式为

$$H(z) = \frac{P_M(z^{-1})}{Q_N(z^{-1})} = \frac{\displaystyle\sum_{r=1}^{M} a_r z^{-r}}{1 + \displaystyle\sum_{r=1}^{N} b_r z^{-r}} \tag{9.114}$$

并且没有最小相位类型的限制。它包含自回归（AR）模型相对应的因子 $[1/Q_N(z^{-1})]$ 以及对应滑动平均模型的系数 $P_M(z^{-1})$。因此，式（9.114）所描述的模型被称为滑动平均的自回归或者 ARMA 模型。这种模型能够结合梯度算法用于自适应滤波和系统建模。在这种情况下系统建模的均方误差为

$$\varepsilon(n) = \frac{1}{N} \sum_{n=0}^{N-1} [f(n) - \hat{f}(n)]^2 \tag{9.115}$$

它能够利用梯度算法最小化。得到误差梯度为

$$\frac{\partial \varepsilon}{\partial a_r} = \frac{2}{N} \sum_{n=0}^{N-1} [f(n) - \hat{f}(n)] \frac{\partial \hat{f}(n)}{\partial q_r} \qquad 0 \leqslant r \leqslant M \tag{9.116}$$

$$\frac{\partial \varepsilon}{\partial b_r} = \frac{2}{N} \sum_{n=0}^{N-1} [f(n) - \hat{f}(n)] \frac{\partial \hat{f}(n)}{\partial b_r} \qquad 1 \leqslant r \leqslant N$$

这里

$$\frac{\partial \hat{f}(n)}{\partial a_r} = x(n-r) - \sum_{r=1}^{N} b_r \frac{\partial \hat{f}(n-r)}{\partial a_r}$$

$$\frac{\partial \hat{f}(n)}{\partial b_r} = -\hat{f}(n-r) - \sum_{r=1}^{N} b_r \frac{\partial \hat{f}(n-r)}{\partial b_r} \tag{9.117}$$

通过上面式（9.117）的实现，我们注意到

$$\hat{f}(n) = \frac{1}{2\pi j} \oint_c z^{n-1} H(z) X(z) \, \mathrm{d}z \tag{9.118}$$

所以

$$\frac{\partial \hat{f}}{\partial a_r} = \frac{1}{2\pi j} \oint_c z^{n-1} z^{-r} \frac{X(z)}{Q(z)} \mathrm{d}z$$

$$\frac{\partial \hat{f}}{\partial b_r} = -\frac{1}{2\pi j} \oint_c z^{n-1} z^{-r} \frac{H(z) X(z)}{Q(z)} \mathrm{d}z \tag{9.119}$$

因此，我们通过将 $x(n)$ 和 $\hat{f}(n)$ 用于传输函数为 $1/Q_N(z^{-1})$ 的滤波器，能够最终得到梯度函数。

梯度算法应用过程中的必需步骤与那些在 FIR 滤波器中进行的讨论是类似的。因此，滤波器系数首先被初始化，然后它们将在误差梯度的相反方向上被改变。该过程的迭代中，通过对梯度的逐次修正，使系数值在理想系统输出和它的模型中使均方误差最小化。但是，这里还有其他的算法特别适合自适应 IIR 滤波器。这些技

术的进一步讨论可以在参考文献[21]中找到。

9.8   自适应滤波器的一个应用：卫星语音传播信号的回声消除器

自适应滤波器的应用非常广泛，特别是在电信行业中。前面所讨论的系统建模可以认为是自适应滤波器和相关算法应用的一个广泛类别。作为进一步的应用，我们现在讨论电话线路中的回声消除。

对于图9.9，两个扬声器之间电话线的传输线路使用了四线和两线网络。在每一个终端节点，两种类型网络受到混合变压器的影响，这些变压器主要用于四线和两线之间的传输转换。这种混合方式，失配和非理想性的发生会产生反射回至扬声器端的回声信号。

对于远距离传输应用，例如卫星应用，主观上讲，这是一个令人讨厌的特性。特别的，人造卫星的高度会导致270ms的延迟出现在每条四线路径上。理想的情况是，从扬声器 A 上的声音沿着路径 A 到混合 B，并将其转换为一个两线连接。然而，由于混合的不匹配，一些语音的能量返回到扬声器端，并且本身能够被听到。这就造成一种现象，在扬声器 A 开始说话后的540ms 回声产生了。使用回声消除器是一种可行的方法，如图9.10所示。每个回声消除器的功能是估计回声，并从它的返回信号中减去它。自然的，如果这种传输路径被用于数字模型上，将使用 A − D 和 D − A 转换器。

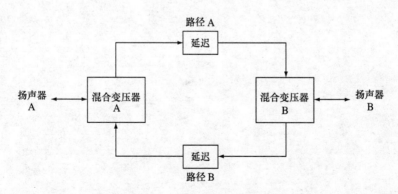

图9.9   使用卫星传输的电话交谈

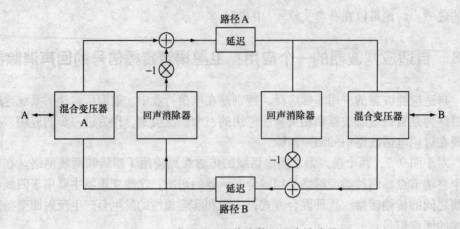

图 9.10　在图 9.9 网络中使用回声消除器

9.9　小结

　　本章主要通过线性系统来讨论随机信号过程，重点研究了数字设计方法。目前数字设计方法已经广泛用于自适应滤波、系统建模、线性估计和预测上。章节末尾总结了自适应滤波器在卫星语音信号系统传输中的应用。

第三部分 应用于信号处理的模拟 MOS 集成电路

　　在科学上，真正的天才是发明新方法的人。然而，新型的发明经常是由他的继任者完成的，他能够以新鲜的活力去实施这种方法，而不会被完善它的人所削弱。对他们的工作来说，后者的思维能力和前者一样重要，但是杰出性的要求不如对前者的要求那样高。

伯特兰·罗素
人文教育中科学的地位

10　MOS 晶体管与集成电路工艺

10.1　绪论

这章介绍了金属氧化物半导体（MOS）晶体管[22-24]的工作原理，MOS 晶体管以及集成电路的制造工艺，介绍了关于 PN 结和基本晶体管工作原理等与器件物理有关的知识。本章从回顾 MOS 晶体管的工作方程和介绍互补 CMOS 电路开始。然后描述了 MOS 器件的制造工艺，对工艺的描述有助于理解在信号处理中使用的集成电路的局限性与性能参数。集成电路的版图规则和面积要求也得到了讨论，本章以 MOSFET 的噪声作为最后的讨论点。

10.2　MOS 晶体管

图 10.1 为 N 沟道增强型 MOS 场效应晶体管的物理结构，这种器件以单晶硅元组成的 P 型半导体为衬底，重掺杂的 N^+ 区分别组成源区和漏区，衬底上生长的薄二氧化硅（SiO_2）层跨接在源区和漏区，用金属分别连接源、漏、栅和衬底区形成电极，在硅栅工艺中，栅极可以由多晶硅做成，栅极中由二氧化硅组成的氧化层导致栅极的电流非常小（$\approx 10^{-15} A$）。

正常工作中，MOS 晶体管的源极、漏极和衬底之间分别形成的 PN 结都必须处于反偏状态，通常情况下漏极电压会大于源极电压，如果衬底与源极直接相连，上文所提到的两个 PN 结也必须处于反偏状态，在以上的假定条件下，下面将考察衬底的影响。

10.2.1　工作条件

1. 当 $v_{GS} = 0$ 时，源极与衬底以及漏极与衬底之间形成了连个背靠背的二极管，由于沟道电阻达到 $10^{12} \Omega$，源极与漏极之间没有电流流过。

2. 当 $v_{GS} = 0$ 时，如图 10.2 所示，衬底靠近栅区的自由空穴受到排斥形成一个负电荷带，进而形成耗尽区。同时，正电压 v_{GS} 将源、漏 N^+ 区的电子吸引到靠近栅极的一面，因此，如果在漏极与源极之间加一电压，通过感应沟道（耗尽区），电流在源极和漏极之间流动，N 沟道通过源极和漏极之间靠近栅极的 N 型区反型而形成，因此，沟道也称为反型层，相应结构称为 N 沟道晶体管或者 NMOS 晶体管。

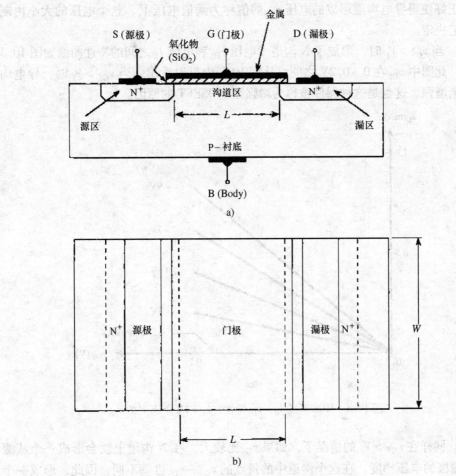

图 10.1 增强型 MOS 场效应晶体管

a）剖面图 b）俯视图

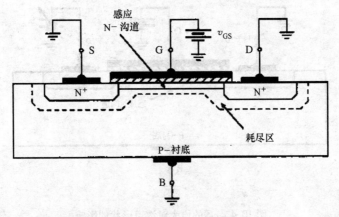

图 10.2 增强型 NMOS 器件：N 沟道的应用，提供一个 $v_{GS} > V_t$ 的正电压

正好使得导电沟道形成的电压 v_{GS} 的值称为阈值电压 V_t，这个电压的大小由制造工艺决定。

3. 当 $v_{GS} > V_t$ 时，形成了 N 沟道，电压 v_{DS} 和电流 I_D 之间的特性曲线如图 10.3 所示，此图中 v_{DS} 在 $0 \sim 0.2V$ 之间，从图 10.3 中可以看出，当 $v_{GS} > V_t$ 时，导电沟道逐渐增强，这也是这种器件被称为增强型 MOSFET 的原因。

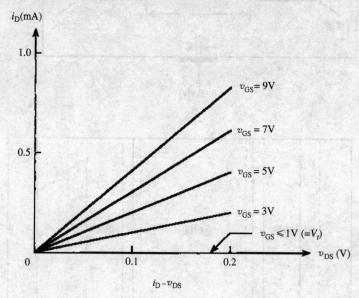

图 10.3　MOS 管的 $i_D - v_{DS}$ 特性：$V_t = 1V$ 下不同的 v_{GS}

4. 同样在 $v_{GS} > V_t$ 的情况下，如果 v_{DS} 比较大，在 N 沟道上就会形成一个从源极到漏极的电压梯度，在这个沟道中的每点的 $v_{GS} - v_{DS}$ 也就不同，因此，形成一个如图 10.4 所示的锥形沟道，在 $v_{GS} - v_{DS}$ 等于 V_t 的地方，沟道的深度为 0，又称为沟道被夹断，如果 v_{DS} 继续增大，沟道形状不受影响，夹断以后，器件进入饱和区，

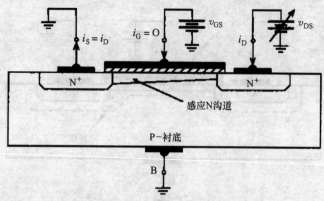

图 10.4　v_{DS} 的增大对沟道形状的影响

相应的电压 v_{DS} 和电流 i_D 之间的特性曲线如图 10.5 所示。图 10.6 描述了 NMOS 器件的电路符号。

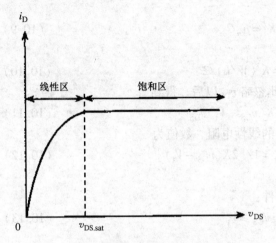

图 10.5　增强型 NMOS 晶体管的特性（$v_{GS} > V_t$）

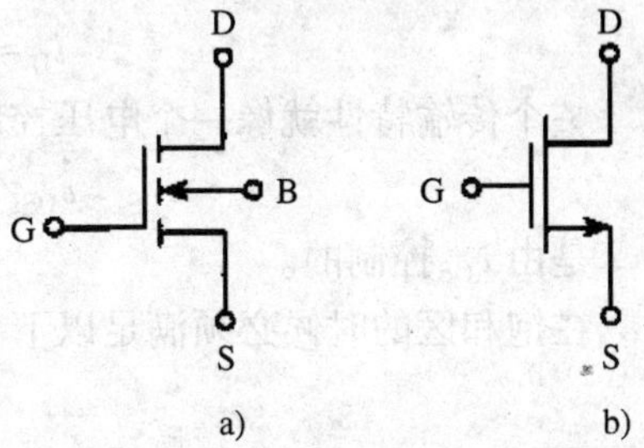

图 10.6　NMOS 场效应晶体管的符号
a）表示出衬底　b）B 接 S 时的符号表示

对 MOS 晶体管的传输特性定量分析如下：

当

$$v_{GS} < V_t \tag{10.1}$$

时，器件处于截止状态，V_t 指的是器件的阈值电压。

器件要工作在线性区，必须满足：

$$v_{GS} \geqslant V_t \tag{10.2}$$

当保持恰好形成沟道所需的较小的 v_{DS} 时，也就是

$$v_{GD} > V_t \tag{10.3}$$

或者写作

$$v_{GD} = v_{GS} + v_{SD} = v_{GS} - v_{DS} \tag{10.4}$$

得到：

$$v_{DS} < v_{GS} - V_t \tag{10.5}$$

在这个工作区域，得到一个近似的表达式为

$$i_D = K \left[2(v_{GS} - V_t)v_{DS} - v_{DS}^2 \right] \tag{10.6}$$

在这里

$$K = \frac{1}{2} \mu_n C_{ox} \left(\frac{W}{L} \right) \tag{10.7}$$

式中，μ_n 为感应沟道的电子迁移率；C_{ox} 是栅区到衬底的单位面积的氧化电容。

$$C_{ox} = \frac{\varepsilon_{ox}}{t_{ox}} \tag{10.8}$$

式中，C_{ox}、t_{ox} 分别是氧化物的介电常数和厚度；L 是沟道长度；W 是沟道宽度；

$\frac{1}{2}\mu_n C_{ox}$ 是一个与制造工艺有关的常数，因此 K 是一个与 W/L 比率有关的一个参数，跨导参数 K' 定义为

$$K' = \mu_n C_{ox} \tag{10.9}$$

因此

$$K = K'(W/L)/2 \tag{10.10}$$

在线性区，由于 v_{DS} 比较小，因此忽略 v_{DS}^2 以后，得到

$$i_D \approx 2K(v_{GS} - V_t)v_{DS} \tag{10.11}$$

整个传输特性就像一个电压控制的线性电阻，数值为

$$r_{DS} = v_{DS}/i_D = 1/[2K(v_{GS} - V_t)] \tag{10.12}$$

是由 v_{GS} 控制的。

在饱和区的时候必须满足以下条件：

$$v_{GS} \geq V_t \tag{10.13}$$

同时

$$v_{GD} \leq V_t \tag{10.14}$$

即

$$v_{DS} \geq v_{GS} - V_t \tag{10.15}$$

在不同 v_{GS} 的情况下，这三个区的工作情况如图 10.7 所示。

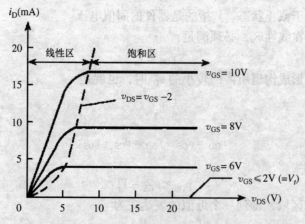

图 10.7　NMOS 场效应晶体管的典型 $i_D - v_{DS}$ 曲线（$v_t = 2V$）

从式（10.5）和式（10.15）可以看出，器件工作在饱和区和线性区的边界条件是

$$v_{DS} = v_{GS} - V_t \tag{10.16}$$

将上述公式替代式（10.6），得到饱和区的方程为

$$i_D = K(V_{GS} - V_t)^2 \tag{10.17}$$

上式与 v_{DS} 无关，如图 10.8 所示，在饱和区，器件的特性表现为受电压 v_{GS} 控

制的理想电压控制电流源，这种控制呈现出非线性（见图 10.8a），N 沟道型器件饱和区的大信号等效模型见图 10.8b。

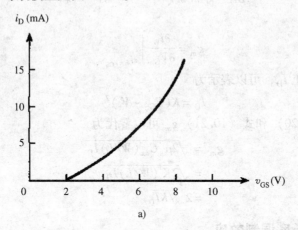

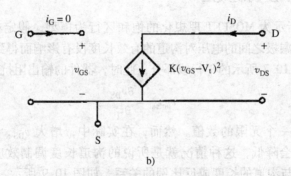

图 10.8 增强型 NMOS 场效应晶体管的饱和区

a）$i_D - V_{DS}$ 特性 b）大信号等效电路

10.2.2 跨导

对于饱和区的 MOSFET，在考虑到 v_{GS} 包含直流偏置 V_{GS} 和交流输入信号 v_{gs} 的情况下，式（10.17）为

$$i_D = K(V_{GS} + v_{gs} - V_t)^2$$
$$= K(V_{GS} - V_t)^2 + 2K(V_{GS} - V_t)v_{gs} + Kv_{gs}^2 \tag{10.18}$$

第一项为直流项或者静态项，在小信号的工作情况下，忽略二次项得到小信号电流为

$$i_d = 2K(V_{GS} - V_t)v_{gs} \tag{10.19}$$

MOSFET 的跨导为

$$g_m = \frac{i_d}{v_{gs}} = 2K(V_{GS} - V_t) \tag{10.20}$$

利用式（10.7）中 K 的表达式，得到：

$$g_m = (\mu_n C_{ox})(W/L)(V_{GS} - V_t) \tag{10.21}$$

更具体来说：

$$g_m = \frac{\partial i_D}{\partial V_{GS}}\bigg|_{v_{GS} = V_{GS}} \tag{10.22}$$

对于直流电流 I_D，可以表示为

$$I_D = K(V_{GS} - V_t)^2 \tag{10.23}$$

应用式（10.20）和式（10.21）g_m 可以替代为

$$g_m = \sqrt{2\mu_n C_{ox}(W/L)I_D}$$
$$= \sqrt{2K'(W/L)I_D}$$
$$= 2\sqrt{KI_D} \tag{10.24}$$

10.2.3　沟道长度调制效应

如图 10.7 所示为 MOSFET 理想化的饱和区行为模型，假定在沟道夹断以后，继续增大源极与漏极之间的电压对沟道的有效长度没有影响而得到的，饱和区对应的特性曲线如图 10.7 所示的平行线部分，此时，器件的输出阻抗为

$$r_{outsat} = \frac{\partial v_{DS}}{\partial i_D} \tag{10.25}$$

输出阻抗为一个无限的数值。然而，在实际中，增大 v_{DS}，当超过 $v_{DS,sat}$ 时，沟道的有效长度会降低，这种情况就是所说的沟道长度调制效应，从式（10.7）中可以发现，K 与沟道的长度成反比例的关系，如图 10.9 所示，在沟道长度调制效应的影响下，i_D 随着 v_{DS} 的增大而呈曲线增大，i_D 对 v_{DS} 的线性依赖关系可以通过乘一个因子 $1 + \lambda v_{DS}$ 来反映。从而得到

$$i_D = K(v_{GS} - V_t)^2(1 + \lambda v_{DS}) \tag{10.26}$$

依据图 10.9 得到

$$\lambda = 1/V_A \tag{10.27}$$

式中，λ 为一个器件参数，称为沟道调制参数；V_A 是尔利电压。

按照式（10.26）的结果，器件的输出阻抗为一个有限数值，且其大小为

$$r_o = \left[\frac{\partial i_D}{\partial v_{DS}}\right]^{-1}, \ v_{GS} = 常数$$
$$= 1/\lambda K(V_{GS} - V_t)^2 \tag{10.28}$$

简化为

$$r_o \cong 1/\lambda I_D$$
$$\cong V_A/I_D \tag{10.29}$$

式中，I_D 为特定电压 V_{GS} 的下的漏极电流值。另一个替代的描述是

$$g_{ds} = g_o = 1/r_o$$
$$= I_D/(1 + \lambda V_{DS}) \tag{10.30}$$
$$\cong \lambda I_D$$

也称为小信号沟道电导。

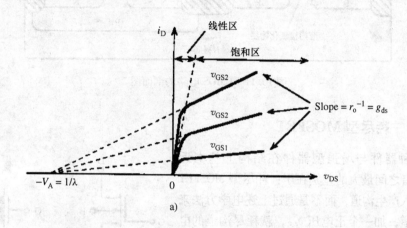

a)

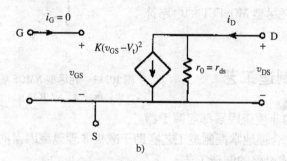

b)

图 10.9 饱和区的 MOS 场效应晶体管有限输出阻抗的影响

a）特性 b）大信号等效电路

10.2.4 PMOS 晶体管和 CMOS 电路

在 N 型衬底上分别产生出 P$^+$ 源极和漏极，这样生产出来的 MOS 晶体管能够形成 P 型沟道，这种器件的工作情况与 NMOS 类似，但是阈值电压 V_t 和 V_A 都是负值，这种器件叫做 PMOS 晶体管，符号如图 10.10 所示，这种器件的最大用处是和 NMOS 晶体管一起构成互补 CMOS 电路，如图 10.11 所示。

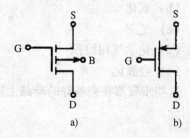

图 10.10 PMOS 场效应晶体管的符号

a）表示出衬底 b）B 接 S 时的简化符号表示

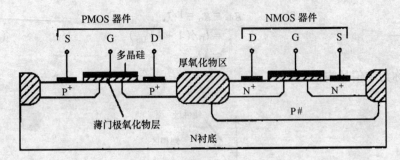

图 10.11　CMOS 电路的剖面图

10.2.5　耗尽型 MOSFET

这种器件与增强型器件在结构上基本近似，两者之间最大的差别在于：耗尽型 MOSFET 通过注入产生沟道，而不是通过上述电学方法来产生沟道，加一个正电压 v_{GS}，就耗尽沟道的电荷载流子，因此，N 型耗尽型 MOSFET 的电路符号如图 10.12 所示。

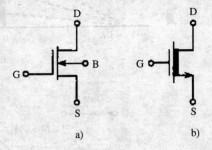

图 10.12　耗尽型 NMOS 场效应晶体管
a) 表示出衬底　b) B 接 S 时的简化符号表示

10.3　集成电路制造工艺

集成电路的所有的非理想因素都起源于器件的制造工艺，因此，合理地掌握制造工艺有助于减少非理想型因素的影响。在这节将主要讨论 MOS 集成电路的制造工艺。

MOS 晶体管及其由这些晶体管组成的大规模集成电路的基本工艺步骤如下：

（a）扩散和离子注入

（b）氧化

（c）光刻

（d）化学气相淀积

（e）金属化

这些步骤都在准备好的硅晶上进行。上述为这些步骤的简要概括，下面将分步骤讨论。

10.3.1　晶圆制备

硅工艺的基本步骤从一个具有合适导电性和掺杂的单晶硅圆开始，硅生长以被称为半导体级硅的高纯度多晶硅为材料，这种多晶硅的掺杂浓度少于十亿分之一，硅的原子数目通常是 5×10^{22} atoms/cm^3，电阻率与相应的杂质掺杂浓度有关，如果杂质是受子类型，电阻率大约是 300Ωcm。实际上，多晶硅的掺杂杂质浓度降至百亿分之一也是可能的。

　　直径约为 $10 \sim 15$cm，长度 1m 的半导体级硅可以通过生长单晶锭的形式得到。一个晶体的晶面也是沿着硅锭的长度方向生长。然后硅锭的上下两端被切掉，使硅锭表面平整，以使硅锭表面具有固定而精确的直径。接下来就是硅锭切片生产晶圆，晶圆的厚度约为 $0.5 \sim 1.0$mm。接下来是对晶圆的抛光和清洗，该过程是消除晶圆的生产过程中的损伤，以产生一个高度平坦的平面。这是良好的线性器件几何构型所必需的，也是提高两个表面的平行度以进行光刻所必需的。通常，晶圆的一面要求镜面一样光滑，同时另一面只需达到一个可以接受的平坦度即可。

10.3.2　扩散和离子注入

　　扩散是一个过程，也就是说在硅圆表面掺杂杂质。最常用的方法是替位式掺杂法。这是因为硅原子之间的间隙太大，可以容纳杂质，因此杂质可以进入硅晶体结构的唯一途径是用杂质来取代硅原子。施主类型杂质有磷、砷和锑，同时实际中唯一的受主类型杂质是硼。

　　非理想晶体中存在的空穴是扩散过程的一个必需条件，空穴在晶体的表面或者内部产生，密度随着温度的上升而增加，扩散过程通过由浓度梯度引起的原子流动而完成，衡量粒子流的参数 F 与浓度梯度成比例，表达式如下：

$$F = -D \frac{\partial N}{\partial y} \tag{10.31}$$

这里，F 表示每秒中单位面积原子流的比率，微分代表浓度梯度；D 为扩散系数。扩散率服从以下表达式：

$$\frac{\partial N}{\partial y} = -\frac{\partial F}{\partial y} \tag{10.32}$$

联立式（10.31）与式（10.32），得到

$$\frac{\partial N(y,t)}{\partial t} = D \frac{\partial^2 N(y,t)}{\partial y^2} \tag{10.33}$$

　　受边界条件的限定，上述方程的解表示扩散粒子 $N(y,t)$ 的分配情况，根据选用扩散剂的类型，具体情况如下：

　　有两种典型的扩散。第一种扩散发生在表面浓度为常量或者有限源的情况下，这种扩散称为淀积扩散。此时，硅表面的扩散浓度假定为常量 $N(0,t) = N_0$；另外一个边界条件是当 y 趋向于无穷时，浓度为 0，在这些条件下，方程的解为

$$N(y,t) = N_0 \text{erfc}\left(\frac{y}{2\sqrt{Dt}}\right) \tag{10.34}$$

　　在这里 erfc 是高斯误差函数，以硼在 N 型衬底中进行扩散为例子，相关扩散

如图 10.13 所示。

　　主扩散是与上述淀积扩散相对应的第二种扩散，这种扩散不需要外部扩散源，没有外部离子进入硅的表面，但是内部的离子将进行重新移动与重新分配，在总的扩散密度为常数（单位面积的原子数目一定）为边界条件的情况下，得到的扩散图形说明了进入或者离开硅表面的扩散原子为 0。因此式（10.33）的解为

$$N(y,t) = \frac{Q}{\sqrt{Dt}}\exp\left(-\frac{y^2}{4Dt}\right) \tag{10.35}$$

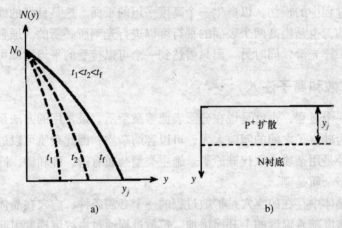

图 10.13　淀积扩散

a）扩散曲线　b）结深

这是一个高斯分布，典型的分布图如图 10.14 所示。

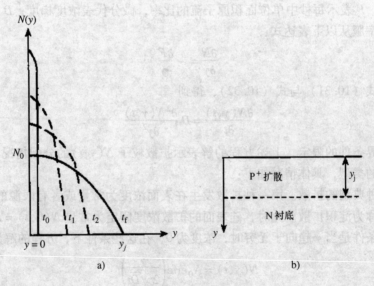

图 10.14　主扩散

a）扩散曲线　b）结深

10.3.2.1　表面电阻

结深 y_j 和表面电阻是用来描述扩散层特性的两个主要的参数，前者已经进行很好的描述，后者的数值为 $R = \rho l / A = \rho l / wt$，这里 ρ 是层的电阻率，l 是层的长度，t 为层厚度，w 为层的宽度。以方形为例，$l = w$，因此 $R_s = \rho / t$ 与侧面尺寸无关，这个参数称为表面电阻，单位为欧姆/平方，因此，层的电阻表达式为

$$R = Rsl / w \tag{10.36}$$

10.3.2.2　离子注入

离子注入可以产生注入原子薄膜层，是另外一种淀积扩散方法，相比淀积扩散，离子注入更加容易精确地控制表面电阻，在集成电路中应用更加广泛。在离子注入中，硅圆放置在真空，通过高电压加速而形成的高能注入原子束对硅圆进行扫描。原子撞击硅圆的表面并掺入到层中，掺入的深度称为投影射程，如图 10.15 所示，在硅圆中由离子注入而产生的图形是由掩模决定的，其中的掩模板由 SiO_2 或者 Si_3N_4 组成，通过低能量的离子（< 100kV）光刻而成，像金和钛之类的重金属通过高能离子的办法沉淀在 SiO_2 层上作为掩模板。

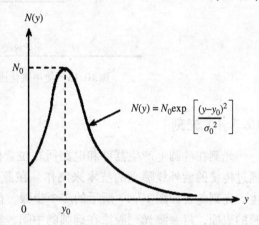

$$N(y) = N_0 \exp\left[\frac{(y - y_0)^2}{\sigma_0^2}\right]$$

图 10.15　离子注入杂质分布图：y_0 范围的标准差为 σ_0，峰值浓度为 N_0

10.3.3　氧化

如果暴露在空气中，硅的表面将形成一层深度为 20～30Å 的天然氧化层，但是这种氧化层将不能继续长深至 5000～10000Å 的深度，这个深度的氧化层通常是用作扩散，离子注入掩模板，或者保护器件的钝化层。为了达到这个目的，可以采用热氧化法，将硅圆加热到大约 1000℃，并暴露在包含氧气或者水蒸气的气体中。这种扩散的深度会随着温度增加而增大，很容易达到所需要的氧化深度，这种热氧化将消耗一定的硅。

10.3.3.1　氧化掩模板

在工艺生产中，氧化层可以在硅圆上产生图样。通过硅圆氧化层上的空洞或缺口进行离子注入或者扩散，同时挡遮硅圆上的其他部分，因此，掺杂图案与氧化层掩模板完全一致。这种技术对于产生显微尺寸的图像非常有必要，图 10.16 表明了怎样通过氧化窗口扩散来产生一个 PN 结。如图 10.16 所示，在横向与纵向上都可以产生扩散，结横穿硅的表面，甚至到达保护性的热生长氧化层下。因此，这层保护结免受环境的影响，这就是所谓的钝化结。制作这种氧化层掩模板所需使用的光

刻技术将在下一章讨论。

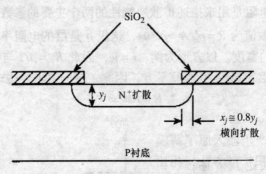

图 10.16　　使用氧化成的扩散掩膜板

10.3.4　光刻

　　光刻在硅圆上产生器件和电路所在位置的图案，大约 1.5μm 的器件尺寸可以通过传统的紫外线曝光的技术来制作。在亚微米下，通过电子束或者 X 射线来产生。光刻包含如图 10.17 所示的多个步骤。首先，一种光敏液体，光刻胶被涂在硅圆的表面，将一滴光刻胶涂在硅圆的中间，然后用高速旋转的办法在硅圆上产生光刻胶薄层。然后加热将溶剂从光刻胶中除去，从而将光刻胶变成一种半固体状态。然后，将涂上光刻胶的硅圆与光刻掩模板对齐，这是一个一面有成像感光剂或者薄金属图案的玻璃盘，这些图案包含透明或者不透明的区域，通过与计算机相连的掩模板制作机，掩模板通过决定图案形状的计算机辅助工具来确定，依据这些图案，硅圆被分成多个由大量晶体管组成的集成电路芯片。紧跟光刻的后继工艺是紫外线辐射。有两种类型的光刻胶：负性胶与正性胶。对于前者来说，在紫外线的照射下将聚合，变硬不溶于显影液，这种情况下掩模板图样将如图 10.17c 所示复制出来，图中掩模板中空部分透过紫外线将光刻胶变性，不溶于显影剂，从而光刻胶留在硅圆上。如果使用正性胶，将发生相反的情况，曝光在紫外线中的光刻胶将解聚，使得曝光区将溶于显影剂，不被曝光的部分将呈现不溶性。这里光刻掩模板中空的部分就是要去除光刻胶的部分。曝光以后，硅圆通过烘焙处理使得光刻胶变得更硬，在刻蚀氧化层的时候光刻胶对硅圆具有更好的吸附力，对刻蚀所使用的酸具有更好的抵抗力。刻蚀氧化层的工艺有湿法刻蚀与干法刻蚀两种。湿法刻蚀通过采用刻蚀液将硅圆中没被光刻胶保护的氧化层区域去除，如图 10.17e 所示。最终窗口的图形与相应的光刻掩模板一致。在干法刻蚀中，气态离子将代替湿法刻蚀中的化学溶剂，气态离子通过射频的方法产生，这种刻蚀方法适合产生更小尺寸。光刻的最后一个步骤是去除光刻胶。正性胶很容易被诸如丙酮等的有机溶剂去除。负性胶需要一系列的复杂工艺才能去除，如浸泡在硫酸中并进行擦洗。

　　需要注意的是如图 10.17 所说明的工作原理在采用电子束或者 X 射线来代替

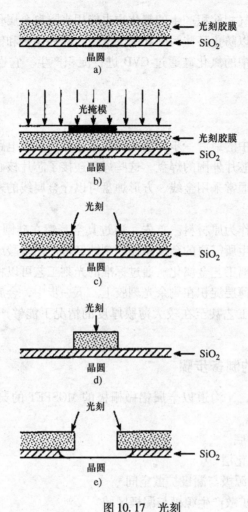

图 10.17　光刻

a) 薄膜淀积　b) 曝光　c) 负性光刻胶显影　d) 正性光刻胶显影　e) 氧化刻蚀

紫外线的时候，依然成立，只需将所需材料进行相应修正即可。

10.3.5　化学气相淀积

　　化学气相淀积（CVD）是将薄膜材料淀积在衬底上。例如集成电路工艺中的二氧化硅、氮化硅、硅外延层和硅异质外延层。用来淀积的材料以气态的形式与衬底材料一起放置在反应室中，通过化学反应将离子淀积在衬底上。

　　二氧化硅化学气相淀积相比前文所述的热氧化生长所需的温度更低，淀积的过程相对更快，可以在几分钟之内完成，但是相应的氧化薄膜质量较低，绝缘性能都不如热氧生长得到的氧化薄膜。后金属钝化所需的氧化层可以淀积在硅圆上，并且不会对其他性能产生严重影响，这种氧化层可以在包括金属化在内的所有工艺完成之后提供保护层。化学气相淀积产生的氧化物也能用来隔离金属化层。

器件保护和钝化可以防止某些污染物的渗透，在器件保护和钝化采用氮化硅比二氧化硅更有效率，其中的氮化硅通过 CVD 进行淀积产生。它也可以用来进行扩散或离子注入掩膜。

10.3.6 金属化

金属化是硅圆工艺中的最后一步，用来产生芯片器件或者电路之间连接的金属薄膜层，也能用来产生芯片外围的焊盘，这些焊盘连接了芯片核心部位与外部封装引脚。这些键合金属线通常采用金线，方形焊盘可以让金属线的末端平整，同时可以减少一些连线错误。

金属化通常采用铝作为原材料。首先，通过真空蒸镀在硅圆上淀积金属薄层，然后通过光刻的办法产生所需要的金属图样。刻蚀经常使用磷酸或者等离子体，这两种方法都可以通过剥离工艺金属化。通过标准的光刻工艺可以将正性胶淀积、成形在硅圆上，然后金属薄层淀积在剩余光刻胶上。下一步中，金属薄膜随着光刻胶的融化而被剥离。这种工艺甚至在较大薄膜厚度的情况下能够产生较精确宽度的图形。

10.3.7 MOSFET 的制备步骤

依据前述制备步骤，N 沟道以金属铝做栅极的 MOSFET 的典型工艺步骤如图 10.1 所示。

1. 以 P 型硅作为衬底
2. 在硅上生长热氧化层
3. 第一次光刻产生源极与漏极扩散空间
4. 通过 N^+ 磷离子扩散产生源极与漏极区域
5. 第二次光刻工艺用来去除源极与漏极之间沟道中的氧化物
6. 在沟道区域生长一个很薄的氧化物层
7. 第三次光刻产生触点空间
8. 通过铝薄层产生金属化
9. 第四次光刻产生栅极金属化的图案
10. 在随后的金属化中产生触点烧结

自对准栅结构

如 10.2 节所述，产生沟道的反型层必须覆盖源极和漏极之间的整个沟道。因此，栅极必须延伸贯穿这一区域。为了容许可能的掩膜误差，栅极必须设计成与源极和漏极有小部分的交叠。这将使栅极与源极以及栅极与漏极之间分别产生一个较小的交叠电容 C_{gs} 与 C_{gd}，C_{gd} 描述了从漏极到栅极的反馈电容，它将通过米勒效应影响晶体管的频率响应。

为了减少交叠电容，使用了如图 10.18 所示的自对准栅极结构。这种结构在 P 沟道 MOSFET 中也同样使用，但源极和漏极不能扩展到栅极下面。硼离子注入用来

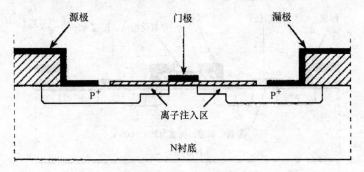

图 10.18　使用离子实现自对准栅 PMOSFET

产生源极和漏极区域直到栅极边缘的 P 型扩散，高能量的硼离子能穿透薄栅氧化层，但是能被厚的场氧化层及栅极阻挡。因此，栅极也起到离子注入掩模板的作用，通过这个掩模板，源极和漏极区域能有效地终止于栅极的边缘，起到较好地减少交叠电容的作用。

另外一种自对准栅极结构如图 10.19 所示，这里采用多晶硅作为栅极，这种结构能经受扩散工艺中的高温度，栅极也起

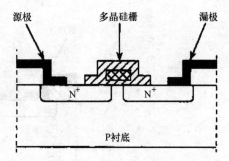

图 10.19　多晶硅栅 MOS 场效应晶体管

到一个扩散掩模板的作用。自然地，也会发生侧面扩散到栅极下面，但是产生的交叠电容已经远小于传统结构。

10.4　集成电路的 MOS 场效应晶体管的布局与面积考虑

在集成电路中，不同的扩散区域、触点窗口和金属接触之间都需要有一个最小间距，从而避免在工艺生产中的产生的一些问题，最小的线宽由光刻工艺决定，最小的尺寸准确度定义为 λ（与沟道长度调制效应参数相异）。最小间距与尺寸的定义通常是 λ 的倍数，这些参数组成了关于尺寸的设计规则。

在集成电路生产中，MOSFET 具有两个很重要的特性，这决定了在同一个芯片中器件可具有高集成度。第一个特性是简单的几何形状，第二个是自绝缘的特性，图 10.20 中，P 型 MOSFET 共用了同一个 N 型衬底。栅氧化层厚度不到场氧化层厚度的十分之一。在阈值电压 V_t 作用下晶体管将产生沟道，这个阈值电压远小于厚场氧化层下的半导体材料产生反型层所需的电压。因此，在被场氧化层隔离的两

个邻近 MOSFET 之间不能产生 N 型沟道，从而不需要采用特殊的隔离区域就能做到晶体管之间的自隔离。

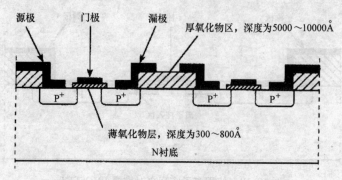

图 10.20   具有自隔离特性的集成 MOS 场效应晶体管

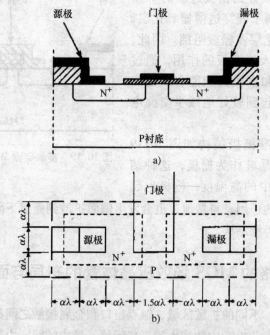

图 10.21   NMOS 场效应晶体管

a）剖面图   b）版图俯视图

NMOS 器件及其版图如图 10.21 所示。为了便于说明，采用所有的间距与空间为 10λ 的统一设计规则（在图 10.21 中，相应地 $\alpha = 10$），整个 NMOS 晶体管版图尺寸大约为 75λ 和 30λ，面积为 $225\lambda^2$。

设计规则通常由硅圆生产厂家定义，集成电路版图设计者在设计中必须考虑这些规则。

10.5 MOSFET 中的噪声

MOS 器件中由模拟信号的小幅波动产生的噪声会对器件本身的性能产生影响，下文是对于不同噪声的讨论。

10.5.1 散粒噪声

流过 PN 结的直流电流噪声引起散粒噪声，其均方值如下：

$$\langle i^2 \rangle = 2qI_D\Delta f \tag{10.37}$$

式中，q 是电子电荷；I_D 是 PN 结直流电流的平均值；Δf 是带宽。散粒噪声的电流频谱密度如下：

$$\langle i^2 \rangle / \Delta f = 2qI_D \tag{10.38}$$

10.5.2 热噪声

随机的电子运动产生热噪声，均方值如下：

$$\langle v^2 \rangle = 4KTR\Delta f \tag{10.39}$$

式中，R 是噪声源的相关电阻；T 是绝对温度；k 为波尔兹曼常数。在器件的饱和状态下，沟道为锥形，R 的近似大小为 $R = 3/g_m$。

10.5.3 闪烁噪声

当电荷载流子运动到栅氧化层和硅衬底的界面时，载流子被随机地俘获，会产生闪烁噪声。在一定的器件与工艺中，闪烁噪声的频谱密度如下：

$$(i^2)/\Delta f = K_f(2K'/C_{ox}L^2)\left[I^a/f\right] \tag{10.40}$$

式中，K_f 的典型数值为 10^{-24}V^2。

10.5.4 噪声模型

在评估 CMOS 电路的性能时，必须考虑上述各种噪声，这些噪声都可以合并为等效信号源。在大信号晶体管模型中，热噪声和闪烁噪声可以等效为与电流 i_D 并联的电流源。电流噪声的均方值为

$$(i_N^2) = \left[(8/3)kTg_m + (2K'K_fI_D)/C_{ox}L^2\right]\Delta f \tag{10.41}$$

如图 10.22 所示，这个噪声电流可以在晶体管栅极端表示，其大小为上述噪声表达式除以 g_m^2($= 4KI_D$)，得到的表达式如下：

$$\langle v_{eq}^2 \rangle = \left[(K_f)/fC_{ox}WL\right]\Delta f \tag{10.42}$$

在频率低于 1kHz 情况下，主要噪声为闪烁噪声，相应地，噪声表示为

$$\langle v_{eq}^2 \rangle = \left[(K_f)/fC_{ox}WL\right]\Delta f \tag{10.43}$$

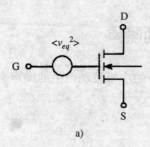

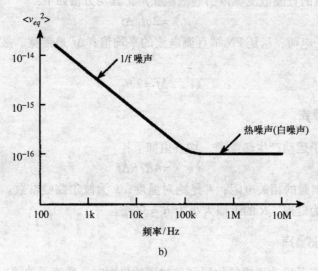

图 10.22

a) 输入参考噪声源模型　b) 典型 MOSFET 的噪声谱

习　题

10.1　一个 NMOS 晶体管，当 $V_{GS} = V_{DS} = 10V$ 时，漏极电流是 6.5mA。当 $V_{GS} = V_{DS} = 6V$ 时，漏极电流降为 2mA。计算该晶体管的 K 值和 V_t。

10.2　在特定的工艺制造过程中，跨导参数 $K' = 20\mu A/V^2$，并且阈值电压 $V_t = 1V$。需要设计一个晶体管最小长度是 $10\mu m$ 并且 $V_{GS} = V_{DS} = 5V$，漏极电流为 1mA，求出相应的沟道宽度。

10.3　一个 MOS 场效应晶体管，$V_t = 1V$ 并且 $K = 500\mu A/V^2$。如果晶体管要求饱和电流 $i_D = 100mA$，计算达到 V_{GS} 以及所需的最小的 v_{DS}。

10.4　一个饱和区的 MOS 场效应晶体管，V_{GS} 是一个常数，$i_D = 1mA$ 以及 $v_{DS} = 2V$。当 $v_{DS} = 7V$，i_D 变为 1.1mA。计算相关 r_o、V_A 以及 λ 的值。

11   集成电路基本单元电路

11.1   绪论

本章主要对采用金属氧化物半导体（MOS）结构的基本模拟电路单元进行简单的介绍，这些单元电路是构成更复杂模拟集成电路的最基本单元[22-24]。首先介绍 MOS 晶体管作为负载器件使用，紧接着介绍基本的 MOS 放大器的设计。由于寄生电容在高频信号处理系统中有非常重要的影响因而接着介绍了寄生电容。以这些内容为基础，讲述了共源共栅放大器和降低米勒效应的理论，最后，在讨论 CMOS 放大器之后介绍了电流镜。

11.2   MOS 有源电阻和负载器件

在 MOS 工艺中，增强型或者耗尽型器件都可以作为有源电阻使用。前者通过将 MOS 晶体管的漏极与栅极相连而成，后者将源极和栅极相连而成。

图 11.1 表示一个作为二极管连接的增强型晶体管的 v – i 特性曲线，曲线方程为

$$i = K(v - V_t)^2 \tag{11.1}$$

这种连接的晶体管总是工作在饱和区。

假设晶体管偏置电压为 V，则得到：

$$i = K(V + v_{gs} - V_t)$$
$$= K(V - V_t)^2 + 2K(V - V_t)v_{gs} + Kv_{gs}^2 \tag{11.2}$$

对于小信号模型，最后一项可以忽略。第一项为直流或者静态电流，因此，信号电流为

$$i = 2K(V - V_t)v_{gs} \tag{11.3}$$

器件的终端电阻为 $1/g_m$。

类似地，二极管连接的耗尽型 MOS 晶体管可以做一个有源电阻负载使用，如图 11.2 所示。

由于器件工作在饱和区，两个端点之间的电压超过了 $-V_{tD}$（阈值电压），这时，

$$i \cong KV_{tD}^2\left(1 + \frac{v}{V_A}\right) \tag{11.4}$$

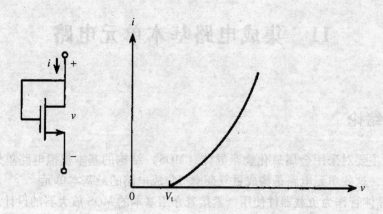

图 11.1　一种作为二极管连接的 MOS 晶体管

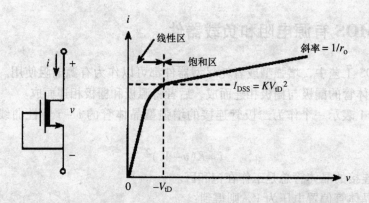

图 11.2　一种作为二极管连接的耗尽型 MOS 场效应晶体管以及其特性

这种器件能提供很大的电阻值，通常作为高增益放大器的电阻负载使用。

另一种 MOS 晶体管做电阻使用的方法如图 11.3 所示，在接近 $V_{DS} \approx 0$ 点处，器件电阻则为 $r_{ds} = r_o$。

多个二极管连接的晶体管可以串联形成一个简单的 CMOS 基准电压，两个器件的连接形式如图 11.4 所示。

通过分析可以得到电压表达式如下：

$$V_{\text{ref}} = \frac{V_{\text{SS}} + V_{\text{tn}} + \sqrt{K_2/K_1}(V_{\text{DD}} - |V_{\text{tp}}|)}{1 + \sqrt{K_2/K_1}} \qquad (11.5)$$

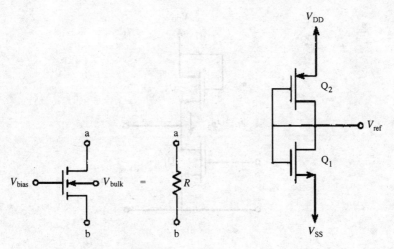

图 11.3 一个作为有源电阻
的 MOS 场效应晶体管

图 11.4 有源电阻分压

11.3 MOS 放大器

11.3.1 采用增强型负载的 NMOS 放大器

图 11.5 为一个采用二极管连接的 NMOS 晶体管做负载的简单放大器电路与其小信号等效电路。

假设 Q_1 和 Q_2 在饱和时具有无限大的阻抗，阈值电压 V_t 相等，但是 K 值不同，因此：

$$v_{out} = \left(V_{DD} - V_t + \sqrt{\frac{K_1}{K_2}} V_t \right) - \sqrt{\frac{K_1}{K_2}} V_{in} \tag{11.6}$$

具有线性的传输特性，大信号增益为

$$A_V = \sqrt{\frac{K_1}{K_2}}$$
$$= \sqrt{(W_1/L_1)/(W_2/W_1)} \tag{11.7}$$

采用如图 11.5b 所示的小信号等效电路来计算放大器小信号增益，如下：

$$A_v = \frac{v_{out}}{v_{in}} = \frac{-g_{m1}}{g_{m2} + (1/r_{o1}) + (1/r_{o2})} \tag{11.8}$$

通常，r_{o1}，$r_{o2} \gg 1/g_{m2}$，上述表达式简化为

$$A_v = -g_{m1}/g_{m2} \tag{11.9}$$

11.3.2 衬底效应

在上述分析中，都假设了每个晶体管的衬底与源极相连。然而，在集成电路实

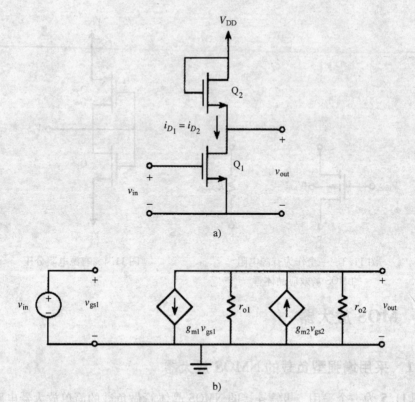

图 11.5　增强型负载放大器

a）电路　b）等效电路

现中，这两个晶体管共用同一个接"地"衬底。然而，Q_2 的衬底接地，但是源极却不接地，在衬底和源极之间存在一个 v_{bs} 的偏置电压，从而产生的电流将对漏极电流产生影响，这个电流可以通过在等效电路中增加一个附加电流源来表示，如图 11.6 所示。

在图 11.6b 中，体效应的跨导为

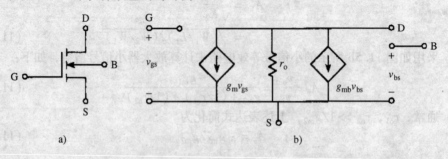

图 11.6　衬底效应

a）一个 B、S 没有短接的 MOS 场效应晶体管　b）小信号等效电路

$$g_{mb} = \chi g_m \tag{11.10}$$

此处 χ 是体效应因子，典型的数值在 $0.1 \sim 0.3$ 之间。

如图 10.6a 所示的增强型负载放大器，考虑到体效应之后，其等效电路如图 11.6b 所示，推导得到的增益公式如下：

$$A_v = \frac{-g_{m1}}{g_{m2} + g_{mb2} + (1/r_{o1}) + (1/r_{o2})} \tag{11.11}$$

通常，r_{o1}，$r_{o2} \gg 1/g_{m2}$，上述表达式简化为

$$A_v \cong \frac{-g_{m1}}{g_{m2} + g_{mb2}} \tag{11.12}$$

参考式 (11.10)，得到

$$A_v = -\frac{g_{m1}}{g_{m2}} \frac{1}{1 + \chi} \tag{11.13}$$

因此，体效应将增益减少到原来的 $1/(1+\chi)$。

这种增强型负载放大器的输出信号的摆幅不能超过 $V_{DD} - V_t$。

11.3.3　带耗尽型负载的 NMOS 放大器

如图 11.7a 所示为一个采用增强型晶体管的放大器，其负载采用一个二极管连接的耗尽型晶体管。在上例中，假定两个晶体管都偏置在饱和区。在考虑到体效应以后，放大器的等效电路如图 11.7b 所示。

如上述讨论中一样，通过近似假设可以得到放大器的增益表达式如下：

$$A_v \cong \frac{-g_{m1}}{g_{mb2}} \cong \frac{-g_{m1}}{g_{mb2}} \left(\frac{1}{\chi} \right) \tag{11.14}$$

或

$$A_v \cong \sqrt{\frac{(W_1/L_2)}{(W_2/L_2)}} \left(\frac{1}{\chi} \right) \tag{11.15}$$

通过与增强型负载放大器的增益相比较，耗尽型晶体管做负载的放大器的增益高出 $(1+\chi)/\chi$ 倍。

11.3.4　源极跟随器

上述讨论的放大器都通过源极来建立信号和地之间的通路，属于共源极型，能提供一个很大的反相电压增益，具有大输入阻抗和大输出阻抗的特性。对电压放大器来说，大输出阻抗显得很不必要，因此，为了不影响前级放大器的增益而得到小的输出阻抗，通常设计一个输出缓冲器。如图 11.8 所示的共漏极电路（源极跟随器）可以作为缓冲器使用。

其电压增益为

$$\frac{v_{out}}{v_{in}} = \frac{[(1/g_{mb}) \parallel r_0]}{(1/g_m) + [(1/g_{mb}) \parallel r_0]} \tag{11.16}$$

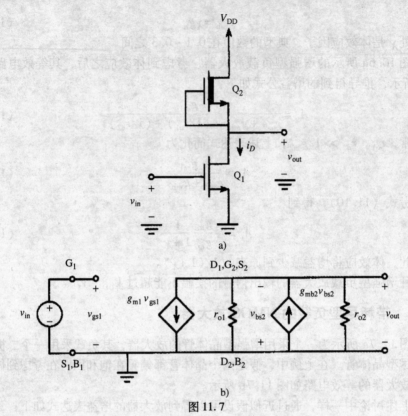

图 11.7

a) 耗尽型负载放大器　b) 等效电路

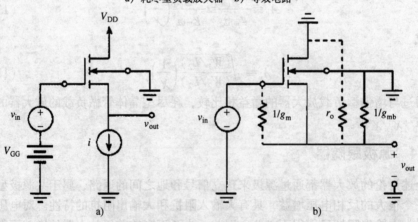

图 11.8

a) 源极跟随器　b) 求出它的输出阻抗

$r_o \gg 1/g_m$，得到：

$$\frac{v_{out}}{v_{in}} \cong \frac{g_m}{g_m + g_{mb}} \tag{11.17}$$

$$g_{mb} = \chi g_m \tag{11.18}$$

简化为：

$$\frac{v_{out}}{v_{in}} \cong \frac{1}{1 + \chi} \tag{11.19}$$

如果忽视体效应，增益为 1，这是无负载时的增益。从图 11.8b 得到源极跟随器的输出阻抗为

$$R_o = (1/R_m) \parallel (1/g_{mb}) \parallel r_o \tag{11.20}$$

当相关参数如下时：

$W/L = 10$，$\mu_n C_{ox} = 100\mu A/V^2$，$V_t = 1V$，$V_A = 100V$，$I = 20mA$ 得到增益为 0.9，输出阻抗为 140Ω。

如图 11.9 所示的共栅极放大电路具有很大的输入输出电导，在考虑体效应的情况下得到图 11.9b 所示的等效电路，推导得到：

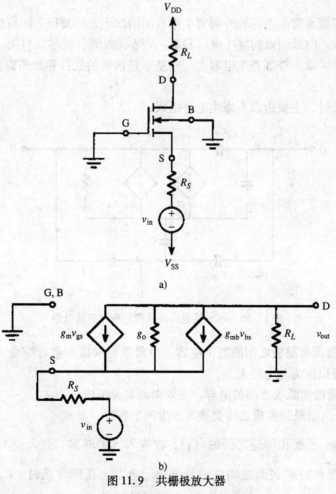

a)

b)

图 11.9 共栅极放大器

a）表示出衬底的电路 b）等效电路

$$A_v = \frac{g_m(1+\chi)R_L}{1+g_m(1+\chi)R_s} \tag{11.21}$$

$$g_{in} = g_m(1+\chi) \tag{11.22}$$

$$g_{out} = \frac{g_o}{1+g_m(1+\chi)R_s} \tag{11.23}$$

和其他结构的放大器不同，体效应在共栅放大器电路中并没有降低性能，相反，其增大了有效跨导。这种电路的最大优点是其具有较大的带宽，在下一节中将讨论这个问题。

11.4　基于高频应用的设计考虑

11.4.1　寄生电容

考虑内部端点寄生电容和外部寄生电容的情况下，MOSFET 的高频等效电路如图 11.10 所示。内部端点的寄生电容和 P－N 结、沟道、耗尽区有关，数值大小依赖器件的工作区域。外部寄生电容由一些基本是常量的元件和版图寄生效应、区域交叠等形成。

在饱和区时，主要由以下寄生电容组成：

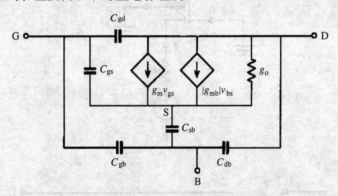

图 11.10　MOS 场效应晶体管的高频等效电路

1. C_{gd}：栅极与漏极之间的寄生电容。由栅极与漏极扩散区交叠而产生的薄氧化层电容，可以认为与电压无关。

2. C_{gs}：栅极和源极之间的电容，主要由两部分组成：

（a）C_{gs1} 由栅极和源极之间交叠而产生的电容；

（b）C_{gs2}　栅极和沟道之间的电容，在饱和区的时候，其大小为 $\frac{2}{3}C_{ox}$，其中 C_{ox} 表示在栅极和衬底表面之间总的薄氧化层电容，在饱和区时，C_{gs} 基本与电压无关。

3. C_{sb}：源极和衬底之间的寄生电容，由两个部分组成：

（a）C_{sdpn}由源极扩散区和衬底之间 P - N 结电容组成；

（b）C'_{sb}约为沟道下的耗尽区电容的$\frac{2}{3}$，C_{sb}电容大小与电压有关，电容情况类似突变的 P - N 结。

4. C_{db}：漏极和衬底之间的电容，这是一个与电压有关的 P - N 结电容。

5. C_{gb}：栅极和衬底之间的电容，在饱和区时，这个电容比较小，约为$0.1C_{ox}$。

对于一个如图 11.11a 所示的共源极放大器，以上讨论的寄生电容在高频时将产生作用，并决定了放大器的频率响应。在考虑到寄生电容的情况下，当共源极放大器的负载电容为C_L时，其等效电路如图 11.11b 所示。把这些电容通过归总的办法得到的简化等效电路如图 11.11c 所示，其中：

$$C_{Leq} = g_{d1} + g_{d2} + g_{m2} + |g_{mb2}|$$
$$C_{Leq} = C_{db1} + C_{gs2} + C_{sb2} + C_L \tag{11.24}$$

推导得到电路的增益为

$$A_v(s) = \frac{G_s(C_{gd1} - g_{m1})}{[s(C_{gs1} + C_{gd1}) + G_s][s(C_{gd1} + C_{Leq}) + G_{Leq}] - sC_{gd1}(sC_{gs1} - g_{m1})} \tag{11.25}$$

令 $s = j\omega$，在中频时有

$$g_{m1} \gg \omega C_{gd1}$$
$$G_{Leq} \gg \omega(C_{gd1} + C_{Leq}) \tag{11.26}$$

增益为

$$A_v(j\omega) = \frac{-g_{m1}G_s}{G_sG_{Leq} - j\omega[G_{Leq}(C_{gs1}) + g_{m1}C_{gd1}]}$$
$$= \frac{A(0)}{1 + j\omega R_s C_{in}} \tag{11.27}$$

在这里

$$A(0) = -g_{m1}/G_{Leq} \tag{11.28}$$
$$C_{in} = C_{gs1} + C_{gd1}(1 + g_{m1}/G_{Leq})$$
$$= C_{gs1} + C_{gd1}[1 + |A_v(0)|] \tag{11.29}$$

因此，增益可以通过如图 11.11d 所示的等效电路得到。特别地，由于栅极与源极之间的电容加上栅极与漏极之间的电容 C_{gd1} 的 $[1 + |A_v(0)|]$ 倍构成了输入电容 C_{in}，后一部分电容是通过米勒效应近似得到的，当 $|A_v(0)| \gg 1$ 时，米勒效应会明显地降低带宽。

11.4.2　共源共栅放大器

通过在共源极放大器中增加一个共栅极 MOSFET Q_2，可以形成如图 11.12a 所

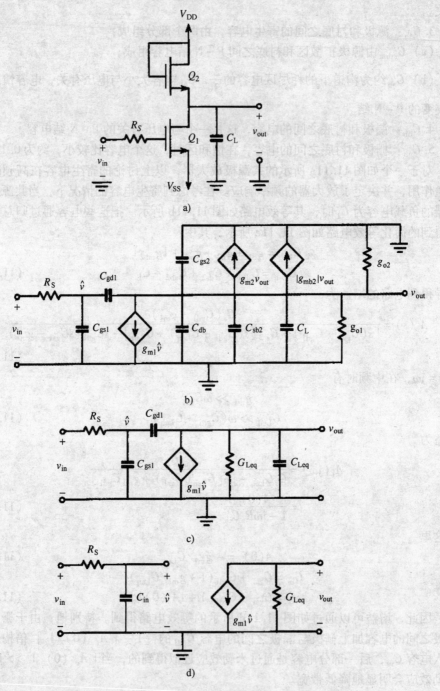

图 11.11　高频下带容性负载的 NMOS 共源极放大器
a) 电路　b) 等效电路　c) 简化等效电路　d) 近似等效电路

示的共源共栅结构，这种结构能消除或者削减米勒效应的影响。晶体管 Q_2 隔离了输入和输出节点，从源极看，其输入阻抗为一个 $1/g_{m2}$ 的小值，在漏极端，阻抗很大，这些都有利于驱动晶体管 Q_2。

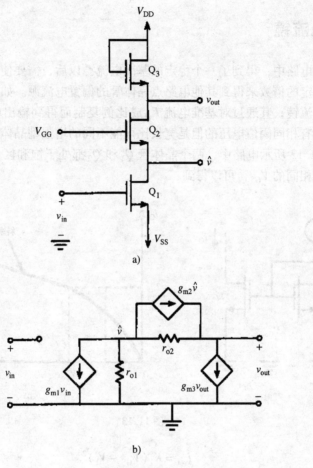

图 11.12
a) 共源共栅放大器 b) 低频等效电路

低频小信号等效电路如图 11.12b 所示，得到：

$$g_{m1} = -g_{m2}\hat{v} = -g_{m3}v_{out} \qquad (11.30)$$

或者

$$\hat{v} \cong -\frac{g_{m1}}{g_{m2}}v_{in} \qquad (11.31)$$

和

$$v_{out} \cong \frac{g_{m2}}{g_{m3}}\hat{v} \cong -\frac{g_{m1}}{g_{m3}}v_{in} \qquad (11.32)$$

因此，晶体管 Q_1 从栅极到漏极的增益为 $-g_{m1}/g_{m2}$，驱动晶体管 Q_1 的 C_{gd1} 在栅极的米勒等效电容需要乘以 $(1 + g_{m1}/g_{m2})$。如果 $g_{m1} = g_{m2}$，则要乘的因子为 2，米勒效应得到了很好的削弱。

11.5 电流镜

在集成电路中，得到了一个稳定的基准电流源以后，需要使用这个基准电流源通过乘以一定的倍数来得到其他电路点晶体管的偏置电流源。如图 11.13 所示为一个普通的电流镜，其通过对基准电流 I_{ref} 成比例复制而得到输出电流 I_o。这个电流镜由两个具有相同阈值电压的但是宽长比可能不同的增强型晶体管 Q_1 和 Q_2 组成。

如图 11.13 所示电路中，两个晶体管 Q_1 和 Q_2 都处于饱和区，由于晶体管并联相连，具有相同的 V_{GS}，可以得到：

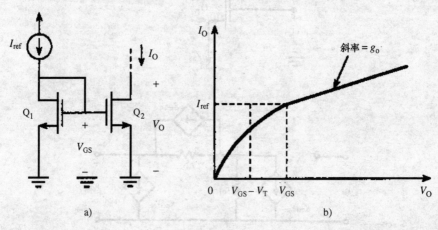

图 11.13

$$I_{ref} = K_1 (V_{GS} - V_t)^2 \qquad (11.33)$$

$$I_o = K_2 (V_{GS} - V_t)^2 \qquad (11.34)$$

假设晶体管 Q_2 的输出阻抗为无穷大，得到：

$$I_o = I_{ref} \left(\frac{K_2}{K_1} \right) = I_{ref} \frac{(W_2/L_2)}{(W_1/L_1)} \qquad (11.35)$$

然而，晶体管的实际输出阻抗是有限的，上述表达式只是一个近似的结果。采用如图 11.14a 所示的共源共栅电流镜可以提高输出阻抗。二极管连接的 Q_1 和 Q_4 的阻抗为 $1/g_m$ 的一个较小的值，Q_2 用其沟道电阻 r_{o2} 代替，Q_3 采用相关等效电路得到电路如图 11.14c 所示，可以计算得到输出阻抗为

$$R_o = v/i = r_{o3} + r_{o2} + g_{m3} r_{o3} r_{o2} \qquad (11.36)$$

这里 $r_{o2} = r_{o3} = r_o$，得到：

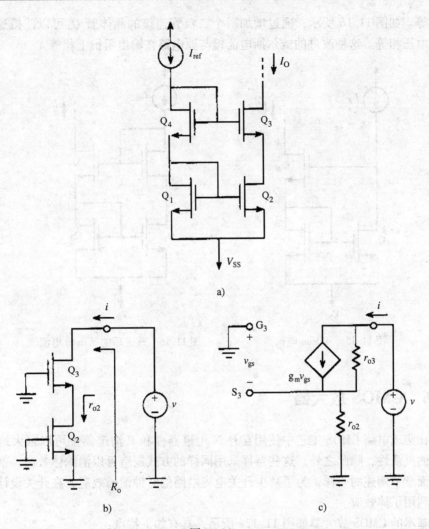

图 11.14

a) 共源共栅电流镜 b)、c) 求其输出阻抗

$$R_o = r_o(2 + g_m r_o) \tag{11.37}$$

输出阻抗对比如图 11.13 所示，电路增加倍数大约为 $g_m r_o$。

另外一个叫作威尔斯电流镜的电路如图 11.15 所示，在这个电路中，输出阻抗为

$$r_o = (g_{m1} r_{o1}) \left(\frac{g_{m3}}{g_{m2}} \right) r_{o3} \tag{11.38}$$

典型的数值为

$$r_o \approx (100)(1)(10^5) \approx 10 \text{M}\Omega$$

然而，这个电路存在一个问题：驱动 Q_1 和 Q_2 晶体管的漏极与源极之间的电压

不相等。如图 11.16 所示，通过增加一个二极管连接的晶体管 Q_4 可以使得这两个驱动电压相等。这种改进的威尔斯电流镜与原电路在输出阻抗上相等。

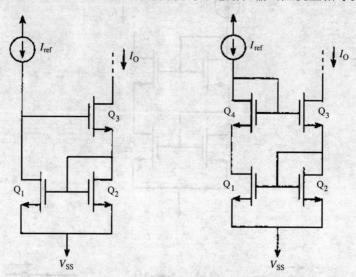

图 11.15 Wilson 电流镜 　　　　　　 图 11.16 改进后的 Wilson 电流镜

11.6　CMOS 放大器

在集成电路 CMOS 工艺中使用互补 N 沟道器件和 P 沟道器件可以很大地提高设计的灵活性，除此之外，这些器件采用同样的方式制造可以消除体效应。就如将在后面章节阐述的一样，为了减少开关电容电路的时钟馈通效应，在开关设计中合理地利用了体效应。

基本的 CMOS 放大器如图 11.17a 所示，具有如下特点：

1. Q_2 和 Q_3 是匹配的 P 沟道器件形成电流源，$v - i$ 传输特性如图 11.17b 所示。保证 Q_2 晶体管的漏极电压至少低于源极电压（V_{DD}）$V_{SG} - | V_{tp} |$，使得 Q_2 晶体管工作在饱和区，这里的 V_{SG} 是晶体管 Q_2 漏极电流为 I_{ref} 时的直流偏置电压。在饱和区，Q_2 晶体管有很高的输出阻抗为

$$r_{o2} = \frac{|V_A|}{I_{ref}} \tag{11.39}$$

2. Q_2 作为放大器晶体管 Q_1 的一个有源负载。

3. 当 Q_1 工作在饱和区时，小信号电压增益为

$$A_v = -(g_{m1})(r_{o1} \parallel r_{o2}) \tag{11.40}$$

既然 Q_1 的直流偏置电流为 I_{ref}，通过式（10.24）可以得到：

$$g_{m1} = \sqrt{2(\mu_n C_{ox})(W/L) I_{ref}} \tag{11.41}$$

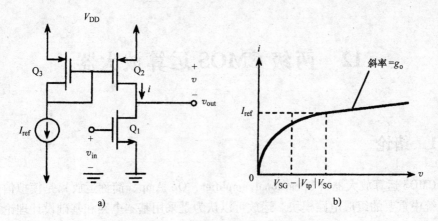

图 11.17
a) CMOS 放大器 b) 有源负载特性曲线

当 $r_{o1} = r_{o2}$ 时，得到：

$$A_v = -\frac{\sqrt{K_n}\,|V_A|}{\sqrt{I_{ref}}} \tag{11.42}$$

11.7 小结

本章讨论了在很多复杂集成电路中使用的基本集成电路元件。特别地，提到了将 MOS 晶体管做有源电阻、负载、简单放大器和增益级使用的情况。也讨论了寄生电容在高频时对电路性能的影响。不同类型的电流镜也在简单放大器的设计中涉及到。

习　题

11.1　设计一个带增强型负载的 NMOS 共源极放大器，电压增益为 10，并且考虑到衬偏效应下的输出阻抗是 1kΩ。最小沟道宽度为 $10\mu m$，$\chi = 0.2$，$K' = 10\mu A$，$V_t = 1V$。假定偏压为 2V。

11.2　设计一个带耗尽型负载的 NMOS 共源极放大器，考虑到衬偏效应下的增益为 100。沟道宽度最小为 $3\mu m$ 并且 $\chi = 0.1$。

11.3　设计一个共源共栅放大器，考虑衬偏效应下的增益为 100，并且 $\chi = 0.2$。最小沟道宽度为 $5\mu m$。

11.4　如图 11.15 所示的 Wilson 电流镜，所用管子的 $K = 100\mu A$，$V_t = 1V$，$V_A = 50A$。参考电流为 $50\mu A$ 并且 $V_{SS} = 0$。求出 I_o 以及电流镜的输出阻抗。

11.5　设计一个如图 11.17 所示 CMOS 放大器，电压增益为 100。管子的参数是理想的，可以由第 10 章来设置，并且 $I_{ref} = 100\mu A$。

12 两级 CMOS 运算放大器

12.1 绪论

CMOS 运算放大器（Opeartional amplifier，Op Amp，简称运放）是模拟信号处理系统中重要的组成电路模块。运放可以认为是采用基本电路和基础设计理论进行设计的综合电路模块。本章将主要介绍 CMOS 运放的设计思想[22-24]，并给出完整的设计实例。本章首先介绍运放的各个性能参数以及反馈放大器的基本特性，之后讨论作为运放第一级的 CMOS 差分对。接下来，我们对普遍使用的两级 CMOS 运放结构进行讨论，并且通过读者易于理解的设计公式介绍运放的设计细节。最后本章将给出一个完整的运放设计实例，设计步骤从对性能参数的分析开始、得到设计结构的细节直到获得 CMOS 运放元件的最终设计参数值。

12.2 运算放大器的性能参数

运放可以看作是一个理想的压控电压源，如图 12.1 所示，它的输出 v_o、两个输入 v_1 和 v_2 如式（12.1）表示：

$$v_o = A(v_1 - v_2) \tag{12.1}$$

式中，A 是一个独立于频率的常数，通常非常大，理想情况下可以认为是无穷大。然而在实际中，A 与频率相关，而且在实际的 MOS 运放中存在许多非理想效应。运放的性能指标通常以下列参数进行表示：

1. 开环直流增益 A_0。它表示运放在输入为常数时，零频时的电压增益。
2. 输出电压摆幅。它表示线性工作范围内的输出电压范围，例如对于 ±5V 的供电，线性工作范围可能为 $-4V < v_o < 4V$。
3. 输入失调电压。理想的，当 $v_1 = v_2$ 时，$v_o = 0$。然而，实际上，当差分输入为零时，$v_o \neq 0$。此时，使得输出电压为零时的输入电压，就称为输入失调电压。
4. 共模抑制比（CMRR）。理想的，v_o 仅仅和差分输入（$v_1 - v_2$）相关。实际中，v_o 也受到平均电压或者共模电压 v_{CM}、差分电压 v_d 的影响，

$$v_{CM} = \frac{v_1 + v_2}{2} \tag{12.2}$$

$$v_d = (v_1 - v_2) \tag{12.3}$$

所以我们可以将输出写作：

$$v_o = A_d v_d + A_{CM} v_{CM} \tag{12.4}$$

式中，A_d 是差分增益；A_{CM} 是共模增益，所以共模抑制比定义为

$$CMRR = 20\log \frac{A_d}{A_{CM}} dB \tag{12.5}$$

对于理想运放，共模抑制比为无穷大。

5. 共模范围（CMR）。它定义为共模抑制比保持足够大时的共模电压范围。

6. 电源抑制比（PSRR）。任何供电电压节点的附加噪声都会以增益 A_{ps} 出现在输出节点 v_o。因此电源抑制比定义为

$$PSRR = 20\log \frac{A_d}{A_{ps}} \tag{12.6}$$

7. 单位增益带宽。当频率增加时，运放的增益下降。当增益下降为零时的频率点，就称为单位增益带宽。

8. 建立时间。当输入电压在线性工作区内变化时，输出电压达到最终值所需要的时间（通常要求输出电压建立误差为 0.1% ~ 1.0%）。建立时间和单位增益带宽、输出阻抗和负载相关。

9. 压摆率。当输入信号有一跳跃间断点时，输出不能瞬时反应出变化的信号。此时最大的变化率 dv_o/dt 就称为压摆率（slew rate，SR）。压摆率是一种非线性效应。

10. 输出电阻。理想情况输出电阻应该为零，但实际中运放具有一个有限的阻性输出阻抗，这个电阻可能很大，会影响到连接到输出节点电容的充电时间，并且限制最高的信号频率。

11. 动态范围。实际的运放在它的传输特性中具有一个有限的线性范围。所以，运放具有最大的输入信号幅度 $v_{in.\,max} \cong V_{cc}/A$，式中，$A$ 为运放开环增益。同时，由于噪声等杂散信号的存在，最小信号值 $v_{in,\,min}$ 存在一个下限，不会湮没在噪声中。运放的动态范围定义为

$$Dynamic \ range = 20\log(v_{in.\,max}/v_{in.\,min}) dB \tag{12.7}$$

12. 直流功率耗散。两级运放的基本结构如图 12.2 所示。输入差分级设计为提供好的输入阻抗、大的共模抑制比、大的电源抑制比、低噪声、低失调电压和高增益。第二级设计要完成多项功能：（a）电压水平提升以对输入级中直流电压变化进行补偿。（b）增加增益。（c）差分到单端输出的转换。在一些应用中要使用输出缓冲器。在一些情况中，大多数运放用来驱动低电容值的片上电容，因此就不需要增加输出级电路。然而，如果运放用来驱动大的容性负载或者阻性负载，那么就需要增加输出缓冲器电路，以提供运放输出一个较低的输出阻抗。

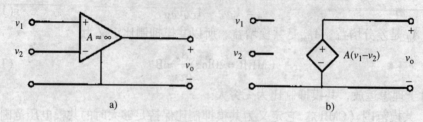

图 12.1　理想运放

a）电路符号　b）等效电路

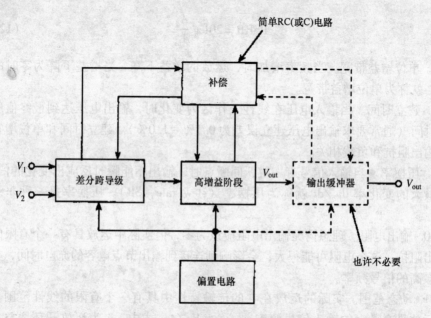

图 12.2　两级运放的基本结构

12.3　反馈放大器的基本原理

在运放设计中我们常常使用无源反馈网络在频率和时间响应上来得到更好的电路控制。正如所预料的，这是以降低增益为代价的。反馈放大器拓扑结构如图 12.3 所示，其中 $G(s)$ 为无反馈网络时的开环增益，$\beta(s)$ 是反馈网络的传输函数。简单的 $\beta(s)$ 可以是一个 RC 网络。反馈放大器的传输函数为

$$A(s) = \frac{G(s)}{1 + \beta(s)G(s)} \tag{12.8}$$

如果我们定义环路增益 $L(s)$ 为

$$L(s) = -\beta(s)G(s) \tag{12.9}$$

那么可以得到：

$$A(s) = \frac{G(s)}{1 - L(s)} \qquad (12.10)$$

如果设 ω_0 为环路增益为零时的频率，那么稳定性条件为（无持续振荡）：

$$|L(\omega_0)| < 1 \qquad (12.11)$$

同样的，如果 3dB 频率 ω_{03dB} 定义为

$$|L(\omega_{03dB})| = 1 \qquad (12.12)$$

此时稳定性条件为

$$\arg[L(\omega_{03dB})] > 0 \qquad (12.13)$$

一个二阶放大器传输函数特性如图 12.4 所示，图 12.4 中展示了环路增益的幅度和相位。

稳定性要求在相位到达零点之前，幅度应该先到达 0dB。一种测量稳定性的标准方法是通过测量相位裕度 ϕ_M 实现的。该方法为测量当幅度达到单位 1 时，该频率下的相位裕度，即：

$$\phi_M = \arg|L(\omega_{03dB})| \qquad (12.14)$$

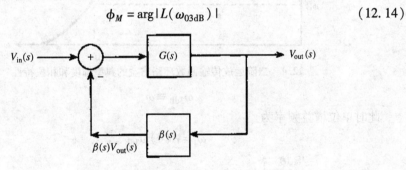

图 12.3　反馈放大器拓扑结构

因为相位裕度是由传输函数的零极点决定的，所以它也决定了放大器的时间响应。一个二阶传输函数不同相位裕度值的时间响应如图 12.5 所示。为了避免过多的振荡，通常要求相位裕度大于 45°。但对于大多数应用来说，60° 的相位裕度是通常所能接受的值。

为了决定运放的频率响应，我们通常以式（12.15）来表示传输函数：

$$A(s) = A(0) \frac{\prod (1 + s/\omega_{zi})}{\prod (1 + s/\omega_{pi})} \qquad (12.15)$$

通常来说零点 ω_{zi} 所在的频率较高，因此它们不会影响到 3dB 频率。如果一个极点 ω_{pk} 的频率比所有其他极点的频率都要低很多，那么该极点就称为主极点，我们可以写作：

$$A(s) = \frac{\omega_{pk} A(0)}{(s + \omega_{pk})} \qquad (12.16)$$

所以可以得到：

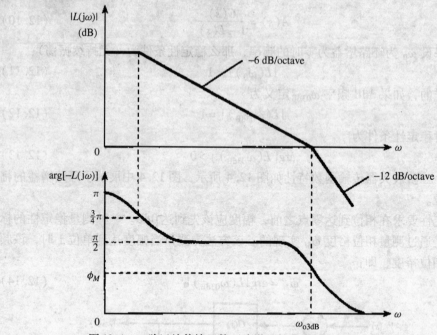

图 12.4　二阶运放传输函数环路增益的典型幅度和相位特性

$$\omega_{3dB} \cong \omega_{pk} \qquad (12.17)$$

此时单位增益频率为

$$\omega_t = A(0)\omega_{3dB} \qquad (12.18)$$

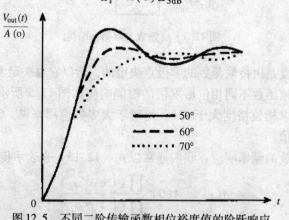

图 12.5　不同二阶传输函数相位裕度值的阶跃响应

12.4　CMOS 差分放大器

　　基本的 MOSFET 差分对如图 12.6 所示，是由两个 NMOS 晶体管 Q_1 和 Q_2 组成。理想情况下，这两个晶体管是完全匹配的。

忽略两个晶体管的输出电阻，在饱和区我们可以得到：

$$i_{D1} = K(v_{GS1} - V_t)^2$$

$$i_{D2} = K(v_{GS2} - V_t)^2 \tag{12.19}$$

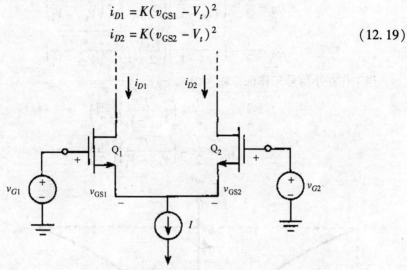

图 12.6　基本的 MOSFET 差分对

其中，

$$K = \frac{1}{2}\mu_n C_{ox}(W/L) \tag{12.20}$$

解出 v_{GS1} 和 v_{GS2} 并相减，可以得到：

$$\sqrt{i_{D1}} - \sqrt{i_{D2}} = \sqrt{K}v_{iD} \tag{12.21}$$

其中，

$$v_{iD} = v_{GS1} - v_{GS2} \tag{12.22}$$

但是由于

$$i_{D1} + i_{D2} = I \tag{12.23}$$

所以可以得到：

$$i_{D1} = \frac{I}{2} + \sqrt{2KI}\left(\frac{v_{id}}{2}\right)\sqrt{1 - \frac{(v_{id}/2)^2}{(I/2K)}}$$

$$i_{D1} = \frac{I}{2} - \sqrt{2KI}\left(\frac{v_{id}}{2}\right)\sqrt{1 - \frac{(v_{id}/2)^2}{(I/2K)}} \tag{12.24}$$

在偏置点处，$v_{id} = 0$，所以有：

$$i_{D1} = i_{D2} = I/2 \tag{12.25}$$

$$v_{GS1} = v_{GS2} = V_{GS} \tag{12.26}$$

其中有：

$$I/2 = K(V_{GS} - V_t)^2 \tag{12.27}$$

将其代入式（12.25）和式（12.26）中，得到：

$$i_{D1} = \frac{I}{2} + \left(\frac{I}{V_{GS} - V_t}\right)\left(\frac{v_{id}}{2}\right)\sqrt{1 - \left(\frac{v_{id}/2}{V_{GS} - V_t}\right)^2}$$

$$i_{D1} = \frac{I}{2} - \left(\frac{I}{V_{GS} - V_t}\right)\left(\frac{v_{id}}{2}\right)\sqrt{1 - \left(\frac{v_{id}/2}{V_{GS} - V_t}\right)^2} \tag{12.28}$$

当工作在小信号工作区，$v_{id} \ll V_{GS} - V_t$

$$i_{D1} \cong \frac{I}{2} + \left(\frac{I}{V_{GS} - V_t}\right)\left(\frac{v_{id}}{2}\right)$$

$$i_{D1} \cong \frac{I}{2} - \left(\frac{I}{V_{GS} - V_t}\right)\left(\frac{v_{id}}{2}\right) \tag{12.29}$$

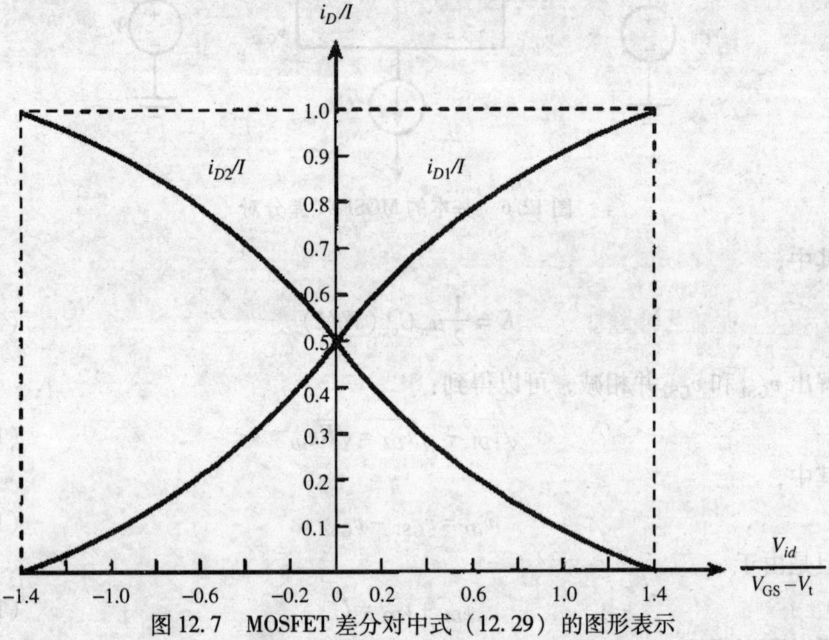

图 12.7　MOSFET 差分对中式（12.29）的图形表示

当一个 MOSFET 偏置在电流 I_D 时，它的跨导 $g_m = 2I_D / (V_{GS} - V_t)$，所以对 Q_1 和 Q_2 来说有：

$$g_m = \frac{2(I/2)}{V_{GS} - V_t} = \frac{I}{V_{GS} - V_t} \tag{12.30}$$

图 12.7 是式（12.29）的图形表示。我们也应该注意，对于差分输入信号，每一个晶体管都具有输出电阻 r_0。

接下来我们考虑由晶体管 Q_3 和 Q_4 组成的电流镜来作为差分对的负载，如图 12.8 所示。当差分对为 NMOS 晶体管时，我们使用 PMOS 晶体管作为电流镜，这样就得到了一个简单但十分流行的 CMOS 差分放大器结构。

对该电路进行分析，得到：

$$i = g_m(v_{id}/2) \tag{12.31}$$

其中，

$$g_m = \frac{I}{V_{GS} - V_t} \qquad (12.32)$$

此外还有：

$$v_{out} = 2i(r_{o2} \| r_{o4}) \qquad (12.33)$$

其中有：

$$r_{o2} = r_{o4} = r_o \qquad (12.34)$$

放大器电压增益为

$$A_v = \frac{v_{out}}{v_{id}} = g_m \frac{r_o}{2} = \frac{V_A}{V_{GS} - V_t} \qquad (12.35)$$

为了计算共模增益，进而得到共模抑制比，我们首先得到偏置源电导 G 如图 12.9a 所示，之后再通过 12.9a 得到如图 12.9b 所示的等效电路，其中角标 i 用于指示输入差分级元件的参数，而 L 用于指示负载元件的参数。

假设 g_m，$g_{mL} >> G$，g_{dsi}，我们得到：

$$A_d \cong \frac{g_{mi}}{g_{dsL} + g_{dsi}} \qquad (12.36)$$

$$A_{CM} \cong \frac{-Gg_{dsi}}{2g_{mL}(g_{dL} + g_{dsi})} \qquad (12.37)$$

最终得到：

$$CMRR \cong 2\frac{g_{mi}g_{mL}}{Gg_{dsi}} \qquad (12.38)$$

如果 $g_{dsL} = g_{dsi} = g_o$，那么有：

$$A_d \cong \frac{g_{mi}}{2g_o}$$

$$A_{CM} \cong \frac{G}{4g_{mL}} \qquad (12.39)$$

最终得到：

$$CMRR \cong 2\frac{g_{mi}g_{mL}}{Gg_o} \qquad (12.40)$$

同时也可以得到：

$$r_{out} \cong \frac{1}{g_{dL} + g_{dsi}} \cong \frac{1}{2g_o} \qquad (12.41)$$

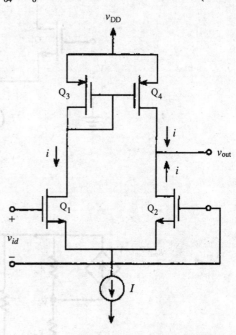

图 12.8　有源负载 CMOS 差分放大器

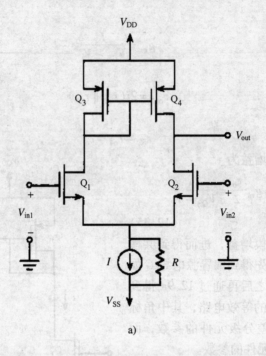

a)

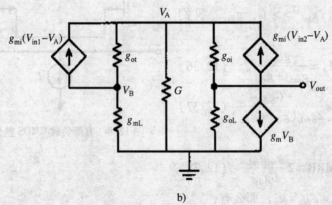

b)

图 12.9

a) CMOS 差分放大器 b) 等效电路

12.5 两级 CMOS 运算放大器

为了增加增益，我们采用如图 12.10 所示的两级运放拓扑结构，运放的结构和参数描述如下：

1. Q_8 和 Q_5 构成一组电流镜，为差分对 Q_1、Q_2 提供偏置电流。

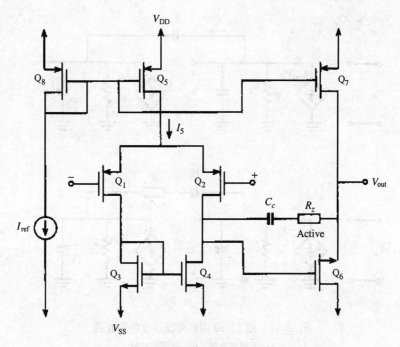

图 12.10 具有频率补偿的基本两级运算放大器

2. Q_5 的宽长比选择为能够为输入级提供所需的偏置。

3. Q_3 和 Q_4 构成一组电流镜，作为输入差分对的有源负载。

4. 第二级是由有源负载 Q_6 和电流源晶体管 Q_7 组成的共源放大器。

5. 电容 C_c 用于频率补偿。

6. 电阻 R_z 通常采用晶体管进行实现，主要用于控制放大器传输函数的零点位置。

运放的等效电路如图 12.11 所示，其中 C_1 是第一级和第二级之间的全部电容之和，而 C_2 是输出节点的全部电容之和，也包含了负载电容 C_L。所以 C_1 和 C_2 包含了之前章节中讨论的各种寄生电容。

在图 12.11 中可以得到：

$$G_{mi} = g_{m1} = g_2$$
$$R_1 = r_{o2} \parallel r_{o4} = \frac{1}{g_{ds2} + g_{ds4}} = \frac{2}{I_5(\lambda_2 + \lambda_4)}$$
$$G_{mo} = g_6 \tag{12.42}$$
$$R_2 = r_{o6} \parallel r_{o7} = \frac{1}{g_{ds6} + g_{ds7}} = \frac{2}{I_6(\lambda_6 + \lambda_7)}$$

式中，λ_i 是每个晶体管的沟道长度调制系数。

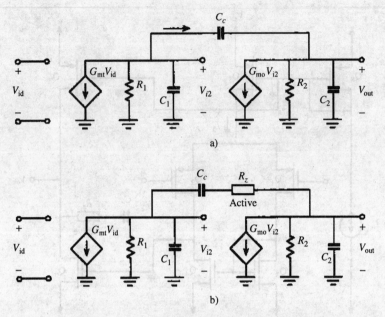

图 12.11　图 12.10 中的两级运放等效电路

a) 无调零电阻　b) 有调零电阻

12.5.1　直流电压增益

通过分析电路我们可以得到直流增益为

$$A_v = \frac{g_{m2} g_{m6}}{(g_{ds2} + g_{ds4})(g_{ds6} g_{ds7})} \tag{12.43}$$

$$A_v = \frac{2 g_{m2} g_{m6}}{I_5 I_6 (\lambda_2 + \lambda_4)(\lambda_6 \lambda_7)}$$

12.5.2　频率响应

运放的频率响应可以采用图 12.11 中的等效电路进行分析。首先假设 $C_1 \ll C_c$，$C_1 \ll C_L$，$C_1 \ll C_2$ 和 $C_2 \approx C_L$。对于图 12.11a 中的电路，极点为

$$s = -\omega_{p1} \cong \frac{1}{G_{m0} R_2 C_c R_1} \cong -\frac{G_{mi}}{A_v C_c} \tag{12.44}$$

$$s = -\omega_{p2} \cong -\frac{G_{m0} C_c}{C_1 C_2 + C_c (C_1 + C_2)} \cong -\frac{G_{m0}}{C_L} \tag{12.45}$$

零点为

$$s = z_1 = \frac{G_{m0}}{C_c} \tag{12.46}$$

为了使 ω_{p1} 成为主极点，我们使其逼近 3dB 点，因此有：

$$A_v\omega_{p1} \cong A_v\omega_{3dB} = \omega_t \tag{12.47a}$$

或者，

$$GB = \omega_t = \frac{G_{mi}}{C_c} \tag{12.47b}$$

GB 为单位增益频率或者增益带宽结果。

现在，因为 G_{mi} 与 G_{m0} 的阶数相同，那么零点将会比较接近 ω_t，并且引入一个相位漂移，从而降低相位裕度，影响放大器的稳定性。如果零点位置至少大于 ω_t 的十倍，为了得到所需的 60°相位裕度，那么第二极点 ω_{p2} 必须至少高于 ω_t 的 2.2 倍。从以上要求中我们可以得到以下关系：

$$\frac{g_{m6}}{C_c} > 10\left(\frac{g_{m2}}{C_c}\right) \tag{12.48}$$

所以得到：

$$g_{m6} > 10g_{m2} \tag{12.49}$$

同时也有：

$$\frac{g_{m6}}{C_L} > 2.2\left(\frac{g_{m2}}{C_c}\right) \tag{12.50}$$

最终可以得到：

$$C_c > 0.22C_L \tag{12.51}$$

12.5.3 调零电阻

另一种消除 RHP 零点效应的方法是增加一个调零电阻 R_z（R_z 通常由 MOSFETs 实现），R_z 与补偿电容进行串联，如图 12.11b 所示。那么新的零点位置为

$$s = z_1 = \frac{1}{G_c\left(\dfrac{1}{G_{m0}} - R_z\right)} \tag{12.52}$$

当 $R_z \rightarrow 1/G_{m0}$ 时，零点趋近于无穷大。一个好的选择是 $R_z > 1/G_{m0}$，将零点置于负实轴以增加相位裕度。增加调零电阻的另一个结果是使得第三极点位于：

$$\omega_{p3} = -\frac{1}{R_zC_1} \tag{12.53}$$

我们可以选择电阻 R_z，使得 RHP 零点与极点 ω_{p2} 相抵消，这种情况下有：

$$R_z = \frac{1}{g_{m6}}\left(\frac{C_L + C_c}{C_c}\right) \tag{12.54}$$

R_z 是由工作在线性区的晶体管 Q_8 实现的。完整的运放电路如图 12.12 所示，包括 Q_8 的偏置设计，同时我们将输入元件改变为 NMOS。调零电阻的值为

$$R_z = \frac{1}{g_{ds8}} \tag{12.55}$$

其中，

$$g_{ds8} = K_8' \left(\frac{W}{L} \right)_8 \left(|V_{GS8}| - |V_t| \right) \tag{12.56}$$

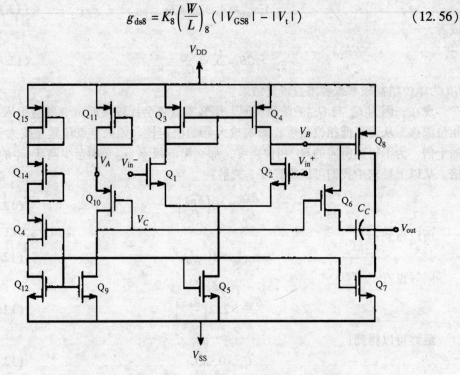

图 12.12 包括偏置电路、调零电阻、补偿电容的完整运放电路

元件 Q_9、Q_{10} 和 Q_{11} 组成 Q_8 的偏置电路，如图 12.12 所示。设计 $V_A = V_B$，可以得到：

$$\left(\frac{W}{L} \right)_8 = \left[\left(\frac{W}{L} \right)_6 \left(\frac{W}{L} \right)_{10} \left(\frac{I_6}{I_{10}} \right) \right] \left[\frac{C_c}{C_L + C_c} \right] \tag{12.57}$$

为了满足式（12.55）的条件，V_{GS11} 和 V_{GS6} 必须相等，从而得到 Q_{11} 所需的宽长比：

$$\left(\frac{W}{L} \right)_{11} = \left(\frac{I_{10}}{I_6} \right) \left(\frac{W}{L} \right)_6 \tag{12.58}$$

包括偏置电路中的电流，电路整体功耗为

$$P_{diss} = (I_5 + I_6 + I_9 + I_{12})(V_{DD} + |V_{ss}|) \tag{12.59}$$

12.5.4 压摆率和建立时间

CMOS 运放的压摆率 S_R 受限于差分级，并且是由注入 C_c 的最大电流 $I_{3(max)} = I_5$ 决定的。所以有：

$$S_R = \frac{I_5}{C_c} \tag{12.60}$$

所以，为了得到所需的压摆率，I_5 必须根据设计指标来确定，因为 C_c 要由放大器的相位裕度和稳定性首先确定。当

$$\omega_t = \frac{g_{m1}}{C_c} = \frac{I_5}{(\,|V_{GS}| - |V_t|\,)C_c} \tag{12.61}$$

式中，$|V_{GS}|$ 是 Q_1 和 Q_2 的栅源电压，于是我们有：

$$S_R = (\,|V_{GS}| - |V_t|\,)\omega_t \tag{12.62}$$

如果放大器设计指标中没有给出压摆率的具体值，而是给出了建立时间 T_s，那么我们可以根据放大器以数倍于建立时间 T_s 的速度建立到一半供电电压时的压摆率来近似得到压摆率的值。这就产生了压摆率的近似值 S_R' 为

$$S_R' = \alpha\left(\frac{V_{DD} + |V_{SS}|}{2T_s}\right) \tag{12.63}$$

式中，α 值的范围为 $2 \sim 10$。如果设计指标中 T_s 和 S_R 都给定了，那么我们通过计算 S_R' 的最坏值来估算 I_5。

12.5.5 输入共模范围和共模抑制比

输入共模范围和共模抑制比也是由差分级决定的。对于 P 沟道的差分级，在 Q_1 和 Q_2 栅级最小可能输入的电压（负电压）为

$$V_{in(min)} = V_{ss} + V_{GS3} + V_{SD1} - V_{SG1} \tag{12.64}$$

在饱和区，V_{SD1} 的最小值为

$$V_{SD1} = V_{SG1} - |V_{t1}| \tag{12.65}$$

所以有：

$$V_{in(min)} = V_{ss} + V_{GS3} - |V_{t1}| \tag{12.66}$$

将 $V_{GS} = (2I_{DS}/2K)^{1/2} + V_t$ 和 $2I_1 = I_5$ 代入，可以得到：

$$V_{in(min)} = V_{ss} + \left(\frac{I_5}{2K_3}\right)^{1/2} + V_{t03} - |V_{t01}| \tag{12.67}$$

V_{t0} 是 $V_{DS} = 0$ 时的阈值电压。在上面的公式中，前两个量是由设计者决定的。后两个是由衬底同 Q_1 的连接方式决定的。假设采用 n – well 工艺，并且 Q_1 和 Q_2 的源极同其连接，式（12.67）变为

$$V_{in(min)} = V_{ss} + \left(\frac{I_5}{2K_3}\right)^{1/2} + V_{t03(max)} - |V_{t01(min)}| \tag{12.68}$$

其中，最差工艺角的 V_t 随着工艺参数的扩散而发生变化，设计者在设计过程中要使用 V_t 来调整 I_5 和 K_3。在这种情况下，会发生工艺参数扩散的是高的 N 沟道阈值和低的 P 沟道阈值。我们采用同样的分析方法来得到最高的可能输入电压（正电压）为

$$V_{in(max)} = V_{DD} + V_{SD5} - |V_{SG1}| \tag{12.69}$$

或者，

$$V_{\text{in(min)}} = V_{DD} - V_{SD5} - \left(\frac{I_5}{2K_1}\right)^{1/2} - |V_{t01(\text{max})}| \qquad (12.70)$$

以上表达式允许设计者通过最大化 Q_1（Q_2）、Q_3（Q_4）尺寸和最小化 V_{SD5} 来使共模输入范围最大化。同时，较小的 I_5 也可以产生较大的共模输入范围。

对于 N 沟道差分输入级我们可以通过交换 P 沟道差分输入级中的 $V_{\text{in(min)}}$ 和 $V_{\text{in(max)}}$ 得到：

$$V_{\text{in(max)}} = V_{DD} - \left(\frac{I_5}{2K_3}\right)^{1/2} - |V_{t03(\text{max})}| - |V_{t01(\text{min})}| \qquad (12.71)$$

$$V_{\text{in(min)}} = V_{ss} + V_{SD5}\left(\frac{I_5}{2K_1}\right)^{1/2} + |V_{t01(\text{max})}| \qquad (12.72)$$

共模输入范围由差分对决定，并且由式（12.40）给出。目前我们讨论的两级 CMOS 运放在模拟滤波器和其他信号处理系统中得到广泛的应用。当负载电容值较小时，它具有十分良好的性能。如果驱动大的负载需要两级运放，必须在输出级采用一级缓冲级电路以提供低的输出阻抗。如果没有使用缓冲级电路，那么大的电容负载将会使得非主极点降低，从而降低相位裕度。同时如果没有缓冲级电路，大的电阻负载也会降低开环增益。

现在我们对两级运放的设计公式做一个总结。

12.5.6　两级 CMOS 运算放大器的设计计算综述

首先，工艺参数、供电电压和温度范围都是运放的确定的设计条件。此外，运放设计指标通常都是以以下参数形式给出的：

直流增益：A_v

单位增益带宽：f_t

输入共模范围：CMR

压摆率：S_R

负载电容：C_L

建立时间：T_s

输出电压摆幅：$V_{0\text{max}}$，$V_{0\text{min}}$

功耗：P_{ss}

参考如图 12.12 所示电路，设计步骤如下：

1. 首先选择晶体管为最小的沟道长度以保证沟道长度调制参数为常数，并且使得电流镜有较好的匹配。

2. 计算最小补偿电容，至少保证 60° 的相位裕度：

$$C_c > 0.22C_L \qquad (12.73)$$

3. 从压摆率和/或者建立时间指标要求中得到 I_5：

$$I_5 = \max\left[(S_R C_c), \alpha\left(\frac{V_{DD} + V_{ss}}{2T_s} C_c\right) \right] \tag{12.74}$$

4. 对于 N 沟道差分输入级，根据设计指标中最大输入电压，通过式（12.75）计算 $(W/L)_3$ 为

$$(W/L)_3 = \frac{I_5}{K_1'[V_{DD} - V_{imax} - |V_{t03}|_{max} + V_{t1min}]^2} \geqslant 1 \tag{12.75}$$

5. 根据单位增益带宽 f_t 计算 $(W/L)_2$ 为

$$g_{m2} = \omega_t \cdot C_c \tag{12.76}$$

所以有：

$$(W/L)_2 = \frac{g_{m2}^2}{K_2' I_5} \tag{12.77}$$

6. 对于 N 沟道输入级，根据最小输入电压 $V_{in(min)}$，分两步计算 $(W/L)_5$：

（a）Q_5 的饱和电压为 $\quad V_{DS5(sat)} = V_{in(min)} - V_{ss} - \left[\frac{I_5}{2K_1}\right]^{0.5} - V_{t1(max)} \tag{12.78}$

（b）因此 Q_5 的宽长比为 $(W/L) = \dfrac{2I_5}{K_5'[V_{DS5(sat)}]^2} \tag{12.79}$

7. 选择第二极点 $\omega_{p2} = 2.2\omega_t$，计算 $(W/L)_6$：

$$g_{m6} = 2.2 g_{m2}(C_L/C_c) \tag{12.80}$$

并且假设：

$$V_{DS6} = V_{DS6(min)} = V_{DS6(sat)} \tag{12.81}$$

所以得到：

$$(W/L)_6 = \frac{g_{m6}}{K_6' V_{DS6(sat)}} \tag{12.82}$$

8. 根据式（12.83）计算 I_6：

$$I_6 = \max\left[\frac{g_{m6}^2}{2K_6'(W/L)_6}, \frac{(W/L)_6}{(W/L)_3} I_1\right] \tag{12.83}$$

9. 根据电流比计算 $(W/L)_7$：

$$\frac{(W/L)_7}{(W/L)_5} = \frac{I_6}{I_5} \tag{12.84}$$

10. 计算增益和功耗：

$$A_v = \frac{2g_{m2}g_{m6}}{I_5(\lambda_2 + \lambda_3)I_6(\lambda_6 + \lambda_7)} \tag{12.85}$$

$$P_{diss} = (I_5 + I_6)(V_{DD} + |V_{ss}|) \tag{12.86}$$

11. 如果未能达到所要的增益，那么增大 $(W/L)_2$ 或者 $(W/L)_6$，或者降低 I_5 和 I_6。

12. 如果功耗太大，唯一的解决办法就是降低 I_5 和 I_6。然而，这需要相应地增

加一些晶体管的宽长比以满足输入和输出摆幅的要求。

偏置电路设计

我们现在来考虑偏置电路的设计。首先，计算 $V_{GSS} = V_{GS12}$，那么必须满足式（12.87）。

$$V_{DS15} + V_{DS14} + V_{DS13} + V_{DS12} = V_{DD} + |V_{ss}| \tag{12.87}$$

通过选择晶体管 $Q_{12} \sim Q_{15}$ 合适的宽长比以及偏置电流 I_{12}，可以得到合适的电路结构。一种合适的计算方法为设置 P 沟道晶体管 $Q_{13} \sim Q_{15}$ 的宽长比为单位 1，之后计算电流和 Q_{12} 的宽长比。

如果需要对 RHP 零点效应进行补偿，那么就需要调零电阻，设计过程如下：

1. 为了建立偏置电流（设 $V_A = V_B$），Q_3、Q_{11} 的宽长比和它们的漏电流完成匹配：

$$\left(\frac{W}{L}\right)_{11} = \left(\frac{W}{L}\right)_3 \tag{12.88}$$

$$I_{11} = I_{10} = I_3 \tag{12.89}$$

2. Q_{10} 的宽长比独立于其他元件，所以可以选择为最小值。

3. Q_9 的宽长比由两路电流 I_9 决定：

$$\left(\frac{W}{L}\right)_9 = \left(\frac{I_{10}}{I_5}\right)\left(\frac{W}{L}\right)_5 \tag{12.90}$$

4. 从式（12.57）中可以得到 Q_8 的宽长比。

5. 一旦设计好补偿电路，我们需要检查一下 RHP 零点的位置。首先计算 V_{GS8} 为

$$|V_{GS8}| = |V_{GS10}| = \left[\frac{2I_{10}}{K'_{10}(W/L)_{10}}\right]^{1/2} + |V_T| \tag{12.91}$$

通过式（12.55）和式（12.56）计算 R_z。通过式（12.52）计算零点位置，如果零点抵消成功了，那么 R_z 值将等于式（12.54）。

12.6　一个完整的运放设计实例

依据下列设计指标设计一个两级 CMOS 运放电路：

增益 A_V 大约为数千倍；

单位增益带宽 $GB = 1\text{MHz}$；

压摆率 $S_R > 3\text{V}/\mu\text{s}$；

共模输入范围 CMR $= \pm 3\text{V}$；

负载电容 $C_L = 22.5\text{pF}$；

供电电压：$\pm 5\text{V}$；

输出电压摆幅：$\pm 4\text{V}$；

功耗 $P_{\text{diss}} = 10\text{mW}$；

1. 工艺参数为

$$K_p' = 2.4 \times 10^{-5}\text{A/V}^2, \quad K_n' = 5.138 \times 10^{-5}\text{A/V}^2$$

$$\lambda_p = 0.01\text{V}^{-1}, \lambda_n = 0.02\text{V}^{-1}$$

$$V_{tp} = 0.9\text{V}, V_{tn} = 0.865\text{V}$$

2. 沟道长度统一选择为 $10\mu\text{m}$。这里的选择只是为了进行简单计算。目前很多设计已经进入亚微米、深亚微米甚至超深亚微米阶段，沟道长度已经小至 65nm，而且未来还会继续下降。

3. C_c 的最小值计算如下：$C_c = -0.22 \times C_L = 0.22 \times 22.5\text{pF} = 4.95\text{pF}$，我们将其设置为 6pF。

4. 电流 I_5 的最小值为：$I_5 = S_R \times C_c = 3\text{V}/\mu\text{s} \times 6\text{pF} = 18\mu\text{A}$

5. 计算 Q_3 的宽长比：

$$\left(\frac{W}{L}\right)_3 = \left(\frac{18 \times 10^{-6}}{(2.4 \times 10^{-5})(5 - 3 - 0.9 + 0.865)^2}\right) = 0.1943$$

将其增加到单位 1。

6. 我们首先计算跨导值 g_{m2}，然后计算 Q_2 的宽长比。

$$g_m = GB \times C_c = (2 \times 10^6 \pi)(6 \times 10^{-12}) = 37.69\mu\text{s}$$

$$\left(\frac{W}{L}\right)_2 = \frac{(37.69 \times 10^{-6})^2}{(5.138 \times 10^{-5})(18 \times 10^{-6})} = 1.5367$$

7. Q_5 的饱和电压为

$$V_{\text{DS5}(sat)} = \left[-3 + 5 - \sqrt{\frac{18 \times 10^{-6}}{(5.138 \times 10^{-5})(1.54)}} - 0.865\right] = 657.53\text{mV}$$

宽长比为

$$\left(\frac{W}{L}\right)_5 = \left(\frac{36 \times 10^{-6}}{(5.138 \times 10^{-5})(657.53 \times 10^{-5})^2}\right) = 1.6232$$

8. 跨导 g_{m6} 和 Q_6 的宽长比为

$$g_{m6} = (2.2 \times 37.69\mu\text{s})\left(\frac{2.2}{6}\right) = 310\mu\text{s}$$

$$\left(\frac{W}{L}\right)_6 = \frac{311 \times 10^{-6}}{2.4 \times 10^{-5}} = 12.95$$

9. $$I_6 = \frac{(311 \times 10^{-6})^2}{(2)\ (2.4 \times 10^{-5})\ (12.95)} = 155.54\mu\text{A}$$

或者为 $I_6 = \left(\frac{12.95}{1}\right)\ (9 \times 10^{-6}) = 116.5\mu\text{A}$

10. Q_7 的宽长比为

$$\left(\frac{W}{L}\right)_7 = \frac{155.5}{18} \times 1.62 = 13.97$$

11. 可以得到增益为

$$A = \frac{2(37.69 \times 10^{-6})(276.32 \times 10^{-6})}{(18 \times 10^{-6})(0.01 + 0.02)(115.54 \times 10^{-6})(0.01 + 0.02)} = 9334$$

初始设计时，各晶体管的宽长比为

$$\left(\frac{W}{L}\right)_1 = \left(\frac{W}{L}\right)_2 = \frac{15}{10}$$

$$\left(\frac{W}{L}\right)_3 = \left(\frac{W}{L}\right)_4 = \frac{10}{10}$$

$$\left(\frac{W}{L}\right)_5 = \frac{16}{10}$$

$$\left(\frac{W}{L}\right)_6 = \frac{130}{10}$$

$$\left(\frac{W}{L}\right)_7 = \frac{150}{10}$$

采用调零电阻计算 RHP 零点补偿的步骤如下：

1. $\left(\frac{W}{L}\right)_{11} = 1.5$

2. 因为电流匹配，所以有：

$$I_{11} = I_{10} = I_3 = 9\mu A$$

3. Q_{10} 的宽长比可以设置为 1，如下：

$$\left(\frac{W}{L}\right)_{10} = 1$$

$$\left(\frac{W}{L}\right)_9 = \frac{9}{18} \times 1.6 = 0.8$$

4. Q_8 的宽长比为

$$\left(\frac{W}{L}\right)_8 = \sqrt{12 \times 1 \times \frac{155}{9} \times \frac{6}{6 + 22.5}} = 3$$

12.7 运算放大器设计中的实际问题和非理想效应

除了我们在之前章节中讨论过的非理想效应外，设计者在运放设计中还需要考虑其他一些非理想效应，并努力将其最小化。设计者可以通过仔细设计减小其中的一些效应，但是对于要大幅度提高电路性能，设计者还需要采用一些特殊的设计技术，这些技术将在下一章中进行讨论。这里，我们首先讨论一些最重要的非理想效应。

12.7.1 电源抑制

电源抑制比（PSRR）在模拟信号处理系统的 MOS 电路中十分重要，特别是在使用开关电容技术时。首先，时钟信号会耦合到电源线上。第二，如果数字电路与模拟电路同时存在于一个芯片上时，数字噪声将会耦合到电源线上。如果这些类型的噪声耦合到信号通路上，那么会导致噪声混叠到有用的信号频带内，降低信噪比。

在运放的设计中，电源抑制比定义为从输入到输出的增益比上电源到输出的增益。基本的两级运放特别容易受到来自负电源线（地线）高频噪声的影响。这是因为当频率增加时，补偿电容的阻抗降低，有效连接了 Q_6 的漏极和栅极。在这种情况下，从负电源线到输出的增益接近单位 1。同样的，从正电源线到输出的增益与开环增益一样，也随着频率的增加而降低，所以正电源抑制比不随频率发生变化，保持为常数。而负电源抑制比在运放的单位增益频率处下降为 1。

12.7.2 直流失调电压

直流失调电压包含两类因素，随机失调和系统失调。随机失调电压是由于理论上匹配元件的失配造成的。而系统失调是由电路设计造成的，即使所有元件都是完美匹配的，系统失调依然存在。降低直流失调电压的技术将在后续章节中进行讨论。

12.7.3 噪声特性

由于 MOS 晶体管具有相对高的 $1/f$ 噪声，因此在 CMOS 放大器设计中噪声性能是一个重要的设计考虑。在图 12.13a 中输入级四个晶体管贡献的等效输入噪声如图 12.13b 所示。通过直接计算每个电路的输出噪声，我们得到：

$$\langle v_{\text{eq}}^2 \rangle = \langle v_{\text{eq1}}^2 \rangle + \langle v_{\text{eq2}}^2 \rangle + (g_{\text{m3}}/g_{\text{m1}})(\langle v_{\text{eq3}}^2 \rangle + \langle v_{\text{eq4}}^2 \rangle) \tag{12.92}$$

这里设 $g_{\text{m1}} = g_{\text{m2}}$，$g_{\text{m3}} = g_{\text{m4}}$。这表明输入级元件直接贡献了噪声，而负载元件噪声降低的倍数为它们自身跨导和输入元件跨导的比。

12.7.3.1 输入参考 $1/f$ 噪声

MOS 晶体管的等效闪烁噪声密度由式（10.40）得到，那么式（12.92）可以用来计算运放的等效闪烁噪声。

$$\langle v_{1/\text{f}}^2 \rangle = \frac{2K_{\text{fp}}}{W_1 L_1 C_{\text{ox}}}\left(1 + \frac{K_{\text{fn}}\mu_n L_1^2}{K_{\text{fp}}\mu_p L_3^2}\right)\left(\frac{\Delta f}{f}\right) \tag{12.93}$$

这里 K_{fp} 和 K_{fn} 分别是 P 沟道和 N 沟道的闪烁噪声系数，它们的值由工艺决定。第一部分噪声是由输入元件产生的，第二部分噪声的增加是由负载元件决定的。所以我们可以通过使得输出元件的沟道长度大于输入元件的沟道长度来降低负载元件噪声的影响。那么我们可以设置输入元件的宽度较大以达到所需的性能。需要注意

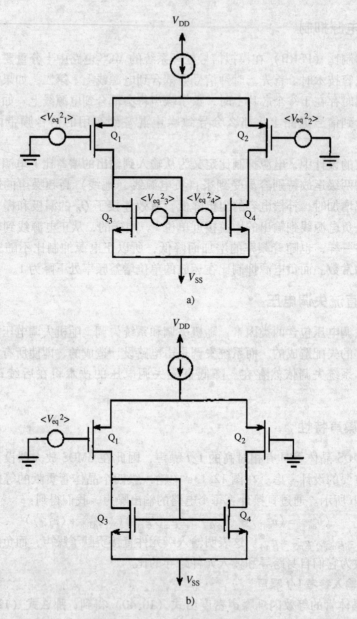

图 12.13　CMOS 运放输入级噪声计算

a) 元件产生的噪声　b) 等效输入噪声

的是增加负载元件沟道的宽度并不能降低 $1/f$ 噪声。

12.7.3.2　热噪声

MOS 晶体管的输入参考热噪声为

$$\langle v_n^2 \rangle = 4kT \left(\frac{2}{3g_m} \right) \Delta f \tag{12.94}$$

采用与闪烁噪声同样的分析方法，我们可以得到运放的热噪声为

$$v_{eq}^2 = 4kT \left(\frac{4/3}{\sqrt{2\mu_p C_{ox} (W/L)_1 I_D}} \right) \left(1 + \sqrt{\frac{\mu_n (W/L)_3}{\mu_p (W/L)_1}} \right) \tag{12.95}$$

式（12.95）的第一部分代表输入元件的热噪声，第二部分代表由于负载引起的噪声增加。如果通过选择合适的宽长比使得输入元件的跨导比负载元件大很多，那么第二部分噪声将变得比较小。在这种情况下，输入噪声将由输入元件的跨导决定。

12.8 小结

本章主要讨论了两级 CMOS 运放的设计以及其内在的非理想效应。在信号处理模拟集成电路中，运放设计占据了设计者大部分的时间和精力。特别是高性能运放设计更是集成电路设计工程师主要的任务之一。本章中讨论的简单设计可以满足一些应用的基本需求，并且构成了更复杂设计技术的基础，这些我们将在下一章中进行讨论。

习 题

12.1 一个基本的 NMOS 晶体管差分对的参数为：$r_{ds} = 100\Omega$，$K' = 100\mu A/V^2$，$V_t = 1V$。计算偏置电流为 $50\mu A$、$100\mu A$ 和 $200\mu A$ 时的差分增益。

12.2 设计一个运放的差分输入级工作在 $V_{GS} = 1.3V$，跨导值为 $0.1mA/V$。对于元件参数，$V_t = 1V$，$K' = 10\mu A/V^2$。计算元件的宽长比和偏置电流。

12.3 推导图 12.10 和图 12.11 中两级运放的传输函数。在 12.5 节中的假设情况下，计算运放的零点和极点位置。

12.4 依据下列指标设计一个两级 CMOS 运放电路：

低频增益 > 2000；

建立时间 = 2μs；

单位增益带宽 = 1MHz；

负载电容 = 10pF；

电源电压 = ±5V；

共模输入范围 = ±4V；

输出摆幅 = ±4V；

功耗 < 20mW；

元件参数为

$$K'_p = 20\mu A/V^2, K'_n = 50\mu A/V^2$$
$$\lambda_p = 0.01V^{-1}, \lambda_n = 0.01V^{-1}$$

13 高性能 CMOS 运算放大器和运算跨导放大器

13.1 绪论

虽然在上一章中讨论的两级运算放大器能够满足一些应用的需求，但是它仍然受制于一些我们之前指出的缺陷。在考虑到一种或者多种非理想效应的情况下，我们想要得到诸如更高的增益、更好的电源抑制比、更低的失调电压、更低的噪声、更快的建立时间和压摆率等性能，那么我们就需要一些特殊的技术来修改运放的电路结构。这些技术将在本章中进行讨论[22-24]。我们也将给出运算跨导放大器（OTAs）的集成电路实现例子，它们在高频应用、亚微米和深亚微米集成电路设计中具有很多优势[25,26]。

13.2 CMOS 共源共栅运算放大器

共源共栅运放的第一级电路如图 13.1 所示，其主要目的是为了增大增益。两个共栅晶体管 Q_{1c} 和 Q_{2c} 与差分对 Q_1 和 Q_2 形成共源共栅结构。在 Q_{2c} 处的输出电阻为

$$R_{o2c} \cong g_{m2c} r_{o2c} r_{o2} \tag{13.1}$$

这时的输出电阻比无共源共栅结构大了许多。自然的，为了充分利用大的输出电阻，我们也必须增加有源负载电阻。因此我们采用一个 Wilson 电流镜，如图 13.1 所示。

Wilson 电流镜的输出电阻在第 11 章中已经给出：

$$R_{o4c} \cong g_{m4c} r_{o4c} r_{o3} \tag{13.2}$$

因此，图 13.1 中输入级的输出电阻为

$$R_o = R_{o2c} \parallel R_{o4c} \tag{13.3}$$

输入级的电压增益为

$$A_1 = -g_m R_o \tag{13.4}$$

所以输出电阻的增加就反映到增益增加了相同的倍数。实际上，因为该共源共栅结构的增益非常高，因此单级的运放可以相应的采用共源共栅的调整结构，这将在下一小节进行讨论，这种调整结构具有高的电源抑制比和更大的输入共模范围。

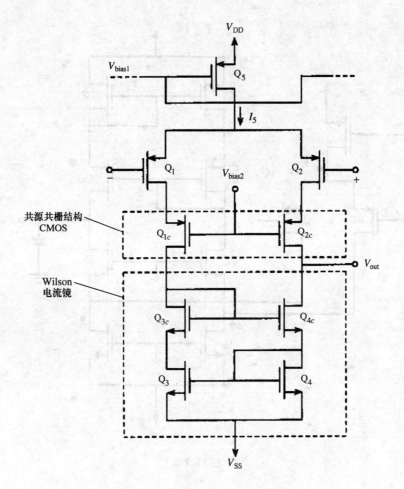

图 13.1　采用共源共栅结构 CMOS 运放的输入级

13.3　折叠共源共栅运算放大器

我们从图 13.1 开始，在 Q_1、Q_2 之下的 6 个晶体管都用互补晶体管替代，并且每一组都与 V_{SS} 断开，再折叠连接到 V_{DD} 上，这就产生了图 13.2 中的折叠共源共栅结构。该电路与简单的共源共栅电路工作原理相同，只是因为折叠共源共栅电路在输入级的电源和地之间仅层叠了三个晶体管，与原始共源共栅的五个晶体管相比，增大了输入共模范围。Q_6 和 Q_7 是增加的电流源。

折叠共源共栅运放的电压增益为

$$A = g_{m1} R_o \tag{13.5}$$

式中，R_o 为电路的输出电阻，表示为

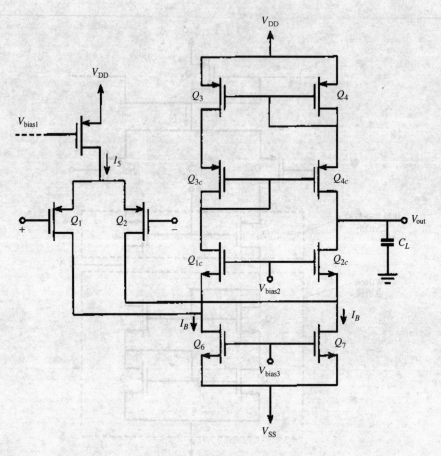

图 13.2

$$R_o = R_{o2c} \parallel R_{o4c} = \left[g_{m2c} r_{o2c} (r_{o7} \parallel r_{o2}) \right] \parallel \left[g_{m4c} r_{o4c} r_{o3} \right] \tag{13.6}$$

由于具有高的增益值，折叠共源共栅运放可以作为单级运放使用。事实上，如果差分对完全匹配，Q_6 和 Q_7 使得 $I_B = I_5$，那么折叠共源共栅运放的增益可以表示为

$$A = \frac{|V_A|^2}{I_5} \frac{\sqrt{\mu_n \mu_p}\, C_{ox} \sqrt{W_1/L_1}}{3/\sqrt{(W_{2c}/L_{2c})} + \sqrt{\mu_n/\mu_p}/\sqrt{(W_{4c}/L_{4c})}} \tag{13.7}$$

主极点由输出节点电容 C_L 决定，其中 C_L 包含负载电容，即：

$$\omega_d = 1/R_o C_L \tag{13.8}$$

单位增益频率为

$$\omega_t = A\omega_d = \frac{g_{m1}}{C_L} \tag{13.9}$$

折叠共源共栅运放比两级运放具有更好的电源抑制比，因为在折叠共源共栅运放中补偿电容和负载电容是同一个元件。假设负载电容或者负载电容的一部分没有连接到电源上，那么折叠共源共栅运放就不会像补偿后的两级运放那样，受到高频电源抑制问题的影响。然后由于共源共栅晶体管在输出节点使用，所以折叠共源共栅运放的输出摆幅比两级运放要小一些，这个缺点的补救方法将在后面章节中讲述。但是折叠共源共栅运放还是广泛应用在高频开关电容滤波器和其他高频电路中。

13.4　低噪声运算放大器

信噪比是通信电路中最重要的指标。信噪比与电路的动态范围息息相关，而动态范围则是电路处理无失真信号时最大信号和最小信号的比值。最大信号通常由电源或者最大信号摆幅限制，而最小信号则是由噪声或者电源纹波决定。在设计低噪声运放电路中，有两种可行的方法。第一种方法是通过优化器件的几何尺寸和特性来得到最低的噪声。这种设计思路已经在第 11 章中进行过讨论。第二种方法是通过采用相关双采样和斩波稳定技术来降低输入失调电压。我们先给出第一种方法的一个实例，然后引入新的技术。

13.4.1　通过控制器件几何尺寸进行低噪声设计

一种通过共源共栅器件 Q_8 和 Q_9 来提高电源抑制比的低噪声放大器如图 13.3a 所示，输入级由噪声性能更好的 PMOS 组成。运放的噪声模型如图 13.3b 所示，因为直流电流源晶体管的栅级通常都连接到低阻抗节点，所以它们产生的噪声就忽略不计。

并且由于 Q_8 和 Q_9 从源端开始观测具有较大的阻抗，Q_8 和 Q_9 栅极产生的噪声也忽略不计。所以整体输出噪声频谱密度为

$$\langle v_n^2 \rangle = g_{m6}^2 R_2^2 \lfloor \langle v_{n6}^2 \rangle + R_1^2 (g_{m1}^2 \langle v_{n1}^2 \rangle + g_{m3}^2 \langle v_{n3}^2 \rangle + g_{m4}^2 \langle v_{n4}^2 \rangle) \rfloor \qquad (13.10)$$

式中，R_1 和 R_2 是第一级和第二级的输出电阻。等效输入参考噪声频谱密度可以通过式 (13.10) 除以二次方差分增益 $g_{m1} R_1 g_{m6} R_2$ 得到为

$$\langle v_{eq}^2 \rangle = \langle v_{n6}^2 \rangle / g_{m1}^2 R_1^2 + 2 \langle v_{n1}^2 \rangle \lfloor 1 + \{ (g_{m3}/g_{m1})^2 \} \{ \langle v_{n3}^2 \rangle / \langle v_{n1}^2 \rangle \} \rfloor \qquad (13.11)$$

由于第二级产生的噪声除以第一级增益，再等效到输入端，因此第二级产生的噪声可以忽略。

现在，我们为了最小化噪声，取 $g_{m1} > g_{m3}$，这样由于输入元件具有低噪声，那么输入也就由输入元件所决定。可以通过增加输出元件的跨导来减小热噪声，而增加漏电流和/或宽高比又可以有效增大跨导值。降低 W 和 L 值可以降低 $1/f$ 噪声。对于图 13.3a 中的电路，主极点在 100Hz 处。在 100Hz 以上频率范围内，噪声为 $130\text{nV}/(\text{Hz})^{1/2}$，即噪声电压为 $13\mu\text{Vr.\,m.\,s}$。对于峰值电压为 $4.3\mu\text{V}$ 时，我们可以获得 107dB 的动态范围。

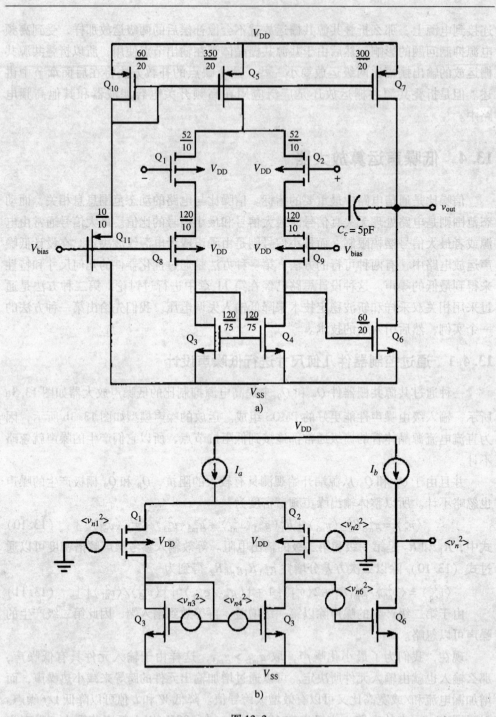

图 13.3

a) 低噪声运放实例 b) 噪声模型

13.4.2 通过相关双采样降低噪声

图 13.4 中是一种降低低频 $1/f$ 噪声密度的技术。噪声幅度频谱乘以一个幅度为 $2\sin(\omega T/4)$ 的函数。这就压缩了零频和采样频率偶次倍频时的噪声。这种技

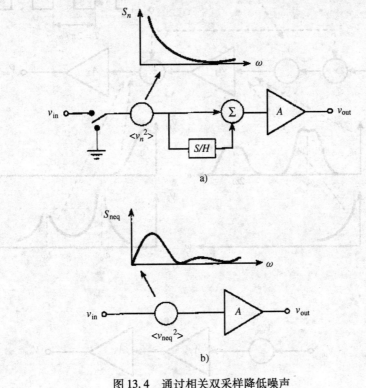

图 13.4 通过相关双采样降低噪声

a) 理论机制 b) 等效输入噪声

术的有效性依赖于采样保持电路的集成电路实现的实用性以及对运放时间响应无特殊要求的加法器。

13.4.3 斩波稳定运算放大器

斩波稳定技术可以应用于任意运放电路，以降低输入失调电压和 $1/f$ 噪声。应用于一个两级运放的基本原理如图 13.5 所示。

V_{in} 是输入信号的频谱，V_n 为噪声频谱。两个乘法器通过幅度为 ±1V 的斩波方波来驱动。图 13.5 清楚的展示了斩波工作的结果，如果斩波频率远高于基带信号 V_{in}，那么不需要信号的频谱将会被转移到基带信号频率之外。这些不需要的信号包括直流失调和 $1/f$ 噪声。因此直流失调和 $1/f$ 噪声对信号性能的影响就被降低了。

斩波稳定技术应用于运放的电路如图 13.6 所示。乘法器是由开关实现的，并

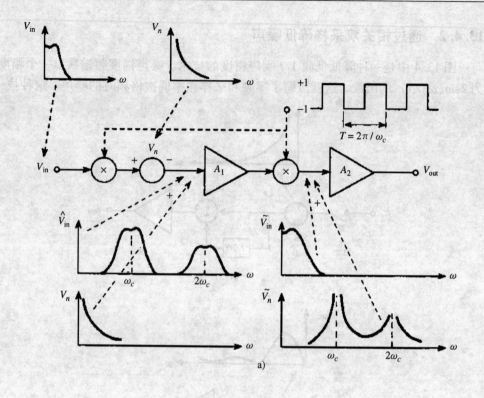

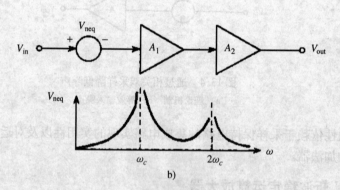

图 13.5　斩波技术降低噪声

由两相位时钟 ϕ_1 和 ϕ_2 控制。当 ϕ_1 打开，ϕ_2 关断时，从图 13.6b 得到：

$$V_{neg}(\phi_1) = V_{n1} + V_{n2}/A_1 \qquad (13.12)$$

当 ϕ_1 关断，ϕ_2 打开时，从图 13.6c 得到：

$$V_{neg}(\phi_2) = -V_{n1} + V_{n2}/A_1 \qquad (13.13)$$

所以一个周期内的平均输入参考噪声为

$$V_{neg}(av) = 1/2\left[V_{neg}(\phi_1) + V_{neg}(\phi_2)\right] = V_{n2}/A_1 \qquad (13.14)$$

所以，那些不需要的噪声信号，特别是 $1/f$ 噪声就被消除了。同时，如果 A_1

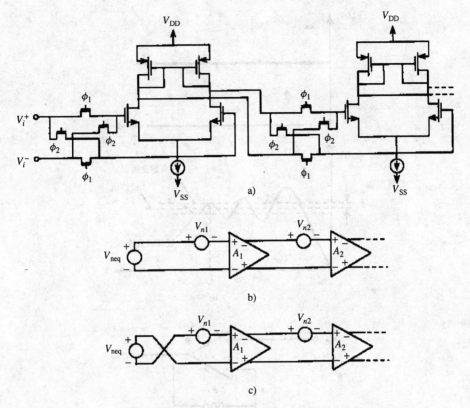

图 13.6 斩波稳定技术应用于 CMOS 运放

a) 电路 b) 当 ϕ_1 打开，ϕ_2 关断时的状态 c) 当 ϕ_1 关断，ϕ_2 打开时的状态

足够大，那么第二级产生的噪声也被降低了。

13.5 高频运算放大器

在高频设计中，运放有两个重要的设计要求：高增益和快速建立时间。我们已经讨论过设计高增益的问题，现在我们讨论设计具有快速建立时间的运放的问题。

13.5.1 基于建立时间的设计考虑

首先考虑第 12 章中讨论的两级运放，运放具有与图 13.7 一致的输入元件、漏电阻和跨导。我们已经得到运放的主极点为 $-1/r_o g_m C_C r_o$，非主极点为 $-g_m C_L$。

对于一个单级的共源共栅运放，主极点为

$$s_d = -1/r_o g_m C_L r_o \tag{13.15}$$

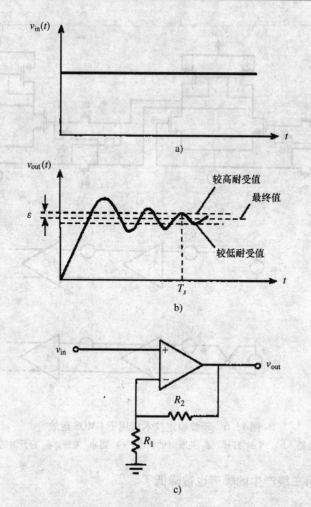

图 13.7　建立时间

a）输入阶跃　b）输出　c）测试建立时间 T_s 的电路

而非主极点为

$$s_n = -g_m / C_p \tag{13.16}$$

式中，C_p 为共源共栅节点的总电容。

现在，如果运放以闭环结构进行工作，正如在模拟滤波器中的应用，我们可以看到建立时间 T_s 由非主极点决定 s_n。特别是当环路增益增加时，s_n 和 s_n 形成一个复数对：

$$s = -0.5 s_n \tag{13.17}$$

所以有：

$$T_s \approx 2 / \mathrm{Re}(s_n) \tag{13.18}$$

通过比较两级运放和单级共源共栅运放极点的表达式，我们可以得到：

$$\frac{T_s（两级运放）}{T_s（单级共源共栅运放）} \approx \frac{C_L}{C_p} \qquad (13.19)$$

通常 C_p 大约为 C_L 的 $0.1 \sim 0.2$ 倍，所以有：

$$\frac{T_s（两级运放）}{T_s（单级共源共栅运放）} \approx 5 \sim 10 \qquad (13.20)$$

因此我们可知单级共源共栅运放的建立时间比两级运放快 $5 \sim 10$ 倍。

从以上的讨论中可以得出以下结论，如果为了得到高增益和快速建立时间，在设计中采用折叠共源共栅结构是一个很好的选择。

13.6 全差分平衡拓扑结构

当运放电路受到电源线、邻近数字电路和开关电路噪声影响时，我们目前讨论的单级运算放大器结构具有一些缺点。当数字电路和模拟电路同时存在于一颗芯片上时，特别容易发生这种情况。因此电源抑制比通常是非常重要的。在这种应用环境中，采用全差分平衡的拓扑结构具有许多优点。三种主要类型的运放电路如图 13.8 所示：（a）单端输出；（b）差分输出；（c）平衡全差分输出。而当以上的噪声影响较大时，全差分平衡输出运放是最有效的电路结构。需要注意的是，全差分平衡运放的两个输出端相对于地平面，是精确平衡的。所以，这种类型的运放需要第 5 个端口作为参考点来平衡输出。

全差分平衡运放的两种应用方式如图 13.9 和图 13.10 所示。一个带有反相器的单端输出运放如图 13.9 所示。这些电路都是 IC 设计库中的标准单元，可以直接进行调用，这是一种比较直观的设计。然而，这种电路在高频段具有许多缺点，反相器引入的相位漂移会破坏两个输出的平衡关系。

图 13.10 中的平衡设计需要一个差分输出的运放和一个附加电路来感知共模输出，当输出共模以地平面为参考时，这个附加电路主要采用反馈方式来校正共模输出与所需要零值的偏移。所以这个拓扑结构是对称的，而且在高频段的相位漂移对两个输出都是相等的，因此输出平衡得以保持。

在给出全差分平衡运放的完整设计之前，我们总结一下全差分平衡运放设计的优点：

1. 来自电源线上的噪声可以看作是共模信号，通过合适的设计可以有效降低。

2. 同样的输出电路具有两倍的有效输出摆幅，比单端输出运放的动态范围增加了 6dB。

3. 将全差分平衡输出运放与开关和电容配合组成开关电容电路时，可以有效降低时钟馈通噪声，因为这时时钟馈通噪声可以看作是共模信号。在高频应用中这是一个非常重要的优势，因为我们通常需要增加器件尺寸以降低充电时间常数，这将会导致时钟馈通效应更加恶化。而增加器件尺寸又会增加注入到信号通路中的电

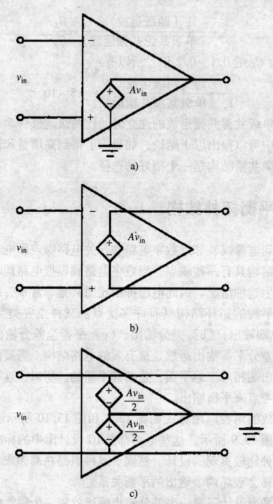

图 13.8　三种运放类型

a) 单端输出　b) 差分输出　c) 全差分平衡输出

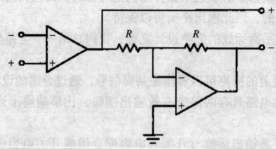

图 13.9　采用运放和反相器的全差分平衡输出运放电路

荷。这些特殊的优势我们将在本书特殊的应用中加以讨论。

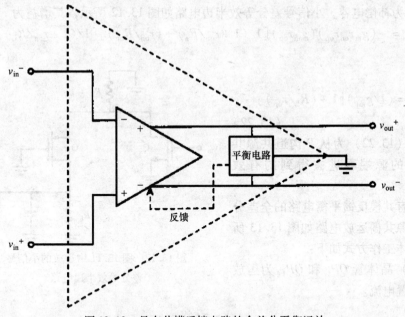

图 13.10 具有共模反馈电路的全差分平衡运放

4. 降低了对称的失调电压。

5. 可以将斩波稳定技术应用于全差分拓扑结构中以降低 $1/f$ 噪声，使运放在高频高准确度 VLSI 通信电路应用中具有优越的性能。

讨论了全差分平衡运放设计的思路和优点后，我们现在讨论具体的电路设计，如图 13.11 所示。

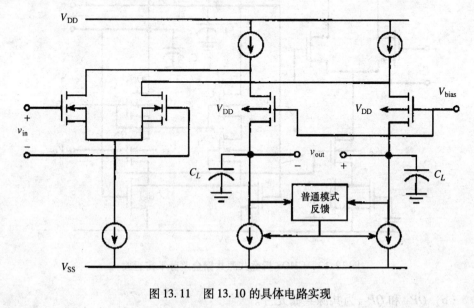

图 13.11 图 13.10 的具体电路实现

C_L 为补偿电容，小信号差分等效半边电路如图 13.12 所示，其增益为

$$A_v = -(g_m r_{on} r_{op})(g_m r_{op})[1/(1 + r_{on}/R_s) + (r_{on}/R_{on})][1/(1 + r_{on}/R_L)]$$

$$(13.21)$$

其中：

$$R_{on} = (1/g_{mp})[1 + (R_L/r_{op})]$$

$$(13.22)$$

式（13.22）为从 P 沟道共源共栅元件的源端看进去得到的有效电阻。

带有共模反馈平衡电路的全差分折叠共源共栅运放电路如图 13.13 所示，具体工作方式如下：

（a）晶体管 QP_1 和 QP_{1A} 为运放提供偏置电流。

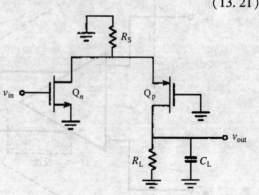

图 13.12　图 13.11 中运放的小信号
差分等效半边电路

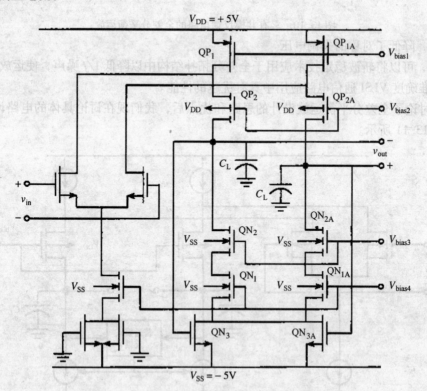

图 13.13　CMOS 折叠共源共栅全差分平衡运放

（b）QP_2 和 QP_{2A} 为共源共栅元件。

（c）QP_1 和 QP_{1A} 的沟道长度比 QP_2 和 QP_{2A} 要长，以保证输出电阻较大。

（d）晶体管 QN_1、QN_{1A}、QN_2、QN_{2A} 实现了高阻抗的电流源负载。

（e）共模反馈电路（CMFB）由晶体管 QN_3、QN_{3A} 组成。它们对输出共模信号进行采样，并反馈一个校正共模信号到 QN_2、QN_{2A} 的源端。这个补偿信号被级联元件放大，以保持共模输出信号达到所需要的原始水平（地平面）。所以共模反馈电路对于得到精确的共模输出信号十分重要。

共源共栅放大器具有一个缺点，即降低的输出摆幅。考虑图 13.14a，如果共源共栅元件 Q_1 和 Q_2 是由 Q_3 和 Q_4 偏置的，那么在 Q_1 进入线性区以前，经过共源共栅晶体管的电压压降为 $V_t + 2V_{Dsat}$。我们可以通过在 Q_1 和 Q_3 的栅极之间加入一个强度为 V_t 的直流电压提升源电路，以提高输出摆幅，如图 13.14b 所示。这使得 Q_2 被偏置在饱和区的边缘（$V_{DS} = V_{DSsat}$）。在这种情况下，在 Q_1 离开饱和区以前，经过共源共栅晶体管的电压压降从负供电轨摆动至 $2V_{Dsat}$。

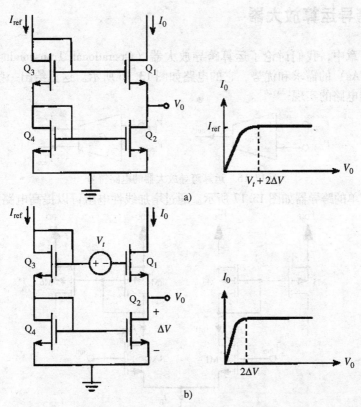

图 13.14 高输出摆幅共源共栅偏置的设计思路

一个高摆幅的共源共栅电路实现如图 13.15 所示。所有的器件都具有相同的偏置电流 I_0。除了 Q_5 以外，其他晶体管的宽长比都为 0.25（$W/L = 0.25$）。这使得 Q_2

偏置在饱和区边缘，即 $V_{DS} = V_{DSsat}$。在这种情况下，经过 Q_1 和 Q_2 的电压压降可在负电源电压 $2\Delta V$ 之内摆动。

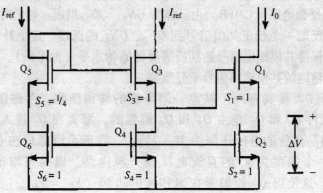

图 13.15　高输出摆幅偏置的电路实现

13.7　跨导运算放大器

在第 3 章中，我们讨论了运算跨导放大器（Operational Transconductance Amplifiers，OTAs）的需求和优势，它的电路如图 13.16 所示。这里给出一些集成运算跨导放大器电路的实现[25,26]。

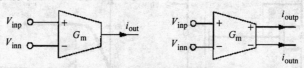

图 13.16　运算跨导放大器的电路符号

一个简单的跨导器如图 13.17 所示。通过增加线性电阻可以提高电路的线性度，

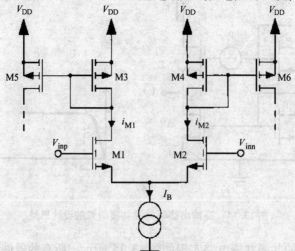

图 13.17　运算跨导放大器的基本电路实现

如图 13.18 所示。

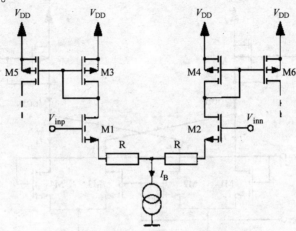

图 13.18　提高线性度的运算跨导放大器

　　另一种提高跨导器线性度的技术如图 13.19 所示，称为伪差分拓扑结构，在这个结构中 M1 和 M2 工作在线性区。M3 和 M4 以及运放电路形成增益控制电路使得 M1 和 M2 的漏电流稳定在所需要的值上。与图 13.17 中的简单电路相比，这种结构可以得到三次谐波失真值为 -60dB，而图 13.17 中电路的三次谐波失真值仅为 -38dB。

　　另一种方法如图 13.20 所示，由于交叉耦合差分对消除了失真，提高了运算跨导放大器的线性度，所以这种技术使得三次谐波失真值可达 -48dB。

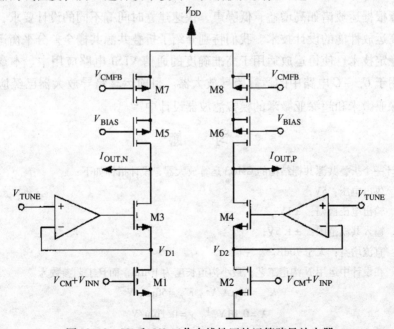

图 13.19　M1 和 M2 工作在线性区的运算跨导放大器

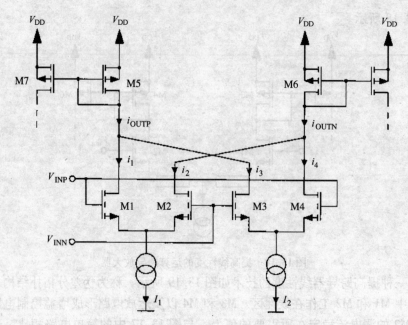

图 13.20 采用交叉耦合差分对消除失真

13.8 小结

本章根据运放诸如高增益、低噪声、快速建立时间等不同的设计要求，介绍了几种提高运放性能的设计技术。我们特别介绍了折叠共源共栅全差分平衡运放设计和斩波稳定技术，使得运放适用于高准确度的通信 VLSI 电路应用中。本章最后介绍了应用于 $G_m - C$ 电路中的运算跨导放大器。目前运算跨导放大器已经应用在亚微米、深亚微米和超深亚微米的模拟滤波器设计中[25]。

习 题

13.1 设计一个折叠共源共栅结构的 CMOS 运算放大器，设计指标如下：

供电电压：5V；

输出电压摆幅：±1V；

输入共模范围：±1.5V；

直流增益：大于70dB。

在设计中运用 N 沟道工艺，最小沟道长度为 $10\mu m$，而且工艺参数为

$$K'_p = 20\mu A/V^2, \quad K'_n = 50\mu A/V^2$$

$$\lambda = 0.01V^{-1}, \quad \chi = 0.1\mu m/V$$

$$V_{tn} = 1V, \quad V_{tp} = -1V$$

13.2 分别在 100Hz、1kHz 和 50kHz 时，计算习题 11.5 中放大器的等效输入噪声电压。

13.3 将斩波稳定技术应用于习题 13.1 设计的运放电路中，斩波频率为 20MHz。分别在 100Hz、1kHz 和 50kHz 时，计算等效输入噪声电压，并与没有使用斩波稳定技术时的等效噪声做对比。

13.4 通过增加一级反相器，将习题 13.1 中的运放电路设计为一个全差分电路。

14 电容、开关和无源电阻

14.1 绪论

应用运算放大器、运算跨导放大器、电容、开关和电阻可以实现各种各样的模拟集成电路。运算放大器和运算跨导放大器在前几章已经介绍过了，本章我们来讨论一下其他模块的设计。本章主要介绍电容和开关[24]在集成电路中的各种形式，并讨论这些模块的非理想因素与它们在模拟和混合信号处理系统中应用的关系。此外，有时我们需要电阻作为片上组件。有时这种电阻可以通过有源器件来实现，实现方法我们在 11 章已经介绍过，另外一些情况需要高线性度的无源电阻。一种可能的无源 MOS 电阻结构在前面也已经介绍过了。

14.2 MOS 电容

14.2.1 电容结构

MOS 电容是构成模拟集成电路的非常重要的组件之一。MOS 电容最常用的电介质是 SiO_2，SiO_2 一种非常稳定的绝缘介质，其 $\varepsilon_{ox} \cong 3.9$，并且击穿电压非常高，大约 $8 \times 10^6 V/cm$（尽管 Si_3N_4 也是一种经常使用的绝缘介质）。电容电极的选择是由整体集成电路生产的技术决定的。主要包括以下几种类型：

1. 金属（或多晶硅）覆盖扩散层结构。其结构如图 14.1a 所示，即在重掺杂的衬底上形成一层薄的 SiO_2 层。在金属栅工艺中，电容的上极板是通过在 SiO_2 上覆盖金属实现的，这和对栅极的金属化以及整个电路的连线是同一工序。在硅栅工艺中，高掺杂的多晶硅会被用来作为栅电极和电容的上极板。在理想情况下，如果电极是完全导体，那么单位面积的电容为

$$C_o = \varepsilon_{ox}/t \tag{14.1}$$

然而，实际情况下电容值的大小受电压控制为

$$C = C_o \left[1 + b(V_A - V_b) \right]^{1/2} \tag{14.2}$$

式中，b 是常数，与掺杂浓度成反比。对于高掺杂的 N^+ 层，电容受电压的影响比较小。这种结构可实现的电容容值的范围在 $(0.35 \sim 0.5) fF/\mu m^2$ 之间。电容的准确度 $\approx \pm(6-15)\%$。但是两个同样的电容的匹配准确度可以达到 $0.1\% \sim 1.0\%$。

2. 多晶硅覆盖多晶硅电容。在一个硅 Q1 栅"栅-栅"工艺中，可以另外选

择一种高导电性的多晶硅作为连接导线。这两层栅可以作为电容的上下极板，如图14.1b 所示。这种结构的电容有一个缺点：由于多晶硅的表面不够规则，氧化层的厚度波动范围比较大。典型值为 $(0.3 \sim 0.4) \, \text{fF}/\mu\text{m}^2$。

3. 金属覆盖多晶硅电容。其结构如图 14.1c 所示，它的特性与图 14.1b 所示电容比较相似。

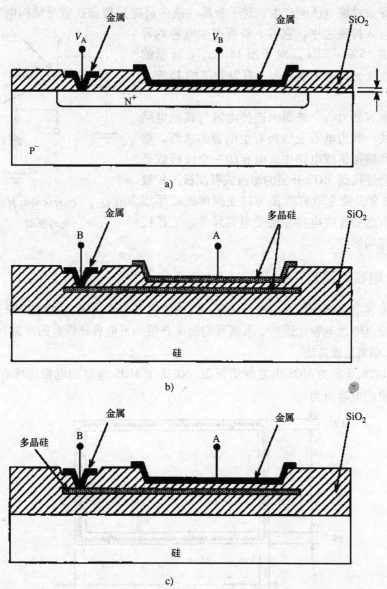

图 14.1　MOS 电容

a）金属（或多晶硅）覆盖扩散层结构　b）多晶硅覆盖多晶硅电容　c）金属覆盖多晶硅电容

14.2.2　寄生电容

在我们之前讨论过的所有 MOS 电容结构中都存在寄生电容。如图 14.2 所示为带有主要寄生效应的 MOS 电容模型。

在电容下极板到衬底会不可避免的产生一个比较大的寄生电容，正是由于这个寄生电容导致衬偏电压的产生。对于金属（或多晶硅）覆盖扩散层结构电容而言，其下极板嵌入衬底之中，它的下极板寄生电容约等于设计值的 15% ~ 30%。对于图 14.1b，c 所示的两种结构而言，其寄生电容大小在设计值的 15% ~ 20% 之间。

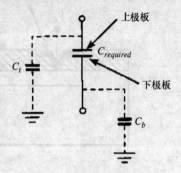

图 14.2　带有寄生电容的 MOS 电容模型

寄生电容的另一个来源为连接电容与其他电路模块的导线。其为电容上极板寄生电容的来源。然而，在一些模拟集成电路中，电容的一个极板或是两个极板会连接到 MOS 开关的源极或者漏极。扩散层的 PN 结会促使在电容极板与衬底间形成耗尽层电容。所有这些寄生电容主要受电容尺寸、工艺技术与版图布局影响。

14.2.3　电容比误差

开关电容电路将在下章中进行讨论，其性能由电容比决定，因此在进行电路设计时需要重点考虑电容比误差。下面我们简单介绍一下电容比误差的来源。

14.2.3.1　随机边缘抖动

如图 14.3 所示为 MOS 电容的俯视图，在这个 MOS 电容的电极边缘存在随机抖动。理想的电容值为

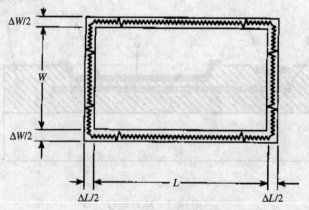

图 14.3　MOS 电容的边缘抖动示意图

$$C = \frac{\varepsilon A}{t_{ox}} \tag{14.3}$$

由于随机抖动的存在可以得到：

$$\Delta C = \frac{\varepsilon}{t_{ox}} \left[(W + \Delta W)(L + \Delta L) - WL \right] \tag{14.4}$$

所以：

$$\frac{\Delta C}{C} = \frac{\Delta W}{W} + \frac{\Delta L}{L} \tag{14.5}$$

假设 ΔW 和 ΔL 是两个独立的随机变量，他们符合相同的标准正态分布 $\sigma_L = \sigma_W$。这使得 ΔC 也满足标准正态分布，且有：

$$\sigma_C = C\sigma_L \sqrt{W^{-2} + L^{-2}} \tag{14.6}$$

但是 C（和 WL）是不变的，因此当 $W = L$ 时相对误差 σ_C/C 的值最小。在这种情况下电容的相对误差为

$$\left. \frac{\sigma_C}{C} \right|_{\min} = \sqrt{2}\sigma_L/L \text{ for } W = L \tag{14.7}$$

这意味着电容的形状需要被设计为正方形。

以上的分析同样适用于电容比。假设理想的电容比为

$$\alpha = \frac{C_1}{C_2} \geqslant 1 \tag{14.8}$$

并且 C_1、C_2 的宽长分别为 W_1、L_1 和 W_2、L_2。假设 W_1、L_1、W_2 和 L_2 满足相同的标准正态分布，则有：

$$\frac{\sigma_\alpha}{\sigma} = \sigma \sqrt{L_1^{-2} + W_1^{-2} + L_2^{-2} + W_2^{-2}} \tag{14.9}$$

其最小值在式（14.10）情况下得到：

$$L_1 = W_1 = \sqrt{\sigma}L_2 = \sqrt{\sigma}W_2 \tag{14.10}$$

最小值为

$$\left. \frac{\sigma_\alpha}{\alpha} \right|_{\min} = \left(\frac{\sqrt{2}\sigma}{L_1} \right) \sqrt{1 + \sigma} \tag{14.11}$$

这一位置当电容比例为 1 时，其匹配准确度最高。

14.2.3.2 咬边误差

在制造工艺工程中不可避免的会在电容极板的周围产生侧面蚀刻，如图 14.4 所示。这会导致电容值的减小，减小量与电容的周长成正比。并且设计的电容比例为

$$\alpha_o = \frac{C_1}{C_2} = \frac{W_1 L_1}{W_2 L_2} \tag{14.12}$$

引入咬边误差后实际的电容比为

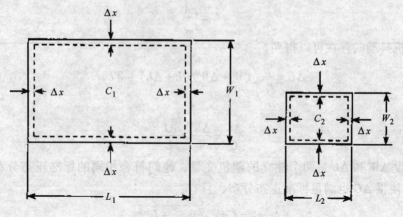

图 14.4　咬边误差

$$\alpha \cong \frac{W_1 L_1 - 2(W_1 + L_1)\Delta x}{W_2 L_2 - 2(W_2 + L_2)\Delta x} \qquad (14.13)$$

式中，Δx 为咬边深度，并假设其在电容各边一致。

由前面的分析，若 $W_2 = L_2$ 得到：

$$W_1 = L_2(\alpha - \sqrt{\alpha^2 - \alpha})$$

$$L_1 = L_2(\alpha - \sqrt{\alpha^2 - \alpha}) \qquad (14.14)$$

咬边误差为零。在这种情况下标准正态分布为

$$\frac{\sigma_c}{\alpha} = \left(\frac{\sigma}{L_2}\right)\sqrt{6 - 2/\alpha} \qquad (14.15)$$

　　然而，减小咬边误差的一种比较常见的方法是并联同一电容单元来构成更大的电容。这种方法可以保证任何两个电容的面积周长比都是相同的，从而保证其实际比率与理想比率基本一致。

　　由前面的分析可知，使用同一电容单元可以得到更为精确的电容比。所以，对于比率不是 1 的电容对来讲，需要使用同一电容单元来组成这两个电容。如果每个电容单元的误差相同，则电容的比例与误差无关。

14.3　MOS 开关

14.3.1　一种简单的开关电路

　　开关是设计开关电容电路的关键，而开关电容电路是模拟数据采样电路的一种。图 14.5a 为最简单的 MOS 开关的示意图，而图 14.5b 为带有寄生电容的等效电路图。如图 14.5c 所示为控制开关的时钟信号。当栅电压为高时，开关打开（NMOS 时高打开，PMOS 时低打开）。在这种情况下电压 V_{DS} 会在开关两端 A、B

之间产生电流 i_D。由于栅电压 V_ϕ 通常会大于 A、B 端电压，可以假设 MOS 晶体管工作在线性区，所以开关中的电流为

$$i_D = K[2(v_{GS} - V_t)v_{DS} - v_{DS}^2]$$ (14.16)

通常有

$$|v_{GS} - V_t| \gg |v_{DS}|$$ (14.17)

这时开关可以看作是一个线性电阻

$$R_{on} \cong \frac{1}{2K(v_{GS} - V_t)}$$ (14.18)

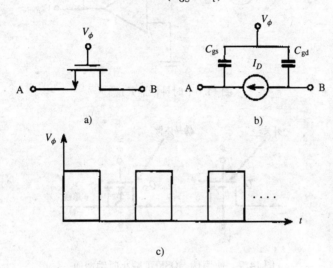

图 14.5

a）MOS 开关　b）带有寄生电容的开关模型　c）驱动时钟

14.3.2　时钟馈通

如图 4.5b 所示，由于寄生电容的存在，在使用简单开关时会产生不良效应。以图 14.6 为例来说明这个效应，并假设 A 端的电容负载为 C_A，B 端的电容负载为 C_B。那么时钟信号传导到 A、B 端满足：

$$v_A = \frac{C_{gs}}{C_{gs} + C_A}v_\phi$$

$$v_B = \frac{C_{gd}}{C_{gd} + C_B}v_\phi$$ (14.19)

典型情况有 $C_{gs} = C_{gd}$，$C_A \approx C_B = 100C_{gs} = 100C_{gd}$，则有 $v_A \approx v_B \approx 0.01v_\phi$。这意味着一个与时钟相同频率，振幅为 $0.01v_\phi$ 的信号传导到了 A、B 端。

这种现象就是时钟馈通效应，在电路设计中我们要尽量减小时钟馈通。一个比较典型的做法是引入可以等量补偿时钟馈通的晶体管。如图 14.7 所示为一种可能

的方法，引入伪晶体管，将其漏极和源极连接到信号线上，栅电压与主开关栅电压相反。伪晶体管只是起到补偿作用并没有实际的开关功能。其次，时钟馈通效应还可以通过减小开关尺寸的同时增加电容值来实现。

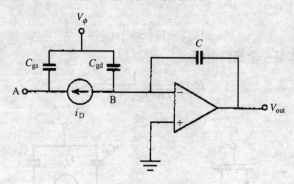

图 14.6　时钟馈通效应

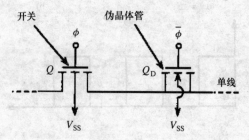

图 14.7　使用伪 MOSFET 减小时钟馈通

14.3.3　CMOS 开关：传输门

　　同时采用 NMOS 和 PMOS 构成的 CMOS 开关或传输门是一种更为复杂的补偿电路，如图 14.8 所示。理论上讲，传输门电路各个节点的馈通信号可以互相抵消。传输门的另外一个优点是由于 NMOS 和 PMOS 的并联使得电路的导通电阻线性度更好。并且可传导的动态信号幅度也更大。对单管开关而言，如果输入信号很大则输出信号也会很大，这时的一个 MOS 晶体管会由于没有足够的栅源电压而关断。但是对于传输门而言同样的信号会使得另外一个晶体管完全打开。因此，

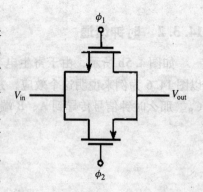

图 14.8　CMOS 开关：传输门电路

对任何给定电压值传输电路至少有一个开关可以打开。

　　对于 CMOS 开关的设计而言，需要互补的时钟信号来控制两个开关。为了减小

时钟馈通效应，可以在时钟信号中引入小量延迟。将系统时钟反向并延迟可以保证 CMOS 开关的两个栅压是互补的，如图 14.9 所示。

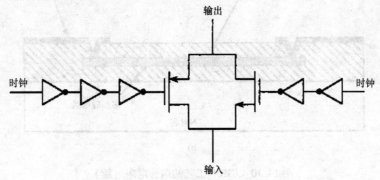

图 14.9 带有反相器延迟的 CMOS 开关

尽管有很多方法可以减少时钟馈通，但是实际中 C_{gs} 的非线性部分是难以补偿的。并且，MOS 开关的两个非线性电容 C_{sb} 和 C_{db} 会在衬底与信号路径间引起谐波畸变和耦合噪声。并且当开关关闭时，由于反向偏压的 PN 结的存在会导致 MOS 管的漏源间存在泄漏电流。尽管电流很小但是还是会导致漏极或源极的电荷积累，除非在漏极和源极与地间存在直流通路或至少偶尔存在直流通路。最后，就所有 MOS 电路而言，MOS 开关是相对比较容易受到热噪声影响的。

14.4 MOS 无源电阻

在集成电路芯片中有时会需要无源电阻。因此，为了器件的完备性需要在工艺中提供无源电阻器件，图 14.10 所示为 CMOS 工艺中的两种电阻类型。扩散电阻可以通过源漏扩散来实现。它不受电压影响，并且其寄生电容也不受电压影响。对于被厚氧化层围绕的栅电容而言，如图 14.10b 所示。其寄生参数很小而且与电压无关。

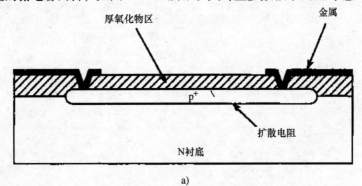

图 14.10 CMOS 工艺的两种电阻

a）扩散电阻

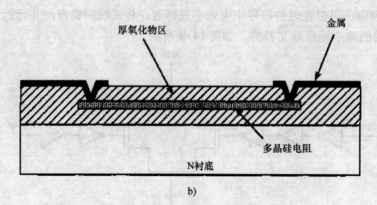

图 14.10　CMOS 工艺的两种电阻（续）

b）栅电阻

14.5　小结

　　本章主要讨论用于模拟信号处理的集成电路元器件，包括电容、开关和无源电阻。并详细介绍了存在的非理想效应，包括开关中的时钟馈通和电容比例误差，并提出了减小这些效应的方法。

第四部分 开关电容和混合信号处理

"对于连续性有两点比较重要的需要考虑。首先，连续性很大程度上是假定的。我们并没有连续的观察一件事，只是假设它具有连续性，尽管我们没有连续的观察它，但是其经过的条件却是我们可以感知的……其次，连续性不是物质特性的充分条件。"

拉塞尔．勃兰特
感知材料与物理的关系

15 微电子开关电容滤波器的设计

15.1 绪论

早期比较常用的滤波器是无源滤波器[13,14]，其主要由电感、电容和变压器构成。这种滤波器已经成为其他类型滤波器测量和比较的参考。主要有以下几方面原因：第一，无源滤波器可以满足最为严格的各种电子工程设计要求。第二，对元件准确度波动的低敏感性，这一特性在实际设计时是非常重要的。最后，无源滤波器没有功耗。

然而，当工作频率降低到音频范围或是低于音频范围时，电感会带来非常严重的限制和缺点：电感的值很大，体积庞大，生产成本昂贵并且品质因数较低。因此，引入有源滤波器的主要目的是弥补无源滤波器在低频段的缺点。有源滤波器主要由电阻、电容和有源器件，如晶体管或运算放大器等构成，在第3章我们已经介绍过有源器件相比于无源器件在低敏感度特性方面的限制。

由于集成电路设计技术的进步，实际中的非理想因素成为限制模拟有源滤波器作为单片集成电路的主要原因。由第3章的分析可知，理论上讲，有源滤波器可以通过由RC乘积决定响应函数的电路来实现，如图2.20所示的积分电路。以集成电路形式设计这样的滤波电路的首要困难在于需要精确地设计RC的乘积，而精确的RC乘积则需要更为精确的R和C的值。例如，设计一个集成电阻或电容，如果R和C的误差都是20%，则RC乘积的误差就能达到40%，这在任何电路中都是难以接受的。其次，大绝对值的器件在集成电路中会占据很大的面积。而以晶体管来实现电阻则需要忍受电阻的非线性。尽管可以引入附加电路来消除这些效应，但是大多数情况下这些额外的电路比滤波器本身更为复杂。在第2章和第3章讨论了另外一种方法，即使用仅由跨导器和电容构成的 $G_\mathrm{m} - C$ 电路。跨导器的集成电路设计方法在第13章已经介绍过了。

本章我们讨论另外一种非常成熟的电路：开关电容电路[24]。这种方法可以使用MOS工艺在集成电路中实现模拟滤波器。同样的技术在数字电路设计中也非常成熟。电路的关键思想非常简单。如图15.1a所示电路结构可以代表所有种类的开关电容滤波器。其由一个运算放大器、两个电容和一些模拟开关构成。开关由周期性的时钟信号控制，如图15.1b所示，所以输入电压被电容采样，并在半个时钟周期后通过开关传输到运放的输入端。

由图15.1中给出的时钟电路我们可以得到电路的传输函数 $V_\mathrm{out}/V_\mathrm{in}$：

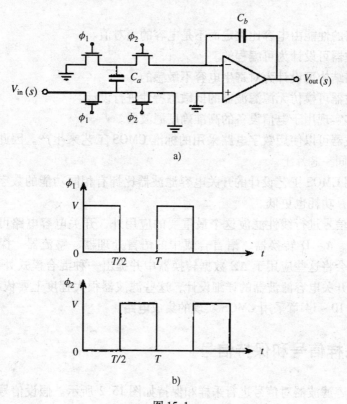

图 15.1

a) 开关电容电路　b) 控制开关的两相时钟

$$T(s) = \frac{V_{\text{out}}(s)}{V_{\text{in}}(s)} = \frac{e^{-Ts/2}}{2(C_b/C_a)\sinh Ts/2} \tag{15.1}$$

开关电容滤波器与图 2.20 所示的连续时间积分器的根本区别在于，式（15.1）的传输函数主要由电容比 C_b/C_a 决定，而式（2.93）的传输函数由绝对值决定。因此，一个由具有这种特性的模块构成的电路，其电路相应主要由电容比决定而与电容的绝对值无关。在集成电路生产过程中，实现精确的电容比往往比实现精确的电容值要更容易实现。并且由于与电容的绝对值无关，我们可以使用工艺能够达到的最小值。这可以大大减小电容在电路中的面积。

　　并且除了以上所述各种优点，图 15.1a 所示类型的电路还不容易受集成电路生产过程中引入的寄生电容的影响。

　　总之，开关电容滤波器主要有以下几方面特点：

- 由运算放大器、电容和模拟开关构成。
- 电路属于模拟数据采样电路：电路直接处理模拟信号，输出信号根本上也是模拟的。滤波过程主要用于对信号的采样。因此，如果滤波器的输出是模拟量，其并不需要对信号进行编码和量化，而数字滤波器却需要 A - D 转换和 D - A 转换来处理。

- 电路的性能由电容比决定而不是电容的绝对值。
- 滤波器可设计为可编程的。
- 电路结构可设计为对寄生电容不敏感的。
- 滤波器可模仿无源滤波器的低敏感特性进行设计。
- 能够实现用于电信设备的高准确度滤波器。
- 滤波器可以使用数字电路采用的标准 CMOS 工艺来生产。因此可以和数字电路设计在同一芯片上。
- 使用 CMOS 工艺设计的开关电容滤波器比拥有相同功能的数字滤波器的结构更加简单，功耗也更低。

除了对信号进行线性滤波这个最重要的应用外，开关电容电路可以用作振荡器、调制器、A-D 转换器、语言合成中的语言处理器、整流器、探测器和比较器。下一章会将这些应用于 $\Delta\Sigma$ 数据转换器中并提出一种混合模式处理器。然而，本章列出了开关电容滤波器的详细设计，这些滤波器很大程度上要依赖第 2~3 章的结果和第 10~14 章采用 CMOS 实现的集成电路。

15.2　采样信号和保持信号

开关电容滤波器对信号进行采样和保持如图 15.2 所示。假设信号 $f(t)$ 的带宽为 ω_m，以如图 15.2a 所示进行采样有：在 (nT) 时刻采样并保持其值 $f(nT)$，直到 $(n+1)T$ 时刻进行下一采样。采样值在每一周期开始进行量化。则结果为

$$f_s(t) = \sum_{n=-\infty}^{\infty} f(nT)\{u(t-nT) - [u(t-(n+1)T]\} \tag{15.2}$$

式中，$u(t)$ 为单位阶跃函数。在曲线中间的函数为宽度为 T 的脉冲单元，其起始时间为 (nT)，傅里叶变换为

$$\Im\{u(t-nT) - u[t-(n+1)T]\} = T\left(\frac{\sin\omega T/2}{\omega T/2}\right)e^{j\omega T/2}e^{-jn\omega T} \tag{15.3}$$

因此，$f_s(t)$ 的傅里叶变换为

$$\hat{F}_s(\omega) = \left\{T\left(\frac{\sin\omega T/2}{\omega T/2}\right)e^{-j\omega T/2}\right\}\sum_{n=-\infty}^{\infty} f(nT)e^{-jn\omega T} \tag{15.4}$$

但

$$\sum_{n=-\infty}^{\infty} f(nT)e^{-j\omega T} = \Im\left\{\sum_{n=-\infty}^{\infty} f(nT)\delta(t-nT)\right\} = \frac{1}{T}\sum_{n=-\infty}^{\infty} F\left(\omega-\frac{2\pi n}{T}\right)$$

$$= \frac{1}{T}\sum_{n=-\infty}^{\infty} F(\omega-n\omega_o) \tag{15.5}$$

则：

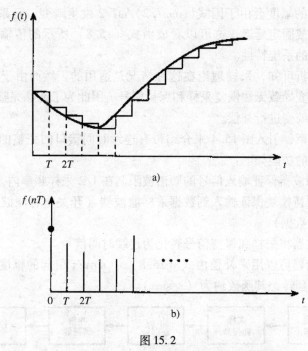

图 15.2

a）采样和保持信号　b）在每一周期开始时采样后的量化值

$$\hat{F}_s(\omega) = \left\{ T\left(\frac{\sin\omega T/2}{\omega T/2}\right) e^{-j\omega T/2} \right\} \sum_{n=-\infty}^{\infty} F(\omega - n\omega_o) \tag{15.6}$$

其中：
$$F_s(\omega) = \sum_{n=-\infty}^{\infty} F(\omega - n\omega_o) \tag{15.7}$$

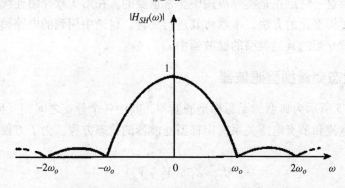

图 15.3　采样幅度和保持函数 $sinc(x) = \sin x / x$

式（15.7）是信号在脉冲采样后的频谱。而频谱：

$$H_{SH}(\omega) = \left\{ T\left(\frac{\sin\omega T/2}{\omega T/2}\right) e^{-j\omega T/2} \right\} \tag{15.8}$$

是脉冲后保持效应产生的。因此，如图 15.3 所示的（$\sin x/x$）函数要乘以频谱函

数 $F_s(\omega)$。频谱的幅度会由于因式 $(\sin\omega T/2)/\omega T/2$ 发生畸变。且系数 $e^{-j\omega t/2}$ 引入一个线性相位差或固定延迟，这可以看成由式（15.8）所示的传输函数所代表的采样和保持函数的系统特性。

从前面的分析可知，采样理论在这种情况是适用的。然而由于式（15.8）中因子所引入的畸变导致无法恢复采样和保持信号。因此为了能够完整地恢复和重建信号，必须要对畸变进行补偿。

在本节的结束，引入图 15.4 来介绍带有连续时间接口的完整的开关电容滤波器。其各个模块的功能如下：

1. 抗混叠滤波器保证输入信号的频谱被限制在 1/2 采样频率内。

2. 采样和保持模块保证输入到数据采样滤波器（开关电容滤波器）的数据是量化数据（离散数据）。

3. 平滑滤波器将采样和保持信号转化为连续时间信号。

4. 幅度均衡器可以用来补偿由式（15.8）中 $\sin x/x$ 引起的幅度损失。实际补偿约等于将效应翻转，其函数约为 $(x/\sin x)$。

图 15.4 用于连续时间环境下的开关电容滤波器

15.3 振幅导向无损离散积分型滤波器

本节主要介绍一类非常实用的开关电容滤波器。其特点是对相关器件值波动的低敏感性，而这一特点正是实际应用中非常重要的。在第 3 章介绍连续时间滤波器时已经介绍过模型化的方法，本章将其进行完善。讨论中用到的电路模块和结构也可以用在本章介绍的其他类型的滤波器中。

15.3.1 状态变量梯型滤波器

如图 15.5 所示为典型的无源梯型滤波器，其中各个分支之间相互独立。

以串联电流和节点电压关系写出梯型滤波器的状态方程。为了方便说明，假设 n 为奇数：

$$I_1 = Z_1^{-1}(V_2 - V_g)$$
$$V_2 = Z_2(I_1 - I_3)$$
$$I_3 = Z_3^{-1}(V_2 - V_4)$$
$$\cdots\cdots\cdots\cdots\cdots$$
$$\cdots\cdots\cdots\cdots\cdots$$
$$I_n = Z_n^{-1}V_{n-1} \qquad (15.9)$$

其传输函数为

$$H_{21} = \frac{I_n}{V_g} \tag{15.10}$$

任何满足式（15.9）的电路都会有相同的传输函数，不论其分支的具体独立形式是什么样子。注意尽量不要在方程中出现频率变量。

在设计满足式（15.9）的电路时，我们需要设计满足式（15.9）数学方程的频率独立的分支电路。如图 15.6 所示为等价状态变量跳蛙梯型框图。

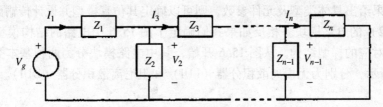

图 15.5 通用无源梯型结构

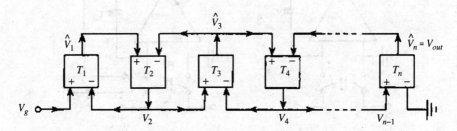

图 15.6 图 15.5 所示电路的等价状态变量梯形框图

其由传输函数为 T_1，T_2，…，T_n 的差分输入模块连接而成有：

$$\hat{V}_1 = T_1(V_g - V_2)$$

$$V_2 = T_2(\hat{V}_1 - \hat{V}_3)$$

$$\hat{V}_3 = T_3(V_2 - V_4)$$

$$\dots\dots\dots\dots\dots$$

$$\dots\dots\dots\dots\dots$$

$$\hat{V}_n = T_n V_{n-1} \tag{15.11}$$

以 $\hat{V}_1$，$\hat{V}_3$，$\hat{V}_5$，…，$\hat{V}_n$ 仿真式（15.9）中的 I_1，I_3，I_5，…，I_n。设计图 15.6 中电路模块结构满足下式：

$$T_1 = \alpha Z_1^{-1}$$

$$T_2 = \alpha^{-1} Z_2$$

$$T_3 = \alpha Z_3^{-1}$$
$$\vdots$$
$$T_n = \alpha Z_n^{-1} \tag{15.12}$$

式中，α 为常数。则图 15.6 中跳蛙梯型的传输函数为

$$\hat{H}_{21} = \frac{V_{out}}{V_g} \tag{15.13}$$

其与 H_{21} 所表示无源梯型的仅相差一常量。因此，给定一如图 15.5 所示完整梯型结构，如果给出具体类型及元件参数，则可以确定其仿真模型并设计传输函数满足式（15.12）的电路模块。相反如果我们确定了图 15.6 中电路的结构模型我们也可以找到对应的梯型结构。从图 15.6 开始，其中电路模块分为两种基本类型。如图 15.7 所示，分别为无损离散积分器（LDI）和阻尼离散积分器（DDI）。

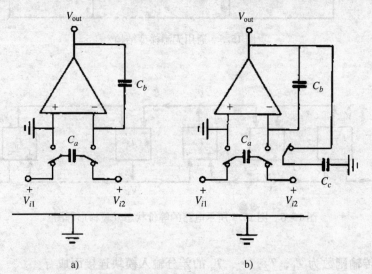

图 15.7　开关电容的两种基本结构

a）类型 A：无损离散积分器（LDI）　　b）类型 B 阻尼离散积分器（DDI）

它们可以认为是一类电路，只要其满足相同的传输函数就可以满足要求。

类型 A：其电路模块为 LDI 结构，如图 15.7a 所示。假设运放为理想运放，开关由图 15.8 所示的周期为 T 无交叠的两相时钟控制。

电容 C_a 在 $t = (n-1)T$ 通过开关连接到 V_{i1} 和 V_{i2}，在 $t = (n-1/2)T$ 时刻连接到运放的输入端。运放的输出在 $t = (n-1)T$ 时刻进行采样。因此有：

$$V_{out}(nT) = V_{out}\{(n-1)T\} + \frac{C_a}{C_b}\left(V_{i1}\left\{\left(n-\frac{1}{2}\right)T\right\} - V_{i2}\left\{\left(n-\frac{1}{2}\right)T\right\}\right)$$

$$\tag{15.14}$$

引入 Z 变换：

$$V_{\text{out}}(z) = z^{-1} V_{\text{out}}(z) + z^{-1/2} \frac{C_a}{C_b} \{ (V_{i1}(z) - V_{i2}(z) \} \qquad (15.15)$$

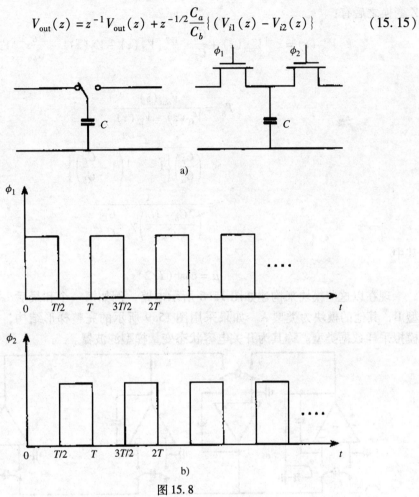

a)

图 15.8

a) 开关电容　b) 控制开关的两相时钟

因此，电路模块的传输函数为

$$T_A = \frac{V_{\text{out}}(z)}{V_{i1}(z) - V_{i2}(z)} = \frac{z^{-1/2}}{\left(\dfrac{C_b}{C_a}\right)(1 - z^{-1})} = \frac{1}{2\left(\dfrac{C_b}{C_a}\right)\gamma} \qquad (15.16a)$$

其中

$$\gamma = \sinh(T/2)s \qquad (15.16b)$$

　　类型 B：其电路图如图 15.7b 所示，其为带有反馈电容 C_C 的 LDI 结构，为阻尼离散积分器（DDI）。其开关控制与类型 A 相同，则：

$$V_{\text{out}}(nT) = V_{\text{out}}\{(n-1)T\} + \frac{C_a}{C_b}\left(V_{i1}\left\{\left(n-\frac{1}{2}\right)T\right\} - V_{i2}\left\{\left(n-\frac{1}{2}\right)T\right\}\right) - \frac{C_C}{C_b}V_{\text{out}}\{(n-1)T\}$$

$$(15.17)$$

Z 变换之后有：

$$V_{\text{out}}(z) = z^{-1}V_{\text{out}}(z) + \frac{C_a}{C_b}z^{-1/2}\{V_{i1}(z) - V_{i2}(z)\} - \frac{C_C}{C_b}z^{-1}V_{out}(z)$$

(15.18)

$$T_A = \frac{V_{\text{out}}(z)}{V_{i1}(z) - V_{i2}(z)}$$

$$= \frac{z^{-1/2}}{\left(\dfrac{C_b}{C_a}\right)\left\{1 - z^{-1}\left(1 - \dfrac{C_C}{C_b}\right)\right\}}$$

$$= \frac{1}{\left(\dfrac{2C_b - C_C}{C_a}\right)\gamma + \dfrac{C_C}{C_a}\mu}$$

(15.19)

其中

$$\mu = \cosh(T/2)s$$

现在以这些模块来构建如图 15.6 所示电路，例如第一个和最后一个模块为类型 B，其他的模块为类型 A。如果采用图 15.9 所示的完整梯型结构，很明显其为模拟采样数据类型。称其为开关电容状态变量梯型滤波器。

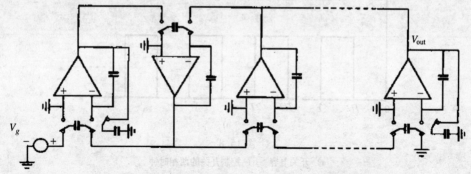

图 15.9   使用同一类模块构造的状态变量开关电容滤波器

结合式（15.9）和式（15.12）可知其开关电容网络与如图 15.10 所示等价，有：

$$L_k(\text{或} \quad C_k) = 2\left(\frac{C_b}{C_a}\right)S_k, k = 2, 3, \cdots, (n-1)$$

$$L_{1,n} = \left(\frac{2C_b - C_C}{C_a}\right)_{1,n}$$

(15.20)

$$R_{g,L} = \left(\frac{C_C}{C_a}\right)_{1,n}$$

将其看作双端接载的梯型的两端，则可以得出等价网络元件具有频率独立性的结论。直接分析网络[24]可以得到其传输函数的一般形式：

$$H_{21}(\lambda) = \frac{(1 - \lambda^2)^{n/2}}{P_n(\lambda)} \qquad (15.21)$$

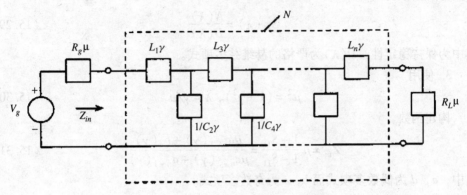

图 15.10　与图 15.5 的梯型网络等价的网络

其中

$$\lambda = \tanh(T_s/2) \qquad (15.22)$$

为了获得在原点处幅度相应的最大平坦度和将一个零导数点设计在二分之一采样频率处，必须有：

$$|H_{21}|^2 = \frac{1}{1 + \left(\dfrac{\sin(\omega T/2)}{\sin(\omega_0 T/2)}\right)^{2n}} \qquad (15.23)$$

式中，ω_0 为 3dB 点，则有

$$\omega T/2 = \pi\omega/\omega_N \qquad (15.24)$$

式中，ω_N 为弧度采样频率。在 ω_0 处获得最优的等幅响应需要满足：

$$|H_{21}|^2 = \frac{K}{1 + \varepsilon^2 T_n^2 \left(\dfrac{\sin(\omega T/2)}{\sin(\omega_0 T/2)}\right)} \qquad (15.25)$$

式中，T_n 是第一类切比雪夫多项式。

其各要素的值由以下几步决定：

1. 构建函数

$$|S_{21}|^2 = \frac{4KR_L \cos^2(\omega T/2)}{1 + \left(\dfrac{\sin(\omega T/2)}{\sin(\omega_0 T/2)}\right)^{2n}} \qquad (15.26)$$

或者

$$|S_{21}|^2 = \frac{4KR_L \cos^2(\omega T/2)}{1 + \varepsilon^2 T_n^2 \left(\dfrac{\sin(\omega T/2)}{\sin(\omega_0 T/2)}\right)^{2n}} \qquad (15.27)$$

2. 构建函数

$$|S_{11}|^2 = 1 - |S_{21}|^2 \tag{15.28}$$

将其分解因数得到

$$S_{11}(\lambda) = \frac{N(\lambda)}{D(\lambda)} \tag{15.29}$$

其中为保持稳定性，$D(\lambda)$ 为严格的赫维兹多项式。

3. 使用

$$\mu^2 = (1 + \gamma^2), \quad \lambda = \gamma/\mu \tag{15.30}$$

构建函数

$$Z_{in} = \mu \frac{1 + S_{11}}{1 - S_{11}} = \frac{\mu a_{n-1}(\gamma) + b_n(\gamma)}{\mu c_{n-2}(\gamma) + d_{n-1}(\gamma)} \tag{15.31}$$

式中，a，d 为偶数多项式而 b，c 为奇数多项式。

4. 以 μ 为常量 γ 为变量将 Z_{in} 分式展开。γ 在展开式中的系数为 L_1，C_2，L_3，……其为图 15.10 网络中的要素值。并且，从式（15.20）可以得到电容比。

5. 选择合适的 K 可以调整直流增益。此外，可以在设计完成之后通过在整体网络中引入合适的阻抗比例来实现对直流增益的调整。

6. 对偶数级滤波器而言，除了其负载有与频率相关的系数 R_g/μ 外具有相同的等效电路。这意味着在获得式（15.31）的过程中可以将其转换成相同的形式只是将 μ 用 $1/\mu$ 替换掉，并且对连分式展开式进行相同的处理。最后引入阻抗为 R_L/μ 的要素。在这种情况下，得出的结果可能不相同。

下面通过一个例子来说明设计过程。

设计例子：计算一个七阶低通切比雪夫滤波器中各参数的值，其在时钟频率为 28KHz 时带宽为 3.4KHz，通带纹波为 0.05dB。在这种情况下有

$$f_0/f_N = 0.12$$

$$\sin(\pi f_0/f_N) = 0.37$$

因此由式（15.23）~ 式（15.30）且 $\theta = \pi f_0/f_N$，$K = 1/4$，$R_L = 1$，得到

$$|H_{21}|^2 = \frac{1/4}{1 + 0.01 T_7^2 \, (\sin\theta/0.37)}$$

$$|S_{21}| = \frac{\cos^2\theta}{1 + 0.01 T_7^2 \, (\sin\theta/0.37)}$$

$$|S_{11}|^2 = \frac{\sin^2\theta + 0.01 T_7^2 \, (\sin\theta/0.37)}{1 + 0.01 T_7^2 \, (\sin\theta/0.37)}$$

以上表达式是 λ 域的因式，选择左半平面的极点（并且为了得到最小的相位响应可以选择左半平面的零点），然后由式（15.30）得到

$$Z_{in}(\gamma, \mu) = \frac{15074\gamma^7 + 7629.00\gamma^6 + 5914\gamma^5 + 1889\gamma^4\mu + 622\gamma^3 + 115\gamma^2\mu + 16\gamma + \mu}{3549\gamma^6 + 1680\gamma^5\mu + 1120\gamma^4 + 326\gamma^3 + 12\gamma\mu + 1}$$

以 γ 为变量对上式进行连分式展开，得到图 15.10 所示各要素值。

$$L_1 = 4.53, \quad C_2 = 4.12, \quad L_3 = 5.18, \quad C_4 = 4.4$$

$$L_5 = 4.77, \quad C_6 = 3.74, \quad L_7 = 2.05, \quad R_L = 1$$

实际的电容比可以从上面的值和式（15.20）得到。得到的网络增益为 0.25（−6dB）。在整个网络引入阻抗系数 0.5 可以将增益调整到 1（0dB）。

15.3.2　杂散不敏感型 LDI 梯型滤波器

在硅基集成电路中设计开关电容滤波器时需要考虑第 10 章讨论的寄生电容的影响。因此，需要注意使用与图 15.7 中电路模块具有相同传输函数，但是对寄生电容不敏感的电路。对图 15.7 中电路模块进行处理后可以很容易的达到系统要求。在介绍处理方法之前，首先详细回顾一下寄生电容带来的问题。如图 15.11 所示为一典型的对寄生参数敏感的电路。其中电容 C_1 代表节点 1 的所有寄生电容。其中包括开关管的源漏电容，以及两晶体管到 C_A 上极板的导线的寄生电容。寄生电容的总量难以控制，但其误差可以高达设计值的 50%。提高电容准确度比较简单的方法是增加 C_A 的面积，但是这种方法是不可行的，它会增加芯片的面积。另外，在图 15.11b 中，寄生电容 C_1 由 V_{in} 充电并放电到地。而 C_2 和 C_3 两端都连接到地。而 C_4 也由运放的低阻抗输出端驱动。需要注意不能让这些电容影响图 15.11b 所示

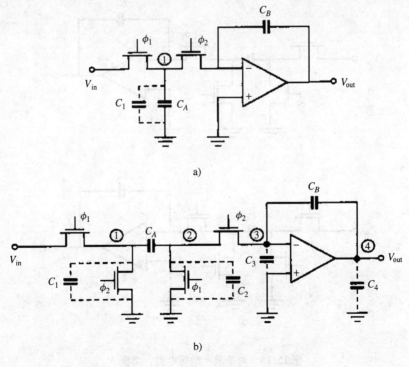

a)

b)

图 15.11

a）对杂散敏感电路模块　b）对杂散不敏感电路模块

电路性能。然而，电路对时钟信号与节点 4 之间的寄生电容比较敏感。这种影响可以通过改变时钟电路来最小化，后面会对其进行说明。

应用前面讨论过的对杂散不敏感的电路模块可以设计出对寄生不敏感的跳蛙梯型滤波器，其设计步骤如下：

（a）以图 15.12 所示方法修改图 15.6 中状态变量跳蛙梯型滤波器电路图。显然，修改后的电路与原电路具有相同的传输函数。在每个电路模块输入端引入加法器来模拟满足式（15.11）的图 15.5 所示的梯型滤波器。

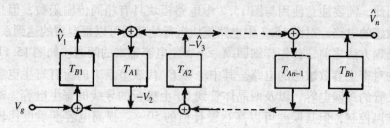

图 15.12　可替代图 15.5 的有源模拟梯型网络

（b）使用图 15.13 和图 15.14 来代替图 15.7 的电路模块。

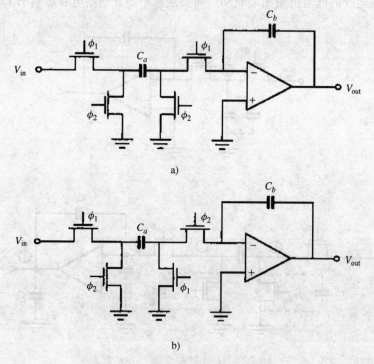

图 15.13　对杂散不敏感电路，类型 A
a）正型　b）负型

其主要包括:

修改类型 A: 图 15.13 中所示电路,传输函数对于图 15.13a 中电路而言为

$$T_A = \frac{z^{-1}}{\dfrac{C_b}{C_a}(1-z^{-1})} = \frac{z^{-1/2}}{2\left(\dfrac{C_b}{C_a}\right)\gamma} \tag{15.32}$$

对于图 15.13b 所示电路为

$$\hat{T}_A = \frac{-1}{\dfrac{C_b}{C_a}(1-z^{-1})} = \frac{-z^{-1/2}}{2\left(\dfrac{C_b}{C_a}\right)\gamma} \tag{15.33}$$

修改类型 B。如图 15.14 所示电路,其传输函数对于图 15.14a 电路而言为

$$T_B = \frac{z^{-1}}{\dfrac{C_b}{C_a}\left(1-z^{-1}+\dfrac{C_C}{C_b}\right)} = \frac{z^{-1/2}}{\dfrac{2C_b+C_C}{C_a}\gamma + \dfrac{C_C}{C_a}\mu} \tag{15.34}$$

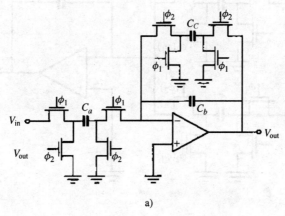

a)

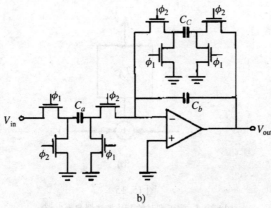

b)

图 15.14 对杂散不敏感电路类型 B

a) 正型 b) 负型

对于图 15.14b 中电路而言：

$$\hat{T}_B = \frac{-1}{\dfrac{C_b}{C_a}\left(1 - z^{-1} + \dfrac{C_C}{C_b}\right)} = \frac{-z^{1/2}}{\dfrac{2C_b + C_C}{C_a}\gamma + \dfrac{C_C}{C_a}\mu} \qquad (15.35)$$

（c）在应用修改后的电路模块实现图 15.12 所示电路时，有两点需要注意。第一，正型和负型电路模块可以互相替换。第二，第一个和最后一个模块属于类型 B，其余模块为类型 A。显然，加法操作可以通过在每个电路模块中加入相同容值的 C_a 来实现，即在需要相加的电压与 C_a 初始连接位置之间，如图 15.15 所示的类型 A 模块。括号之间所示为负类型 A 的时钟相位。对带有加法器的类型 B 模块也采用相同的协议，图 15.16 所示为一个五阶滤波器的例子。

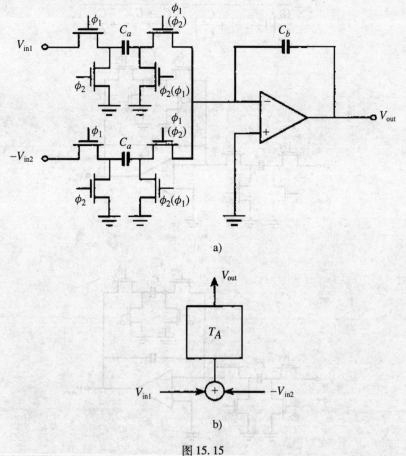

图 15.15

图 b 中 T_A 为正型时的 LDI 加法器典型电路。

括号中 T_A 为负型时的时钟相位。在类型 B 电路中对输入采用相同的处理

经过上述各修改步骤，得到的滤波器与图 15.17 所示电路具有相同的等效电

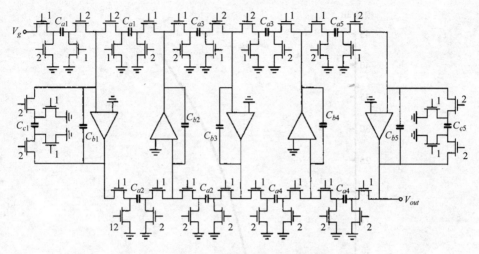

图 15.16 带有杂散不敏感模块的五阶低通滤波器

路，其与图 15.10 所示电路一样，只是每个阻抗的幅度需乘以系数 $z^{-1/2}$。对传输函数的每项都乘以相同的系数并不会影响滤波器的幅度响应。然而，设计的滤波器结构的一大优势就是其对 IC 工艺固有的寄生电容干扰不敏感。

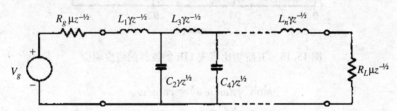

图 15.17 杂散不敏感 LDI 梯型滤波器的等效电路

我们可以使用电感和电容符号来代表阻抗单元，并引入频率相关系数 kx，其中 x 可以分别代表三种情况，$x = \gamma$，$x = s$ 或 $x = \lambda$。因此我们可以认为引入 γ 域的电感和电容等。由于上下文的背景非常清楚，这样描述并不会引起混淆。

图 15.18 所示为应用我们刚刚讨论过这些技术设计的典型切比雪夫滤波器的响应。

15.3.3 一种近似的设计方法

传统的开关电容滤波器设计理论基础为，对比信号带宽而言，有一个较高的采样频率。这种假设使得设计方法非常简单，并给出了相关的无源集总原型。为了对其进行说明，我们设计采样频率为

$$\omega_N \gg \omega \tag{15.36}$$

式（15.36）对于关心的频带内的所有 ω 值成立。则在 $j\omega$ 轴有：

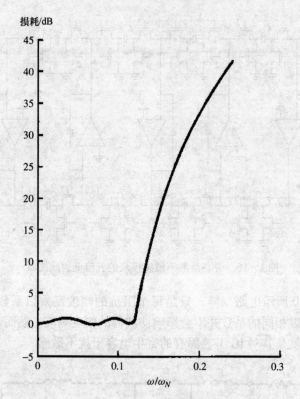

图 15.18　五阶切比雪夫 LDI 滤波器的幅度响应

$$\sinh(j\pi\omega/\omega_N) \approx j\pi\omega/\omega_N$$
$$\cosh(j\pi\omega/\omega_N) \approx 1 \tag{15.37}$$

　　并且我们得到与如图 15.19 所示滤波器近似相等的等价电路，如图 15.19 所示为参数值为 $g_r = L_r$，C_r 的阻抗终端 LC 梯型网络。在这种条件下我们得到如图 15.19 所示开关电容等价网络的各元素值：

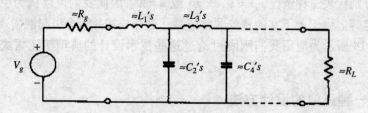

图 15.19　在高采样频率前提下的 LDI 滤波器的近似等效电路

$$g'_r = g_r\pi/\omega_N = g_r T/2 \tag{15.38}$$

　　然而，这种办法是不精确的，并带有许多不能容忍的缺点。首先，需要非常高的采样频率，这使得滤波器的应用被其带宽严重的限制了。其次，由于各元件的值受采样频率影响，高采样频率导致大的电容比。并且无法应用可变时钟频率对滤波器进行编程。

15.4 基于无源集总原型的滤波器设计

基于无源集总原型滤波器的设计方法中，首先在 s 域中完成对 LC 梯型滤波器原型的设计，而后对其进行双线性变换，使得滤波器满足设计要求。因此，在设计低通 LC 滤波器原型时需要采用下式的变换：

$$s \rightarrow \lambda / \Omega_0 \qquad (15.39)$$

这意味着使用阻抗为 L/Ω_0 的元件代替每一个电感，阻抗为 C/Ω_0 的元件代替每一个电容。这里：

$$\Omega_0 = \tan(\pi\omega_0/\omega_N) \qquad (15.40)$$

因此，得到如图 15.20 所示的 λ 域梯型网络。其传输函数为经过双线性变换的相对应的集总原型的传输函数。

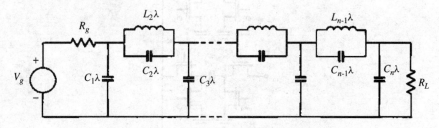

图 15.20 由无源集总原型得到的 λ 域梯型网络

然后找到可以在 λ 平面实现梯型滤波器的开关电容电路模块。事实上，这些开关电容电路模块与在前一节讨论的构建 LDI 梯型滤波器的电路模块基本一致。其不同点在于需要引入额外电容来保证输入端传输的虚轴引入有限零点。因此，需要将图 15.13 和图 15.14 所示电路与图 15.21 所示的更为复杂的输入级结合在一起。现在进行详细介绍。

首先，直接分析图 15.21 中的电路，得到其传输函数：

$$\frac{V_{out}}{V_{in}} = \frac{-C_{a1}z^{1/2} + C_{a2}z^{-1/2} - 2C_{a3}\gamma - 2C_s\mu}{(2C_b + C_f)\gamma + C_f\mu} \qquad (15.41)$$

在采样和保持电路的缓冲级中需要设计额外的运算放大器。

假设在满足滤波器具体要求的前提下，我们已经设计完成 n 阶椭圆 λ 域梯型网络，如图 15.20 所示，并且假设滤波器的阶数为奇数。经过一些操作后将电路转换为可以使用开关电路模块进行仿真的形式。首先，提取在每一支路电容中和相应的在 $\lambda = \pm 1$ 位置的并联电感相关的负电容。并联结合 $L_i\lambda$ 和 $-L_i/\lambda$ 得到阻抗：

$$\frac{L_i(-L_i/\lambda)}{L_i\lambda-(L_i/\lambda)}=L_i\frac{\lambda}{1-\lambda^2}=L_i\gamma\mu \qquad (15.42)$$

这样得到了如图 15.22 所示网络。

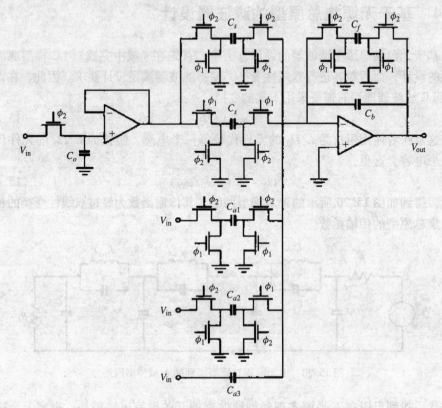

图 15.21　一个合成的 LDI 电路模块

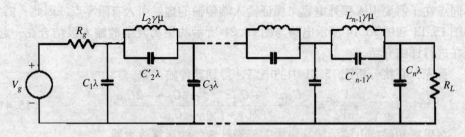

图 15.22　修改后的图 15.20 的网络

　　然后应用诺顿定理,以压控电流源(VCCSs)来代替隔直电容 C'_2,C'_4……。最后以 μ 来分解所有阻抗(包括压控电流源的跨导)。其幅度并不影响网络的电压转移函数,在这种情况下其转移函数为电压传输比。最终得到的网络如图 15.23 所示。

图 15.23 所示网络的工作模式可以通过下面的状态方程来描述：

$$V_j = \frac{(\mu I_{j-1}) - (\mu I_{j+1}) + \gamma C'_{j-1} V_{j-2} + \gamma C_{j+1} V_{j+2}}{\gamma C'_j}, \ j = 3, 5, 7, \cdots \quad (15.43)$$

$$\mu I_j = \frac{V_{j-1} - V_{j+1}}{\gamma L_j}, \ j = 2, 4, 6, \cdots \quad (15.44)$$

$$V_1 = \frac{(\mu / R_g) V_g - (\mu I_2) + C'_2 \gamma V_3}{C'_1 \gamma + (\mu / R_g)} \quad (15.45)$$

$$V_n = \frac{(\mu I_{n-1}) + C'_{n-1} \gamma V_{n-2}}{C'_n \gamma + (\mu / R_L)} \quad (15.46)$$

对比图 15.13 和图 15.14 中所示 LDI 电路模块的传输函数和式（15.43）和式（15.44），可得可以使用图 15.13 和图 15.14 中电路模块来设计实现式（15.43）和式（15.44）所描述电路。与此对应，式（15.45）和式（15.46）所描述的终端模块（输入端和输出端）可以用图 15.21 中传输函数为式（15.41）的电路模块实现。以设计实现五阶滤波器的详细过程为例。其五个状态方程为

$$V_1 = \frac{(\mu / R_g) V_g - (\mu I_2) + C'_2 \gamma V_3}{C'_1 \gamma + (\mu / R_g)} \quad (15.47)$$

$$\mu I_2 = \frac{V_1 - V_3}{\gamma L_j} \quad (15.48)$$

$$V_3 = \frac{(\mu I_2) - (\mu I_4) + \gamma C'_{j-1} V_1 + \gamma C_4}{\gamma C'_3} \quad (15.49)$$

$$\mu I_4 = \frac{V_3 - V_5}{\gamma L_4} \quad (15.50)$$

$$V_n = \frac{(\mu I_4) + C'_4 \gamma V_3}{C'_5 \gamma + (\mu / R_L)} \quad (15.51)$$

图 15.24 所示为五阶椭圆开关电容滤波器电路图。

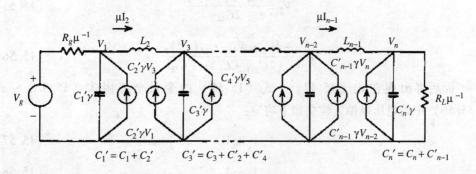

图 15.23　将图 15.22 中的阻抗乘以系数 $1/\mu$ 和以压控电流源代替隔直电容处理后的网络图

为了确定电容比，将 SC 电路的状态函数改写为以下形式：

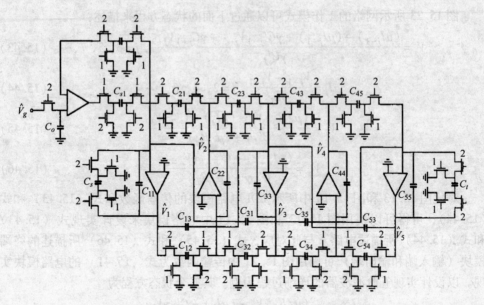

图 15.24　在 $j\omega$ 轴上带有有限零点的五阶梯型滤波器

$$\hat{V}_1 = \frac{-2C_{s1}\mu\hat{V}_g - C_{21}(z^{12}\hat{V}_2) - 2C_{31}\gamma\hat{V}_3}{(2C_{11} + C_s)\gamma + C_s\mu} \tag{15.52}$$

$$\hat{V}_2 = \frac{C_{21}\hat{V}_1 + C_{32}\hat{V}_3}{2C_{22}\gamma} \tag{15.53}$$

$$\hat{V}_3 = \frac{-2C_{13}\mu V_1 - C_{23}(z^{12}\hat{V}_4) - 2C_{31}\gamma\hat{V}_3}{2C_{33}\gamma} \tag{15.54}$$

$$\hat{V}_2 = \frac{C_{34}\hat{V}_3 + C_{32}\hat{V}_5}{2C_{44}\gamma} \tag{15.55}$$

$$\hat{V}_5 = \frac{-2C_{35}\mu\hat{V}_3 - C_{45}(z^{12}\hat{V}_4)}{(2C_{551} + C_\ell)\gamma + C_\ell\mu} \tag{15.56}$$

而后将出现在式（15.47）～式（15.51）的变量全部用式（15.52）～式（15.56）中的电压模拟，建立如下响应：

$$\hat{V}_g \Leftrightarrow V_g \tag{15.57}$$

$$\hat{V}_1 \Leftrightarrow V_1 \tag{15.58}$$

$$z^{1/2}\hat{V}_2 \Leftrightarrow \mu I_2 \tag{15.59}$$

$$\hat{V}_3 \Leftrightarrow V_3 \tag{15.60}$$

$$z^{1/2}\hat{V}_4 \Leftrightarrow \mu \hat{I}_4 \tag{15.61}$$

$$\hat{V}_5 \Leftrightarrow V_5 \tag{15.62}$$

通过对电路模块的传输函数的系数与梯型原型的状态方程的系数取等可以得到电容比。可以通过下面的步骤得到电容比：

（1）对于模块 1 有：

$$ratio1 = \frac{C_s}{2C_{11} + C_s}$$

$$ratio2 = \frac{2C_{s1}}{C_s}$$

$$ratio3 = \frac{C_{21}}{2C_{11} + C_s}$$

$$ratio4 = \frac{C_{31}}{2C_{11} + C_s} \tag{15.63}$$

（2）对于模块 n 有：

$$ratio1 = \frac{C_{n-1,n}}{C_{n,n} + C_\ell}$$

$$ratio2 = \frac{C_\ell}{2C_{n,n} + C_\ell}$$

$$ratio = \frac{2C_{n-2,2n}}{2C_{n,n} + C_\ell} \tag{15.64}$$

（3）对于模块 i 有（i 为奇数）：

$$ratio1 = \frac{C_{i-1,i}}{2C_{i,i}}$$

$$ratio2 = \frac{C_{i+1,i}}{2C_{i,i}}$$

$$ratio3 = \frac{C_{i-2,i}}{2C_{i,i}}$$

$$ratio4 = \frac{C_{i+2i}}{2C_{i,i}} \tag{15.65}$$

（4）对于模块 i（i 为偶数）有：

$$ratio1 = \frac{C_{i-1,i}}{2C_{i,i}}$$

$$ratio2 = \frac{C_{i+1,i}}{2C_{i,i}} \tag{15.66}$$

通过以上方程可以得到电容总量和动态范围的最小值。方法会在下一章详细介绍。但是这一选择在设计中可以不采用。编写一个 MATLAB 程序来实现设计过程是比较容易的。读者可以编写程序以下述顺序来求出电容值：

$$C_{sl}, \quad C_{1l}, \quad C_{2l}, \quad C_{3l}, \quad C_s$$
$$C_{i-1,i}, \quad C_{i,i}, \quad C_{i+1,i} \text{ for } i \text{ even}$$
$$C_{i-1,i}, \quad C_{i,i}, \quad C_{i+1,i}, \quad C_{i-2,i}, \quad C_{i+2,i} \text{ for } i \text{ odd}$$
$$C_{n-1,n}, \quad C_{n,n}, \quad C_{n-2,n} C_\ell (\text{with } C_\ell = 1) \tag{15.67}$$

下面通过例子来对上述方法进行说明。

例子：设计一个椭圆滤波器，其通带边缘为采样频率的 0.144 倍，带内纹波 0.044dB，阻带边缘为采样频率的 0.2 倍，其最小衰减为 39dB。

使用 MATLAB 得到需要的 5 维方程和应用椭圆滤波器表[6] 得到规范化的原型器件值：

$$C_1 = 0.85535, \quad C_3 = 0.15367, \quad L_2 = 1.20763, \quad C_3 = 1.48438, \quad C_4 = 0.46265,$$
$$L_4 = 0.89794, \quad C_5 = 0.63702, \quad R_g = R_L = 1$$

将这些值被 $\tan(\pi\omega_0/\omega_N)$ 除得到 λ 域的值。然后使用式（15.63）~ 式（15.67）可以得到电容比进行最终的设计。

给出各个模块的计算结果：

Building block 1　　0.40365, 2.0000, 0.40365, 0.29011
Building block 2　　0.40274, 0.40274
Building block 3　　0.18998, 0.1998, 0.13654, 0.283263
Building block 4　　0.54164, 0.54164

如果能够允许的最小电容值为 1pF（或者是单位电容），且具有最小电容比（将会在下一章详细解释），可以以式（15.67）的顺序得到电容值如下：

Block 1　2.78281, 2.05561, 2.78281, 1.00000, 2.78281
Block 2　1.00000, 1.24149, 1.000000
Block 3　1.08329, 1.00000, 1.08329
Block 4　1.08329, 1.00000, 1.08329
Block 5　1.00000, 0.90132, 0.74644, 1.00000

并且电容总值为 37.42644pF（或单元值），其中最后一个电路模块的电容值可以确定为 $C_l = 1$，也可以按照意愿来按比例定值。图 15.25 所示为时钟频率为 10kHz 时滤波器的响应。

带通滤波器的设计流程与此相同[24]，如图 15.26 所示为典型的六阶滤波器结构，其响应曲线如图 15.27 所示。

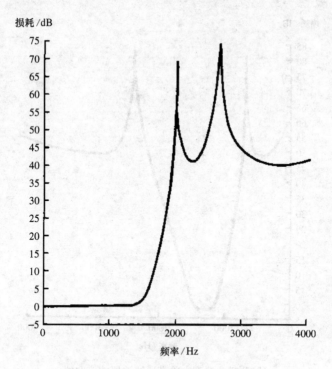

图 15.25 例子中五阶滤波器的响应曲线

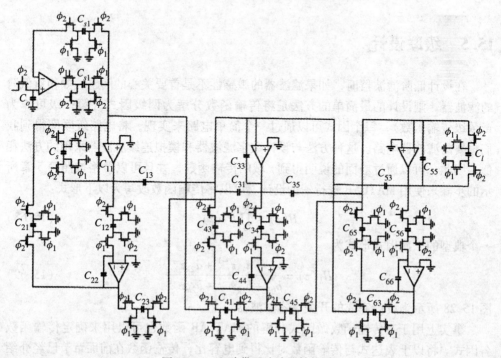

图 15.26 六阶带通滤波器结构图

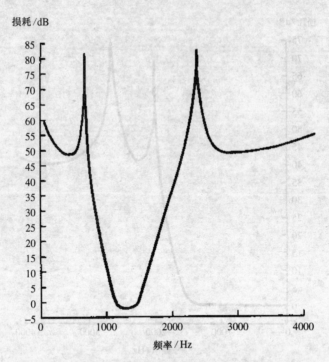

图 15.27　典型六阶带通滤波器响应曲线

15.5　级联设计

　　在设计低阶滤波器时，如果滤波器的敏感性不是首要关心的问题，如相对低阶的滤波器，则设计的最简单的方法是将传输函数分解为两级因式（第一级可作为奇数级传输函数），每个因式可以通过一个简单电路来实现，将电路级联即得到我们想要的滤波器电路。这种方法与设计数字滤波器和模拟连续滤波器采用的方法相似。因此，可以通过前面的说明得到 z 域的传输函数，并且可以严格按照第 5 章所示的步骤来使用 MATLAB 进行辅助设计。可以将传输函数改写为以下形式：

$$H(z) = \prod_{k=1}^{m} H_k(z) \tag{15.68}$$

一个典型的二次因式形式为

$$H_k(z) = \frac{a_{0k} + a_{1k}z^{-1} + a_{2k}z^{-2}}{b_{0k} + b_{1k}z^{-1} + b_{2k}z^{-2}} \tag{15.69}$$

图 15.28 所示为设计完成的开关电容滤波器。

　　事实上用于对传输函数做因式分解的 MATLAB 函数也可以用来确定传输函数各因式。将以上表达式与传输函数对比得到电容比，传输函数在前面章节已经介绍过了，为

$$H_k(z) = \frac{I + (G - I - J)z^{-1} + (J - H)z^{-2}}{(1 + F) + (C + E - F - 2)z^{-1} + (1 - E)z^{-2}} \tag{15.70}$$

其中，假设 $A = B = D = 1$

一级因式形式为

$$H_k(z) = \frac{a_{0k} + a_{1k}z^{-1}}{b_{0k} + b_{1k}z^{-1}} \tag{15.71}$$

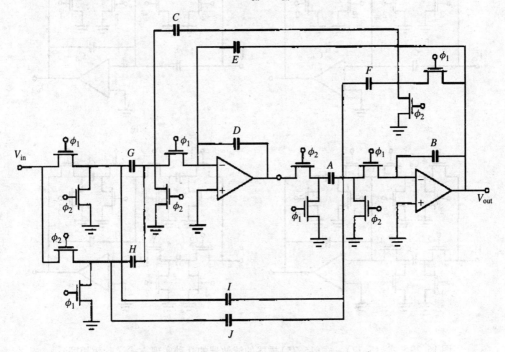

图 15.28 式（15.70）中二级因式的实现电路

根据零极点对位置的不同可以选择图 15.29 中四个电路中的一个作为其实现形式。因此，对于图 15.29a 有：

$$H_k(z) = \frac{(C_1 + C_3) - C_1 z^{-1}}{(1 + C_2) - z^{-1}} \tag{15.72}$$

对图 15.29b 有：

$$H_k(z) = \frac{(C_1 + C_3) - C_1 z^{-1}}{(C_2 - 1)z^{-1} - 1} \tag{15.73}$$

对图 15.29c 有：

$$H_k(z) = \frac{C_3 + C_1 z^{-1}}{z^{-1} - (1 + C_2)} \tag{15.74}$$

对于图 15.29d 有：

$$H_k(z) = \frac{C_3 + C_1 z^{-1}}{1 + (C_2 - 1) z^{-1}} \tag{15.75}$$

其中，所有的电容值都与 C_A 有关。

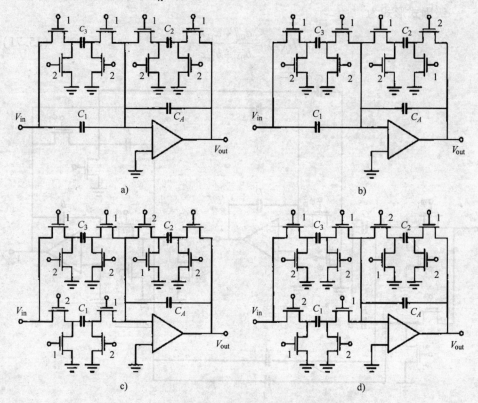

图 15.29 式(15.72)~式(15.75)描述的滤波器的几种实现方式（阶数相同）

事实上，在第 5 章用到的所有设计数字滤波器的数字传输函数，都可以在使用级联设计方法设计开关电容滤波器时使用。

15.6 移动通信中的应用：语音编解码器和数字调制解调器

15.6.1 语音编解码器

脉冲编码调制器（Pulse code modulation，PCM）用于在电话通道中传输语音信息，其电路图如图 15.30 所示。在以 8.0kHz 采样频率采样之前，需要将语音信号的带宽限制在 3.4kHz 以内。并需要将 50Hz 或者 60Hz 的电源线路频率去除。这些功能由作为发送滤波器的开关电容带通滤波器完成。

在接收端采用低通开关电容滤波器。发送和接收滤波器的理想响应曲线如图

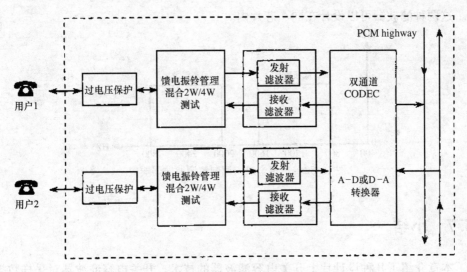

图 15.30 脉冲编码调制语音 CODEC

15.31 所示，其设计说明会在下面详细介绍。

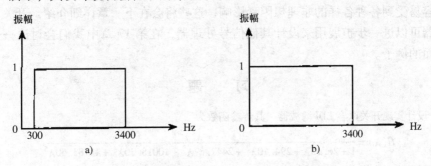

图 15.31 理想发送和接收 CODEC 滤波器特性

　　设计完整的编码解码器（CODEC）有两种方法。第一种是将编码器和解码器设计在一块芯片上，将发送和接收滤波器设计在另外一块芯片上。另一种方法是将编码器和发送滤波器设计在一块芯片上，而将解码器和接收滤波器设计在另外一个芯片上。在第二种方法中将两个滤波器分开，可以减少编码解码器（CODEC）在异步工作时的串扰和噪声。在编解码芯片上的应用是开关电容滤波器的主要应用方式之一。

15.6.2 数字调制解调器

　　开关电容滤波器也是应用在数据调制解调器中的双带低通滤波器的重要组成部分。其被用来在电话通道中同时发送和接收数据。滤波器的理想幅度响应曲线如图 15.32 所示。其需要在通带内保持一个接近线性的相位特性并具有特定的时间响应。这两种滤波器可以设计在同一芯片内。

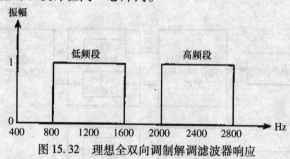

图 15.32　理想全双向调制解调滤波器响应

15.7　小结

本章介绍了几种设计片上开关电容滤波器的技术。开关电容滤波器对采样数据进行处理，并在某些应用中取代了连续时间滤波器和数字滤波器。本章最后介绍了开关电容滤波器在电信设备中的典型应用。由于开关电容滤波器属于模拟电路，其比较容易受到各种各样的非理想因素影响，这些将会在下一章详细介绍。开关电容滤波器可以进一步扩展用来设计其他信号处理器，在第 17 章中我们会讨论一个比较全面的例子。

习　　题

15.1　设计实现开关电容 LDI 滤波器，其传输函数为

$$H(\lambda) = \frac{(1 - \lambda^2)^{5/2}}{1 + 26.15\lambda + 294.10\lambda^2 + 2441.87\lambda^3 + 10018.20\lambda^4 + 44783.60\lambda^5}$$

15.2　下述为对应用在 PCM 电话中的 CODEC 的接收低通滤波器的详细指标说明：
通带：0 ~ 3.4kHz，纹波 0.25
截带边缘在 4.6kHz，衰减≥30dB。
设计一满足上述要求的 LDI 切比雪夫滤波器。

15.3　图 15.33 中所示为一标准三阶椭圆低通滤波器原型，其截止频率为 $\omega = 1$，纹波 0.25dB，阻带边缘与通带边缘的比例为 1.5。将其转换为截止频率为 3kHz，时钟频率为 20kHz 的开关电容滤波器。

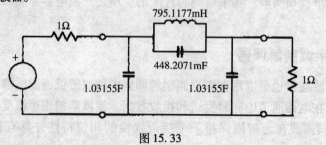

图 15.33

15.4　按照以下要求设计一个最大平坦度的级联结构滤波器：

通带：0 ~ 1kHz，衰减 ≤ 0.1dB。

阻带边缘 3kHz，衰减 ≥ 30dB。

采样频率：10kHz。

15.5　设计一级联结构的椭圆滤波器，能够满足问题 15.2 中语音调制解调器的要求。

15.6　设计一椭圆带通梯型滤波器应用于 PCM 语音调制解调器中作为发送端滤波器，其要求如下：

通带：300Hz ~ 3.4kHz，最大衰减 0.25dB。

低端阻带边缘为 5Hz，最小衰减为 25dB。

高端阻带边缘为 4.6kHz，最小衰减为 32dB

15.7　图 15.34 所示为一椭圆带通滤波器，其满足如下要求：

通带：1.0 ~ 2.0kHz，纹波 0.2dB。

阻带边缘在 0.5 和 3.0kHz，最小衰减为 30dB。

（a）设计滤波器中所使用的低通滤波器原型。

（b）对于给定的滤波器使用双线性变换设计一个时钟频率为 8kHz 的开关电容滤波器，其通带边缘频率不变。求出开关电容滤波器的阻带边缘频率。

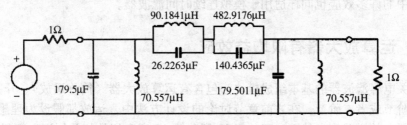

图 15.34

15.8　求解问题 15.7 中滤波器的传输函数，并使用级联结构将其实现。

16　微电子开关电容滤波器中的
非理想效应和实际设计考虑

16.1　绪论

在之前的章节中，开关电容滤波器设计都是以理想元件进行描述、设计。之后，在第 10 ~ 14 章讨论了开关电容滤波器的集成电路模块以及非理想效应。在本章中，我们结合之前的讨论结果，进一步讨论集成电路模块非理想效应对整体开关电容滤波器频率响应的影响[24,27]。我们也将研究一些设计者感兴趣的实际设计问题。其中的许多效应也同样适用于模拟连续时间滤波器。

16.2　运算放大器有限增益效应

开关电容滤波器的基本组成模块为包含有运算放大器（简称运放）、开关和电容的一阶节或者二阶节。在之前章节讨论的设计方法中，运放都假设为理想运放，具有无限大的增益值。然而，正如第 12 章和第 13 章介绍的相关知识，实际 CMOS 运放的增益虽然较大，但仍然为有限值。这个因素在开关电容滤波器的最终仿真中必须加以考虑，以决定滤波器精确的频率响应，特别是在高频设计中，滤波器的工作频率已经接近运放的带宽。运放的有限增益会导致组成模块传输函数的失真，进而影响滤波器的整体传输函数。此外，滤波器组成模块的不敏感性主要依赖于虚拟地的建立，相反的这又是依赖于对高频运放的近似所得到的。所以，非常有必要对有限增益效应进行建模，并在滤波器设计中引入该模型，这样就可以对修整后的滤波器电路进行分析以得到频率响应结果。典型模块的一阶传输函数展示了这种方法，如图 16.1 所示。

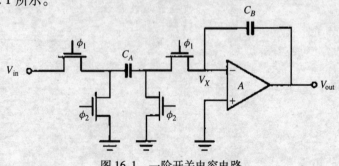

图 16.1　一阶开关电容电路

我们假设运放具有有限增益 A，并表示为

$$C_A[-V_x(n)-V_{in}]$$
$$= -C_B\{[V_0(n)-V_x(n)]-[V_0(n-1)-V_x(n-1)]\} \tag{16.1}$$

将 $V_x = -V_{out}/A$ 代入式（16.1）中，同时使 $C_B/C_A = \alpha$，$1/A = \eta$，对式（16.1）结果两边同时取 z 变换，我们可以得到电路的传输函数为

$$H(z) = \frac{z^{-1}}{\alpha(1+\eta)(1-z^{-1})+\eta} \tag{16.2}$$

当增益趋于无穷时，式（16.2）逼近式（15.32），即 $\eta \to 0$。很容易看出 H 可以和理想传输函数式（15.32）联系起来：

$$H = \frac{H_{ideal}}{\alpha(1+\eta)+(\eta/2)+(\eta/2)\coth(Ts/2)} \tag{16.3}$$

设 E 为 H/H_{ideal} 的比值，并且忽略 η^2 项，我们在 $j\omega$ 轴上可以得到：

$$|E|^2 \cong \frac{\alpha}{\alpha+\eta}$$

$$Arg(E) \cong \frac{\eta}{2\alpha\tan(\omega T/2)} \tag{16.4}$$

在上面的公式中，当 A 足够大时（$A > 1000$），幅度误差可以忽略，但可以简单得到：

$$|H|^2 = |H_{ideal}|^2(1+\eta/\alpha) \tag{16.5}$$

上式等价为一个系数为 η 的电容比误差。然而，相位误差与频率相关，而且可以相当大。

明显的，唯一能够减小有限增益效应的方法就是将运放的增益设计的足够大，如在第 13 章中讨论的一样。所以上述讨论的目的就是传达一种纯粹的信息。

16.3　运算放大器的有限带宽和有限压摆率效应

每一个运放都存在一个单位增益带宽，它限制了开关电容滤波器能够工作的最高频率。特别是，单位增益带宽影响着运放的建立时间，这一点通过用运放的频率传输函数可以明显看到。首先在开关电容滤波器中插入运放模型，再得到相应的时域响应。对一阶滤波器来说，滤波器会通过指数形式或者阻尼振荡的形式建立到最终值。因此对应于开关闭合时钟相位的时间 T_{on} 必须足够大，以使得运放能够在一定的误差范围内建立到最终值。这表明每个运放的建立时间必须小于采样周期的一半，或者：

$$T_{settling} < 0.5T < 1/2f_N \tag{16.6}$$

所以，解决这个问题的根本办法是设计一个具有快速建立时间的运放。有源和无源一阶滤波器的计算表明运放的单位增益带宽必须满足：

$$\omega_t \gg \omega_N / \pi \qquad (16.7)$$

并且 $\omega_t = 5\omega_N$ 时，运放产生的误差可以忽略。除了建立时间，运放的有限压摆率也会造成一个延迟时间，如图 16.2 所示。所以，我们采用式（16.8）代替式（16.6）：

$$(T_{settling} + T_{slew}) < 0.5T \qquad (16.8)$$

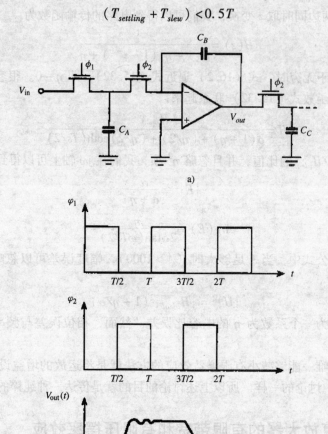

图 16.2　建立时间和压摆率的有关讨论

16.4　运算放大器的有限输出电阻效应

运放在输出端必须通过输出电阻 R_{out} 对负载电容 C_L 充电。我们可以得到充电时间常数为 $2R_{out}C_L$，且充电常数必须小于 $0.5T$ 以使得电荷充分得到转移。自然的，缓冲运放可以用来降低这个影响。

16.5 最大动态范围缩放

考虑一个典型的开关电容滤波器中的运放,如图 16.3 所示,使连接到 kth 运放输出端分支的传输函数 $\Delta Q/V$ 乘以一个系数 β_k。在图 16.3 中,这些分支分别为 B_4、B_5、B_6。

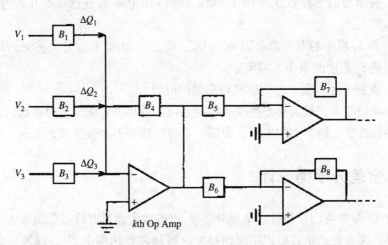

图 16.3 最大动态范围和最小电容缩放的有关讨论

这就导致运放的输出电压缩小为原来的 $1/\beta_k$。而输入分支并没有发生变化,而且它们的电荷也保持和原来一致,最终导致 B_4 中的电荷保持原始值。这对 B_5 和 B_6 分支同样成立,因为它们的电容都乘以了 β_k,而它们的电压又乘以了 $1/\beta_k$。我们可以得到以下结论:当所有连接或者开关到运放输出端的电容值都乘以一个系数,而以同样的系数缩小输出电压,可以保持运放中流动的电荷不变,并且其他电路也不会发生变化。根据以下流程,这个过程可以提高滤波器的动态范围:

(a) 设置 $V_{in}(\omega)$ 至最大值,前提是运放输出没有达到饱和。

(b) 对所有的内在运放输出电压计算最大值 V_{pk}。这些值通常出现在滤波器的通带边缘。

(c) 对所有连接或者开关到运放 k 输出节点的电容乘以系数 $\beta_k = V_{pk}/V_{k,max}$,这里 $V_{k,max}$ 是放大器 k 的饱和电压。

(d) 对所有内在的运放重复上述过程。

16.6 最小电容缩放

缩放操作可以有效减小电容值扩散，同时也可以减小滤波器总的电容值。这依赖于非常简单的理论：如果所有连接到运放输入节点的电容都乘以相同的系数，那么输出电压保持不变。这个过程遵守以下原则：

（a）将所有的电容划分为不同的组。即第 i 组电容 S_i 连接或者开关到第 i 个运放的输入节点。

（b）将 S_i 组中的电容都乘以 $m_i = C_{min}/C_{i,min}$，这里 C_{min} 是工艺允许的最小电容值，也是 S_i 组中的最小电容值。

（c）重复上述步骤，包括运放输出端的电容。

最后我们注意到最大动态范围的缩放必须在最小电容缩放之前进行，因为缩放动态范围会改变电路节点的电压，而最小电容缩放并不会改变节点电压。

16.7 全差分平衡设计

在第 13 章中我们介绍过，全差分平衡 MOS 放大器具有许多单端放大器所不具有的优势。现在我们将其应用拓展到开关电容滤波器结构中[28]。滤波器的动态范围是由可接受失真范围内的最大信号摆幅和噪底决定的。因此提高输出信号摆幅就可以提高动态范围。因为全差分设计将输出摆幅提高了一倍，也就提高了动态范围。而且因为信号通路是平衡的，这进一步降低了运放设计中的固有噪声。从一个单边输出放大器到全差分平衡放大器结构的转换遵循以下原则：

（a）描述单端放大器电路，并定义地节点。

（b）以地点镜像复制这个放大器电路。

（c）将每一个有源元件的增益除以 2。

（d）将复制的有源元件标示相应的符号，并与原来的元件组成一对差分输入、差分输出的元件对。

（e）如果可能，通过用交叉线替代那些仅仅是符号相反的有源元件，来简化电路设计。

图 16.4 展示了一个运放电路转换为差分运放的一般流程。图 16.5 展示了一个全差分一阶开关电容电路。在这个电路中，v_{i1}^+ 和 v_{i1}^- 组成了一对差分输入信号，而 v_{i2}^+ 和 v_{i2}^- 组成了另外一对差分输入信号。对于零共模电压信号，运放共模电压 V_B 可以通过片上电路设置为一个合适的值。

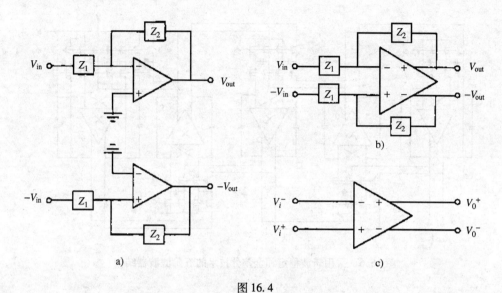

图 16.4

a）一个运放及其镜像电路　b）转换为全差分等效电路　c）全差分运放符号

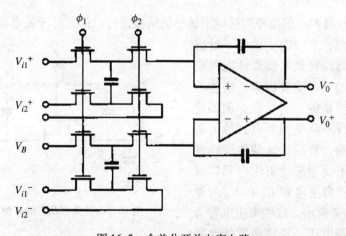

图 16.5　全差分开关电容电路

一个采用斩波稳定和全差分技术的五阶滤波器结构[28]如图 16.6 所示。

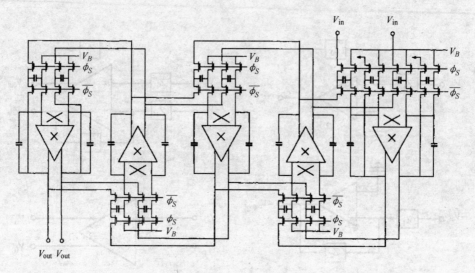

图 16.6　采用斩波稳定和全差分技术的五阶滤波器结构

16.8　其他关于寄生电容和开关噪声的讨论

　　我们已经强调过采用寄生效应不敏感的结构进行设计，对开关电容滤波器性能是十分重要的。采用寄生效应不敏感的开关电容滤波器是发展高性能集成电路滤波器的一个重要因素。这些电路有我们所需要的一些特性，例如它们的传输函数不会受到节点到地的寄生电容的影响。然后，这种免疫性并没有扩展到不受到非地寄生电容以及开关控制节点寄生电容 C_{xc} 和 C_{yc} 的影响，如图 16.7 所示。这些寄生电容会造成直流失调电压、传输函数的改变和失真。

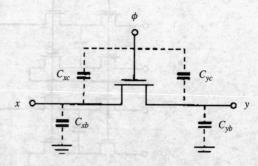

图 16.7　开关以及它的寄生电容

　　图 16.8 展示了一种传统两相位机制的一阶节电路。一种四相位机制[29]如图 16.9 所示，这种设计可以降低剩余的寄生效应。四相位机制是通过对开关控制信号的延迟得到的。图 16.10 展示了由于不同相位机制带来的电路性能提高。

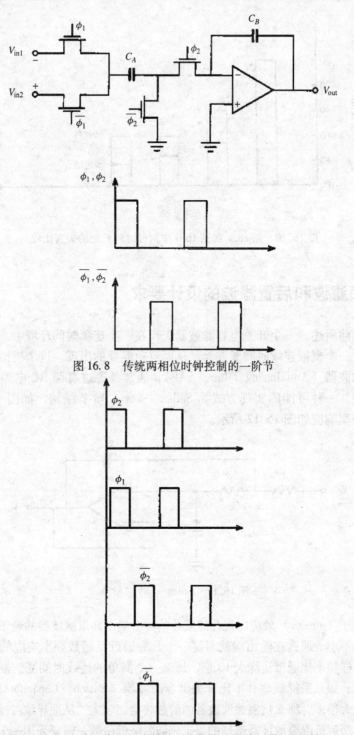

图 16.8 传统两相位时钟控制的一阶节

图 16.9 图 16.8 中两相位时钟更为细化的设计（带延迟时间）

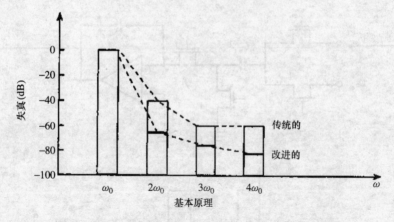

图 16.10　图 16.8 和图 16.9 中两种时钟机制的失真比较

16.9　预滤波和后置滤波的设计要求

正如之前所述，一个开关电容滤波器工作在一个连续时间环境中，在它之前必须首先建立一个模拟连续时间滤波器，从而避免混叠的出现。这个模拟滤波器就称为抗混叠滤波器（Antialiasing Filter，AAF），通常是通过有源 RC 电路在同一颗芯片上实现的。一种可能的实现方式为 Sallen – Key 二阶节结构，如图 16.11 所示。它的典型频率响应如图 16.12 所示。

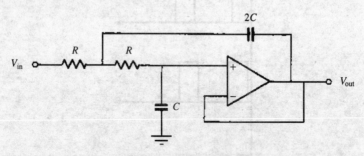

图 16.11　Sallen – Key 二阶节

同时由于（$\sin x/x$）效应出现在滤波器的输出端，如果滤波器的通带边缘与采样频率相比并不小，那么在输出端就需要一个具有逼近反函数频率响应的幅度均衡电路。如果采样频率比通带边缘大 10 倍，那么一个简单的连续时间滤波器作为预滤波器将被采用。如果采样频率并不比开关电容滤波器（Switch – Capacitor Filter，SCF）的通带边缘大很多，那么抗混叠滤波器的阶数将会比较大，从而导致占据较大的芯片面积。为了缓解抗混叠滤波器选择的要求，同时降低阶数，需要采用一个抽取器[30]，如图 16.13a 所示。这在采样频率的倍数频率上引入一个零点，如图 16.13b 所示。

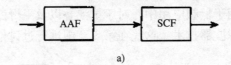

a)

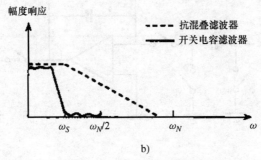

b)

图 16.12 抗混叠滤波器和开关电容滤波器的频率响应

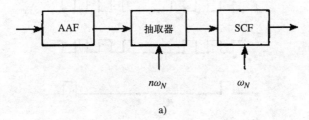

a)

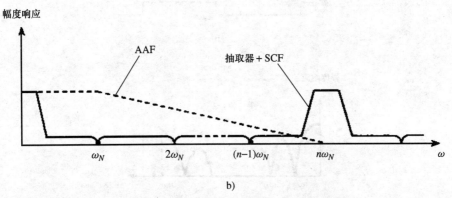

b)

图 16.13 采用抽取器和抗混叠滤波器进行预滤波

a) 整体机制 b) 抽取器、抗混叠滤波器的幅度响应

这里抗混叠滤波器所需要的阶数明显比图 16.12 中的直接应用要低。所以在图 16.13 中，混叠是通过两级电路消除的。一个采用图 16.13 机制的电路如图 16.14 所示。

图 16.14 中的传输函数为

$$|H(\omega)| = \frac{C_1}{C_2}\left|\frac{\sin(\pi\omega/\omega_N)}{\pi\omega/\omega_N}\right| \tag{16.9}$$

这种技术只适用于低频应用中，对于抗混叠以及平滑滤波器问题的最终解决方法，还是连续时间滤波器技术。这些在第3章中进行过讨论。

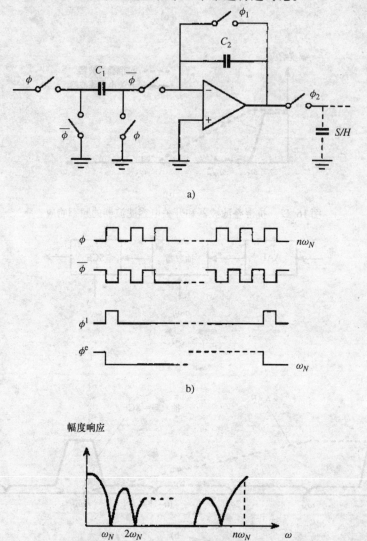

图 16.14

a）抽取器　b）时钟　c）幅度响应

16.10　可编程滤波器

通过改变时钟频率，可以实现对一个开关电容滤波器的可编程。正如我们看到的，滤波器的频率响应包含诸如通带边缘和阻带边缘这些关键点。这些都是由实际频率和时钟频率的比决定的。所以，如果时钟频率乘以一个系数，那么滤波器的关键频率以及整个频率轴都会乘以一个相同的系数。而时钟是可以通过数字电路进行编程的。

另一种方法是采用电容阵列来代替电容，这样就可以通过开关形成不同的电容组合，所以就控制了滤波器的频率响应。这种电容阵列也是通过数字电路进行编程的。

第三种方式称为掩膜板编程。在这种设计中，诸如运放、开关等电路在芯片中实现，但它们之间没有互连，而且一个独立的部分被指定给电容。其他诸如电阻、时钟产生电路也同时设计在同一颗芯片上。在最后的掩膜板阶段，通过选择合适的电容再将它们连接起来。

16.11 基于滤波器版图的设计考虑

模拟集成电路对它们元件的几何和物理摆放十分敏感。集成电路的版图通过作用一系列设计参数进而影响开关电容滤波器的性能。这些影响包括电源线、时钟线、地线和衬底的噪声注入，时钟馈通噪声、匹配元件的准确度以及高频响应。这是数字和模拟电路共存于一颗芯片上会发生的情况，这种情况在通信系统中十分常见。

我们已经讨论过如何通过设计使噪声和时钟馈通最小化，所以在版图设计中也应该付之实践以免设计失败。所以我们除了遵循一些之前讨论过的基本的设计技术，如采用全差分平衡拓扑结构、斩波稳定和延迟时钟机制以降低时钟馈通，还应该遵循以下设计流程。

第一，电源线、时钟线和地线应该远离噪声，而且线之间的耦合噪声应该被最小化。第二，如果可能，要为模拟和数字部分分别分配电源线。同时键合焊盘和独立的管脚也要分别使用。最后，外部管脚之间要使用去耦电容，从而降低耦合到外部供电的阻抗。遵循这些原则，衬底和阱的偏置电压线可以直接连接到电源焊盘上，而不会引入数字噪声到衬底和阱中。如果特定的信号或者时钟线影响较大，可以采用图16.15中的方法进行保护。这种保护是靠两根金属地线和一层多晶硅来实现的。明显的，这种策略也可以隔离模拟和数字信号，防止噪声耦合到衬底中。

耦合到衬底中的噪声可以通过使用一根干净的偏置电源线、将衬底与所有电容隔离、在衬底下放置地阱以及使用金线进行键合等方法加以降低。

为了降低衬底中的噪声，可以采用全差分平衡拓扑结构，配合保护方法进行设计。

衬底耦合到电路中最重要的电容是那些在衬底和底板之间的电容。所以，这些底板不能连接或者开关到运放的反向输入端，因为这个端口对输出存在较高的噪声增益。此外，那些连接输入节点和电容的连线应该尽可能的短，而且要采用多晶硅或者金属进行连接。扩散层类型的连线应该避免使用，因为它们是电容性的，很容

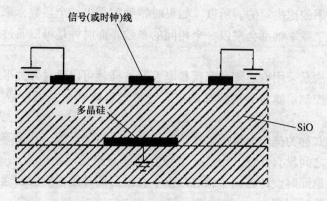

图 16.15　一种保护信号和时钟线的方法

易耦合到衬底。

　　输入节点连线不能和其他信号线跨接或交叉。输入节点连线应该被保护起来，而且应该使用保护环来保护运放的输入元件。所以输入元件的数量应该控制到最小。在输入节点只使用一个开关，并且使用最小面积的晶体管。

16.12　小结

　　本章中，我们考虑了许多开关电容滤波器集成电路实现中的实际问题和特点。这包括了高频设计、全差分电路设计、运放的非理想效应和开关对滤波器设计的影响。我们也讨论了动态范围缩放、最小化电容、预滤波、后置滤波以及版图设计的问题。

17　集成 Sigma – Delta 数据转换器：模拟和数字信号处理的拓展及综合应用

17.1　研究动机和综合考虑

第 4 章中我们讨论过，传统的模拟到数字的转换需要一系列高准确度的处理过程，其中包括带限滤波器、采样电路、量化器和编码器。那么我们现在提一个问题：我们是否可以运用我们所学过的模拟和数字处理器知识来构建一个模 – 数转换器，这个模 – 数转换器不需要高准确度的元件而且易于进行集成？从第 15 章的内容我们可知，开关电容电路以 MOS 技术与数字电路集成在同一颗芯片上时，具有许多优势。那么我们是否可以利用开关电容技术来解决上述提出的问题呢？

这里给出的答案是，开关电容电路的发展引入了一种有效的模 – 数转换方法，这种方法与传统的模 – 数转换方法相比具有许多优势[12,31 – 35]。

这种模 – 数转换器的基本结构如图 17.1 所示。通过对模拟输入信号进行过采样可以获得非常高的转换准确度，即使用一个准确度不高的量化器（该量化器通常是一个两级电路或比较器）用远高于奈奎斯特率的频率对信号进行采样，同时引入一个反馈环路来产生一个 1bit 的数据流。

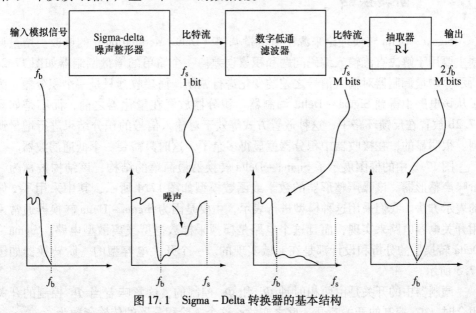

图 17.1　Sigma – Delta 转换器的基本结构

图 17.1 中的系统主要包括以下几个部分：

（1）噪声整形器或调制器：这是电路中唯一的模拟部分，其传输函数将量化噪声推向高频带，远离信号带宽，之后通过低通滤波器滤除噪声。这个模拟部分在设计中非常重要，因为它决定了转换器能够达到的最高信噪比。

（2）抽取器或低通滤波器：这部分电路采用数字滤波的方式滤除频带外噪声，并重新对信号进行奈奎斯特率采样。

以上电路机制较之传统的多比特转换方法有以下方面优势：

（a）这类转换器电路特别适合采用 CMOS 超大规模集成电路技术实现，因为它既不需要高准确度的模拟元件也不需要后期的修调。

（b）转换器的模拟部分面积较小，并且可以与数字电路和接口电路同时集成在同一颗芯片上。

（c）因为转换器的过采样特性，可以在模拟部分之后的数字处理级很容易地移除带外频率，所以不需要在转换器之前加入带限滤波器（抗混叠滤波器）。

（d）Sigma – Delta 转换器充分利用了超大规模集成电路高速和面积小的发展优势。

很明显的，Sigma – Delta 转换器代表了一种创造性的现代发展趋势，即模拟和数字信号处理器可以集成在同一颗芯片上。

现在我们采用最简单的一阶转换器来介绍 Sigma – Delta 转换器的基本原理，之后再将理论拓展到高阶转换器，以提高转换器的准确度性能。

17.2 一阶转换器

Sigma – Delta 转换理论来源于对增量调制（Delta Modulation）的修改。增量调制主要用于解决直流输入编码问题和积累误差。一个简单的增量调制器如图 17.2a 所示。增量调制器对输入信号之差的变化进行调制，而接收器只是一个积分器。为了从该电路中得到 Sigma – Delta 调制器，积分器放置在量化器之前，而不是如图 17.2b 放置在反馈环路中，这种放置方式等效于对输入信号的积分结果进行增量调制。很明显的，在接收器中积分器就显得多余了，这时只需要一个低通滤波器。

图 17.2 中的框图展示了 Sigma – Delta 转换器最简单的结构，该结构被称为一阶噪声整形器。该噪声整形器的数学或函数模型如图 17.4 所示，其中采用了 z 域的表示方法。我们采用这种模型进行表示，主要是因为 Sigma – Delta 转换器通常采用开关电容电路来实现，而且这个电路是模拟采样数据型或离散型电路。Sigma – Delta 转换器的分析和设计都是在 z 域实现的。一个开关电容型的一阶转换器如图 17.5 所示。

调制器中的开关是由两相时钟 Φ_1 和 Φ_2 控制的，这意味着当 Φ_1 控制的开关闭合时，Φ_2 控制的开关断开，反之亦然。这个一阶积分器的传输函数为

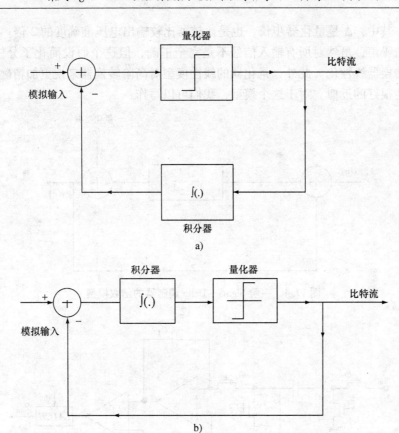

图 17.2

a) 增量调制器 b) 从增量调制器中得到的一阶 Sigma – Delta 调制器

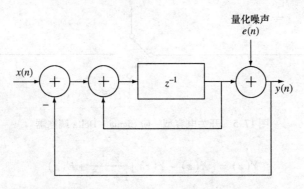

图 17.3 一阶 Sigma – Delta 调制器

$$T(z) = \frac{z^{-1}}{1 - z^{-1}} \tag{17.1}$$

这是一个增益为 1 的理想累加器。量化器由一个峰值为（$\Delta/2$）的加性噪声源来建模，其中，Δ 是量化器步长，也是比较器比较输出电压准确度的 2 倍。假设噪声源为白噪声，虽然对所有输入信号不是完全正确，但这个假设简化了分析过程，并且将转换器线性化。此外，量化器的线性模型对高阶转换器来说更加精确，并且可以产生很好的近似。对于这个模型，我们可以写作：

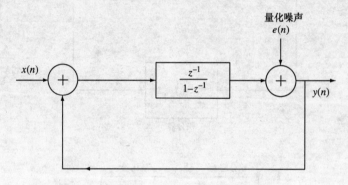

图 17.4　　一阶 Sigma – Delta 调制器的函数模型

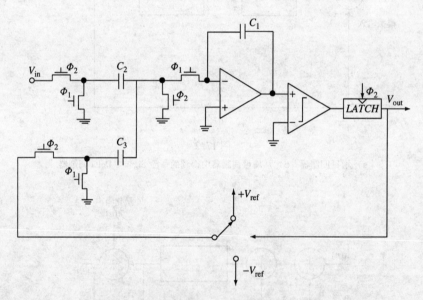

图 17.5　　开关电容型一阶 Sigma – Delta 调制器

$$Y(z) = \left[X(z) - Y(z) \right] \frac{z^{-1}}{1 - z^{-1}} + E(z) \qquad (17.2)$$

所以输入和输出的关系为

$$Y(z) = z^{-1}X(z) + \left[1 - z^{-1} \right] E(z) \qquad (17.3)$$

从式（17.3）中可以明显地看出输出包含两部分内容：①输入信号 $X(z)$ 经过一个时钟周期的延迟。②经过函数 $(1 - z^{-1})$ 整形的量化噪声 $E(z)$。将 z^{-1} 用 $\exp(-j\omega T)$ 替换，我们可以得到：

$$1 - \exp(-j\omega T) = \exp(-j\omega T/2)\left[\exp(j\omega T/2) - \exp(-j\omega T/2)\right] \qquad (17.4)$$

所以得到：

$$|1 - \exp(-j\omega T)| = 2\sin(\pi f/f_s), \quad T = 1/f_s \qquad (17.5)$$

式中，f_s 是采样频率。式（17.5）是转换器的噪声整形函数，其频率响应如图 17.6 所示。很明显可以看出噪声整形函数在信号基带内衰减了噪声，而在高频段将噪声放大。然而，对于转换器，整个噪声功率保持常数，因为噪声整形函数下的区域面积为单位 1。

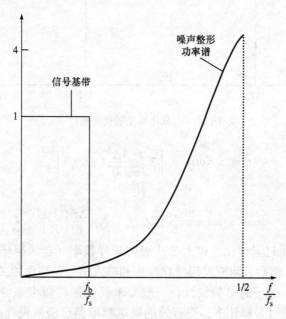

图 17.6　一阶转换器的噪声整形函数

现在，假定量化噪声是一致的，而且限制在（$-\Delta/2$）到（$\Delta/2$）的范围内，如图 17.7 所示。那么噪声的均方根值为

$$\sqrt{\int_{-\Delta/2}^{\Delta/2} P(E) E^2 dE} = \frac{\Delta}{\sqrt{12}} \qquad (17.6)$$

那么噪声的频谱密度可以写作是量化误差频谱和噪声整形传输函数二次方的产物，所以得到：

$$|E(z)(1 - z^{-1})|^2 = \frac{4\Delta^2}{12 f_s}\sin^2(\pi f/f_s) \qquad (17.7)$$

假定数字低通滤波器可以滤除所有高频信号分量，那么通过对基带内噪声频谱密度积分，就可以得到噪声的均方根值。

通常来说，基带频率 f_b 比采样频率低很多，而且函数 $\sin(\pi f_b/f_s)$ 可以通过它的幅角 $\pi f_b/f_s$ 进行近似，所以得到：

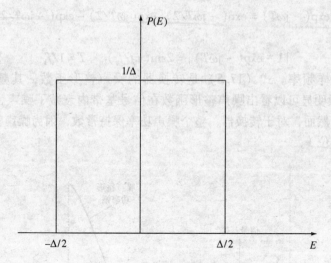

图 17.7　量化误差的概率密度

$$r.\,m.\,s.\,noise = \left[2 \int_0^{f_b} \frac{4\Delta^2}{12 f_s} (\pi f/f_s) \right]^{1/2} \qquad (17.8)$$

最终给出：

$$r.\,m.\,s.\,noise = \frac{\Delta\pi}{6} \left[2 f_b/f_s \right]^{3/2} = \frac{\Delta\pi}{6} \left[\frac{1}{R} \right]^{3/2} \qquad (17.9)$$

式中，$R = f_s/2 f_b$ 是过采样比。以上公式表明采样频率（过采样率）提高一倍，量化噪声下降 9dB。然后，研究发现量化噪声和输入信号是高度相关的，而且噪声频谱也不是白噪声。对于简单的设计，一般要求高的采样频率来得到较大的噪声降低。目前在同样的过采样比下，更有效的噪声整形器已经被设计出来去降低噪声。对于高信号带宽来说，高阶调制器设计被证明可以获得更好的准确度。下一节我们将介绍二阶转换器，它通过增加电路的复杂度而获得更多的设计益处。

17.3　二阶转换器

　　上一节中我们通过简单的一阶调制器介绍了 Sigma – Delta 转换器的工作原理，现在我们研究转换器阶数增加带来的性能提高。二阶调制器具有良好的电路特性，而且广泛应用于数字信号采集系统中。如图 17.8 所示，二阶调制器包含两条反馈环路用以降低基带的噪声。二阶转换器由式（17.10）进行描述：

$$Y(z) = \left[\{ X(z) - Y(z) \} \frac{1}{1 - z^{-1}} - Y(z) \right] \frac{z^{-1}}{1 - z^{-1}} + E(z) \qquad (17.10)$$

　　所以输入和输出的关系为

$$Y(z) = z^{-1} X(z) + (1 - z^{-1})^2 E(z) \qquad (17.11)$$

式中，$(1 - z^{-1})^2$ 是噪声整形函数。所以在实数频率轴上有

$$|(1 - z^{-1})|^2 = 4\sin^2\left[\frac{\pi f}{f_s}\right] \tag{17.12}$$

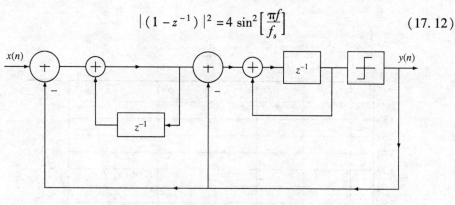

图 17.8   二阶 Sigma – Delta 转换器

可以得到噪声频谱密度为

$$|E(z)(1 - z^{-1})^2|^2 = \frac{8\Delta^2}{12f_s}\sin^4\left[\frac{\pi f}{f_s}\right] \tag{17.13}$$

通过对基带内的噪声进行积分，可以得到均方根噪声为

$$r.m.s.\ noise = \left[2\int_0^{f_b} |E(z)(1 - z^{-1})^2|^2 \mathrm{d}f\right]^{1/2} \tag{17.14}$$

采用与一阶转换器相同的函数逼近，得到：

$$r.m.s.\ noise \cong \frac{\Delta\pi^2}{\sqrt{60}}\left\{\frac{2f_b}{f_s}\right\}^{5/2} \tag{17.15}$$

或者以 dB 表示为

$$r.m.s\ noise(\mathrm{dB}) = 20\log\left\{\frac{\Delta\pi^2}{\sqrt{60}}\right\} + 50\log\left\{\frac{2f_b}{f_s}\right\} \tag{17.16}$$

以 R 代表过采样比，式（17.16）变为

$$r.m.s\ noise(\mathrm{dB}) = 20\log\left\{\frac{\Delta\pi^2}{\sqrt{60}}\right\} + 50\log\{1/R\} \tag{17.17}$$

上述公式表明，过采样比增加一倍，与一阶转换器中的噪声下降 9dB 相比，二阶转换器噪声下降 15dB。图 17.9 以噪声整形函数的形式对两种转换器进行了比较。图 17.10 展示了两种转换器的准确度比较结果。

一种更优的二阶转换器结构如图 17.11 所示。它的优势在于，在第一个积分器中的延迟使得开关电容技术的应用更为简单，如图 17.12 所示。而且对于原始结构，每一个积分器的输出信号是全摆幅输出（– $\Delta/2$，$\Delta/2$）的数倍，这对 CMOS 运放有限的动态范围是一个不小的问题。而修改后的电路具有更小的输出摆幅，仅仅是具有全摆幅的输入范围。

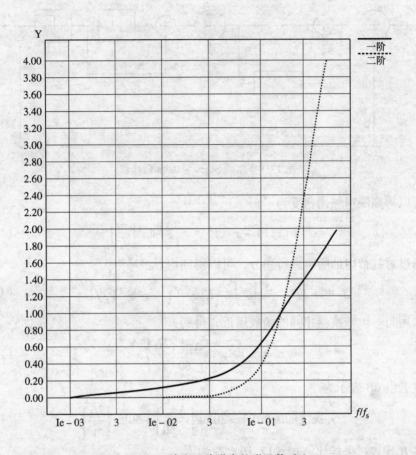

图 17.9　一阶和二阶噪声整形函数对比

　　其他高阶结构也得到了广泛应用，值得注意的是，级联结构，即将多个一阶转换器进行级联的转换器电路已经应用在压缩磁盘产业中。

　　最后，我们注意到 Sigma - Delta 转换器性能主要受到电子元件非理想因素的限制。对转换器性能的分析通常都是通过之前讨论过的 FFT 算法进行实现的。所以，我们可以看到这种转换器技术包含了模拟和数字电路的分析和设计方法。因此 Sigma - Delta 转换器是一个信号处理整体概念阐述的典型例子，同时也展示了本书中所要介绍的模拟和数字设计技术结合。

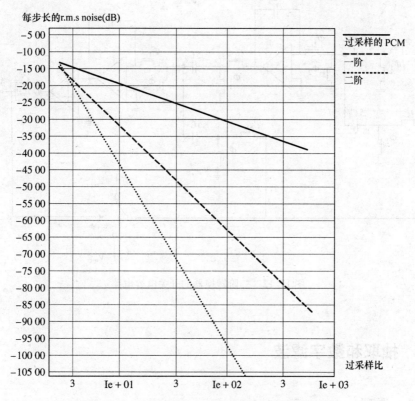

图 17.10　一阶和二阶转换器能够达到的准确度

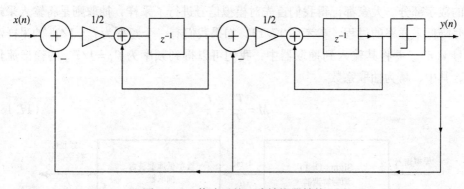

图 17.11　修改后的二阶转换器结构

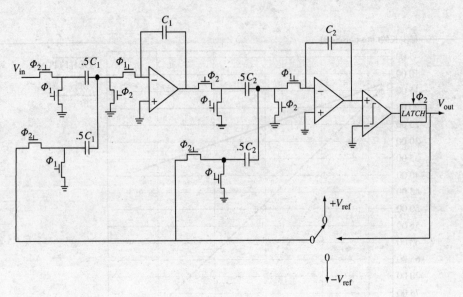

图 17.12　二阶转换器的开关电容电路

17.4　抽取和数字滤波

17.4.1　原理

　　我们已经讨论过转换器的模拟部分，现在我们进而讨论包含抽取器和数字滤波器的数字部分。大家都记得我们首先对模拟信号进行了采样，抽取则是将输入采样信号降低采样率的过程。参考图 17.13，如果我们有一个频率为 $f_s = 1/T_s$ 的采样流信号 $x(n)$，并将其输入到抽取器中，我们可以得到频率为 $f'_s = 1/T'_s$ 的输出流信号，其中，M 为抽取系数。

$$M = \frac{T'_s}{T_s} = \frac{f_s}{f'_s} \tag{17.18}$$

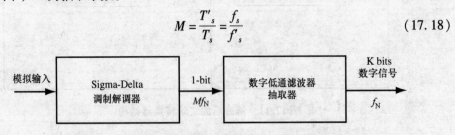

图 17.13　包含抽取和数字滤波的 Sigma – Delta 转换器

参考图 17.14 可得：

图 17.14　一个基本的抽取器

$$y(m) = \sum_{n=-\infty}^{\infty} h(n)x(n-m) \qquad (17.19)$$

设输入信号带限在 $\left[-f_s/2, f_s/2\right]$ 范围内，在没有抗混叠滤波器的情况为了降低采样率，有必要对输入信号进行低通滤波。对于一个理想的低通滤波器特性：

$$|H(j\omega)| \approx 1 \quad |\theta| \leqslant 2\pi f'_s/2T_s = \pi/M$$
$$|H(j\omega)| \approx 0 \quad \text{其他值} \qquad (17.20)$$

通过提取每 M 次的输出采样结果，可以降低采样率并得到 $y(m)$，如图 17.14 和图 17.15 所示。低通滤波器之后的信号为

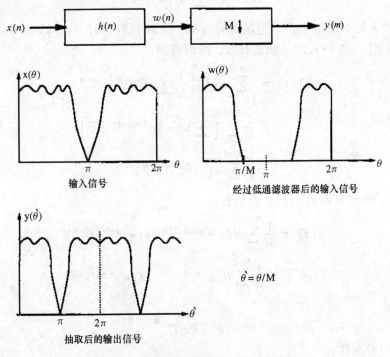

图 17.15　抽取和滤波之前、之后的信号

$$w(n) = \sum_{k=-\infty}^{\infty} h(k)x(n-k) \qquad (17.21)$$

以及：

$$y(m) = w(mM) = \sum_{k=-\infty}^{\infty} h(k)x(mM-k) \qquad (17.22)$$

很明显这个系统是非时变的，即，$x(n-\delta)$ 除了 $\delta=rM$ 时，不会得到 $y(m-\delta/M)$。我们定义信号：

$$w'(m) = w(n) \quad \text{当 } n = \pm rM \text{ 时}$$
$$= 0 \qquad \text{当 } n \text{ 为其他值} \qquad (17.23)$$

$$w'(n) = w(n)\left[\frac{1}{M}\sum_{i=0}^{M-1} e^{j2\pi in/M}\right] \qquad (17.24)$$

方括号内的部分是周期为 M 采样值的脉冲序列的 DFT 变换。

$$y(m) = w'(mM) = w(mM) \qquad (17.25)$$

$$Y(z) = \sum_{m=-\infty}^{\infty} y(m)z^{-m} = \sum_{m=-\infty}^{\infty} w'(mM)z^{-m} \qquad (17.26)$$

使得 $k=mM$，

$$Y(z) = \sum_{k=-\infty}^{\infty} w'(k)z^{-k/M} \qquad (17.27)$$

这里 k 是 M 的整数倍。但是因为当 k 不是 M 整数倍时，$w'(k)=0$，那么对于所有的 k 值，式（17.27）仍然有效，所以得到：

$$Y(z) = \sum_{k=-\infty}^{\infty} w(k)\left[\frac{1}{M}\sum e^{j2\pi ik/M}\right]z^{-k/M}$$
$$= \frac{1}{M}\sum_{i=0}^{M-1}\left[\sum_{-\infty}^{\infty} w(m)e^{j2\pi ik/M}z^{-k/M}\right]$$
$$= \frac{1}{M}\sum_{i=0}^{M-1} w(e^{-j2\pi i/M}z^{1/M}) \qquad (17.28)$$

因为 $W(z) = H(z)X(z)$，我们有

$$Y(z) = \frac{1}{M}\sum_{i=0}^{M-1} H(e^{-j2\pi i/M}z^{1/M})X(e^{-j2\pi i/M}z^{1/M}) \qquad (17.29)$$

$$Y(e^{j\theta'}) = \frac{1}{M}\sum_{i=0}^{M-1} H(e^{j(\theta'-2\pi i)/M})X(e^{j(\theta'-2\pi i)/M}) \qquad (17.30)$$

这里

$$\theta' = 2\pi fT'_s \qquad (17.31)$$

将 $Y(z)$ 写作：

$$Y(e^{j\theta'}) = \frac{1}{M}\left[H(e^{j\theta'/M})X(e^{j\theta'/M}) + H(e^{j\frac{\theta'-2\pi}{M}})X(e^{j\frac{\theta'-2\pi}{M}}) + \cdots\cdots\right] \qquad (17.32)$$

式（17.32）是依据滤波器输出 $x(n)$ 的混叠部分输出 $y(m)$ 的傅里叶变换。如果滤波器的截止频率为 $f_c = f_s/2M = \theta = \pi/M$，那么我们在 $\theta' \leqslant \pi$ 的范围内得到：

$$Y(\mathrm{e}^{\mathrm{j}\theta'}) \approx \frac{1}{M}X(\mathrm{e}^{\mathrm{j}\theta'/M}) \quad \theta' \leqslant \pi \tag{17.33}$$

这充分强调了进行抽取的低通滤波器设计的重要性。

17.4.2　抽取数字滤波器结构

抽取器的结构多种多样，最简单的结构就是如图 17.16 所示的直接 FIR 滤波器，该滤波器的乘法和加法运算是以频率 f_s 进行的。

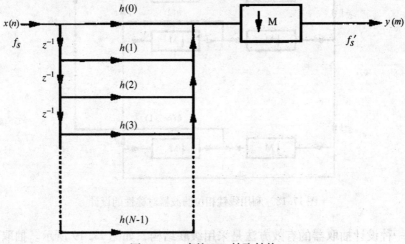

图 17.16　直接 FIR 抽取结构

一种更有效的实现形式是通过交换压缩值和增益值的位置，如图 17.17 所示。这里乘法和加法是以频率 f_s/M 工作的。

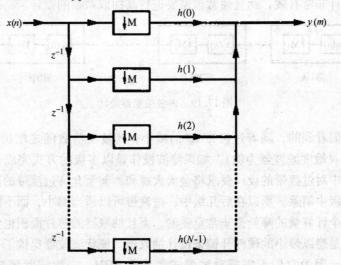

图 17.17　一种更有效的抽取器结构

另一种设计形式充分利用了 FIR 线性相位滤波器的对称性，如图 17.18 所示。在这种情况中，乘法数目比之前的设计方式减少了一半。

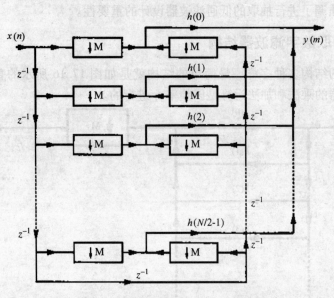

图 17.18 利用线性相位滤波器对称性的设计

另一种设计抽取器的有效方法是采用级联结构，如图 17.19 所示。抽取系数为 M_1、M_2、M_3，$\cdots$，M_N，即 $M = \prod\limits_{i=1}^{N} M_i$。这种方法有效降低了计算量和存储要求，简化了滤波器设计，同时还降低了有限字长效应和系数敏感性。这种方法对于高抽取系数的设计非常有效，而且通常也需要进行高抽取系数的设计。

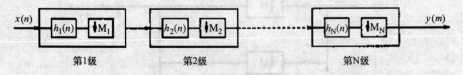

图 17.19 多级抽取器设计

正如我们看到的，随着过渡带 Δf 的减小，滤波器阶数随之增加，如图 17.20 所示（以高灵敏度滤波器为例）。如果滤波操作是以多级的方式完成，那么在前几级滤波器级中对过渡带的设计要求将会大大缓和，甚至允许过渡带的交叠，这些交叠将在后几级中消除。所以在后几级中，过渡带可以适当缩小，而不需要增加滤波器阶数。整个计算量的降低是非常重要的，而且抽取器的芯片面积也大大降低。

我们总是想以最小的硬件开销来设计抽取器。梳状滤波器提供了一种有吸引力的设计方法，因为它们不需要乘法器或者系数 ROM。一阶梳状滤波器的传输函数为

$$H(z) \; = \; \sum_{i=0}^{n-1} z^{-i} \; = \; \frac{1}{N}\left(\frac{1-z^{-N}}{1-z^{-1}}\right) \tag{17.34}$$

振幅频率响应为

$$|H(\mathrm{j}\omega)| = \frac{1}{N}\,\frac{\sin\,(N\omega T/2)}{\sin\,(\omega T/2)} \tag{17.35}$$

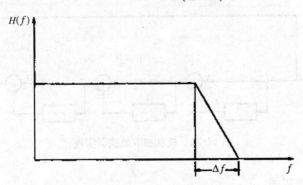

图 17.20　抽取滤波器的过渡带

如果基带与 f_s 相比较小，且 $\sin(\omega T/2) \approx \omega T/2$，可以得到：

$$|H(\mathrm{j}\omega)| \approx \frac{\sin(N\omega T/2)}{n\omega T/2} \approx \mathrm{sinc}(N\omega T/2) \tag{17.36}$$

这种结构的一个劣势在于它会衰减基带频率，所以它仅能应用于抽取率小于等于 4 的情况下。数字滤波器可以用来降低混叠。更高阶的梳状滤波器可以通过增加传输函数的阶数来得到。三阶梳状滤波器的实现如图 17.21 和图 17.22 所示，它们是 FIR 节和 IIR 节的级联。后者中，FIR 节工作在 f_s/N 的采样率上。图 17.23 展示了抽取率为 64 的三阶梳状滤波器的频率响应。

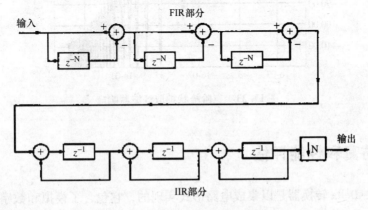

图 17.21　梳状抽取滤波器实现

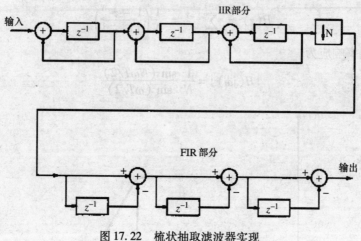

图 17.22　梳状抽取滤波器实现

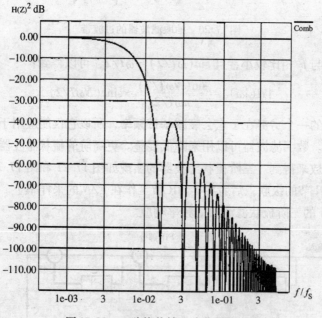

图 17.23　三阶梳状抽取滤波器响应

17.5　仿真和性能评估

Sigma – Delta 转换器是以集成电路形式实现的，它包含了模拟和数字部分。调制器是一个非线性的动态系统。在这个系统分析中，需要采用不同的逼近方法将该系统的工作状态视为一个准线性系统。所以在设计完成后，必须执行仿真以确认在工作范围内逼近是正确的，并且系统保持稳定。带有非理想效应开关的开关电容电路的调制器增加了设计复杂度，运放和电容在第 16 章中进行过讨论。这些非理想效应必须在转换器的仿真中加以考虑。

Sigma - Delta 转换器的仿真必须遵循以下步骤：

1. 设计一个数学模型，这个模型包含了电路中使用元件的非理想效应。

2. 测试信号加载到转换器中，并存储输出比特流。

3. 比特流用来评估性能参数，这些参数包括信噪比、非线性和动态范围。这个过程通常使用 FFT 周期图进行评估。

测试一颗 Sigma - Delta 转换器芯片的过程与上述过程完全相同，只是输出比特流是通过计算机接口得到的，并且需要采用同样的分析方法。

通常，数字低通滤波器和抽取器都需要建模，从转换器输出的比特流输出到数字低通滤波器和抽取器中，最终的输出用于评估整个转换器的性能。仿真方法的细节如下：

（a）将一个采样正弦波输入到模拟转换器中进行仿真，并且对输出比特流执行 FFT 算法来评估频谱，并检查对于全范围输入转换器是否稳定。所需的信噪比通常高于 80dB。所以进行频谱分析时必须使用一个旁瓣较小的窗函数。而且运用窗函数执行较长时间的 FFT 分析，主要是因为它们具有较大的主瓣信号。

（b）一个低通滤波器被用来测试信噪比和谐波失真。低通滤波可以在转换器的比特流输出进行，也可以在频域将滤波器的响应乘以信号的 FFT 来实现。

（c）信噪比的测试是通过正弦最小二次方的方法实现的。

（d）敏感性分析主要用来评估信噪比的依赖性和集成电路性能的非线性。

现在在正弦最小二次方误差方法的信噪比计算中，我们有：

$$x(n) = A\cos(2\pi f_x nT) \tag{17.37}$$

该式在低通滤波之后应用于转换器电路，输出信号 $y(n)$ 包含有频率为 f_x 的正弦信号、它的谐波和噪声。可以写作：

$$y(n) = \hat{y}(n) + e(n) \tag{17.38}$$

这里

$$\hat{y}(n) = a_0 + a_1\cos(2\pi f_x nT + \phi_1) + \sum_{k=2}^{K} a_k\cos(2\pi k f_x nT + \phi_k) \tag{17.39}$$

均方根误差为

$$e^2 = E|e^2(n)| = E|(y(n) - \hat{y}(n))^2| \tag{17.40}$$

运用第 6 章和第 7 章中采用 FFT 算法的功率谱评估方法，并结合 N 点 DFT 算法可以得到输入功率为

$$P_{\text{in}} = E|y^2(n)| = \frac{1}{N}\sum_{n=0}^{N-1} y^2(n) = \frac{1}{N^2}\sum_{n=0}^{N-1} |\text{DFT}\{y(n)\}|^2 \tag{17.41}$$

频率为 f_x 的正弦波输出功率为

$$P_{\text{out}} = a_1^2/2 \tag{17.42}$$

这里谐波功率为

$$P_h = \frac{1}{2} \sum_{k=2}^{K} a_k^2 \tag{17.43}$$

噪声功率为

$$P_e = P_{\text{in}} - P_{\text{out}} - P_h - a_0^2 \tag{17.44}$$

性能参数计算如下：

$$S/N = \frac{P_{\text{out}}}{P_e} \tag{17.45}$$

$$\frac{S}{N+H} = \frac{P_{\text{out}}}{P_e + P_h} \tag{17.46}$$

更多关于 Sigma – Delta 转换器建模、功耗优化的设计技术和方法，读者可以参看文献 [33 – 36]。

17.6　案例分析：四阶 Sigma – Delta 转换器设计

从理论上说，增加转换器阶数和采样频率都可以提高电路性能。但是，在实际设计中，这种提高非常有限，主要是受限于两个因素。第一个因素是高阶转换器的稳定性不能完全保障。第二个因素是由于开关电容电路固有的非理想效应，这对使用更高的采样频率产生了技术上的限制。本节我们将对一个四阶转换器[31,32]进行完整分析，目的是重点讨论其中的问题以及性能评估的分析方法。

这里分析的四阶转换器是一种多级级联结构，其中包含有两个二阶转换器，电路如图 17.24 所示。在信号通路的缩放因子主要用于控制信号幅度，以免驱动运放输出进入饱和状态。在电路中采用了两种形式的缩放：

（a）对每一个二阶转换器，添加增益 K_1 和 P_1 是为了避免积分器输出到达饱和状态。这些增益并没有作用于量化器的数字输出，因为它们等效于量化器之前的增益 $K_1 P_1$。然而，下一级的输入被缩小了 $K_1 P_1$ 倍，目的是完全消除噪声，但这种缩小又由第二级的数字增益 g_1 进行补偿。

（b）第二种缩放形式是在级间采用缩放因子 J_1，其目的在于调整输入到第二级的输入信号幅度，避免第二级电路进入噪声振荡模式。

考虑到这两种缩放因子，第二级输入的整体增益为 $K_1 P_1 J_1$。在计算具有这些增益因子的电路的传输函数时，我们首先应该明确的是它们不会对量化器的数字输出产生影响，而且输出可以写作：

$$Y_1(z) = X_1(z) z^{-2} + E_1(z)(1 - z^{-1})^2 \tag{17.47}$$

没有缩放因子时的量化器输入为

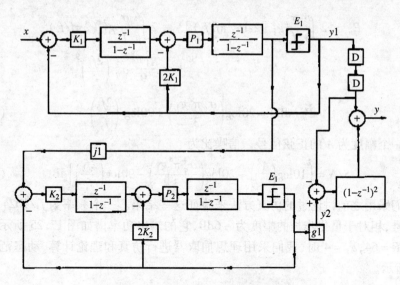

图 17.24 四阶 Sigma-Delta 转换器

$$Y_1(z) - E_1(z) = X_1(z)z^{-2} + E_1(z)[(1-z^{-1})^2 - 1] \tag{17.48}$$

这时信号缩小 $K_1 P_1 J_1$ 倍，并输入到第二级转换器中，这时第二级转换器的输出为

$$Y_2 = g_1[X_2(z)z^{-2} + E_2(z)(1-z^{-1})]$$

$$= g_1[J_1 K_1 P_1 X_1(z)z^{-4} + J_1 K_1 P_1 E_1(z)\{(1-z^{-1})^2 - 1\}z^{-2} + E_2(z)(1-z^{-1})^2] \tag{17.49}$$

这时最终的输出为

$$Y(z) = [Y_2(z) - Y_1(z)](1-z^{-1})^2 + Y_1(z)z^{-2}$$

$$= X_1(z)z^{-4}[1-z^{-1}]^2(1-g_1 K_1 P_1 J_1) + E_1(z)[1-z^{-1}]^4 z^{-2}(g_1 K_1 P_1 J_1 - 1) -$$

$$(g_1 K_1 P_1 J_1 - 1) - (g_1 K_1 P_1 J_1 - 1)z^{-2}(1-z^{-1})^2 E_1(z) + X_1(z)z^{-4} + g_1 E_2(z)(1-z^{-1})^4 \tag{17.50}$$

对于理想的噪声抵消，我们有：

$$g_1 = 1/K_1 P_1 J_1 \tag{17.51}$$

此时的输出为

$$Y(z) = X_1(z)z^{-4} + g_1 E_2(z)(1-z^{-1})^4 \tag{17.52}$$

从式(17.52)中可以计算基带噪声。设白噪声为变量 σ_q，那么噪声的功率谱密度为

$$S_q(f) = \frac{\sigma_q^2}{f_s} \tag{17.53}$$

此时基带的噪声 P_n 为

$$P_n = 2\int_0^{f_b} \frac{\sigma_q^2}{f_s} g_1^2 \left[2\sin(\pi f/f_s)\right]^8 \cong 2\int_0^{f_b} \frac{\sigma_q^2}{f_s} g_1^2 (2\pi f/f_s)^8$$

$$\cong \frac{g_1^2 \pi^8}{9} \sigma_q^2 \left(\frac{2f_b}{f_s}\right)^9 \qquad (17.54)$$

$$P_n(\text{dB}) = 20\log\left(\frac{\sigma_q \pi^2 g_1}{3}\right) + 90\log\left(\frac{2f_b}{f_s}\right) \qquad (17.55)$$

对一个幅度为 A 的正弦信号，信噪比为

$$S/N = \left[10\log\left(\frac{A^2}{2}\right) - 20\log\left(\frac{\sigma_q^4 \pi^4 g_1}{3}\right) - 90\log\left(\frac{2f_b}{f_s}\right)\right]\text{dB} \qquad (17.56)$$

我们采用之前讨论过的仿真方法来验证这些结果。一个频率为 $f_s/1024$ 的输入正弦信号，相对于量化步长的幅度为 -6dB，它的输出功率谱如图 17.25 所示。过采样比为 $R = 64$，$g_1 = 4$ 时，我们采用理想抽取器进行仿真和理论计算，动态范围如图 17.26 所示。

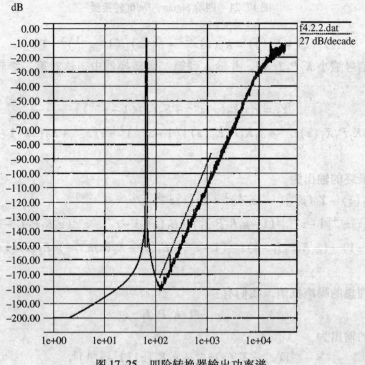

图 17.25　四阶转换器输出功率谱

性能下降的主要原因来自于器件失配，主要是由于 g_1 并不是严格的等于 $1/(J_1 K_1 P_1)$。这会造成二阶转换器噪声泄漏到输出端。其他性能下降的原因包括运放和开关所固有的非理想效应，这些我们在第 16 章中进行过讨论。

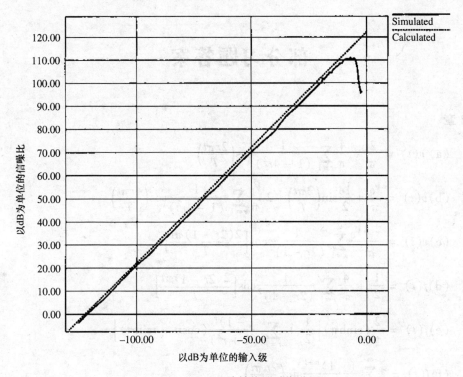

图 17.26　四阶转换器动态范围

17.7　小结

　　本章主要讨论了模拟域和数字域信号处理技术在实际中的应用。我们集合过采样技术、数字滤波技术、开关电容技术、频谱分析技术、FFT 算法和集成电路技术，研究了模拟到数字的转换器设计技术。因为转换器在同一颗集成电路芯片上采用模拟和数字技术，所以它从理论上说是一种混合类型的电路。因此，对于转换器设计的讨论是本书的一个高潮同时也是一种总结，因为本书主要关注的就是模拟和数字技术，它也代表了一种信号处理的发展趋势，即模拟和数字电路可以进行互补。本章最后引用一个设计实例进行总结，这种设计方法对于设计高性能的新型处理器是非常有效和有价值的。

部分习题答案

第2章

2.1　(a) $v(t) = \dfrac{2}{\pi} + \dfrac{4}{\pi}\sum_{r=1}^{\infty} \dfrac{1}{(1-4r^2)}\cos\left(\dfrac{2r\pi t}{T}\right)$

　　(b) $v(t) = \dfrac{V_0}{\pi} + \dfrac{V_0}{2}\sin\left(\dfrac{2\pi t}{T}\right) + 2\,\dfrac{V_0}{\pi}\sum_{r=1}^{\infty} \dfrac{1}{(1-4r^2)}\cos\left(\dfrac{4r\pi t}{T}\right)$

　　(c) $v(t) = \dfrac{-8V_0}{\pi^2}\sum_{r=1}^{\infty} \dfrac{1}{(2r-1)^2}\cos\left[\dfrac{2(2r-1)\pi t}{T}\right]$

　　(d) $f(t) = \dfrac{1}{2} + \dfrac{4}{\pi^2}\sum_{r=1}^{\infty} \dfrac{1}{(2r-1)^2}\cos\left[\dfrac{2(2r-1)\pi t}{T}\right]$

　　(e) $f(t) = \dfrac{2}{\pi}(\sinh\pi)\left[\dfrac{1}{2} + \sum_{r=1}^{\infty} \dfrac{(-1)^r}{(1+r^2)}(\cos rt - r\sin rt)\right]$

　　(f) $f(t) = 2\sum_{n=1}^{\infty} \dfrac{(-1)^{n+1}}{\pi n}\sin\left(\dfrac{2n\pi t}{T}\right)$

2.2　$F(\omega) = T\left[\dfrac{\sin\left(\dfrac{\omega T}{2}\right)}{\dfrac{\omega T}{2}}\right]^2$

2.3　$G(\omega) = \dfrac{1}{(1+j\omega)^3}$

2.4　$G(s) = \dfrac{s^2+2s+3}{s(s+1)^2(s^2+s+1)(s+3)}$

$g(t) = L^{-1}[G(s)] = \left\{1 - 1.5e^{-t} - 0.0714e^{-3t} + 0.5714e^{-0.5t}\cos\left(\dfrac{\sqrt{3}}{2}\right)t\right.$

$$\left. -0.4948e^{-0.5t}\sin\left(\dfrac{\sqrt{3}}{2}\right)t\right\}u(t)$$

2.5　(a) 广义稳定，(b) 不稳定，(c) 不稳定，(d) 不稳定，(e) BIBO 稳定，
　　(f) 不稳定

第3章

3.1　阶数 = 11

3.2　阶数 = 6

3.3　阶数 = 8

3.4 阶数 $=4$

$H(s) = s^2/(1.419 \times 10^{11} + 5.328 \times 10^5 s + 41 + 7.506 \times 10^{-5} s^3 + 2.817 \times 10^{-9} s^4)$

3.5 阶数 $=22$

第 4 章

4.1 (a) $1 + z^{-3} + z^{-4} + z^{-5} + z^{-6}$ (f) $\dfrac{z}{(z-1)^{k+1}}$

(b) $1 + z^{-1} - z^{-2} - z^{-3}$ (g) $\dfrac{z\sin\alpha}{z^2 - 2\cos\alpha z + 1}$, $|z| > 1$

(c) $\displaystyle\sum_{n=0}^{\infty} nz^{-n}$ (h) $\dfrac{z(z - \cos\alpha)}{z^2 - 2\cos\alpha z + 1}$, $|z| > 1$

(d) $\displaystyle\sum_{n=0}^{\infty} n^2 z^{-n}$ (i) $\dfrac{ze^{-\alpha}\sin\beta}{z^2 - 2e^{-\alpha}\cos\beta z + e^{-2\alpha}}$

(e) $\dfrac{z^{-1}\sin\alpha}{[1 - (2\cos\alpha)z^{-1} + z^{-2}]}$ (j) $\dfrac{z(z - e^{-\alpha}\cos\beta)}{z^2 - 2e^{-\alpha}\cos\beta z + e^{-2\alpha}}$

4.2 (a) $f(n) = -8u_0(n) + 4\{(-2)^{2n} + 2^n\}u_1(-n)$

4.4 $f(n) = u_1(n) - u_1(n-9) - u_1(n-4) + u_1(n-13)$

4.5 (a) $u_1(n)$ (b) $u_0(n) + u_1(n-1) - 0.1875(0.25)^{n-1}u_0(n-1)$ (c) $u_1(n - 5)/2^{n-4}$

4.6 (a) $g(n) = 3f(n) + 7f(n-1) + 5g(n-1)$

(b) $g(n) = f(n) + 0.2f(n-1) + g(n-1)$

4.7 (a) $H(z) = \dfrac{3 + 7z^{-1}}{1 - 5z^{-1}}$ (b) $H(z) = \dfrac{1 + 0.2z^{-1}}{1 - z^{-1}}$

4.8 (a) $H(z) = \dfrac{z(1 + 3z)}{(z-1)^2}$ 在单位圆上有两个极点；不稳定。

(b) $H(z) = \dfrac{z + 2}{z^2 - z - 4}$，极点位于单位圆外的 2.5615 和 1.561；不稳定。

(c) $H(z) = \dfrac{0.1z^3 + 0.5z^2 - 0.6z}{z^3 - 0.3z^2 - 0.5z - 07}$，一个极点为 1.201，位于单位圆外；不稳定。

4.9 (a) 极点位于单位圆内，稳定。(b) 极点位于单位圆内，稳定。

第 5 章

5.1 阶数 $=10$,

对并联实现方式：

$$H(z) = \frac{-3.0188 - 6.775z}{0.177 - 0.177z + z^2} + \frac{3.673 - 9.49z}{0.063 - 0.154z + z^2} + \frac{-0.7858 + 3.634z}{0.38 - 0.20072z + z^2}$$

$$+ \frac{-0.0203 + 12.675z}{0.011533 - 0.147z + z^2} + \frac{-0.2784 - 0.0307z}{0.732 - 0.25173z + z^2}$$

5.2 阶数 = 5

对级联实现方式：

$$H(z) = \left[\frac{0.73\,(1+z)^2}{1.286z^2 + 0.685z + 1}\right]\left[\frac{0.935\,(1+z)^2}{2.91z^2 - 0.17234z + 1}\right]\left[\frac{1.3719(1+z)}{2.74z + 1}\right]$$

5.3 阶数 = 8,

$$H(z) = 1.486\left[\frac{(z-1)^2}{1.065z^2 - 2.6336z + 1}\right] \times \left[\frac{(z-1)^2}{1.47z^2 - 2.367z + 1}\right]$$

$$\times \left[\frac{(z-1)^2}{4.984z^2 + 0.116z + 1}\right] \times \left[\frac{(z-1)^2}{1.377z^2 + 1.142z + 1}\right]$$

5.4 阶数 = 6

第 6 章

6.1 　　　　　　　　(a) $[F(k)] = 4.0$
$$\begin{bmatrix} 1.5 \\ 1.161 + j0.231 \\ 0.427 + j0.177 \\ -0.143 - j0.096 \\ -0.250 - j0.251 \\ -0.064 - j0.096 \\ 0.073 + j0.177 \\ 0.046 + j0.231 \\ 0.0 \\ 0.046 - j0.231 \\ 0.073 - j0.177 \\ -0.064 + j0.096 \\ -0.250 + j0.251 \\ -0.143 + j0.096 \\ 0.427 - j0.177 \\ 1.161 - j0.231 \end{bmatrix}$$

(b) $[F(k)]=4.0$
$$\begin{bmatrix}
1.5 \\
0.658-j0.984 \\
-0.177-j0.427 \\
0.169+j0.034 \\
0.250-j0.250 \\
-0.022-j0.113 \\
0.177+j0.073 \\
0.196+j0.131 \\
0.0 \\
0.196+j0.131 \\
0.177-j0.073 \\
-0.022+j0.113 \\
0.250+j0.250 \\
0.169-j0.034 \\
-0.177+j0.427 \\
0.658+j0.984
\end{bmatrix}$$

(c) $[F(k)]=4.0$
$$\begin{bmatrix}
1.5 \\
-0.658-j0.984 \\
-0.177+j0.427 \\
-0.169+j0.034 \\
0.250+j0.250 \\
0.022+j0.113 \\
0.177-j0.073 \\
-0.196-j0.131 \\
0.0 \\
-0.196+j0.131 \\
0.177+j0.073 \\
0.022+j0.113 \\
0.250-j0.250 \\
-0.169-j0.034 \\
-0.177-j0.427 \\
-0.658+j0.984
\end{bmatrix}$$

6. 2

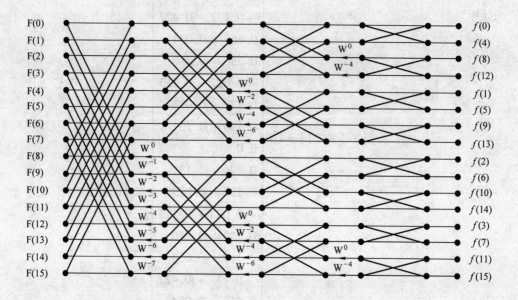

第 7 章

7.1　$P(f, t) = \dfrac{1}{(2\pi)^{1/2}} \exp\left[-(f+1)^2/2 \right]$, *Mean* $= -1$, *Autocorrelation* $= 2$

7.5　$R_{ff}(t) = \begin{cases} \dfrac{t + 2\alpha}{\alpha^2}, & -2\alpha < t < 0 \\[2mm] \dfrac{2\alpha - t}{\alpha^2}, & 0 < t < 2\alpha \end{cases}$

第 8 章

8.1　　(a) 1.0168×10^{-5}，(b) 2.542×10^{-6}

第 15 章

15.1　等效终端为 0.5，采用偏移不敏感电路

组成模块	Cb/Ca	Cc/Ca
1	0.3473	0.5
2	0.7111	—
3	0.3576	—
4	0.9446	—
5	0.1380	0.5

15.2　阶数 = 11

组成模块	Cb/Ca	Cc/Ca
1	0.673	0.5
2	0.164	—
3	0.689	—
4	0.175	—
5	0.678	—
6	0.182	—
7	0.653	—
8	0.1865	—
9	0.611	—
10	0.192	—
11	0.511	0.5

15.3 阶数 = 3

以式 (15.67) 给出的顺序，并且第一个电容取单位 1，其余的电容值为

组成模块 1：1.0000，1.2725，1.0000，0.76024，1.0000

组成模块 2：1.2866，1.0000，1.28164

组成模块 3：1.0000，1.2725，0.76024，1.0000

15.4 阶数 = 4

参考图 15.28 ~ 图 15.29 以及式 (15.69) ~ 式 (15.75)

$H_1(z)$

第 1 部分

$a0 = 0.000000$ $a1 = -0.000000$ $a2 = 0.000000$

$b0 = 1$ $b1 = -0.000000$ $b2 = -1.000000$

$H_2(z)$

第 2 部分

$a0 = 1.000000$ $a1 = -8589934592.000000$ $a2 = -1.000002$

$b0 = 1$ $b1 = -2.000000$ $b2 = 1.000000$

第 1 部分

$F = 0.0$

$E = 2.000000$

$C = 2.000000$

$I = 0.000000$

$H = 0.000000$

$J = 0.000000$

$G = 0.000000$

第 2 部分

$E = 0.0$

$F = 0.000000$

$C = 0.000000$

$I = 1.000002$

$H = 8589934589.999998$

$J = 8589934590.999998$

$G = 0.000000$

15.5　阶数 = 3

参考图 15.28 和图 15.29 以及式（15.69）~式（15.75）

$H_1(z)$：

$a0 = 1.099004$　　$a1 = 2.145666$　　$a2 = 1.099004$

$b0 = 1$　　$b1 = 1.680843$　　$b2 = 1.662832$

$H_2(z)$

$a0 = 3.347499$　　$a1 = 3.347499$　　$a2 = 000000$

$b0 = 1$　　$b1 = 5.694998$　　$b2 = 0.000000$

二阶部分

$E = 0.0$

$F = 0.662832$

$C = 4.343674$

$I = 1.099004$

$H = 0.000000$

$J = 1.099004$

$G = 4.343674$

线性区类型 4

$C2 = 1.175593$

$C1 = 0.587796$

$C3 = 0.587796$

参 考 文 献

由于本书涉及的内容较多，很多内容无法在一章之内进行详细介绍，以下的参考文献是对本书细节知识的详细介绍和补充。这份列表无法提供在本领域中所有著作的贡献，但选择这些参考文献也是因为在它们自身的参考文献中提供了具有历史意义、学术价值和现实重要性的一些文献。同样地，最近发表的一些论文也在以下进行了引用，因为它们包含了一些有价值的材料，而这些材料的最初出处现在已经不方便查询了。

1. Keyes, R. (2008) Moore's law today. *IEEE Circguits and Systems Magazine*, **8** (2), 53–54.
2. Chang, L. *et al.* (2003) Moore's law lives on. *IEEE Circuits and Systems Magazine*, **19** (1), 35–42.
3. IEEE (2003) Special issue on nanoelectronics and nanoscale processing. *Proceedings of IEEE*, **91** (11).
4. Gielen, G. and Rutenbar, R. (2000) Computer-aided design of analog and mixed-signal integrated circuits. *Proceedings of IEEE*, **88** (12), 1826–1852.
5. Millozzi, P. *et al.* (2000) A design system for RFIC: challenges and solutions. *Proceedings of IEEE*, **88** (10), 1613.
6. IEEE (2000) Special issue on low power systems. *Proceedings of IEEE*, **88** (10).
7. Benini, L. *et al.* (2001) Designing low-power circuits: practical recipes. *IEEE Circuits and Systems Magazine*, **1** (1), 6–25.
8. IEEE (2001) Special issue on digital, technology directions and signal processing. *IEEE Journal of Solid State Circuits*, **40** (1).
9. Baschirotto, A. *et al.* (2006) Baseband analog front-end and digital back-end for reconfigurable multi-standard terminals. *IEEE Circuits and Systems Magazine*, **6** (1), 8–28.
10. Lanczos, C. (1966) *Discourse on Fourier Series*, Hafner, New York.
11. Papoulis, P. (1984) *Signal Analysis*, McGraw–Hill, New York.
12. Baher, H. (2001) *Analog and Digital Signal Processing*, 2nd edn, John Wiley & Sons, Ltd, Chichester.
13. Baher, H. (1984) *Synthesis of Electrical Networks*, John Wiley & Sons, Ltd, Chichester.
14. Rhodes, J.D. (1976) *Theory of Electrical Filters*, John Wiley & Sons, Inc., New York.
15. Abramovitz, M. and Stegun, I.A. (eds) (1970) *Handbook of Mathematical Functions*, Dover, New York.
16. Saal, R. (1977) *Handbook of Filter Design*, AEG Telefunken, Heidelberg.
17. Baher, H. and Beneat, J. (1993) Design of analog and digital data transmission filters. *IEEE Transactions on Circuits and Systems*, **CAS-40** (7u), 449–460.
18. Huang, H. *et al.* (2011) The sampling theorem with constant-amplitude variable-width pulses. *IEEE Transactions on Circuits and Systems: I. Regular Papers*, **58** (6), 1178–1190.
19. Baher, H. (1993) *Selective Linear-phase Switched-capacitor and Digital Filters*, Kluwer Academic, Dordrecht.
20. Rabiner, L. and Cold, C. (eds) (1976) *Digital Signal Processing*, IEEE, London.
21. Haykin, S. (2001) *Adaptive Filter Theory*, Prentice Hall, London.
22. Allen, P. and Holberg, D. (2002) *CMOS Analog Circuit Design*, 2nd edn, Oxford University Press, Oxford.
23. Gray, P. *et al.* (2009) *Analysis and Design of Analog Integrated Circuits*, 5th edn, John Wiley & Sons, Ltd, Chichester.
24. Baher, H. (1996) *Microelectronic Switched-capacitor Filters: with ISICAP, a Computer-aided Design Package*, John Wiley & Sons, Ltd, Chichester.
25. Kolm, R. (2008) Analog filters in deep submicrom and ultra deep submicrom technologies. Doctoral thesis. Vienna University of Technology.
26. Sanchez-Sinencio, E. and Silva-Martinez, J. (2000) CMOS transconductance amplifiers, architectures and active filters: a tutorial. *IEE Circuits, Devices and Systems*, **147** (1), 3–12.
27. Gregorian, R. and Temes, G. (1986) *Analog MOS Integrated Circuits for Signal Processing*, John Wiley & Sons, Ltd, Chichester.
28. Hsieh, K. *et al.* (1981) A low-noise chopper stabilised differential switched-capacitor filter technique. *IEEE Journal of Solid State Circuits*, **SC-16** (6), 708–715.

29. Haigh, D.G. and Singh, B. (1983) A switching scheme for switched-capacitor filters which reduces the effect of parasitic capacitances associated with switch control terminals. *Proceedings of IEEE International Symposium on Circuits and Systems*, **1983**, 586–589.

30. Grunigen, D. *et al.* (1982) Integrated switched-capacitor low-pass filter with combined antialiasing decimation filter for low frequencies. *IEEE Journal of Solid State Circuits*, **SC-17** (6), 1024–1029.

31. Afifi, E. (1992) A novel multistage sigma-delta analog-to-digital converter. Master thesis. Worcester Polytechnic Institute.

32. Baher, H. and Afifi, E. (1995) A fourth-order switched-capacitor cascade structure for sigma-delta converters. *International Journal of Circuit Theory and Applications*, **23**, 3–21.

33. Malobert, F. (2001) High-Speed Data Converters For Communication Systems. *IEEE Circuits and Systems Magazine*, **1** (1), 26–36.

34. Suarez, G. *et al.* (2007) Behavioural modelling methods for switched-capacitor sigma delta modulators. *IEEE Transactions on Circuits and Circuits*, **54** (6), 1236–1244.

35. Baschirotto, A. *et al.* (2003) Behavioral modelling of switched-capacitor sigma delta modulators. *IEEE Transactions on Circuits and Systems I*, **50** (3).

36. Karnstedt, C. (2010) Optimizing power of switched capacitor integrators in sigma-delta modulators. *IEEE Circuits and Systems Magazine*, **10** (4), 64–71.

机械工业出版社读者需求调查表

亲爱的读者朋友：

您好！为了提升我们图书出版工作的有效性，为您提供更好的图书产品和服务，我们进行此次关于读者需求的调研活动，恳请您在百忙之中予以协助，留下您宝贵的意见与建议！

个人信息

姓　　名：		出生年月：		学　历：	
联系电话：		手　机：		E－mail：	
工作单位：				职　务：	
通讯地址：				邮　编：	

1. 您感兴趣的科技类图书有哪些？

□自动化技术　□电工技术　□电力技术　□电子技术　□仪器仪表　□建筑电气
□其他（　　）

以上个大类中您最关心的细分技术（如 PLC）是：（　　　）

2. 您关注的图书类型有

□技术手册　□产品手册　□基础入门　□产品应用　□产品设计　□维修维护
□技能培训　□技能技巧　□识图读图　□技术原理　□实操　□应用软件
□其他（　　）

3. 您最喜欢的图书叙述形式

□问答型　□论述型　□实例型　□图文对照　□图表　□其他（　　　）

4. 您最喜欢的图书开本

□口袋本　□32 开　□B5　□16 开　□图册　□其他（　　　）

5. 图书信息获得渠道：

□图书征订单　□图书目录　□书店查询　□书店广告　□网络书店　□专业网站
□专业杂志　　□专业报纸　□专业会议　□朋友介绍　□其他（　　　）

6. 主要购书途径

□书店　□网络　□出版社　□单位集中采购　□其他（　　　）

7. 您认为图书的合理价位是（元/册）：

手册（　　）　图册（　　）　技术应用（　　）　技能培训（　　）
基础入门（　　）　其他（　　）

8. 每年购书费用

□100 元以下　□101～200 元　□201～300 元　□300 元以上

9. 您是否有本专业的写作计划？

□否　　　□是（具体情况：　　　　　）

非常感谢您对我们的支持，如果您还有什么问题欢迎和我们联系沟通！

地址：北京市西城区百万庄大街 22 号　机械工业出版社电工电子分社　邮编：100037

联系人：江婧婧　联系电话：010－88379764

邮箱：jjjblue6268@ sina. com 或 372205490@ qq. com

机械工业出版社编著图书推荐表

姓名：		出生年月：		职称/职务：		专业：	
单位：				E–mail：			
通讯地址：						邮政编码：	
联系电话：			研究方向及教学科目：				

个人简历（毕业院校、专业、从事过的以及正在从事的项目、发表过的论文）

您近期的写作计划有：

您推荐的国外原版图书有：

您认为目前市场上最缺乏的图书及类型有：

地址：北京市西城区百万庄大街 22 号　机械工业出版社　电工电子分社
邮编：100037　邮箱：jjjblue6268@ sina. com 或 372205490@ qq. com
联系人：江婧婧　联系电话：010 – 88379764　传真：010 – 68326336